第2次世界大戦中、イギリス政府の「勝利のために耕そう」キャンペーンの一環としてレプトン・パークで初めて栽培された小麦の畑の前を行進する、クネップ・キャッスルに駐留中のカナダ陸軍歩兵第3師団。（写真：クネップ所蔵）

サセックスの、粘土質の重い土壌からなる土地の多くと同様、第1次世界大戦と第2次世界大戦に挟まれた農業不作の時代、クネップの地所の大部分では低木を生やしておくことが許された。だが第2次世界大戦が始まると、どんなに生産性の低い土地も残さず開墾された。再野生化プロジェクトが進行中の現在は、そうした土地にイバラの茂みが再び生え、野生生物たちの安全な生息地となっている。（写真：クネップ所蔵）

再野生化前：かつての湿地牧野（ラッグ）だったところ。ビクトリア朝時代に排水されてはいるが、農耕地としては非生産的だった。2004年、中央区画に放されたブタたちは、夢中で湿地を掘り返した。（写真：チャーリー・バレル）

再野生化後：アドゥー川の流域を2.5キロにわたって復元した結果、ビクトリア朝時代に急な斜面で両側を固められた運河はもともとの氾濫原に戻った。今ではこの土地は天然のスポンジの役割を果たし、水を蓄え、下流で鉄砲水が起きるのを防いでいる。氾濫原にはたくさんの浅沼があり、カワセミ、サギ、その他の水鳥たちにすみかを提供している。（写真：チャーリー・バレル）

再野生化前：復元されたハマー池。従来型の農業をやめ、南区画の最初の畑を休耕させて1年後、2004年の夏。（写真：クネップ所蔵）

再野生化後：耕すのをやめて14年経った2017年秋。生垣が育って広がり、イバラの茂みが生えて、畑と畑の境界線がぼやけ始めている。手前に生い茂っているサルヤナギ（イギリスに自生する交配種のヤナギ）はイリスコムラサキの生息地である。（写真：チャーリー・バレル）

1996年の小麦の大豊作に嬉しそうなチャーリーと娘のナンシー。クネップ家の農場が利益を生んだ数少ない年の一つだった。(写真：イザベラ・トゥリー)

耕作地の隅に立ち、50 年間にわたり耕作や農薬によって痛めつけられてきたオークの木は、レプトン・パークの復元を始めたちょうどその頃に枯死し始めた。以前なら躊躇なく伐り倒したはずだが、今、この木は野生生物に豊かな生息環境を提供し、私たちの考え方の変化の象徴となっている。(写真：チャーリー・バレル)

クネップの再野生化プロジェクトのきっかけとなった「放牧の生態学」の提唱者であるオランダ人生態学者フラン・ヴェラ。南区画で、自然に再生した低木の茂みが草食動物から若木を護っている様子を説明している。「イバラはオークの母」という中世の諺の通りである。(写真：チャーリー・バレル)

一番最近の氷河期が始まる以前にはブリテン島に棲んでいたダマジカは、ノルマン人によって、狩猟のために再び導入された。クネップにいる大型哺乳動物の中では数が最も多く、主に草を食べる。発情期の雄は、角こすりやレックでの雌の奪い合いによって大々的な植生攪乱を引き起こす。（写真：チャーリー・バレル）

同じくブリテン島に土着のノロジカもまた、主に草を食べる。クネップにはもともと少数のノロジカがいて、草食動物の多様性と複雑な植生の形成に一役買っている。（写真：チャーリー・バレル）

土着種であるアカシカは、2009年、植生が十分に発達して大々的な植生攪乱が起こっても大丈夫になってからクネップに導入された。アカシカは、木の枝を折り、表土を掘り起こし、樹皮を剝ぐ。(写真：ビル・ブルックス)

オールド・イングリッシュ・ロングホーンは古くて頑健なウシで、草を食べて冬を越す。絶滅した祖先であるオーロックスの代役である。(写真：チャーリー・バレル)

クネップのタムワース・ピッグは、野生のイノシシと同じ攪乱を起こす。クネップ・パークに放したときにブタたちが最初にしたのは、畑の縁に沿って鼻で土を掘り返すことだった。そこは一度も耕されたことがなく、ミミズや根茎が豊富だったからだ。（写真：チャーリー・バレル）

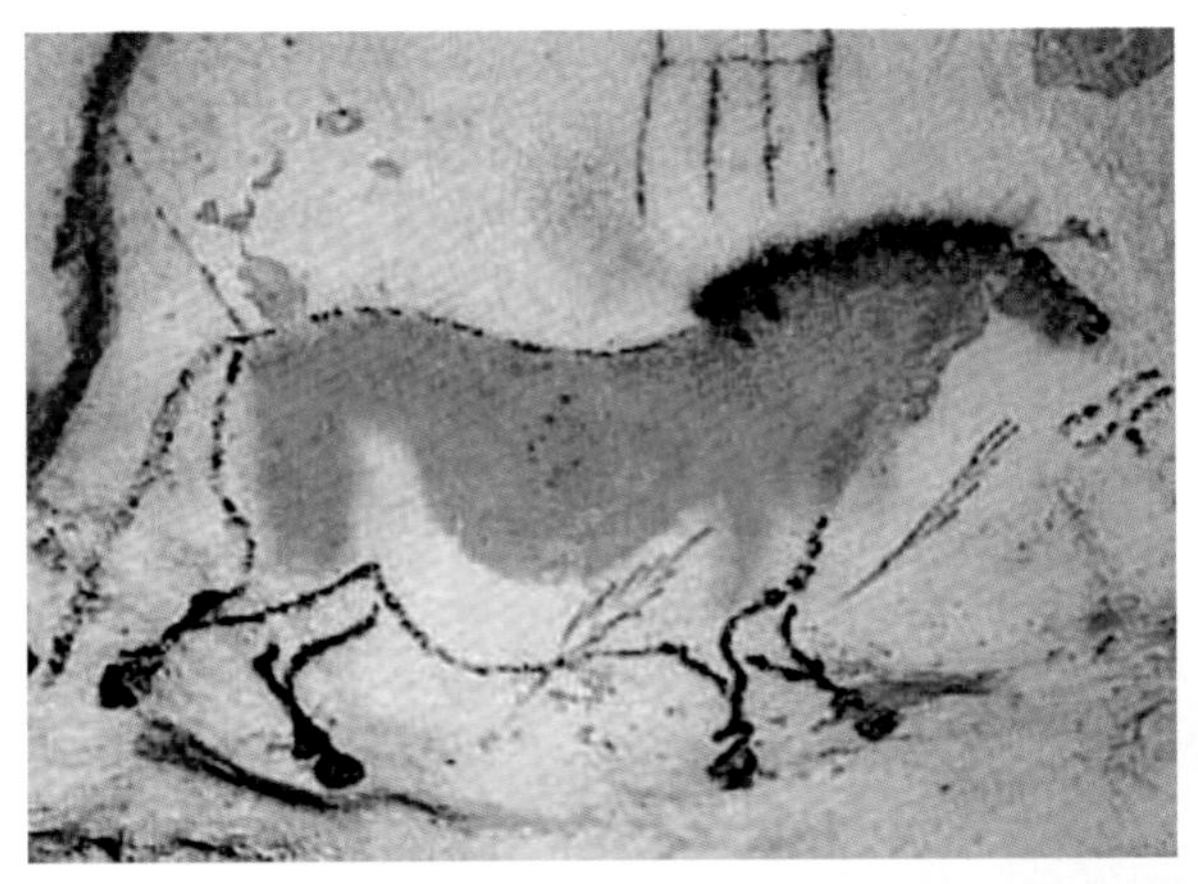

フランスのラスコー洞窟に描かれた1万7500年前のこの絵は、ヨーロッパ最古のウマの品種であるエクスムーア・ポニーに驚くほど似ている。かつてクネップのある地域やエクスムーア地方にはウマ（ターパン）の群れがいたが、現在はその代わりにエクスムーア・ポニーがクネップの生態系に有益な刺激を与えている。（写真上：Wikimedia Commons。写真下：チャーリー・バレル）

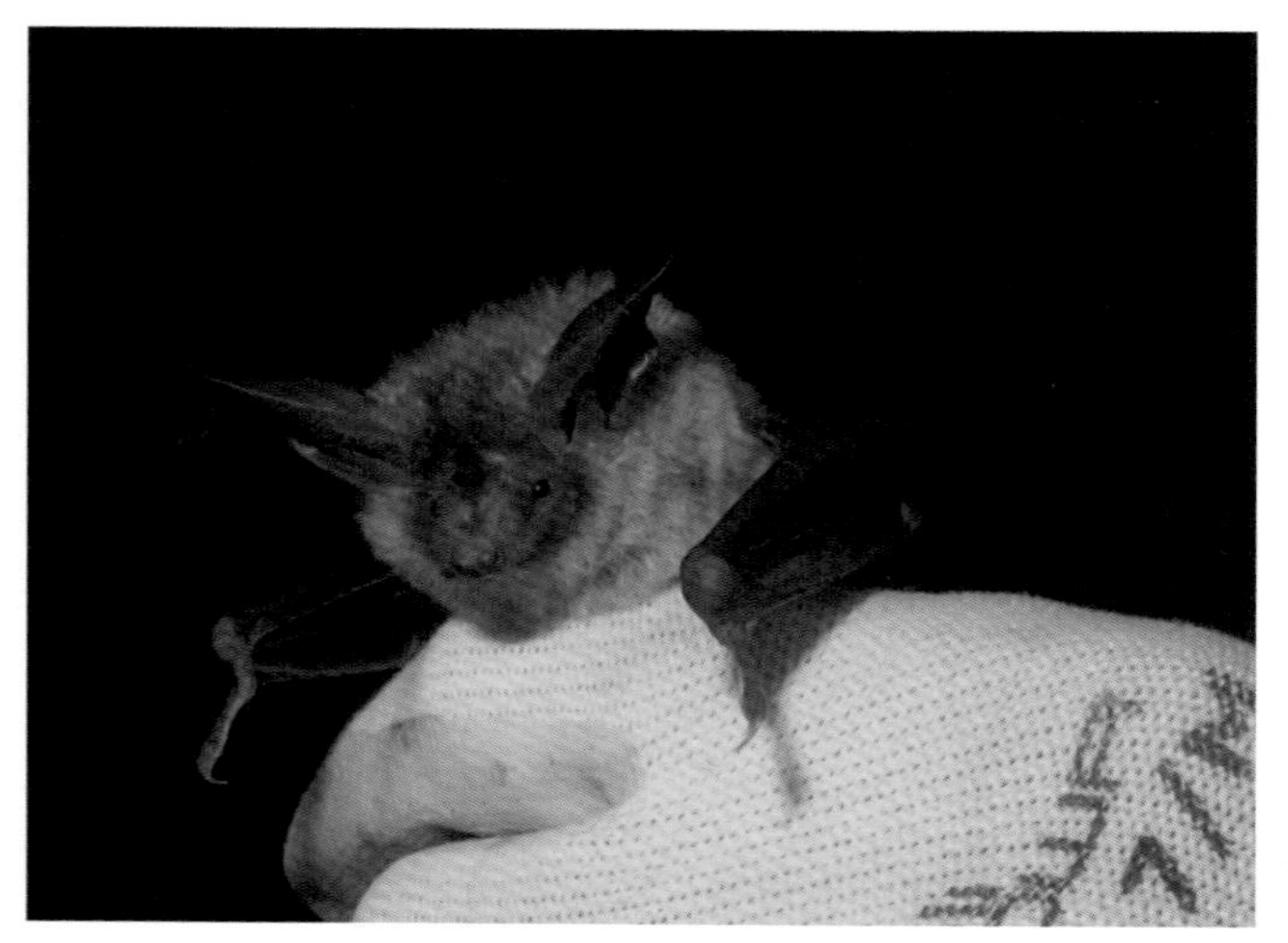

イギリスにいる 17 種類のコウモリのうちの 13 種が現在クネップにおり、膨大な数の昆虫を餌にしている。原生広葉林に棲むベヒシュタインホオヒゲコウモリは、ヨーロッパ全土で希少なコウモリである。（写真：ライアン・グリーブス）

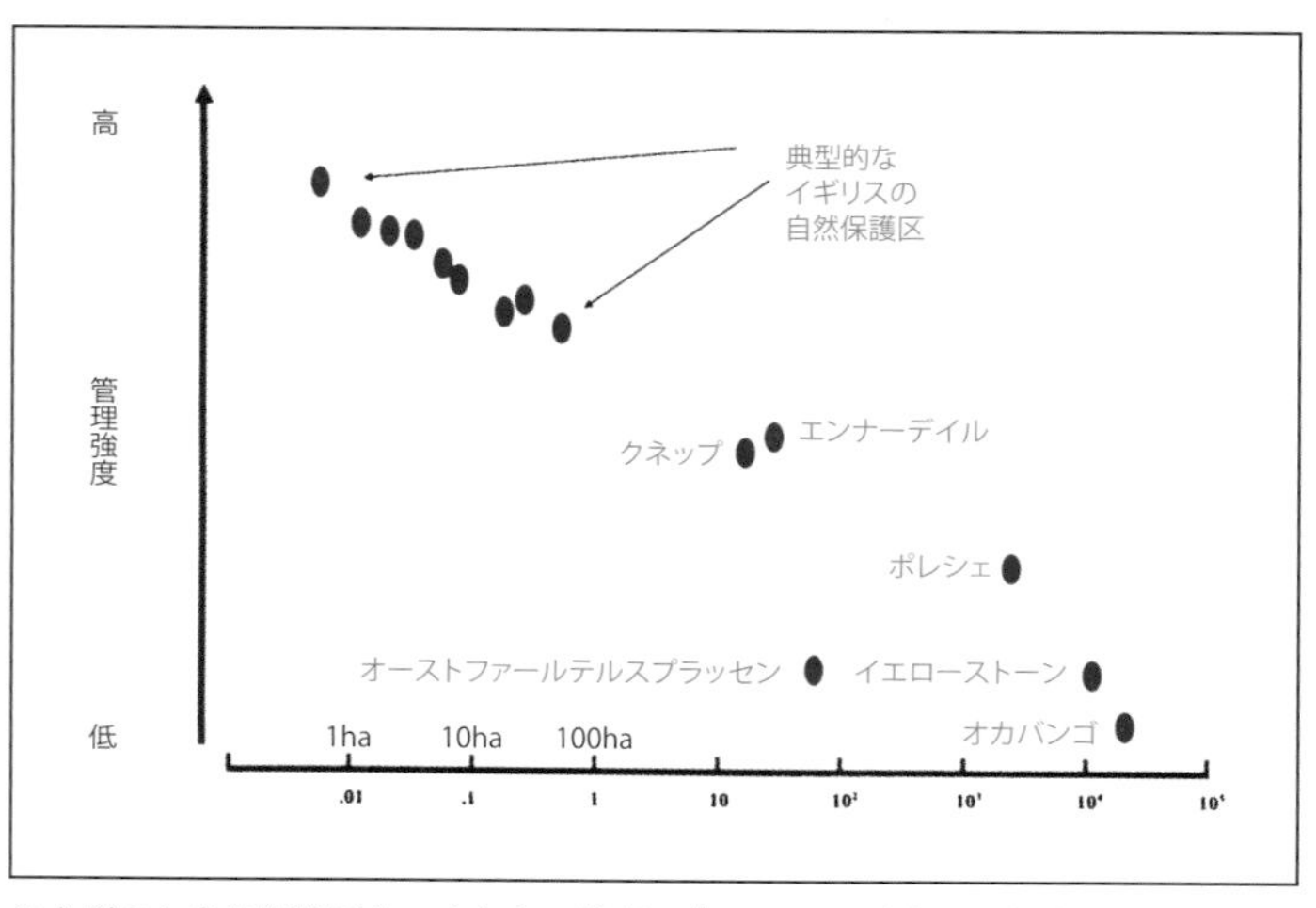


さまざまな自然保護区を、広さと、管理に費やされる労力という定性的指標に基づいて示した図。大まかに言えば、保護区が広ければ広いほど、生息域一個を管理するために必要とされる人間の介入の度合いは低くなる。（ジョン・ロートン卿が作成）

トンボとカゲロウは公害にことのほか弱い。イギリスでは6か所でしか目撃されたことのない青い目をしたトンボ、ヨツボシトンボ属の1種（scarce chaser）がクネップにやってきたのは、クネップの水質が向上したことの証しである。（写真：チャーリー・バレル）

家畜に駆虫剤や寄生虫駆除剤が広く与えられるようになった結果、イギリス全土でフンコロガシの数が激減した。私たちが従来型の農業をやめてから、クネップではフンコロガシが繁殖しており、たった1つの牛の糞から23種類のフンコロガシが見つかっている。クネップでは2017年に初めてセンチコガネ科の甲虫の1種（*Geotrupes mutator*、写真）が目撃されたが、これはサセックス州では50年ぶりのことだった。（写真：ペニー・グリーン）

ナイチンゲールがクネップで驚くような繁殖を見せていることからは、アフリカから渡ってくるこの激減中の渡り鳥がどんな生息地を好むかについて、新しい知見が得られる。イギリスでは「森林の鳥」とされているが、ナイチンゲールはクネップのイバラの低木で繁殖しているのだ。イギリス人の低木地嫌いが原因で、さまざまな鳥の数が激減している。(写真：デヴィッド・プラマー)

生息地や、餌となる種をつける自生種の植物が減ったことで、過去数十年でその数が壊滅的に減少したコキジバトは、今世紀半ばにはイギリスでは絶滅すると予想されている。2018年に20羽の雄が囀っているのが記録されたクネップは、イギリスでその数が増加している唯一のところかもしれない。(写真：ベン・グリーン)

クネップでは2016年にハヤブサのつがいが繁殖を始めた。通常は断崖あるいは塔や大聖堂に巣を作るとされているが、クネップでは木の上に営巣している。少しでもチャンスが与えられれば、野生動物は人間が考えているよりもはるかに多様な生息のしかたができるということの証しである。（写真：Susan Flashman/Shutterstock.com）

イギリスに生息する5種類のフクロウのすべてがクネップにいる。その中には、クネップで急増中のフンコロガシを餌にするコキンメフクロウもいる。（写真：ネッド・バレル）

枯木にしか生えないキコブタケ属の真菌［写真右］や *Podoscypha multizonata*（和名不明）［写真左］のような希少なキノコがクネップに生えているのは、何千年もの昔に遡る何世代ものオークと現在が生物学的につながっていることの証しである。（写真：テッド・グリーン）

レプトン・パーク復元のきっかけとなった、樹齢500年のクネップ・オークの下で「古木探検」を先導するテッド・グリーン。（写真：チャーリー・バレル）

森の中にしか棲めないと長い間考えられていたイリスコムラサキは、クネップではサルヤナギの低木を好む。このことは、生息地の選択肢が奪われた自然環境の中で私たちが目にすることからは、さまざまな生物種について誤った憶測が生まれかねないことを示している。現在クネップにはイギリスで最も多数のイリスコムラサキが生息している。（写真：ニール・ハルム）

かつては耕作地だったところに、地中の菌根菌がなければ生えない野生ランの1種（common spotted orchid）、ハクサンチドリ属のランの1種（southern marsh orchid）、オルキス属のランの1種（early purple orchid）といった植物が生えたのは、クネップの土壌が蘇りつつあることを明らかに示している。（写真：チャーリー・バレル）

繊細な薄紫色の花を咲かせる希少な水生植物ウォーターバイオレットは、トンボの幼虫、水生甲虫、オタマジャクシなどのすみかとなる。再野生化プロジェクトで水質が改善されるとともに姿を見せるようになった。（写真：チャーリー・バレル）

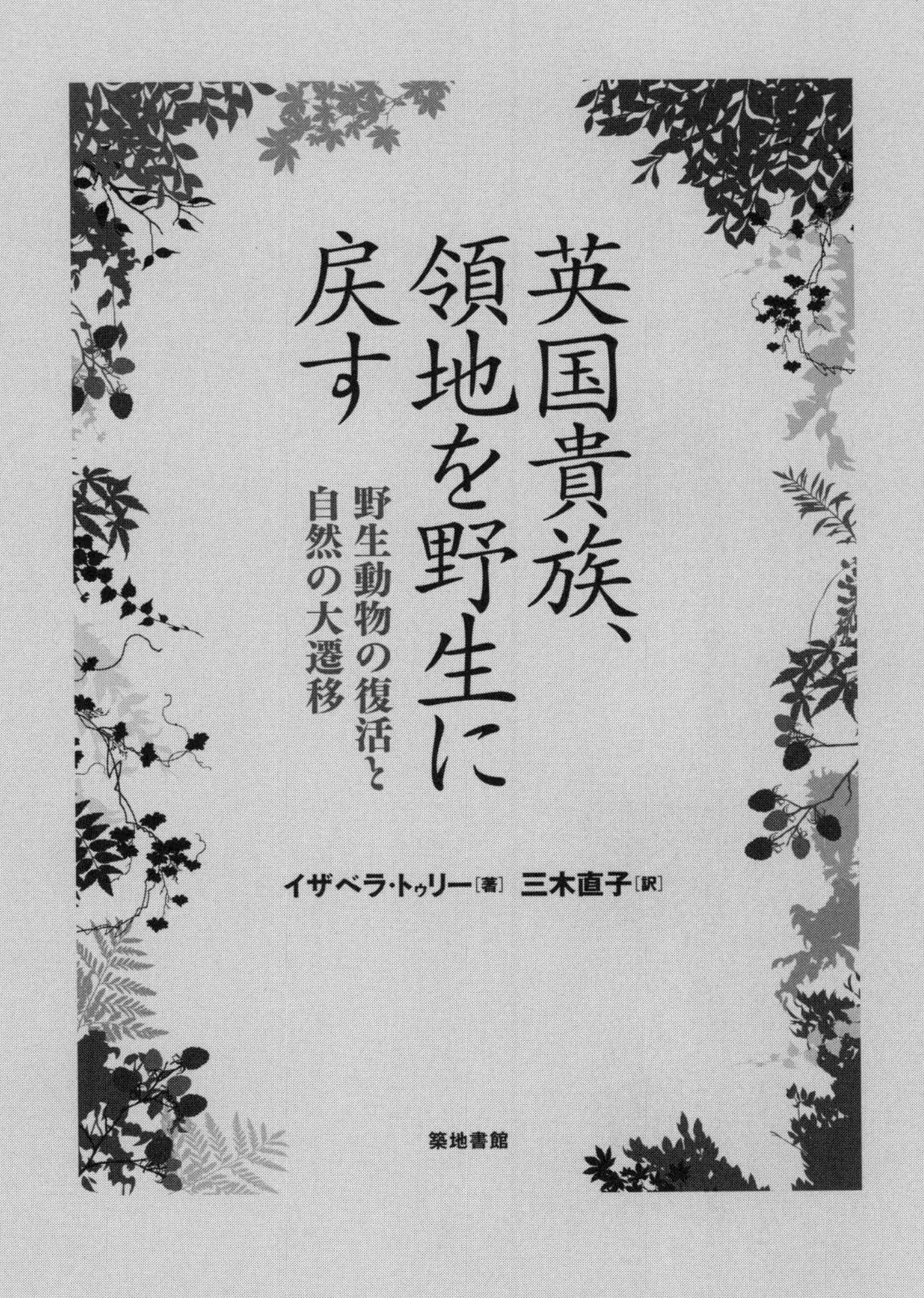

# 英国貴族、領地を野生に戻す

## 野生動物の復活と自然の大遷移

イザベラ・トゥリー［著］ 三木直子［訳］

築地書館

WILDING
by Isabella Tree


Japanese translation rights arranged with DGA Ltd.
through Japan UNI Agency, Inc., Tokyo

Japanese translation by Naoko Miki
Published in Japan by Tsukiji Shokan Publishing Co., Ltd., Tokyo

# はじめに

「花は地に咲きいで、小鳥の歌うときが来た。この里にも山鳩の声が聞こえる」

雅歌二章一二節

ウェスト・サセックス州、クネップ・キャッスル・エステートでの、風のない六月のある日。もう夏と呼んでいいだろう。私たちはこのときを待っていた――それを期待していいものかどうか、自信はなかったけれど。でもほら――以前は生垣［訳注：低木や高木を並べて植えて、農地と農地、農地と共有地などの境界線の役割を果たすもの。イギリスの典型的な田園風景］だったところに茂った低木の中から、あの独特のくぐもった声が聞こえてくる。うっとりするような、気持ちの良い、ちょっと哀感を漂わせたあの声。スピノサスモモやセイヨウサンザシ、イヌバラやキイチゴが足元にまとわりついているオークとハンノキの若木の一群の横を、私たちは足音を立てないように通り過ぎる。その鳴き声に気づいた感動には、安堵、それにちょっとした勝利の喜びが混じる――運命の機嫌を損ねないよう、そんなことは口にしないけれど。私たちのコキジバトが戻ってきたのだ。

コキジバトたちの優しいクークーという鳴き声は夫のチャーリーに、アフリカの低木地帯を、両親の農場を走り回っていた幼少の頃を思い出させる。コキジバトたちはそこからやってくるのだ――その小さなちいさな飛翔筋で飛ぶ距離は四八〇〇キロ。はるか西アフリカのマリ、ニジェール、そしてセネガルから、サハラ砂漠やアトラス山脈やカディス湾の壮大な地形を横切り、地中海を越え、イベリア半島を北上し、フランスを通過し、イギリス海峡を越えて。コキジバトは主に夜の闇にまぎれて飛び、毎晩、最高時速六五キロで四八〇キロから七二〇キロほどを移動し、五月から六月上旬にイギリスに到達する。やはりアフリカからの渡り鳥であるナイチンゲールと同様に、コキジバトは臆病なことで有名だ。彼らがそこにいることを私たちに知らせるのはその鳴き声である。通常ここに先にやってくるカッコウやナイチンゲールと同じく、コキジバトもここへ、繁殖のためにやってくる。アフリカの捕食動物や餌を取り合う他の鳥たちから遠く離れ、日が長いので餌を獲れる時間も長いヨーロッパの夏を利用するのである。

私たちのように、一九六〇年代に生まれてイギリスの田舎で育ったほとんどの人にとって、コキジバトの鳴き声は夏の象徴だ。その人なつこいクークーという声は、私の潜在意識のどこか深いところに埋め込まれて決して消えない。だが、私たちより若い世代の人たちにとっては、これは失われたノスタルジアであることを私は知っている。一九六〇年代には、イギリスには推定二五万羽のコキジバトがいた。現在はその数は五〇〇〇羽に満たない。今の調子で減少が続けば、二〇五〇年までにはつがいの数は五〇を下回り、一歩間違えばイギリスで繁殖するコキジバトはいなくなってしまう。私たちは今もクリスマスになると恋人がくれたプレゼントの歌を歌うけれど［訳注：恋人がクリスマスにくれた一二の贈り物を歌うクリスマスキャロルの、二番の歌詞にコキジバトが出てくる］、コキジバトを見たことがないばかりかその鳴き声を聞いたことがない人がほとんどなのだ。ラテン語で亀を意味するturturという可愛らしい言葉に由来するコキジバトという英名［訳注：turtle dove］は、亀とは関係がなく、魅惑的なその鳴き声から来ているのだが、私たちはそのことを知らない。

夫婦間の愛情や献身を表すかのようなコキジバトのつがいの絆——チョーサーやシェークスピアやスペンサーが描いた失われた愛を歌うかのような、もの悲しげなクークーという声が象徴するものは、不死鳥や一角獣が棲む世界へとその姿を消しつつあるのである。

コキジバトの生息地が狭まり、イギリス南東部のみになるにつれて、サセックスはコキジバトの最後の砦の一つとなった。とはいえ、私たちの郡のコキジバトの数は多くても二〇〇つがいと言われている。その理由の一つに移動経路となる地域の問題があることは間違いない。アフリカでは周期的に干ばつが起き、土地利用の仕方が変化し、ねぐらにできる場所が減り、砂漠化が進み、狩猟が増加している。地中海沿岸地方では、猟師たちによる砲火の中を横切るのは途方もなく難しい。マルタ島だけでも、毎年一〇万羽のコキジバトが殺され、スペイン全体では八〇万羽が殺される。

これらの影響はたしかに大きいが、それだけでは、イギリスに渡るコキジバトがほぼ壊滅状態であることの説明はつかない。たとえば、繁殖を終えてアフリカに戻る途中のコキジバトが狩猟の対象となるフランスでは、一九八九年以降コキジバトの数が四〇パーセント減っている。大幅な減少ではあるが、少なくとも近年はコキジバトの狩猟が行われなくなったイギリスの方が、その減少率ははるかに高い。ヨーロッパ全体では、過去一六年間でコキジバトの数は三分の一になり、六〇〇万つがいを割ったため、二〇一五年には国際自然保護連合（ＩＵＣＮ）による「絶滅のおそれのある種のレッドリスト」上で、「準危急種」から「危急種」に分類が変更された。危惧すべき状況の悪化の始まりである。

だが、ヨーロッパで一定の割合で起きている減少と比べ、イギリスのコキジバト数はほとんど突然、一気にゼロになったのに近い。イギリスにおけるコキジバトの窮状の根本的原因は、田舎の姿がほぼ完全に変わってしまったことにある。そしてそれはほんのここ五〇年間に起きたことなのだ。土地利用のあり方の変化、特に集約農業の隆盛によって景観は変わり、曽祖父の世代の人々には見分けすらつかないものになってしまった。こうした変化は、今では谷や丘を覆い尽くしている農場の大きさはもとより、農地に自生していた花や草がほぼ完全に姿を消したことまで、あらゆる規模で起きている。化学肥料や除草剤によって、カラクサケマンやルリハコベといった、どこにでも生えていた植物——小さくて高エネルギーなその種子がコキジバトの餌になる植物が駆逐されてしまった。同時に荒地や雑木林は一掃され、野草の草原は耕作され、川や池は排水され、汚染されて、コキジバトの生息地が消えた。

同様の農業改革はヨーロッパ大陸でも起きたが、ヨーロッパには人の手の入らない土地が十分な広さで残されており、コキジバトの数の減少を緩やかなものにしているように見える。ところが、イギリスの低地に偶然あるいは意図的に残された、小さく断片的な自然のままの土地は、砂漠の中のオアシスのように、自然の現象——つまり自然界を動かす生物間の相互関係やダイナミズムとは切り離されている。私たちは第二次世界大戦後の四〇年間で、その前の四〇〇年の間に失われたよりもたくさんの、何万という古い森を失った。第二次世界大戦の開戦から一九九〇年代までに一二万キロの生垣が失われた。イギリスだけで、産業革命以降、九〇パーセントの湿地が姿を消した。イギリスの低地のヒースの生えた原野は一八〇〇年以降に八〇パーセントが失われ、その四分の一はここ五〇年間に消失している。戦後、イギリスにあった野生の花の草原のうち九七パーセントはなくなってしまった。絶え間のない単一化と単純化により、イギリスの土地は、ライグラスとナタネ、そして穀物が育つ大規模な農地のパッチワークとなり、野生の花や虫や鳥たちに残された安全な場所といえば、ところどころに存在する管理の行き届かない森と、途切れ途切れの生垣だけになってしまった。

予算も少なく優先順位も低い環境保全対策は、農業の集約化と土地の開発に歯止めをかけることができなかった。皮肉なことだが、野生動物を記録することにかけては世界でも屈指の伝統を誇り、野生動物保護団体の会員数ではヨーロッパ一であるイギリスは、国に保護された自然保護区の面積が最も少ない国の一つである。フランスではその面積が二七五万ヘクタールであるのに対し、イギリスで自然保護のために残された土地はたった九万四四〇〇ヘクタール（九四四平方キロメートル、イギリスの全国土面積の一パーセント）しかないのだ。エストニアでさえ二五万八〇〇〇ヘクタールが管理されているのに。イギリスのちっぽけなSSSI（Sites of Special Sciertific Interest、特別科学研究対象地区）、SAC（Special Areas of Conservation、保全特別地域）、SPA（Special Protection Areas、欧州連合が発令した「野鳥指令」に基づく特別保護区）は、ボロボロで、ほったらかしにされ、ときには完全に忘れ去られている。多くの場合、その果たすべき役割は、道路や建物の建設など、より優先順位の高いプロジェクトの存在によってないがしろにされているのである。イギリスにある一〇の国立公園のすべてに、ヒツジを集約的に放牧したりライチョウの棲む湿地帯として管理されたりする大きな地区がある。手付かずの自然が神聖視され、自然が何よりも大切にされるアメリカの国立公園と違って、イギリスの国立公園は基本的に、人間のレクリエーションのための「文化的な」土地とされているのだ。

イギリスの田舎が様変わりしてしまったことは、コキジバトだけでなく、すべての野鳥に影響を与えた。英国王立鳥類保護協会によれば、一九六六年にはイギリスにいる鳥の数は現在よりも四〇〇〇万羽多かった。私たちの空はからっぽになってしまったのだ。一九七〇年のイギリスには、ヨーロッパウズラ、タゲリ、ヨーロッパヤマウズラ、ハタホオジロ、ムネアカヒワ、キオアジ、ヒバリ、スズメ、そしてコキジバトといったいわゆる「農場の鳥」が二〇〇〇万つがいいた。ほとんどが、虫でヒナを育て、雑木林や生垣に巣を作る鳴禽類である。一九九〇年までにその半数がいなくなった。二〇〇〇年にはさらにその半分になった。数字が大きすぎて理解しづらいので、これを別の文脈に置いてみるとわかりやすくなる。たとえば、一九六六年からの四〇年間でイギリスの人口は五〇〇万人増えた。つまり、イギリスに住む人が一人増えるごとに、現在は「重要」とされる農地の野鳥が三つがい、いなくなったことになるのである。

これはしかし、イギリスという国にとっては何を意味するのだろうか？　こうした愛らしい野鳥がいなくなることは憂慮すべきことなのだろうか？　もちろんチャーリーも私も、私たちが、そして子どもたちが、イギリスで二度とナイチンゲールやコキジバトの鳴き声を聞けなくなったりすれば、ひどく悲しく思うだろう。だがこうした野鳥がいなくなってしまったというのは、それよりももっとずっと重大なことを意味している。イギリスの空や地上のどこにでもいる身近な鳥たちは、本当の意味で「炭鉱のカナリア」なのである。その死は、もっとずっと大きくて目に見えにくい喪失と関係しているのだ。鳥たちに先だち、そして鳥たちの後に続いて、鳥たちと運命を共にするさまざまな生き物がいる。その中には、虫、植物、キノコ類、地衣類、細菌など、地味な生き物もいる。たった三〇年前にアメリカ人生物学者E・O・ウィルソンが説明したように、生命の多様性は、自然の資源と生物種間の関係性が織りなす複雑な関係に依存しているのである。一般には、ある生態系に生息する生物種が多様であればあるほど、その生態系の生産性と回復力は高い。生命とは不思議なものだ。生物多様性が大きければ大きいほど、その生態系が維持できる生物の数は多いのである。生物多様性を減少させると、生物量は指数関数的に減衰しかねない――そして、脆弱な生物種から順に失われていく。デヴィッド・クアメンは、その著書『The Song of the Dodo（ドードーの歌）』（一九九六年）の中で、生態系をペルシャ絨毯に喩えている。ペルシャ絨毯を小さな四角形に切っても小さいカーペットができるわけではなく、使い物にならない、端がほつれたカーペット生地のかけらがたくさんできるだけなのだ。生物種の急減や絶滅は、その生態系の崩壊の兆候なのである。

イギリスにある二五の野生生物保護団体の科学者らによって編纂された画期的な報告書、二〇一三年の

『State of Nature（自然の現況）』は、過去五〇年間にイギリスの野生生物に起こった厳しい状況を明らかにしている。イギリスの絶滅危惧種の個体数は、一九七〇年代と比べて半分になり、この国の生物種全体の一〇に一つは絶滅が危惧されている。野生生物全体の個体数は劇的な減少を見せている。中でも昆虫その他の無脊椎動物への影響は大きく、一九七〇年の個体数の半分以下に減っている。ガは八八パーセント、オサムシは七二パーセント、そしてチョウは七六パーセントの減少だ。ミツバチやその他の花粉媒介昆虫は危機的状況にある。植物も然りだ。コキジバトをはじめ、数え切れないほどの野鳥が食料としている種子植物の「雑草」は、計測が始まった一九四〇年以来、二〇世紀中は毎年一パーセントずつ減少している。二〇一二年に発行された報告書『Our Vanishing Flora』によれば、イギリスの一六の郡で、二年ごとに植物種一種が絶滅する。しかもそれは、識別され、観察されているものの話だ。それ以外の昆虫、水生植物、地衣類、コケ、キノコ類は観察の対象ですらない。

二〇一六年には、五〇の自然保護団体の科学者らが新しい『State of Nature』をまとめたが、その中には前途を楽観できるいくらかの根拠が示された。たとえばキクガシラコウモリを含む一部のコウモリの個体数が、法による保護のおかげで近年になって増えた。新しく葦原を作ったことで、サンカノゴイの元気な雄は、一九九七年には一一羽しかいなかったのが二〇一五年には一五六羽まで回復した。タンモウマルハナバチ（仮名／正式和名なし。以下、同）やアリオンゴマシジミなど、一部の地域で絶滅していた生物種も再導入に成功した。再導入がうまくいったアカトビは生息域が広がったし、多くの川にはカワウソが戻ってきている。ただしそこにはまた、より長い目で捉えた歴史の文脈についての厳しい実情も報告されている。「こうした回復は喜ばしいことではあるが、これらの生物種のかつての個体数の、ほんの一部が回復したにすぎないことを忘れてはならない」と報告書は述べている。

おしなべて、生物は大々的な減少を続けている。二〇〇二年から二〇一三年までの間に、イギリスの生物種の半数以上は個体数が減少しているのだ。これは、一九七〇年代の政策の失敗に都合良く責任を押し付けられる問題ではない。ハリネズミ、ミズハタネズミ、ヨーロッパヤマネといった、私たちが大好きな「どこにでもいる」生物を、近年はあまり見なくなってしまった。二〇一六年に発表された政府独自の評価によれば、いわゆる「優先保護種」である二〇〇種の生物のうちの一五〇種は、全国でその数が減っており、全生物種の一〇〜一五パーセントが、今にも絶滅しかねないのである。

このような生物の減少は世界中で起きていることだとつい思いがちだが、そうではない。ある国の生物多様性を測る新しい基準に「生物多様性完全度指数」というものがあるが、二〇一六年の『State of Nature』はそれを使って、イギリスではこれまで長期にわたり、世界平均と比べてかなり大々的に生物多様性が失われていることを明らかにしたのだ。二一八か国の中でイギリスはこの指数が最下位から数えて二九番目であり、世界でも特に自然が枯渇している国の一つなのである。

こうした想像を絶するような自然喪失を背景としてクネップにコキジバトが姿を現したというのは、ほとんど奇跡に近い。私たちの土地——ロンドン中心部からわずか七〇キロのところにある、元は耕作地と酪農場だった一四〇〇ヘクタールの土地は、世の中の流れと逆行しているのだ。コキジバトが今ここにいるのは、私たちがここを、再野生化の草分け的な実験プロジェクトに提供したためである。イギリスでは初めての試みだ。コキジバトの到来は、私たちを、そしてこのプロジェクトに携わるすべての人を大いに驚かせた。

プロジェクトが開始されてわずか一、二年後には、私たちはコキジバトの声を耳にするようになった。それまでは、一羽、二羽というコキジバトしか目撃されたことがなかったのに、二〇〇五年には三羽、二〇〇八年には四羽、二〇一三年には七羽、そして二〇一四年には一一羽のオスがいることがわかった。二〇一八年の夏には二〇羽いた。この二年ほどは、ときどき、つがいで茂みの外にいるところを見かけることがある。電線に止まっていたり、埃っぽい道に座っていたり。ピンク色の胸に夕方の光が当たり、首の小さな、シマウマのような縞模様がちょっとアフリカを思わせる——ほんの数週間前まで彼らはゾウの上を飛んでいたのだということを思い出させるかのように。クネップにコキジバトが形成したコロニーは、イギリス全土でのコキジバト絶滅に向かう止めようのない流れの中で、唯一の逆転現象なのだ。もしかすると、イギリスにおけるコキジバトの未来にとってたった一つの希望かもしれない。

だが、クネップを見つけたのはコキジバトだけではない。他にも、イギリスで絶滅の危機に晒されている鳥——ナイチンゲール、カッコウ、ムナフヒタキ、ノハラツグミ、チゴハヤブサといった渡り鳥や、ヒバリ、タゲリ、スズメ、コアカゲラ、キオアジ、ヤマシギといった留鳥(りゅうちょう)——が、プロジェクト開始以来、多数記録されているし、ここで繁殖しているものもある。また、ワタリガラスやアカトビ、ハイタカなど、食物連鎖の頂点にいる鳥たちも記録されている。毎年、新しい種類の鳥がやってくる。二〇一五年の驚きはトラフズクだったし、二〇一六年には、ハヤブサのつがいが初めてやってきた。一般的な野鳥の数も急増しているし、ミサゴ、クサシギ、コサギなど、ときおりやってくる野鳥の数も増えている。

鳥だけではない。その他にも、政府によって厳かに「英国生物多様性行動計画対象種」に指定された希少種も戻ってきている。たとえばベヒシュタインホオヒゲコウモリやヨーロッパチチブコウモリ、ヨーロッパヤマネ、ヒメアシナシトカゲ、ヨーロッパヤマカガシ、そして、イリスコムラサキ、ミドリシジミ亜科のチョウ、カラスシジミなどのチョウ。それがあまりに早く起きたので、プロジェクトを見守る人々、とりわけ私たち自身がとてもびっくりした。今では「再野生化」と呼んでいるこのプロジェクトに私たちが最初にこわごわ足を突っ込んだ二〇〇一年以前、この土地の状態はそれはひどいものだったのだからなおさらである。

自然保護活動家たちが気づきつつあるのは、クネップのプロジェクトが成功した要因は「自然が自ら意図する生態学的過程」にフォーカスしたことにある、ということだ。再野生化とは、手放すこと、自然に主導権を手渡すことによって、以前の状態を復元させる、ということなのだ。これまでイギリスで行われてきた自然保護活動はそれとは逆で、目標の設定と管理が重視された。人間ができる限りのことをして現在の状態を保持すること。それはある土地の全体的な景観を維持することだったり、もっと多いのは、特定の生息環境をこと細かく管理し、いくつかの生物種、ときには特別な一種のみを選んで、それらの益になると思われるような環境を作るというものだった。自然が枯渇したこの世界では、このやり方は非常に重要な役割を果たした。これをしなかったら、希少な生物や生育環境はこの地球上から姿を消していたことだろう。このような自然保護区は私たちにとってのノアの箱舟、つまり、天然の種子バンクであり生物種の保存庫なのである。だがそれらは徐々に存続が難しくなっている。お金をかけて徹底的に管理されたこのようなオアシスでも生物多様性は低下を続け、その結果、そもそもこれらの保護区が保護すべき対象の生物までが存続の危機に晒されることさえある。こうした生物の減少に歯止めをかけ、あわよくばそれを逆転させたいのならば、何か極端な方法が必要だ――しかも早急に。

クネップが提示するのはそれとは別のやり方である。自立し、生産的であると同時に運営費用もはるかに安価な動的システムだ。そしてそれは、従来のやり方と併せて展開できる。少なくとも紙面の上では保護の重要性がないとされる土地にこのやり方を適用してもいい。現在ある保護区の緩衝区域にしたり、保護区と保護区の間の橋渡しあるいは飛び石として使えば、生物が移動しやすくなり、気候変動、生息域の縮小や汚染が蔓延する中、生物が環境に適応し生き残れる機会がそれだけ増える。

自然の成り行きに任せ、達成すべき目標をあらかじめ決めず、特にどんな生物種や数値に沿って計画するのでもないこのやり方は、これまでの考え方とは相反するものだ。特に、仮説を立て、コンピュータモデルを使い、一つひとつ検証し、目標を調整し――というやり方を好む科学者を動揺させる。再野生化とは、自然にあるがままの姿を現す場所と機会を与える、ということであり、ただ信じて委ねる、という側面が大きい。一切の予測を手放し、起きることをただじっと観察する。クネップの再野生化は驚くことばかりだ。予想もしなかった結果が、在来種の生き物の行動や生息地について私たちが持っていたはずの知識を塗り替えていく。実際に、生態学を変化させているのだ。そして、私たち自身について、また私たちを現在の苦境に導いた驕(おご)りについても、そこから学ぶことがある。

一七年前にこの地所の再野生化に着手したとき、私たちは、環境保護に関連する科学や論争について何一つ知らなかった。チャーリーと私がこのプロジェクトを始めたのは、野生動物に対する素人じみた愛情ゆえであり、さらに、農業を続ければとてつもない損失が出ることがわかっていたからだ。このプロジェクトがこれほどの影響力を持つ多面的なものになり、政治家、農家、地主、環境保護団体や土地管理関連の公共団体などを、イギリス国内からも海外からも引きつけることになるなどとは夢にも思っていなかった。クネップが、現在、火急の課題である、気候変動、土壌回復、食物の品質と安全性、作物受粉、炭素隔離、水資源と浄化、洪水の軽減、動物愛護、そして人間の健康にまつわる活動の焦点になるなどとは予想もしなかったのだ。

だが、ここで起こっていることは、もっと深いところにある、何かもっと直感的な琴線に触れることのようにも思える。二〇一三年、ジョージ・モンビオットが、非常に示唆に富んだ著書『Feral』を出版し、イギリスにもっと自然を取り戻そうと懇願したが、それに対する読者の反応は凄まじいものだった。彼はどうやら、人々が感じてはいたもののまだ口に出せずにいた渇望にピタリと呼応したらしかった。私たちには何かが――畏敬の念を引き起こす、奔放な複雑さそのままの自然との、より充実したつながりが――欠けている、ということ。見事な自然が溢れていた過去と比べれば、今私たちが暮らしているのは砂漠も同然であることに。

人々の、このほとばしるような反応と変化を求める声に応えて、二〇一五年、慈善団体「リワイルディング・ブリテン」が設立され、夫のチャーリーは初めは理事の一人だったが、後に会長になった。この団体はとても野心的な目標を掲げている。二〇三〇年までに、徹底した再野生化を行う三〇万ヘクタール（イギリスにあるゴルフ場の面積、あるいは大きめの郡一つ分に相当する）の土地と、イギリスの漁業と海洋生物の回復に必要な三つの海域に、自然生態系を取り戻すというのである。一〇〇年後にはこれが、少なくとも一〇〇万ヘクタール、つまりイギリスの土地の四・五パーセントと、領海の三〇パーセントにまで拡大し、山の頂上から海岸まで広がって陸と海をつなぐ大きな野生化した土地が少なくとも一か所はあることを目指している。彼らの総合的な目標は、すべての土地を再野生化することではない。当然ながら、上質な農地は食料生産のために常に必要だし、住宅や工業のためにももちろん多くの土地が必要だ。彼らが目標としているのは、イギリス諸島の一部を野生の状態に復元して、オオヤマネコやビーバー、カワミンタイ、ワシミミズク、ニシハイイロペリカン、さらに最も人里離れたところではヘラジカやオオカミなど、一度は失われた生物たちが再びこの地に棲めるようにする、ということなのである。

より自然に溢れた豊かな国を作る道程において、クネップは小さな一歩にすぎない。だがクネップは、再野生化は可能であること、野生化がその土地にいくつもの恩恵をもたらすこと、経済活動も生み出せること、自然と人間の両方にとって有益であること、そしてそれらすべてが驚くほどあっという間に起こり得る、ということを示している。何よりも素晴らしいのは、ここで――開発過剰で自然が失われ、人口密度が高いイギリスの南東部で――それが可能であるならば、世界中どこでも同じことが可能だということだ。それを試してみようという意志さえあるならば。

目次

ロンドン
クネップ
ウェスト・サセックス州

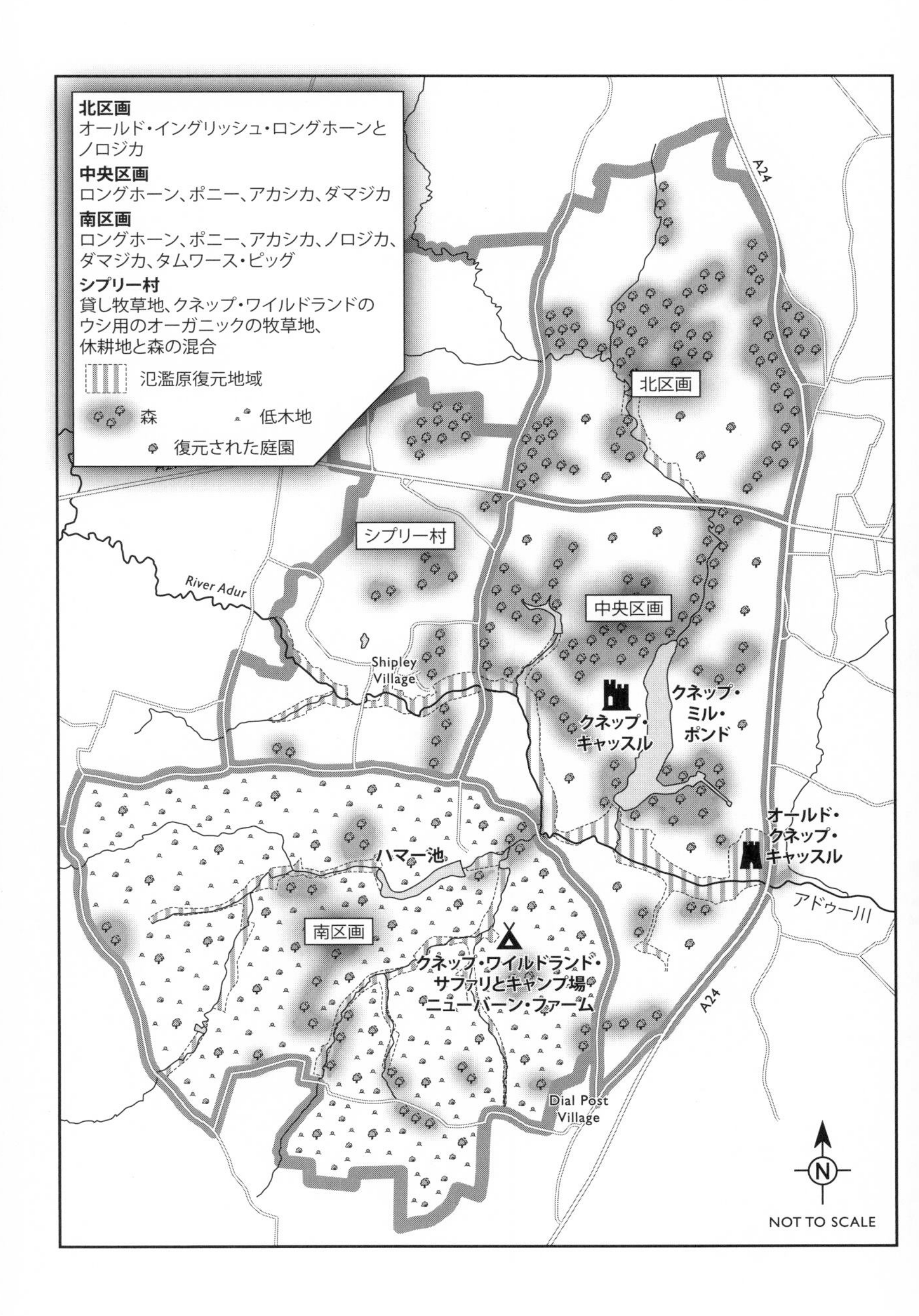
北区画
オールド・イングリッシュ・ロングホーンと
ノロジカ
中央区画
ロングホーン、ポニー、アカシカ、ダマジカ
南区画
ロングホーン、ポニー、アカシカ、ノロジカ、
ダマジカ、タムワース・ピッグ
シプリー村
貸し牧草地、クネップ・ワイルドランドの
ウシ用のオーガニックの牧草地、
休耕地と森の混合
氾濫原復元地域
森
低木地
復元された庭園
A24
北区画
シプリー村
River Adur
中央区画
Shipley Village
クネップ・キャッスル
クネップ・ミル・ポンド
オールド・クネップ・キャッスル
ハマー池
アドゥー川
南区画
クネップ・ワイルドランド・サファリとキャンプ場
ニューバーン・ファーム
A24
Dial Post Village
N
NOT TO SCALE

# 第1章　樹齢五五〇年の巨木と一人の男

樹齢四〇〇年の一本のオークは、生き物たちの生態系そのものだ。樹齢二〇〇年の木が一万本あってもなんの役にも立たない。

オリバー・ラッカム『Woodlands』二〇〇六年

古いオークの木の下で、テッド・グリーンは足を止めた。長い風雪に耐えてきた手で、彼はごつごつした樹皮を優しく撫でた。「会えて嬉しいよ」と彼が言うと、それに答えるかのように、私たちの頭上でザワザワと葉が立てる音が梢を渡っていき、ドングリがパラパラと地面に落ちた。胸高直径を測るメジャーの片方の端をチャーリーに渡すと、テッドは幹の周囲をテープでぐるりと囲み、七メートル、と嬉しそうに言った。その周長からすると、樹齢五五〇年ほどだ。おそらくは薔薇戦争の間に芽生えたのだろう——夫の一族、バレル家がクネップにやってきたのより三世紀近くも昔の話だ。ここがまだ「Knap」と呼ばれ、ノーフォーク公爵が所有する四〇四ヘクタールの鹿狩り庭園であった頃にその木は芽生えて、ドングリをイノシシやダマジカに食べさせたことだろう。樹齢たった一〇〇年の逞しい若木は、一七〇年以上にわたってクネップの所有者だったカトリック教徒の鉄器製造業者、キャリル家を喜んで迎えたことだろう。一七世紀の中頃にはイングランド内戦の目撃者として、議会派の軍がクネップを攻撃したのも、それに王党派が反撃したのも見守ったことだろう。私たちが歴史の本から学ぶしかないことを、この木は実際に体験してきたのである。

一九世紀に建てられた城に続く道の上に聳え立つその木は、いつともわからない頃から「クネップ・オーク」と呼ばれている。チャーリーの祖先、第三代準男爵チャールズ・メリック・バレル卿が、頭角を現しつつあった若き建築家ジョン・ナッシュを雇って城のすぐ隣に邸宅を建てさせたとき、その木は三五〇歳だったはずである。

## クネップの歴史とオーク

バレル一族は一五世紀からサセックスと縁があり、初めは農民、またカックフィールドの教区牧師だったが、一七世紀には鉄器製造業者となった。クネップがバレル家のものになったのは、弁護士でありサセックスの歴史研究家であったウィリアム・バレルが、クネップの継承者でありバレルのまたいとこにあたるソフィア・レイモンドと結婚したからだ。ソフィアの父、チャールズ・レイモンド卿は、キャリル一族の帝国が崩壊して間もない一七八七年にクネップを購入していた。チャールズ卿は、当時六四七ヘクタールだったこの地所とレイモンド家の準男爵の位を、娘婿に譲ったのである。

クネップに根を下ろしたのは、彼らの息子、チャールズ・メリック・バレル（第三代準男爵）だった。ナッシュが「絵に描いたような」新ゴシックスタイルで設計した新しい城にはもちろん、銃眼付きの胸壁や砲塔や鉄鋲付きのオークの扉があり、この巨大なオークからほんの一〇〇メートルかそこらの「小高くて美しい」場所に立ち、当時はテムズ川以南では最大の水体だった、三二ヘクタールの古い水車用貯水池を見下ろしている。

それ以降ここに住んだバレル家の者たちはみなそうだが、私たちの命運はこの木ととても深く結びついていたように思う。ウマ、馬車、ポニーが引く二輪馬車、蒸気プラウ、二つの世界大戦に出征していった男たち、最初のベントレー、チャーリーの祖父のシリーズIランドローバー、最初のコンバイン収穫機。どれもこの木の枝の下を通ったのだ。結婚式の行進も、弔いの葬列も、家族を見舞う奇怪な運命のいたずらも、この木は見守ってきた。一九九六年、秋に私たちの息子が生まれたその年は、マスティングでオークがたっぷりと実をつけた。私たちはドングリの一つをガラス瓶の中で発芽させ、将来のため、苗木を元の木のすぐ近くに植えた。古いこの木はあと何年生きられるかわからない、と思ったのだ。二〇世紀初頭のあるとき、この木は真ん中に亀裂が入り始め、第二次世界大戦中クネップ城に駐在していたカナダ軍がタンクチェーンで亀裂を縛った。だが一九九〇年の後期になると、大きく広がった枝のせいで再び木が割れそうになった。と、そんな木にはどう対処すればいいかを知っている人がいるというのである。

テッドは幹から離れて、頭上に広がる枝の様子を見定めようとしている。低いところにある枝がチェーンソーで切断されているのを見ると彼は眉を顰めた。木が歳を取ると、安定性をよくするために枝を低く垂らすことがある、とテッドが説明した——年寄りが杖をつくように。現代人の目には、こうして自分で自分を支える性向は「弱さ」とみなされ、杖、つまり低い枝は伐られてしまうのが一般的だ。「木というのはこういう姿をしているべきという、固まったイメージがあるんだよ」とテッドが言った。「子どものお絵描きみたいに、幹がまっすぐだったり、丸いポンポンが乗っていたりね。それ以外の形は見たくないんだ。木が歳を取って味が出て、好きな形に育つ、その力を許さないいんだ。俺のバス券を取り上げておいて、いつでも五〇歳に見えるようにシワ取り手術をしてくれるようなもんだ」

オークは最も長命な木の一つで、三〇〇年かけて成長し、三〇〇年間じっとしていた後、最後の三〇〇年でゆっくりと優雅に枯れる、と言われている。だがその真ん中の期間、木が「変化しない」でいる、というのは嘘だとテッドは言う。最適質量には達したかもしれないが、木は常に変化し、重量のバランスを取り、環境や周りで生育する植物に反応している。それがゆっくりすぎて人間は気がつかないだけなのだ。頭でっかちで、均衡を保つことができずに、クネップ・オークはバラバラになるまいと必死だった――二〇世紀におけるクネップを象徴するかのように。

少なくともテッドはこの木のことを楽観視していた。「ちょっと散髪すれば大丈夫だ――この先何年か、一度に少しずつね。樹冠を一〇パーセント小さくできれば――ほんの一、二メートルだが――風の影響が七〇パーセント減るから、木が真ん中で裂けるのを防げる。ほら、ここのこの枝がもう下がってるだろう？　これが地面に着けるようにしてやれば、木はもっとずっと安定する」

彼は考え深げに樹冠を見上げた。「この爺さんはまだあと四世紀くらいは生きるさ」

この一〇年、六〇代だったテッド・グリーンは、ウィンザー・グレート・パークの、王室が所有するオークの木の管理人をしていた。イギリスで最も著名な木の専門家であり、王立森林学会の栄誉ある金賞を授与されたばかりの彼であるが、今彼が惚れ惚れと眺めている木と同様、現在とは真逆の境遇で育った。戦争中に捕虜となった彼の父親は、戦争捕虜を輸送していた無標の日本の船に対するアメリカの潜水艦による雷撃で死亡した。父の死は、バークシャー州のシルウッド、サニングヒル、ウィンザー・グレート・パークが境を接する辺りで母親と一緒に暮らしていた一人っ子のテッドの心を粉々にした。まるで野生児のようになった彼は、森や草原を勝手気ままに走り回った。やがて家を立ち退きになったテッドと母親は、放棄されたシルウッドの軍の駐屯地跡の掘っ建て小屋を占拠した。家の内側の壁にはツタやスイカズラがつたい、雨が降れば母親は防水布を被って寝た。スリングショットの名人だったテッドは、こっそり王領地でウサギやキジを捕まえるようになった。

「問題児だったよ」と、物静かなバークシャー訛りでテッドが言う。「一人で勝手に走り回っていた――そうやって世界を理解したんだ。色々なことを自然に教わった。観察と忍耐。俺はそれに助けられたんだ」

バードウォッチングで知り合ったある科学者のおかげで、彼は遠回りをしながらも学究生活を始めた。インペリアル・カレッジが新しくシルウッド・パークに作ったフィールドステーションに、植物病理学の実験助手として勤めた後、最終的には、インペリアル・カレッジ史上二人目の名誉講師となった。彼の学生たちは一様に彼を崇拝した。そうやって三四年間、研究を支え、植物学と生物学を教えた後、彼は一九八〇年にインペリアル・カレッジを去り、ウィンザー・グレート・パークの環境保護コンサルタントになった。ぐるりと一周して出発点に戻ったのだ。

家に向かって小道を歩き出すと、テッドが立ち止まった。「あっちの古い木、心配すべきなのはあっちだよ」。彼の視線の先には、散在するオークの木々があった。一九世紀の鹿狩り庭園では重要だったが、今では農業という荒波に揉まれる灯台のように孤立し、イタリアン・ライグラスの草原を見下ろして立っている。木の病気を知るのは別に精密科学ではなくて、むしろ直感的なことなんだ。親しい友人の調子が悪ければわかるようにね、とテッドは言う。健康なオークは巨大なブロッコリーのようだ――びっしりと茂った丸い樹冠に生命がみなぎっている。二〇〇〇年かもっと前、ナッシュが建てた城郭風の邸宅のためにハンフリー・レプトンが造った庭園を監視するかのように植えられたそれらの木は、今では痩せ細り、樹冠には葉がなくなって枝がシカの角のように突き出している。樹齢はクネップ・オークの半分なのに、クネップ・オークよりもくしゃっとして、まるで戦いに疲れた兵隊のようだ。「耕作と、耕作にまつわるもろもろが原因だよ」とテッドが言った。

この周辺の地主のほとんどがそうであったように、バレル家もまた第二次世界大戦中には、「勝利のために耕そう」という政府の掛け声に熱狂的な愛国心で応えた。島国であり、ドイツのUボートが大西洋の供給ラインを航行する英国の船を撃沈する中、イギリスに住む五〇〇〇万人は飢餓の危機に直面していた。ウェスト・サセックス州の「War Ag」（戦時農業実行委員会の略称）の会長で、当時六二歳だったチャーリーの曽祖父、メリック・バレル卿は、ほとんどが永年放牧地で、電気などほとんど通っておらず、ウマに引かせた農機具で狭い農地を耕す自給自足農園で占められていたウェスト・サセックス州全体を、集約的な酪農・耕地にする、という仕事を任された。メリック・バレル卿は、イギリス農業協会（彼はその会長を務めたばかりだった）に対し、放牧地を耕地にすることをいやがる農民にはときとして「かなりの圧力」をかけなければならなかった、と認めている。

彼は自らその模範を示して見せた。自分の地所のうち、それまで何十年もの間、神聖な土地であったり、あるいは耕作するには金がかかり問題が多すぎる土地とされていたところを耕したのである。チェーンで連結された二台の巨大トラクターが低木の生い茂る何百ヘクタールもの土地に送りこまれ、ハリエニシダ、セイヨウサンザシ、サルヤナギ［訳注：英語のsallowはシダレヤナギ属の広葉の低木数種の総称だが、対応する日本語がないため本書ではサルヤナギと訳す］、イヌバラなどの茂みを引き裂き、蟻塚を跡形もなく破壊した。地元では「ラグ」と呼ばれていた古い湿地牧野と、家の周りを囲む一四一ヘクタールのレプトン・パークの耕作はそれよりも容易だった。

戦争には木材も必要だった。政府は国民をその気にさせるため、成熟したオークを伐ってその根を引き抜けば六〇ポンド支払うというニンジンを鼻先にぶら下げ、地主が満たさなければならないノルマを定めた。メリック卿は、グリーンストリートという家畜の通り道やビッグ・コックシャルズの大きなオークの木々を伐り倒し、ジョッキー・コプス［訳注：コプスは低木の密生した茂みのこと］を皆伐した。城を囲むレプトン・パーク内のオークだけは残したが、一族の棺桶に使うため念入りに乾燥させていたニレの木材は残念ながら強制的に徴収されてしまった。

イギリス中どこもそうだったように、戦争はウェスト・サセックスの姿を完全に変えた。クネップの地平線を見渡せば、サウスダウンズ丘陵に広がる白亜の草原に小麦の穂が波打っていた。青銅器時代から続いてきた放牧地で、キバナノクリンザクラとランの花が咲き乱れ、第一次世界大戦中、クネップが軍のために干し藁を提供していたときでさえ手をつけることが許されなかった土地である。ダイアル・ポスト、シプリー、ウェスト・グリンステッドといった近隣の村では、森が伐採され、何千エーカーという土地に排水溝を掘って排水した。クネップやその周囲の農園では、歳を取りすぎていて兵役ができない農民を、「ランド・ガールズ」が支えた――八万人の女性ボランティアからなり、チャーリーの曽祖母で男女同権論の先駆者だったトゥルーディー・デンマンの指揮下にあった、全国的な特別部隊である。ランド・ガールズは、トラクターにヘッドライトを取り付けて昼夜を問わずに耕作ができるようにし、最高で週一〇〇時間も働いた。イギリスはこの戦争中に、家畜飼料栽培の土地は倍増、穀物の畑の面積は三倍になっている。

「勝利のために耕そう」というキャンペーンは、多くの人が不可能と思っていたことを達成した。開戦の直前、イギリスは食料の四分の三近くを輸入に頼っていた。海外、中でもロシアとアメリカでの穀物生産量の増加と、蒸気船による安価な輸送によって、農作物の価格はどん底になり、当然ながらイギリス国内の耕地面積はかつてないほど少なくなっていたのである。今なら「グローバリゼーション」と呼ぶものの結果だ。だが戦争が終結する頃には、イギリスの耕作地は政府の補助金を受け、その面積は倍増して八一〇万ヘクタールになっていた。わずか五年で、史上最小の面積だったものが過去最大面積に変わったのである。新たに耕された土地は二万五九〇〇平方キロメートル、イギリスの小麦生産量は二倍になっていた。

レプトン・パークがいつの日か元どおりの姿になることを、メリック卿が夢に見たことがあったかどうか、それはわからないが、一九五七年に亡くなったときには彼はその望みを捨てていたに違いない。第二次世界大戦後のイギリスの経済は崩壊寸前だった。輸出するものはほとんどなく、輸入のための外貨もなく、ヨーロッパ大陸のおおかたは飢えており、イギリスの保護下にある属国は養わねばならず、もはや味方の連合国が助けに来ることもなく、イギリス国内には戦時中よりもさらに食べるものがなかった。食料配給は、欧州戦線勝利の日から丸九年経った一九五四年まで続いたのである。そしてそれはイギリス人の物の考え方を著しく変化させた。一九五〇年代になってもなかなか終わらなかった欠乏の記憶が、イギリスという国の無意識に深く刻まれたのだ。自分たちの食料を自分たちで賄う、というのは、安全確保のためであると同時に面子をかけたものにもなった。イギリスはもう二度と、飢えに脅かされはしない、と政府は宣言した。政府からの補助金による支援のもと、イギリスは生産のピークを保つのだ。休耕地は土地の無駄遣いとみなされるようになった。今八〇代のチャーリーの叔母ペネロペ・グリーンウッドは、こんなふうに言う。「私たちはみんな、草が一本生えていたところに二本生えるようにすれば天国に行ける、と教わって育ったの」。そうやってクネップの庭園は——いや、クネップの地所の隅から隅までが、集約農業にあてがわれることとなったのだ。

## 菌根と近代農業

テッドはライグラスを掻き分け、ウォーキングブーツに粘土の塊をくっつけながら、昔からレプトン・パークにあるオークの木の一本に向かってまっすぐ歩いていった。私たちも彼に続いて、木の幹のすぐ下の、そこだけ耕されずに残った小さな円形の草地に立った。「問題はこれだよ」。幹に寄りかかり、私たちの足元の草の生い茂った地面を見て彼は言った。「地面の下で何が起こっているかを俺たちは考えようともしない。俺たちの目に見える木は氷山の一角にすぎないのに」

オークの根は樹冠よりもはるかに大きく広がっていて、その先端は樹冠の半径の二・五倍のところまで届くこともある。彼はウィンザー・グレート・パークで最近、古いオークの根が、幹からたっぷり四五メートル先まで伸びているのを見たばかりだった。地中の酸素は比較的地表に近いところにしかないので、木の根の大部分は地表から三〇センチ以内のところにあり、そのため耕されたり圧迫されたりするのに弱い。夏の日、一頭五〇〇キロもある乳牛の群れが木陰に集まる様子を、私たちは牧歌的な風景だと思っていたけれど、それは木の根にとって良いことではなかったのだ。何度も耕運されたり、コンバインやパワーハロー、シードドリルなどの重機が、オークの木の真下、さらには畑の中を行き来することで、木の根は絶え間なく傷めつけられていた。

根だけではない。木の生命を支える仕組みはさらに複雑で、微生物学者や菌学者がようやく理解し始めた、暗くて目には見えない世界にまで広がっている――木の根にくっついて、深くて込み入った巨大な地下網を形成する、細い、毛髪のような菌根の世界である。

菌根、Mycorrhizaeという言葉はギリシャ語の*mikas-riza*（文字通り「菌の根」という意味）から来ており、菌根は植物と共生関係にある。この細い糸状のものは木の根から伸びて、宿主に水と必要な栄養素を届ける。そのお返しに植物は、菌根の成長に必要な炭水化物を提供する。直径がわずか一ミリの何百分の一、一番細い木の根の一〇分の一しかないこの繊維状のものは「菌糸」といって、肉眼では見えない。一本の菌糸が、木の根の一本の何百倍、何千倍もの長さになることもある。テッドによれば菌根は、特定の木あるいは樹種だけに限定して共生することもあれば、どんな木とも節操なく共生し、「菌根ネットワーク」と呼ばれる巨大な群落構造を形成することもある。このネットワークの大きさは無限に近く、中には大陸全体を覆うものもあると考える人もいるほどだ。

地球上の生命にとってなくてはならないものの一つである菌根が生まれたのは、今から五億年前、海から原始的な植物が現れて陸上生活を試し始めた頃のことだ。陸上で暮らすためには、植物は無機栄養素を手に入れる術を見つけなければならなかった。中でもリン酸のような希少無機栄養素は必須だったが、水中には豊富にあるのに地中には非常に低濃度でしか存在しない。植物だけでは、栄養素を求めて根を伸ばす能力には限界があった。そして菌根との共生関係は、その力を飛躍的に増加させることができたのだ。すべての大陸のあらゆる生態系において、九〇〜九五パーセントの植物が菌根と共生関係にある。一本のブルーベルを例に取れば、そこには一一種類、あるいはそれ以上の種類の菌根菌が棲んでいるが、そのほとんどはまだ科学的な究明がされていない。そしてこうした菌根菌がなければ、通常リン酸濃度が一ｐｐｍ以下である土壌に短くて太い根を張るブルーベルは枯れてしまうのである。木も同様だ。北米で行われたある調査では、一本の木に共生している菌根菌が一〇〇種類以上見つかった。真菌に特有の生化学物質を武器に、菌根菌は、岩の中の鉱物を採掘して植物の食物源にすることさえできるのだ。

菌根が持つもう一つの重要な機能は、早期警戒システムとしての役割だ。危険な目に遭っている植物に共生する菌根から発せられる化学信号が、近くにある他の植物の防衛反応を刺激し、保護酵素の量を増やすよう促す。菌根は、異種植物さえつなぐ通信網として働いて、草や木に、病原菌の脅威や、昆虫や草食動物による攻撃の危険を知らせるのだ。木の細胞を刺激して、その木を攻撃している害虫の天敵を招き寄せる化学物質を分泌させることさえできる。さらには、具合が悪い木や脆弱な若木を集中的に介護するよう木に注意を促し、まるで点滴バッグに彼らをつなぐかのように、栄養素を特別に多く提供したりもする。カナダ人森林生態学者スザンヌ・シマードが一九九〇年代後半に発見し、ペーター・ヴォールレーベンがその画期的な著書『樹木たちの知られざる生活――森林管理官が聴いた森の声』(二〇一七年、早川書房)に書いたように、地中にあるこの分子シグナルシステムが明らかにするのは、木というものが、互いに反応し合う社交的な生物であり、私たちが思いもよらなかったほど人間に似ている、ということなのである。

この繊細な菌根は、耕運機の爪が入れば当然破壊されてしまう。菌根はまた、化学肥料や殺虫剤などの農薬にも非常に弱い。リン酸は、濃度が低いときは菌根が植物の生命維持のために運ぶ栄養素だが、肥料として人工的に、大量に地中に投入されれば汚染物質となり、自然の生体系を圧倒し、菌根の胞子発芽と成長能力を減衰させる。硝酸、殺虫剤、除草剤、それにもちろん殺菌剤は、根に棲む菌根を減少させ、菌糸が伸びるのを阻害する。家畜の糞でさえ、大抵は寄生虫駆除剤(アベルメクチン)が含まれているし、抗生物質が含まれていることも多く、それが土壌に浸出して菌根を破壊することがある。

「つまりこの木の状態は――」とテッドが説明する。「この土壌に起きていることの結果である可能性が高い。味方から切り離されてしまったんだな。孤立無援なんだよ」

二〇世紀初頭、プロイセン人化学者フリッツ・ハーバーが、空気中から窒素を固定し、それを、植物の成長を促す植物利用可能硝酸に変換する方法を発明して現代的な化学肥料を開発した。この変換プロセスは非常な高温と圧力を必要とし、人工窒素の製造には膨大な燃料を投下しなければならない。現時点ではそれは主にガスである。この製造工程からはまた爆薬の原材料が生産され、ハーバーの発明した方法は、農業に広く採り入れられるよりも前に、第二次世界大戦における武器の開発に革命をもたらしたのだった。

終戦後、武器の製造から農業用肥料の製造に切り替えるのは、実業家たちにとっては簡単なことだった。戦車の代わりにトラクターが、毒ガスの代わりに殺虫剤と除草剤が製造されるようになった。ヨーロッパ戦線から遠く離れたアメリカでは、一〇か所の大規模な爆弾製造工場が無傷で残ったため、硝酸の生産量が激増し、アメリカは紛れもなく世界一の化学肥料推進国となった。そして、イギリスやヨーロッパで耕作を推進することがアメリカの利益につながったのだ。

## 忘れ去られたオーク

イギリスでは、戦後も耕作を続けるのが最良の道と考える者ばかりではなかった。ストラトフォード＝アポン＝エイヴォンのドレイトンにある草原研究ステーションの責任者ジョージ・ステープルドン教授をリーダーとする、影響力の大きい科学者の一団は、耕作ではなく、イギリスで最も豊富かつ安定した資源である草原を基盤とした食物の栽培に戻ることを提唱した。戦争の初期に急激に農地に転換したことによって、土壌の肥沃度は大きな打撃を受け、終戦が近づく頃には戦時農業実行委員会が農家に対し、穀物と、クローバー、イガマメ、アルファルファなど窒素を固定するマメ科の作物を輪作し、それに短期間家畜を放牧するなどして土壌を回復させるよう呼びかけた。ステープルドンの考えでは、この輪作システムは土壌の肥沃度を維持するだけでなく、農家は化学肥料や輸入家畜飼料の使用を避けることで自給自足が可能になる。経費が少なければ農家は借金をせずに済み、負債を抱えることもない。農業が不景気な時代には、混合農業が、さまざまな障害を乗り越える力と安定性を農家に与えてくれるのだ。それが食料確保のための究極のツールである、というのが彼の提言だった。

他にも、たとえばベストセラー『The Farming Ladder』（一九四三年）の著者ジョージ・ヘンダーソンのような著名な農場主もまた、伝統的な混合農業に立ち戻ろうと呼びかけた。コッツウォルド地方にある彼の農場は、一九三〇年代の農業不況をうまく乗り切り、開戦時には一エーカー（約〇・四ヘクタール）あたりの生産高がイギリスで最も高かった。イギリス農業省（当時）は彼の農場を模範農場として、人々をバスで研修に送り込んだ。土壌がもともと持っている生産性を維持することが重要だとヘンダーソンは考えていた。「イギリス全土の農家がこの方法を取れば、我が国は一億人の人口を養うことも容易だろう」と彼は書いている。

ヘンダーソンは戦後、農業助成金制度を続けることに猛烈に反対した。それは長期的に見ると、農家からやる気や直観や自立心を奪い、依存心を育て、農家が自分の土地をどう使うかを国の役人がコントロールすることになる、と彼は警告した。だが全英農業者連盟はそれには同意せず、補助金制度を保持するために懸命にロビーイングを行った。一九四七年、クレメント・アトリー政権は、「勝利のために耕そう」キャンペーンの黒幕だった農業経済学の教授、ジョン・レイバーンが起草した「農業法」を可決し、農作物の価格を永久に固定することを保証した。

チャーリーの祖父母がクネップを運営する頃にはすでに、補助金制度の存在が農家の行動に影響を与え始めていた。一九六〇年代後半には、大規模な、特定の作物に特化した農場経営が新しい潮流になった。その大部分は穀物などの耕作作物のみに集中し、飼い葉は輪作作物から完全に外された。飼い葉やクローバー、それに家畜によって土壌を肥沃にする効果が期待できなければ、まともな作物を育てるためには化学肥料の散布が必要だが、政府が気前よく提供する補助金のおかげで、農家はそれらの費用を賄うことができた。土壌を人工的に肥沃にすることができるというのは奇跡にほかならず、農業技術の改良による効率化、より大きくて優れた農業機械、それに新種の作物の開発とともに、工業型農業時代――「緑の革命」と呼ばれているがこれは誤解を招く名前だ――がエンジン全開で幕を開けた。

こうした新しい状況下に木の居場所はなかった。農場の真ん中にぽつんと立っている木は今や、農業機械の進行を邪魔し、耕せる土地の貴重な面積を奪う厄介者となった。こうした木を伐り倒さないまでも、多くの農家が、根元ギリギリのところまで耕せるように下の方の枝を払ったし、私たちもそうした。木、中でも樹齢の高い木は、病気や害虫の出処になる可能性があるとみなされるようになった。作物にとっては脅威である。作業効率を最大限にし、農業機械が大型化して方向転換するのに必要な面積が大きくなったのに対応するため、畑も大きくなった。一九四六年から一九六三年まで、年間四八〇〇キロメートルの割合で生垣が取り払われた。田園委員会の報告によれば、一九七二年には生垣破壊のスピードは年間一万六〇〇〇キロメートルにまで加速した。こうした生垣の中には、生垣を見下ろすように育ち、何百年もの間、家畜の飼料として、燃料として、木材、そして動物たちのねぐらとして使われてきた、何百万本もの木が含まれていた。その多くがオークだった。

テッドにとって、周囲に木のない広々としたところで育ったオークの古樹がイギリスから失われてしまったことは、人々が気づいていない大惨事なのだった。大昔にイギリスに住んでいたドルイド教徒たちはオークの木立の中で礼拝を行ったし、王国初期の王たちはオークの葉で作った冠で身を飾った。彼にとって、イギリスの文化にこれほど深く織り込まれている木は他になかった。強さと生き残りの象徴であるその枝の下で恋人たちは結婚の儀式を行い、幸運のまじないとしてドングリをポケットに忍ばせ、クリスマスにはオークのユールログ［訳注：クリスマスの前日に燃やす大きな薪］をヤドリギとヒイラギとともに飾った。堂々と聳え立つオークに惹きつけられるようにして、歴史上の重要な出来事がそこで起こった。ジョン王は、デボン州のウッデンド・パークにある「ジョン王のオーク」やノッティンガムシャー州シャーウッドの森にある「議会のオーク」など、歴史に残る木の下で政治的な交渉を行った。どちらの木も、一〇〇〇年近く経った今も生きている。一五五八年、自分が王位を継承したことをエリザベス一世が知ったのは、ハットフィールド・ハウスにあった大きなオークの木の下に座っていたときだった。「女王の木」は人々の巡礼の地となり、空洞になった幹には支柱が立てられ、柵で囲まれて、エドワード七世の時代に流行したポストカードにも登場した。この古樹がとうとう枯れたとき、現在のエリザベス女王はそこにオークの若木を植えた。一六五一年には、ウスターの戦いで敗れたチャールズ二世が亡命する際、ボスコベルの館のオークの木に登って追っ手の円頂党員たちから身を隠した——この逸話はイギリス各地でパブの名称となって伝わっている。「王家のオーク」、Royal Oakという名のパブでビールの一杯も飲んだことのない英国人はまずいないだろう。亡命の後、チャールズ二世がロンドンに帰還した一六六〇年五月二九日は国民の祝日となり、今でもオークアップルデーとして祝っている地方がある。

庶民にとっては、オークは生計の手段であり暮らしを支えるものだった。ドングリはブタの餌になり、パンを作るのにも使われた。樹皮は皮をなめすのに使えたし、刈った枝は、冬は家畜の飼料になり、薪にもなった。おが屑は肉や魚を燻製にするのに使い、没食子（もっしょくし）からはインキを作った。そして木材で炭を作り、それを使って鉄を精錬した——中でも、一六世紀の終わりまで鋳鉄工場がたくさんあったここウィールド地方ではそれが盛んだった。だが、世界でも最も硬くて耐久性のある木の一つであるイングリッシュ・オーク（ヨーロッパナラ）は、何よりも木材として珍重された。床材、家や納屋の支持梁、そして島国であるイギリスにとって一番重要だったのが、造船だった。

「あの枝を見てごらん」。腕で上向きに曲がった枝を真似しながらテッドが言った。「二つに割れば、船体を造るのにちょうどいい一対の材木ができる。しかも素晴らしいことに、木を伐らずにそれができる。使う目的にちょうど合った枝を切るだけでいいんだ」。オークのラテン名、*Quercus robur*そのものが強さを表しており、一九世紀半ばまでは、造船にはほぼすべてオークが使われていた。「古き英国の木の壁〔訳注：イギリス海軍のあだ名〕」はその船で世界中に船員を運び、大英帝国の拡大に寄与したのである。オークの名は、過去数百年の間に「HMSロイヤルオーク」と名付けられたイギリス海軍の八隻の軍艦や、「ハーツ・オブ・オーク（オークの心）」というイギリス海軍の行進曲、また「ルール・ブリタニア（統べよブリタニア）」の歌詞ともなって敬意が払われている。

## オークと生物多様性

だが、歴史的な重要性はともかく、テッドが今オークの減少を嘆く最大の理由は、それによって失われる生物多様性だ。「森の中ではこんな樹冠は決して見られないよ」と、私たちが立っているところと湖の間に、たっぷり間隔を空けて立っている五、六本の木を眺めながらテッドが言った。「オークには光とスペースが必要なんだ」。広いところで育つオークは、太陽光を最大限に利用できるよう四方八方に枝を広げ、森の中の木と比べて樹冠が六倍も大きい。「野生生物にとっては、そのすべてがニッチ（生態的地位）であり、隠れ場所になる」とテッドが言った。オークは、イギリスのどんな郷土樹種よりも多種の生物を支えており、その中には、亜種を含めて三〇〇種を超える地衣類や、膨大な種類の無脊椎生物が含まれている。またキバシリ、ゴジュウカラ、マダラヒタキ、アカゲラとコアカゲラ、木の穴や割れ目や広がった枝に巣を作るシジュウカラ科の数種など、野鳥にも食べ物を提供する。コウモリは、キツツキが作った古い穴や剝がれかけた樹皮の下やほんの小さな亀裂などをねぐらにする。一生の間に何百万個も実るドングリは、冬の準備をするアナグマやシカ、カケス、ミヤマガラス、モリバト、キジ、カモ、リスやネズミの餌にもなり、それが今度は、フクロウ、チョウゲンボウ、ヨーロッパノスリ、ハイタカといった猛禽類を惹きつける。猛禽類がオークに巣を作ることもある。葉はやわらかく、成熟したオークは毎年七〇万枚の葉をつけるが、秋には簡単に分解されて地面に栄養たっぷりの小山を作る。チチタケ科やイグチ科のキノコ、モロヒダタケ、トリュフなど、色とりどりのさまざまなキノコが生える場所だ。

けれども、オークが生態系としての本領を発揮するのは、樹齢が高くなり、盛りを過ぎて幹に空洞ができ始めてからだ。心材が腐るにつれて栄養分がゆっくりと放出され、幹に新しい生命を吹き込む。木の空洞に巣を作るコウモリや鳥の糞も養分になる。バット・グアノ（コウモリの糞）が溜まったものには、実は海鳥の糞と同じくらいに高濃度のリン酸と窒素が含まれているのだ。そして、落ちた枝がさらに根に養分を提供する。

この循環プロセスに重要なのはやはりキノコ類だが、この場合は、食用で、それにふさわしく「森のチキン」とか「ビーフステーキキノコ」などと呼ばれる、地上より高いところに生える種類のものである。キノコはよく、木が枯れる前兆だと悪く言われるが、木に寄生するというよりも枯れた木を分解する働きをすることがほとんどだ、とテッドは言った。木が枯れる原因になるのではなく、死んだ組織を分解することで木への無益な負担を取り除き、根がアクセスできる植物栄養素の貯蔵庫を別に作るのである。それによって木は、中が空の円筒状になり、ハリケーン並みの風にも耐えられる、より強靱で軽い構造に変化する。一九八七年の嵐のとき、ウィンザー・グレート・パークの若い木々が倒れたにもかかわらず、中が空洞になったオークの古樹が倒れなかったのがその証拠だ。一八世紀の土木技師ジョン・スミートンが灯台のデザインに大変革をもたらしたのは、中が空洞になったオークの強さとしなやかさにヒントを得てのことだった。

「驚いたな！」と、興奮を隠しきれない様子でテッドが言った。テッドが私たちを連れてきたのは湖のほとりに立っているオークで、彼は、幹から飛び出しているラクダの蹄のような瘤状の塊を指差していた。てっぺんは黒く、下は茶色をしている。ヨーロッパ全域で最も珍しい菌類の一つで、オークの古樹にしか生えないキコブタケ属の真菌である。「わかっている限り、イギリス中でこのキノコが生えている木は二〇本もない。このキノコの宿主になれる木が残っていないんだよ」

テッドは匂いを嗅ぎ回るテリア犬のように、古い木の根元や枝を見回して、生物学上の宝物探しをしていた。間もなくキコブタケ属の真菌に続いて、脳みそのように見える*Podoscypha multizonata*（和名不明）が木の根元の草の中に生えているのが見つかった。オークの古樹の根元に生えるキノコだ。高い枝の上には、ホットケーキみたいに見える*Ganoderma resinaceum*（オオマンネンタケ）が、そして菌でできたティラミスみたいなコカンバタケと同属のキノコの一種も見つかった。どれも、イギリスのみならずヨーロッパ全域でも希少なものだ。

「こういうキノコは古樹にしかできないから、生物学的な継続性を測る重要な指標になるんだ」とテッドが言った。「こういうキノコがあるということは、この場所にはオークの古樹が、何百年、ひょっとすると何千年も前からあったということだ。胞子は何世代ものオークの古樹に受け継がれてきたんだ。オークの古樹が枯れて、もしも近くに別の古樹がなければ、キノコも死んでしまう」

テッドが見つけたキノコのおかげで、私たちのオークの木々は、その樹齢をはるかに超えた奥行きを見せることとなった。私たちが目にしていたのは、ノルマン朝時代、四〇四ヘクタールに及ぶ鹿狩り庭園に立っていたオークの木に生えていたであろうキノコの子孫なのだ――一二世紀に狩猟小屋として建てられ、今ではわずかに塔の遺跡が残るだけの、最初のクネップ・キャッスルがあったところである。アドゥー川を見下ろす草むした丘に立つ古いクネップ・キャッスルは、湖を挟んで、ナッシュが建てた新しいクネップ・キャッスルを、一キロの距離と一〇〇〇年近い時間を隔てて見つめている。要塞つきの狩猟小屋「Cnappe」はかつてはジョン王が所有し、彼はここに何度も滞在して、ドングリのなる巨大なオークのあることで名高いこの庭園でシカやイノシシを狩ったのだ。第一次バロン戦争中、ジョン王は、「クナップのオークの心材」を使ってエンジンタワー［訳注：包囲攻撃兵器を支えるための塔］を造り、フランスのルイ八世の攻撃からドーヴァー城を守った。彼の息子ヘンリー三世は、クネップが、元の持ち主であるデ・ブラオス家の手に戻った後にクネップを訪れ、庭園の雌ジカ一五頭をカンタベリー大主教に贈った。エドワード二世は一四世紀初頭にここに滞在したし、リチャード二世もその六〇年後にここに暮らした。だが一六世紀後半、四〇四へクタールに及ぶ鹿狩り庭園は荒廃し、城はやがてイングランド内戦中に、国王軍が軍の資産として利用するのを防ぐため、議会軍によって破壊された。一七二九年には、ホーシャム‐ステイニング道路建設の基礎材とするために、城を造っていた石やレンガが盗まれた。現在はクネップのすぐ脇を轟音を立てて車が行き交う、中央分離帯のある幹線道路A24号線である。それでも、クネップの地所の真ん中で、なだらかな小丘の上に立ち、どんなにどんよりと曇った日でもそこだけは太陽が出ているかのようなその塔は、ここが王家の鹿狩り用地であった日々を思い起こさせる――クネップのオークの木々に、何世代にもわたって生命を吹き込み、一九世紀にレプトンが庭園を再生させる際の苗床となった、ほとんど神話のような風景である。

「ごらん、この国にはこんなに素晴らしい、歴史を灯す光のような木々が、数々の試練に耐えて生き残っているのに、俺たちは一顧だにしようとはしない。これがドイツやオランダなら、この木一本一本に銘板がついているよ」とテッドが言った。

これは、古いオークが少なくなったとはいえ、ほとんどのヨーロッパ諸国と比べてイギリスにはまだオークがたくさんあるからなのかもしれない。ヨーロッパ大陸では、長年にわたって戦争が断続的に続く中、侵略する兵士や家を追われた農民たちが木々を伐り倒して隠れ家を作ったり薪にしたりした。中が空洞化したオークの古樹は、伐り倒すにも燃やすにも最適だったのだ。動物を格闘させたり狩りをすることに熱心だった貴族階級は、冬の間シカやイノシシの餌になるドングリを実らせるオークを守ろうといくらかの努力はしたものの、やがてナポレオン法典が定めた均等相続制度が、フランスその他ヨーロッパの多くの国で貴族階級の荘園の終わりを告げた。一九世紀が始まる頃には、ヨーロッパ大陸の伝統的な鹿狩り庭園のほとんどは分割され、オークの古樹は最後の砦を失ったのである。

一方イギリスでは、数百年にわたって戦争がなく、長子相続制が続き、貴族階級の楽しみとして古風な鹿狩り庭園が存続したこと――彼らの大邸宅はそのためにあった――が、オークの古樹の生き残りを支えた。ウッドランド・トラストが近年行った調査によると、周囲の長さが九メートル以上ある、つまり樹齢九〇〇年以上のオークがイギリスには一一八本あり、その大半は貴族の所有する庭園にあるのに対し、イギリスを除く西ヨーロッパ全域で同じ樹齢を持つオークは九七本にすぎなかった。テッドによれば、ウィンザー・グレート・パークには、イングランド王国が建国された一〇世紀以前から存在している可能性が高いオークがあるそうだ。

テッドがやってきた一九九九年のその日から、チャーリーと私は、毎朝起きて目にするオークを、なんとも言えない不安とともに眺めるようになった。それらの木々はもはや、私たちや私たちの曽孫たちよりも長生きする頑健な仲間ではなく、窮地に追い詰められた難民であって、その痩せた枝で苦しみを訴えているように見えた。テッドの言葉が意味することは、深刻かつ衝撃的だった。全盛期であるはずのオークの木々が、病に罹り、もしかするともう助からないかもしれず、そして彼らの病状を決めるのは私たちなのである。集約農業によるこの被害は、単に木のみならず、木が生えている土壌そのものにも及んでいた。五〇年前には永年放牧地で、菌根が木から木へと送り出すメッセージがまるで化学物質でできた回路基板を伝わるように行き来し、植物たちの会話に溢れていたはずのこの庭園の土壌は、今では墓場のように静まり返っているに違いなかった。

# 第2章　私たちが農場経営を諦めるまで

土地とは何かを理解するまでは、触れるものすべてが敵である。

ウェンデル・ベリー『The Art of the Commonplace: The Agrarian Essays』二〇〇三年

僕は自然と二体化している。

ウッディ・アレン『Clown Prince of American Humor』一九七六年

一九九九年にテッドがクネップを訪れたのは、今思えば一つの啓示だった。私たちにとってそれは、考えを新たにするきっかけになった。最終的にはその火花が次から次へと連鎖反応を引き起こし、その連鎖は今も続いているのだ。庭園のオークを守る、という私たちの決意は、ほんの数年のうちにすべてを変え始めた。そういう極めて重要な瞬間というのはみなそうだが、タイミングが肝心だった。テッドが来たのが一〇年早かったら、私たちは彼の警告に聞く耳を持たなかったかもしれない。木の愛好家でその分野の専門家である一人の男の熱弁を、興味深く、おそらくは遺憾の念とともに聞き、そして何事もなかったようにそれまでの生活を続けただろう。農場を改良し、農場経営を成功させるために間断なく襲いかかる問題の解決――とりわけ貸越金の返済――に夢中で、自然についてじっくり考えることなどなかったのだ。だが、一九九九年、すべてが変わろうとしていた。二〇世紀の終わりが近づき、私たちは行き詰まっていた。穀物の栽培も酪農も危機的状況だった。過去一五年間続けてきた努力が失敗に終わった、という不愉快な事実に直面した私たちは、集約農業という当時のやり方に代わるものを必死で探していた。

五〇年以上にわたってクネップは、国中のすべての農場と同様に、集約化への道をまっしぐらに走っていた。チャーリーが彼の祖母から地所を相続したのは一九八七年のことで、彼女が亡くなったのは――彼女をよく知っていた人たちによれば――クネップの森を広範囲にわたってめちゃめちゃにしたハリケーンと、彼女の生活のすべてをめちゃめちゃにした「暗黒の月曜日」の株価暴落、という二つのダメージが重なったことが原因だった。二〇代前半で、サイレンセスターにある王立農業大学を卒業したばかりであり、いわゆる「緑の革命」を叩き込まれていたチャーリーは、多額の補助金があってもなお大赤字だった農場経営を、自分なら成功させられると信じていた。農場経営がうまくいかないのを彼は、祖父母の気力が衰え、近代化を渋ったせいにしたのである。若かった彼にとって、祖父母とともに働いた二年間は不満なことだらけだった。事務所での週に一度のミーティングでは、効率や利益幅についての質問は無作法だとして無視されるのが常だった。農場の収支計算はうわべを取り繕うばかりで、毎月の収入は報告されても、農場の管理人や労働者の賃金、農業機械の費用、労働者用賃貸住宅、農舎の維持費、獣医の費用などの経費はまったく報告されない。話し合われることといえば、農業コンテストや家畜の血統や狩猟地へのアクセスのことばかりだった。

## 農場拡大を夢見て

私と結婚して間もなく農場を相続したチャーリーはすぐさま、現代的な農家なら誰もがすべきことに取りかかった——合理化し、集約し、多角化し、可能な場合は固定費を分散させる。イギリスは一九七三年にヨーロッパ経済共同体に加盟しており、ヨーロッパの補助金制度に組み込まれていたが、それはイギリスが戦後取ってきた方針ともぴったり一致していた。終戦後、ドゴール大統領が「緑のゴールド」と呼んだ自国の農場を守ろうと必死だったフランスは、他の西ヨーロッパ諸国を説得し、産業規模の生産量、価格保証、保護貿易主義に基づくフランスの政府介入制度に似たものを導入させたのである。

さらには技術効率性の向上が人々の想像以上に生産高を増大させ、一九七〇年代に入るとヨーロッパの農作物供給量は需要を大きく上回ったため、ヨーロッパ中で、穀物とバターの山、牛乳とワインの湖が、巨大な穀物貯蔵タンクと冷蔵倉庫に蓄えられていった。一九八〇年代の初頭には、ヨーロッパ経済共同体の農作物貯蓄はバターだけでも一〇〇万トンに達した。大量の在庫を抱えた新手の穀物栽培農家たちにとって最も重要な問題は、どうしたら価格の暴落を防げるかということだった。肉牛を太らせるために穀物を食べさせるというやり方は何十年も前から一般的になっていたが、今度はそれに、一年中ウシに穀物を食べさせる動機が新たに加わった。肉牛だけではない。ヒツジや乳牛もまた、工場式畜産に強制的に引き込まれることになった。「無放牧飼養」という言葉が専門用語に加わった。

小規模農家、とりわけ私たちのような耕作限界地の農家は、新しくて大きな産業農場と競争するのが不可能になっていった。サセックスで乳牛を飼う農家は、一九六〇年代の一九〇〇軒から一九八九年には三九二軒に減り、乳牛の数は半分になった。小自作農で生き残れるのは、家畜の血統を改良し、搾乳室を近代化し、非効率性を排除できる抜け目のないところだけだった。一九六五年には七二五〇あった農場は、一九八〇年後半には四五〇〇を下回り、そのほとんどは大型で穀物栽培が中心だった。

私たちがクネップを相続したときにはすでに、五軒の小作農家は農業を諦めることに決めていた。貸していた土地を取り戻し、酪農場を併合させ、大型の優れた機械と農舎に投資すれば、農地は効率がよくなって採算が取れるようになるだろうと私たちは願った。チャーリーの祖母が飼っていたレッドポールという古い乳牛種——その頃のチャーリーはそれを、祖父母の「趣味の農業」的なやり方の象徴と思っていたのだが——を売ったのは、チャーリーにとってはその後を決定づける瞬間だった。全国的な傾向に従ってチャーリーはホルスタイン種とフリージアン種の乳牛——牛乳の生産のために特に品種改良され、レッドポールの年間乳量が六五〇〇リットルであるのに対し、八五〇〇リットルの牛乳を生産できる新しい品種——を買い、農場設備の近代化に取りかかった。残った三つの酪農場をグレードアップして大型の乳牛と大量の牛乳を扱えるようにし、汚水槽を拡大し、バンカーサイロを建て、乳牛を越冬させるストックヤードを造り、道を改良し、一元管理できる自動給餌システムと、三つの搾乳室それぞれでの牛乳生産を監視するためのコンピュータを設置した。一日中、毎日、一年中、ただウシに餌をやるだけのために、スタッフを二人雇った。

増加する牛乳の生産量を規制するため、ヨーロッパでは一九八四年に生乳クオータ制度が導入され、一軒の農家が販売できる牛乳の量に上限が設けられた。私たちは上限を超える年間一五〇万リットル分の牛乳を販売するため、追加のクオータ（生産枠）を購入しなければならなかった。これは一リットルあたり一六ペンスなので、全部で二四万ポンドに相当した。集約化にはその他の経費もかかった。たしかに、小作人に貸していた土地を自分で使うことによるスケールメリットもあった。たとえば農場の管理を同じ人にやらせたり、同じ機械を使えたり、というように。だが、それまでの農地に加えてさらに九〇〇ヘクタールの土地を耕作するために必要な運転資金——追加分の種子、農薬、肥料、燃料——はかなりの額だった。サイレージを作るための作物——成長が早く、年に三回収穫できる——だけをとってみても、大量の肥料を必要とし、肥料の価格は年々上昇したし、今だからわかるが、それとともに化石燃料によるカーボンフットプリントも増大し続けていた。小麦と大麦に与える肥料は、今ほど的を絞ったものではなかったがさらに熾烈で、通常量の合成肥料のほかに、発芽の時期に二種類の殺菌剤を撒き、あまり丈が高くなりすぎないよう、また青白い茎が風で折れたりしないように、植物成長ホルモンを投与しなければならなかった。ある程度育ったら再び何種類かの殺菌剤と成長ホルモンを与え、続いて茎が一番急激に伸びる時期に三度目、さらに穂がつき始めたら最後にもう一度薬を撒く。さらに、サイレージ専用の特殊な草刈機と収穫機があって、年に二、三回、サイレージを刈り取るたびにそれを借りなくてはならなかった。

だが何よりも、絶えず作業の妨げになったのは、サセックスの粘土質の土壌だった。石灰岩の基盤の上に厚さ三二〇メートルの重粘土が積もったロー・ウィールド地域の土壌は悪名高い。ここに住む人々は、夏になるとそれがでこぼこのセメントのように固まり、それ以外の季節にはとてつもなくベタベタした粥状になるのを知っている。イヌイット族が雪を表すたくさんの語彙を持っているように、古いサセックスの方言には泥を指す単語が三〇以上ある。大雨が降った後の畑の小道はclodgy。ネバネバして臭い泥はgawm。gubberというのは有機質が腐敗してできる黒い泥のことだし、ikeは泥だらけの場所のこと。黄色くてベトベトしたウィールド粘土はpug。最も粘度が高い泥のことはslabという。堆肥に使われる泥、あるいは河川堆積物はsleech、ねっとりした泥はslobまたはslub。泥だらけの穴はsloughといい、slurryというのは、水で薄まり、水分で飽和されているため排水ができない泥のことだ。濡れてベタベタする地表の泥はsmeery、家畜などが地面を踏みつけてどろどろにすることをstoach、プリンのような粘度の高い泥はstodge、さらさらした泥はstug、そして沼地のことはswankという、といった具合である。

舗装道路が登場する以前は、ほとんどの人は川や運河を使って海岸へと下り、そこからロンドンまで海上を移動した。一八世紀の後半まで、イギリスには東西を結ぶ幹線道路はほとんどなく、首都の市場まで陸路で家畜を運ぶことができるのは真夏だけだった。サセックスの道の恐ろしさは民話にも登場する。たとえばある旅人の話。土手に沿った泥道をゆっくり歩いていた旅人は、帽子が落ちているのを見つける。拾おうと手を伸ばすと、帽子の下には地元の住民が眉のところまで埋まっている。引っ張り出されたその男は旅人に礼を言い、自分が乗っていたウマを引っ張り出すのを手伝ってくれと頼む。「でもこんな泥の下にいたらウマは死んでしまったに決まっているでしょう」と旅人が言うと、男は「とんでもない、生きていまさあ」と答える。「何か食べている音が聞こえたからね。先週ここで埋まっちまった干し草の馬車に違いないね」

こんな状況でも生活を営めるサセックスの住民の能力は、いくつかの極端な仮説を生んでいる。著名な医師ジョン・バートンは一八世紀半ばにサセックスを旅行で通った際に、サセックスの雄ウシやブタや女性の脚が長いように見えるのは、「あまりにたくさんの泥の中から足首の力で脚を引き抜くのが困難であるために、筋肉が伸長して脚が長くなったのではないか」と考えた。今でもウィールド地域の、等級が三と四の農地の農家たちは、脚の長さに関係なく、チチェスター地方に広がる等級一のローム層の草原を、あからさまな羨望の目で見るのである。

## 農場経営の破綻

サセックスの粘土質の土壌のおかげで私たちの機械はうまく機能せず、もっと良質な土壌を持つ農家と競争することは不可能だった。驚くべきことに、一九九七年までイギリスの農家は許可なしに生垣を取り払うことができたのだが、私たちには、畑面積を大きくするという選択肢はなかった。そもそもクネップでの耕作は、ビクトリア朝時代に造られた碁盤の目のような水路や地下の排水溝があって初めて可能だったのだが、それらは小さい畑に合わせて造られていたからだ。産業用の排水システムをすべて新しく敷設するのは費用がかかりすぎて不可能だったし、現存するシステムを維持するだけでもお金がかかった。すべての排水溝と水路を清掃し、それらが機能するようにしておくために、毎年、従業員の一人が三か月がかりで作業した。

畑が小さければ、使える農業機械の大きさも必然的に制約される。コンバイン、ロータリー式耕運機、砕土機、噴霧器などは、畑の角を機敏に曲がることができて畑の出入り口を通れるサイズでなければならず、イースト・アングリア地方の大草原向きにできている大型機械のような作業効率は、私たちには望むべくもなかった。雨の多い時期には粘土のせいで何もできなくなる。九月の収穫に続く数週間、私たちは、雨季になって畑に足を踏み入れることができなくなる前に冬作物の種を蒔き、すべての水路を掃除し、生垣を刈り込もうとがむしゃらに働いた。春作物を作れることは滅多になかった。その頃には十中八九、トラクターが畑には入れなくなったからだ。

それでも、私たちは前進しているつもりだった。一九八七年には一エーカーあたりの小麦の収穫量が二・五トンだったのが、一九九〇年には平均二・七五トンにまで増えた。一九四〇年代、メリック卿が、小麦畑に投げた帽子が地面に落ちなければ豊作と考えた時代に比べれば、ずいぶん大きな進歩だった。たまに、太陽と風と雨がそれぞれの役割をきちんと果たし、種蒔きも農薬の散布も収穫もちょうどいいタイミングで行い、アルゴリズムのあらゆる要素が奇跡的に合致すれば、収穫高が三トン近くになる畑も一つ二つはあった。チチェスターのローム層の土壌なら当たり前の収穫高だ。いくつかの畑の収穫高が三・五トンに達し、四トンの収穫があった畑も一枚あった一九九六年には、私たちは問題を克服した、と思った。この頃チャーリーと一歳半の娘が、穀物サイロにしっかりと積み上げられた小麦の山のふっくらとして埃っぽい小麦粒の中に脇まで腕を突っ込んで、とても嬉しそうにしているところを撮った写真がある。酪農の利益率も夢のような素晴らしさで、ブリティッシュ・オイル・アンド・ケイク・ミルズ社（ＢＯＣＭ）の原価計算では常に上位二五パーセント以内だったし、コーンウォール出身の敏腕酪農家が管理していた乳牛群の一つに至ってはイギリス中で一番の成績だった。私たちのような土壌の土地で、それ以上の成績が出せる乳牛は想像できなかった。

経営の多角化も行った。古いサセックス風の納屋の一つを改装した最新式の製造工場で作るチャーリー・バレルズ・キャッスル・デイリー・ラグジュアリー・アイスクリームは、一九九〇年になる頃にはイギリス南東部全域で飛ぶように売れていたし、フォートナム＆メイソンの最上の売り場、ハロッズのフードホールやウエストエンドの劇場などでも販売されるようになり、全国展開の準備も整っていた。アイスクリームを作った後のスキムミルクからはキャッスル・デイリー低脂肪ヨーグルトを作り、異国情緒のある一連のフレーバーで展開した。ヒツジの乳からヒツジチーズと昔風のジャンケット［訳注：動物の乳を凝固させて作る甘い食べ物］を生産することさえ試みた。

私たちの農場がいずれは破綻する運命にあることに気づいたのがいつだったか、二〇年近く経った今となっては正確には言えない。長い間、私たちは翌年の利益が拡大することを願いながら農場経営を改善することばかり考えていて、失敗など想像もできなかった。収穫高が増加すれば、当然ながら気分は楽観的になる――ただしそれは、収穫高だけに注目し、経費や競合のことを顧みなければの話だ。何としてでも成功させる、という固い決意が私たちの目を曇らせた。ウシとヒツジの乳製品や牛肉の生産、九種類の耕作作物の輪作などからなる混合農業は、それぞれの事業の利益率を対前年あるいは対前月比で特定することが難しい。農業機械や施設に引っ切りなしに設備投資したり、新しいコンバインが必要だったり、建物に改良を加えたり、農漁業食糧省や欧州連合が次から次へと制定する新しい規則を遵守したり、労働者の人件費が値上がりしたり――そうした数々の経費は、煙幕に包まれて見えなくなってしまったのだ。その上、グリーンポンド（一九九九年まで、欧州連合の共通農業政策の中で経済支援額を算出するのに使われた為替レート）は激しく変動し、経費の計算を混乱させた。

アイスクリーム事業が辿った命運はもっと明快だった。一九九一年、驚いたことに、資産一五〇億ドルのグランドメトロポリタン社（食品コングロマリット界のダース・ベイダーと呼ばれている）が、ハーゲンダッツをイギリス市場に参入させたのである。私たちはライトセーバーを置いてすごすごと降参した。三五〇〇万ドルをかけた魅力的な広告と、何千もの店にハーゲンダッツ専用のディスプレー型冷凍庫を無料で設置するという積極的な販売戦略（その後このやり方は禁止された）によって、私たちは、イギリスのほとんどのアイスクリーム製造会社ともども、銀河の果てまで吹き飛ばされてしまったのだ。

だが問題はハーゲンダッツだけではなかった。仮にダース・ベイダーが私たちの行く手を遮らなかったとしても、アイスクリーム事業が私たちの救い手になることはおそらくなかっただろう。私たちにアイスクリーム事業を勧めたアドバイザーたちの予測に反してアイスクリームの利幅は小さく、ハーゲンダッツですら黒字に転じるまでに一〇年かかったのだ。

最終的には、私たちを弱らせていったのは農業そのものだった。一五年間で余剰金が残ったのは二年だけ。世界市場の拡大とともに、ヨーロッパ中の農家が、アジア、ロシア、オーストラリア、南北アメリカ大陸からの安い穀物と競争しなければならなかった。三二〇万リットル分を購入している生乳クオータの価格が大きく変動するのも不安の種だった。牛乳の価格が一リットルあたり一ペニー下がるたびに私たちは大金を失い、牛乳の価格が下がれば乳牛の価値も下がったが、酪農場や農舎の維持にかかる経費が下がるわけではなかったのだ。長い目で見て耕作作物がどうなるかも心配だった。なんと欧州連合の予算の五七パーセントを占める馬鹿げたヨーロッパの農業補助金制度が長く続くわけがなく、遅かれ早かれ補助金制度は中止されるものと予想せざるを得なかったし、補助金がなければ私たちは、イギリスの耕作限界地の農家のほとんどがそうであるように、支えきれない赤字を出して倒産に向かうだろう。

土地の管理者たちとの、長い、うんざりするような話し合いの中で、チャーリーは私たちの長期戦略を考え始めていた。自分たちが時限爆弾の周りを忍び足で歩いているのだということは、私たちもだんだんと気づき始めていたのだ。爆弾が爆発したきっかけは、一九九九年にテッドがやってくる数か月前、農場のマネージャーが、酪農場のうちの二つを合併させてはどうかと言ったことだった。彼が立てたプランは理に適っていた——たしかにそれは、農場を合理化して無駄を省く方法の一つだった。だがそのためにはかっきり一〇〇万ポンド必要だった。銀行にはすでに一五〇万ポンドの借りがある。マネージャーの提案で、私たちが置かれた状況がはっきりした——私たちにはこれ以上「改善」を行うことはできないのだ。そして、改善なしには生産量は横ばいのままだ。にっちもさっちもいかなかった。この農場は維持できない。数字が大声でそう言っていた。

## 新しい道筋

クネップ・オークについてアドバイスするためにテッドがやってきたのは、私たちがそんな暗い見通しに直面していたときだった。クネップを相続して以来初めて、私たちは農業以外のオプションについても聞く耳を持っていたのだ。庭園のオークの木々を新たな視点から眺めると、少なくとも家の周りの一四一ヘクタールについては解決法が見えた。一九九一年、ヨーロッパ各地で農業が環境に与えている悪影響に対する懸念を深めていた欧州連合は、農業環境プログラムを設置していた。これはちょっと屈曲した戦略で、欧州連合による二つの相反する財政的支援が同時に提供された——つまり、片や徹底的な集約農業を奨励する一方で、同時に集約農業による環境への影響を逆転させることが奨励されたのである。欧州連合の農業環境プログラムという傘の下でイギリス政府は、農漁業食糧省が管轄し、「イギリス全土の農地の環境的価値を高める」ことを目的とした「カントリーサイド・スチュワードシップ事業」を制定していた。そしてちょうど、庭園復元プロジェクトへの協力者を募っているところだったのだ。タイミングがよかった。レプトン・パークを復元するという私たちの提案に対し、翌春にプロジェクトを開始するための資金が約束された。

　この一四一ヘクタール以外の土地に残された唯一の道は、私たちが考える限り、経費を削減し、酪農を断念し、農業機械をすべて売却して、すべての土地を農業請負業者による耕作作物の栽培に充てることだった。ところが、イギリスに二つある大手農業請負業者のどちらも私たちと契約したがらなかったのだ。結局、すでに私たちの土地の北側の境界地区で耕作を請け負っていたチャーリーの叔父、マーク・バレルが私たちを助けてくれた。私たちと似たような境遇にあったにもかかわらず、彼はそれでも経費をより広い耕作地に分散することの利点を理解し、私たちの耕地をそっくり請け負ってくれたのである。

　だが、自分たちで耕作するのを諦めると決めたときは辛かった。二〇〇〇年二月一日、チャーリーは農場のマネージャーであるジョン・メイドメントを書斎に呼び、コンテストで受賞したウシの白黒写真と、「ロイヤル・ショー［訳注：一八三九年から二〇〇九年まで毎年イギリスで開催された農業祭］」から発行された六〇年間分の参加証書の下でニュースを告げた。農場の窮状がよくわかってはいたものの、それでもジョンはひどく落ち込んだ。あれほど懸命に働き、耕作作物はかなりの収穫高だったし牛乳の生産量は他を抜きん出ていたのに。彼はどうしても、どこかに他の解決法があるに違いないと思わずにはいられなかったのだ。農場の労働者たちは愕然とした。我慢強く耳を傾ける者、あるいは茫然自失し聞いたことを信じられないでいる者に、チャーリーは数字を説明した。労働者たちは、険しい表情で首を横に振り、事態を理解しようとしながら書斎を出ていった。暗黒の一日だった。一一人が仕事を失ったのだ。

その後の六か月間、チャーリーとジョンは、何とかやる気を保ちながら農場の後片付けをした。三つの酪農場のウシはあちらこちらに散っていった――一度に四〇頭かそこらが、早朝の搾乳後すぐさま車に積み込まれて、イギリスの反対側まで、夕方の搾乳に間に合うように運ばれたのである。クネップが始まって以来初めて、農場から家畜の姿が消えた。

九月半ばにサセックスを襲い、イギリス南部沿岸地方を襲った一連の大洪水の最初のものを引き起こした大雨と強風は、私たちが農業機械を売却した二八日の木曜日にもやまなかった。それは、一七六六年にイギリスで降雨量が記録されるようになって以来、最も雨の多い秋の始まりで、足の下の粘土はまるで世界全体を地中に引きずり込もうとしているかのようだった。地元の農家が大挙してやってきた。安売り価格に乗じて機械を買う人もいれば、無言のまま、私たちの農園の最期から自分は何を学ぶべきかと考えていた人もいたかもしれない。ウェスト・ドライブに沿って並んだ売り物の農業機械は、クネップ・エステートが無駄にした投資と、霧散霧消したエネルギーと野心を衆目に晒した。一番人目につく場所には最新式のジョンディア・ヒルマスター・コンバインが置いてあった――一九九八年に中古を八万ポンドで買い、七月と八月の天気の良い日には、小麦、エンドウ、大麦、オート麦、ナタネ、アマニの中を走り、地上二・五メートルのところにある操縦席では運転手のボブ・ラックがヘッドフォンを着けてタイ語を覚えたものだった。

その横には、マッセイ・ファーガソンとジョンディアのトラクターがズラリと並び、その後ろには、ハロー、ディスクハロー、パワーハロー、種蒔き機、そしてサブソイラと暗渠排水掘削機。土壌や水分の検査機器、農薬撒布機、肥料散布機と化学剤タンク、穀物オーガーと穀物乾燥機、コンベアベルト、大量の化学薬品。草刈機、ヘイレーキ、ベーラー、フォークリフトなどサイレージや干し草を作るための機械もあったし、穀物やサイレージを運ぶワゴンやトレーラー、マニトウ社製の見事なフロントローダとサイレージフィーダーもあった。その他、ヘッジカッター、電気柵用の器具、家畜飼育場用のゲート、そしてスレッジハンマーや支柱ハンマーから鋤や角型シャベルなどの小さいツールまで色々。酪農用機械で、コンピュータ制御された電気式搾乳室、牛乳タンク、自動給餌機、ウシ用キュービクル、スラリー散布機、ウシが寝そべるためのゴムマットなど、運ぶのが大変なものは酪農場で売ったが、キーナン社の横型ミキサーワゴン、ダンプトレーラー、バーンスクレーパー、ウシの檻とヒツジの檻、干し草棚、飼い葉桶と水槽、ヒッポ・スラリーポンプ、予備発電機、箱型トラック、四輪バイク、それにシェパーズ・ハット［訳注：移動式トレーラーホーム］一棟は運び出して、耳標装着用のペンチ、削蹄用ナイフ、精液フラスコ、人工授精銃、家畜建築物用足洗い容器、ゴム製の乳首と子ウシに牛乳を飲ませるバケツなど、ウシの世話をするための使い慣れた道具と一緒にウェスト・ドライブの一番端に並べた。

　雨の中、農作には辛い、厳しい冬が待ち受けているのはわかっていたけれど、葬式のような雰囲気を払いのけることはできなかった。だが、チャーリーの決断が正しかったことは間もなくわかった。酪農場を閉鎖して一年も経たないうちに、一リットルあたり二六ペンスだった生乳クオータの価格が――私たちは運良くその値段でクオータを売却していたのだが――下落して、無料（ただ）同然になってしまったのだ。もしも私たちがあのとき諦めずに頑張っていたなら、私たちの乳牛の価格も急落したことだろう。チャーリーは最高のタイミングで決断したのだ。生乳クオータ、乳牛、農業機械を売ったお金で私たちは貸越金を返済することができた。それに、二〇〇一年二月に始まって二〇〇二年一月まで、イギリスの食肉・酪農業界を機能不全に陥れ、納税者が納めた税金八〇億ポンドをかけて一〇〇〇万頭のヒツジとウシを殺さねばならなかった口蹄疫流行の苦しみも味わわずに済んだ。間一髪で大惨事を免れたのだ。私たちは自由だった。

# 第3章　農地が生き物であふれかえる

一片の人情が世の中を親密にさせる。

ウィリアム・シェークスピア『トロイラスとクレシダ』一六〇三年頃

二〇〇二年の夏は素晴らしかった。毎朝、波打つ草原に抱かれて目を覚ます。窓の外の風景から、工業型農業は姿を消した。掘り起こした土壌もないし、機械もないし、ぎっしりと列になった耕作作物もないし、フェンスもない。クネップ・パークを永年放牧地に戻すという決断は、オークの木を救っただけでなく、私たちもまたすっかり元気にしてくれた。単調な労働から解放された土地は安堵の溜息をついているように見えた。そして土地がリラックスすると、私たちもリラックスした。その感覚は、家の周り以外のクネップの地所を自分たち自身で耕作するのを諦めたことからくる解放感とはまた別のものだった。農場を契約農家に委ねたときには、私たちが背負っていた不安や責任はずいぶん軽くはなったものの、乳牛を酪農場から移動させたことを除いては、畑の風景が変わったわけでもなかったし、私たちのクネップを見る目も変わりはしなかった。耕作をするのが契約農家であっても、私たちはこの土地に、ちょっと距離を置いたところからではあるが以前と同じものを期待していた。これまで通りのシーシュポスの重労働を、私たちは黙って見つめていた——歯を食いしばりながら交わした粘土との約束に縛られたまま。だが家から見えるところでそういう重労働が行われなくなると、それはもっと深い解放感を与えてくれた。もっと穏やかで調和に満ちた何かが私たちの生活に入り込んできたかのようだった。生まれて初めて、私たちは土地と戦うのではなく、土地と一緒に何かをしようとしているのだということを、クネップ・パークの復元は教えてくれた。

## 躍動する生き物たち

何よりも際立っていたのは周囲の音だった。そこら中から聞こえてくる虫たちの低い鳴き声。今までは、それが聞こえていなかったということにすら気づいていなかったのだ。私たちが、膝の丈ほどに伸びたフランスギクやセイヨウミヤコグサ、カッコウセンノウ、ヤグルマギク、アカツメクサ、セイヨウカワラマツバ、クシガヤ、ハルガヤなどの中を歩くと、イカルスヒメシジミ、マキバジャノメ、チョウセンジャノメ、ヨーロッパシロジャノメ、カラフトセセリ、それにバッタやハナアブや色々な種類のマルハナバチがいっせいに飛び立った。

こんな凄まじい自然の反応にまだ慣れていない私たちには、目の前で起きているパタパタ、ピョンピョン、ブンブン、ジージーという大騒ぎはあまりに唐突に思えた——まるでウェルギリウスの詩にある、腐った雄ウシの腹から生まれたハチのように。でも本当のところ、それはウェルギリウスのハチよりももっと驚異的だった。どういうわけか自然は私たちを見つけたのだ——ほんの数エーカーのこの土地が心地良いすみかに戻った途端、自然はどこことも知れぬ遠くから、狙いを定めてやってきたのである。

昆虫のほとんどはやすやすと生息地を移動する。風に運ばれたり、鳥や動物に分散を助けられることもよくある。日和見種であるものが多く、どんなに困難な状況でも、繁殖を目指す衝動が彼らを駆り立てる。たとえばヨーロッパシロジャノメやギンボシヒョウモンは、新しい生息地を求め、ヒラヒラと、だが決然と、相当な長距離を移動する。そんな冒険の旅路はほとんどの場合、餓死したり捕食されたり思わぬ事故に遭ったりして終わる。だがごく稀に、求めている特定の植物が生えている生息地に辿り着いた場合、メスのチョウは何百もの卵を産み、天気に恵まれればそれはほんの数日で孵化して毛虫になる。オールド・クネップ・キャッスルの遺跡を囲む草地や、人の手が入らなかった生垣の根元や、A24号線の路肩など、近くにところどころ残っていた生息地から、復活したクネップ・パークに移住してきたものもあっただろう。その夏クネップを見つけた無脊椎動物たちがことさら恵まれていたのは、そこがまったく新しくできた生息地であったために、コウモリ、鳥、爬虫類などの捕食動物が普通よりずっと少なかったという点だ。おかげでそこは虫たちの楽園となった。

これまでとは違う生物が棲めるようにクネップ・パークの準備をするというのはとても不安な作業だった。私たちの土壌に自生していた野草の種子を手に入れるのは驚くほど難しかった――これを書いている二〇一六年の時点で、サセックス地方全体に残っている野草の草原は三五二ヘクタールに満たないのだ。一九三〇年代以降イギリスでは、野草の咲く草原の九七パーセント、三〇三万ヘクタールが失われた。そのほとんどは、耕して耕作作物を育てたり、成長の早い農業用の草や材木を育てるのに使われたのである。低地地帯に残っている野草の草原は一万ヘクタール。山岳地ではイギリス全体でわずか八九九ヘクタールにすぎない。「ウィールド・メドウズ・イニシアティブ」という団体は、クネップの北東二五キロのところにたった一エーカー、耕作されたことのない放牧地を見つけ、そこから野草の種子を採取していた。チャーリーの従兄弟が所有する広大な大農場の真ん中の、土着の植物相が残るこの四角い小さな空き地は、おそらくはキジ狩りのために残されたのだろう。イギリスの草原のほとんどはそうなのだが、それは環境保全を目的として、あるいは賢明な慈善精神のおかげでそこにあるのではなく、この草原も、たまたま運が良かったからそこにあるのだった。野草の茂る小さな草原は、クネップにも二、三残ってはいた。その一つは、一九世紀初頭に作られたプレジャー・グラウンドという名の樹木園の中にあったために一度も耕作されなかった小さな草むらで、家から歩いてすぐのところにあり、九月になると、マツムシソウモドキが一面を灰色がかった青に染めた。けれどもクネップの草原の名残はどれも植物多様性が不十分で、多様な土着植物の種子がすべて手に入るわけではなかったのである。

ウィールド・メドウズ・イニシアティブから買った大切な種がクネップに根付きやすくなるように、私たちはまず、要らないものを土壌から取り除かなければならなかった。土着植物を育てたイギリスの土壌のほとんどはもともと痩せていて、クネップの土地も、元の、「改良されていない」状態に戻す必要があったのだ。それはつまり、何十年にもわたって耕作作物の成長を促すために加えられてきた、土壌中の硝酸塩とリン酸の量を減らす、ということだった。けれどもそれはこれまでの経験には何となくそぐわず、まるで病気の治療のために病気を悪化させているような気がした。自分たちが、一つの価値体系から正反対の価値体系に移行しているのだということはわかっていた。農作業をするのと同じようにこの作業を行いながら、私たちは初めて、環境保全の視点に立って物事を考えていた。

## 土壌改善に着手する

そういうわけで、二〇〇一年の春、クネップ・パーク復元のための資金援助を得た私たちは、庭園の土を掘り起こし、畑の土のように耕した。三週間後、生えてきた植物をグリホサートで殺し、八月の半ばに再び表面を耕して除草剤を散布した。九月、私たちはそこに貴重なウィールド・メドウズ・イニシアティブの種子ミックスを蒔いた。翌年の夏、育った草は刈り取ってヘイレージにした。ヘイレージというのは半分乾かしたサイレージのことで、こうすると、茎から種子が地面に落ちて発芽するのである。そうやって草がよく伸びた部分は再びヘイレージを作り、伸びなかった部分は先端部分だけを切り取った。三年目もそれを繰り返した。

窒素は、植物の成長に使われたり蒸発したり流出したりして土中からあっという間になくなってしまう。だから、窒素固定をしない耕作作物を栽培する畑は常に窒素の投入を必要とする。一方、リン酸は土壌中に二〇年から三〇年残ることがある。積極的に草を育てて刈り取り、植物の成長に必要な養分を繰り返し土壌から取り除くのが、人工的に土壌に加えられたリン酸の除去には最も効果的な方法なのだ。三年目になる頃には、クネップの土地は元どおり、花を咲かせる広葉の土着植物に有利な土壌になったと私たちは考えた。商業的に栽培された牧草の埋土種子にも負けないはずだ。

化学肥料の残留レベルが下がっただけでも庭園のオークにとっては朗報で、続く数年間、樹冠が徐々に回復していくのを私たちは目の当たりにした。だが、湖のほとりに立つオークの古樹を救うには間に合わなかった。土中から流れ出す化学肥料の影響をことさら受けやすい坂の下に立つそのオークは、周りで野草の花々が勢いよく咲き誇っているにもかかわらず、枯れてしまった。以前のやり方なら、私たちは躊躇（ためら）うことなくチェーンソーでその木を伐り倒しただろう。家からよく見えるところにあるその木は、景観に一点の染みを作っていた。農家的に見ればそれはまさに、役に立たないもの、無視されたものの象徴だった。だが、その頃までには私たちの常連客であり、アドバイザーであり、友人となっていたテッドが、それとは異なった見方を私たちに教えてくれたのである。彼は、一八世紀に描かれた、枯れた木が中央にある絵を私たちに見せた。彼によれば、ロマン主義の時代の初期、ジョージ三世の妻だったシャーロット王妃は、キュー宮殿の庭園に歴史と風格を添えるため、立ち枯れした木を移植させたそうだ。ハンフリー・レプトンすら、造園にあたっては枯れていく木々を大切にした。「科学的な知識があり、かつ風雅を理解する者は、人が朽ちていると言って非難する枯れ木に美を見出すであろう」と彼は書いている。

悪いのはビクトリア朝時代の人々だ、とテッドは言う。イギリス人が窮屈なまでに整理整頓にこだわるのは、この時代の影響なのだと。この時代が腐敗の始まり——いや、この時代以降、ものは腐ってはいけないことになったのだ。枯れた木、枯れつつある木は、自然の再生プロセスの一部であり、生物の多様化を促進する。ところが、現在私たちが目にする風景にはそれが著しく欠如している。私たちは、自分自身が歳を取り死んでいくのが許せないのと同じように、衰退と腐敗という自然のプロセスに対して不寛容になってしまった。

私たちは、枯れかけたその木を放っておくことに決めた。自分たちは何もせず、自然のなすがままに任せる、という最初のレッスンだった。枯れていくオークの木を眺めるのは初めは不愉快だったが、やがて私たちはそれに魅了され、最後には愛しさに近いものを感じるようになった。これまでとは違う美意識が生まれようとしていた。オークは独特の美しさを帯びるようになった——そこには一種、彫刻のような、形而上学的な高貴さが漂っていた。死は別の意味での生となった。甲虫類や枯れた木を食べる無脊椎動物が木に棲みつき、他とは別の世界が突如として現れたのだ。アカゲラは、養分たっぷりの幼虫を探して凄まじい勢いで木をつつき、叩き、穴を開けた。夏にはサギが低い枝に止まり、水面の方を向いて、いつまでもいつまでもじっと動かなかった。キタハタネズミが木の根のウサギの巣穴に混じって棲みつくようになって間もなく、大きな雄のアカギツネが獲物を狙って幹の周りを回っているのを見た。冬になるとキツネの足跡は、湖の反対側の森の下生えとオークの間を行ったり来たりして、氷の上に降る粉雪に路面電車の線路のような一本線を残した。ずっと前にその木に打ち付けてあったのだが使われたことのなかったメンフクロウの巣箱が、ハイタカのつがいを引き寄せた。夏、ハイタカが滑るように城の上を飛んで過ぎると、ニシイワツバメたちはパニック状態でけたたましく囀りながら小塔の周りを飛び回った。ハイタカはしばらくの間、キッチンの横にある鳥の餌台に狙いを定めた。私たちが昼食を食べていると、同じく昼食の獲物を探しているハイタカにびっくりさせられたものだ——アオガラが窓ガラスに当たって落ちると、ハイタカが急降下してきて、敷石の上で目を回している獲物をサッと摑んでいくのである。

こうしてこれまでとは違った考え方をするようになった私たちは、庭園の他の木から落ちた枝もそのまま放っておくことにした。これもまた、木に養分を与えるために自然がすることの一つなのだ。加齢やストレスが原因で樹冠が衰退すると、外側に伸びた枝は枯れて最終的には地面に落ち、根に栄養を補給するのである。以前私たちがしていたようにそうした枝を運び出してしまえば、歳を取っていく木から重要な養分源を奪うことになる。「考えてみればうまくできてるな。まるで俺が自分の腕を食って生き長らえるみたいじゃないか」とテッドが言った。

クネップの芝地に生えているヨーロッパアカマツやレバノンスギのように、強風や大雪で定期的に枝が落ちる木もある。大きな荷重がかかる時期に、根に養分を補足するための仕組みだ。自然界には「無駄」というものは存在しない、とテッドが言う。それなのに私たちは今まで、その自然のサイクルを邪魔していたのだ——まるで子どもが脱ぎ散らかした服を寝室の床から拾い上げるように、チッ、と舌打ちしながら折れた枝をどかして。秋に葉が散るのもまた同じように、冬の間ゆっくりと栄養分を放出するためだ。「ミミズやその他の無脊椎動物が土壌にいて、落ち葉を地中に引き摺り込んで食べてくれれば、驚くほどの速さで落ち葉はなくなるよ」とテッドが言った。私はかつて秋になると感じていたイライラを思い出した——高価なエンジン式落ち葉ブロアーの季節。そして、これからは自然が与えてくれる無料の肥料に感謝しようと心に誓った。

## 庭園になくてはならないもの

草を食む動物がいなければ庭園は庭園とは呼べない。レプトンが作った景観——なだらかに広がる芝地のところどころに木立があったり成熟した木がぽつんと立っている——を再現するためには、草を短く保ち、イバラやさまざまな低木が生い茂るのを防いでくれる草食動物が必要だった。私たちは、イギリスの庭園の伝統的な草食動物であるダマジカを選んだ。同じく土着のシカだがもっと大きいアカシカは、見た目は立派だし、リッチモンド、ウォーバーン、バドミントンといった庭園では問題なく暮らしているのだが、発情期には攻撃的になると言われていて、私たちの地所を横切る小道を歩く人に危険が及ぶかもしれない、と忠告されたからだ。ヒツジを飼うこともできた——一九〇〇年代にはこの庭園の草をジャコブヒツジが食べていた——が、そうすればまた畜農を始めることになる。野生のダマジカなら、世話をしてやる必要がなかった。

復元に充てられた一五〇ヘクタールは、この地所の古い地図にある、一九世紀の庭園部分と一致する——ただし、現代的な高さ一八五センチのシカ避けフェンスを今ある生垣や木立の後ろに隠れるように設置したが。私たちは、それが可能な場合はフェンス設置費用を節約するため、境界線が入り組んでいるところは整理されたが。レプトンが取った方針に従い、シカが低い枝の葉を食べないようにするために、庭園の中の森をさらに円状に囲んだところもある。スプリング・ウッド、ルーカリー、メリック・ウッド、チャールウッドなどだ。地面までみっしりと葉があるこれらの森は、辺りの景観にモザイクのような印象を与え、見る者の視線を景観に沿って広々とした空間に誘う。二〇〇一年が終わる頃には、それ以外の庭園内のフェンスやゲートをすべて引き抜き、何キロ分もの有刺鉄線を除去し、庭園の外周をまたぐ道路には新たに家畜脱出防止格子を設置し、家の裏の芝生の周りにはシカを寄せ付けない隠れ垣を復元した。二年間動物がいなかったクネップに再び動物を招き入れる準備は整った。そしてその動物はクネップからわずか二五キロ先で見つかった。

クネップの程近くにあるペットワース・ハウスのダマジカは世界的に有名だ。少なくとも五世紀にわたって続いてきた血統であり、ヘンリー八世がここでダマジカ狩りをしたとも言われている。ペットワースには九〇〇頭のダマジカがおり、これはイギリスで最も大きな集団だ。枝分かれして先が尖ったアカシカの角と違い、手のひらを広げたような幅広で平たいダマジカの角は、一頭分の重さが三・五〜四キロほどあり、幅は九〇センチ近い。大きな頭を支えるのに必要な姿勢が、ダマジカに、堂々として魅力的な雰囲気を与える——貴族とともに暮らしてきた歴史にぴったりの風貌だ。

ダマジカには*Dama dama*という愛らしいラテン名があり、アカシカやノロジカと違ってイギリスの土着動物とは考えられていない。ただし、一三万年前から一一万五〇〇〇年前、現在の一つ前の間氷期にはダマジカはここにいた。ニホンジカ、ホエジカ、キバノロなど、鹿狩りや観賞用の庭園、公園、私有の動物園などから逃げ出した外来種がイギリスの田舎に棲むようになったのは二〇世紀初頭だが、ダマジカはもっとずっと前からここにいるのだ。従来、ダマジカをイギリスに持ち込んだのはノルマン人だとされてきたが、近年、クネップからわずか四〇キロの南沿岸にあるローマ時代の村、フィッシュボーンの貯蔵室跡で発掘された一万個にのぼる動物の骨を見ると、紀元一世紀にはダマジカがイギリス南部に棲んでおり、ローマ時代の村の遺跡が残るイギリスの各地にも棲んでいた可能性が高いことがわかる。骨の一部は年老いた個体のもので、ダマジカが、食料や獲物というよりも敬意の象徴であったことの証拠だ——今でも鹿狩り庭園のシカたちがそうであるように。ダマジカは他の外来種の動物と一緒に、「ビバリア」と呼ばれる囲いの中で飼われていた。いわば元祖サファリパークのようなもので、ローマ人にしてみればそれは人間の文明が自然を支配する立場にあるということの証しだった。角笛の音で餌に集まってくるように訓練し、観る者を喜ばせることさえあった。

遺伝子分析の結果は、地中海地方西部からやってきたローマ時代のダマジカが、ローマ帝国の崩壊後、イギリスでは絶滅したことを示唆している。一一世紀にノルマン人が連れてきたのは地中海地方東部のダマジカだった。クネップの鹿狩り庭園――旧クネップ城を中心に、オークの木を裂いて作った杭を地面に打ち込み横板を渡した柵で囲まれた、広々とした四〇四ヘクタールの森林放牧地――は、ノルマン人の間で狩りが大流行し始めた頃、一番初めにできた庭園の一つだったに違いない。庭園内のダマジカ猟は、犬を使い、ウマに乗って行われた。貴族のスポーツである。鹿肉は祝宴や客をもてなす料理となり、値段のつけようがないほど貴重な贈り物にもなった。要塞というよりも狩りのためのものだった城そのものを建てたのは、征服王ウィリアムを強力に支持したノルマン人で、アランデルとルイスの間にあった自治区ブランバー・レイプの領主、ウィリアム・デ・ブラオスだった。彼は、川を下った海岸近くにきちんと要塞化された本城を持っていたが、とはいえ、盛り土で作られた小高い丘「モット」の上にアドゥー川を見下ろすように立ち、おそらくは水が張られていたであろう深い堀に囲まれた「Cnappe」城の守りは固かった。敵が侵略したり臣下の反乱があったりしたときの、ブランバー城からの退却場所として作られた可能性も高い。

クネップという名前の由来については、綴りが色々あるのと同じように諸説紛々で、サクソン語で丘の頂上を意味する「cneop」、あるいは固守することを意味する「knappen」、召使いを意味する「knave」または騎士「knight」から来たとする説や、フランス語で雄ジカの皮を意味する「nape」から来たという説もある。物語やロマンチックな想像が、湖から上がってくる霧のようにこの崩れかけた城跡を包み込んでいるのだ。忠誠のシンボルであり、冒険の旅の始まりを知らせる白い雄ジカの亡霊が、このモットの地面を前脚でかき、過去の秘密を掘り起こすとも言われている。一八世紀に土中から掘り出された中世の金の指輪は、外側にはオークの木の下に寝そべる雌ジカの姿が、内側には「Joye sans Fyn（終わりのない喜び）」の文字が刻まれており、その所有者に、計り知れないほどの幸運をもたらすと考えられている。

一三世紀、ジョン王がデ・ブラオスの子孫の一人からその土地を取り上げて王家の森とすると、「クネップ」はまさに狩りの喜びと鹿肉の豊富さで評判になった。ジョン王はウマで、現在のサザン〔訳注：列車運行会社の名前〕の鉄道網を使っても難しいほどの長距離を移動した。たとえば一二〇六年四月のある八日間を見ると、ジョン王は月曜にはカンタベリー、火曜と水曜はドーバーとロムニー、木曜はバトル、金曜はマリング、土曜はクネップ、日曜はアランデル、そして月曜にサザンプトンにいたとある。ジョン王は二二〇頭のグレイハウンドをクネップで飼い、一二〇八年、一二〇九年、一二一一年、一二一五年、と少なくとも四回ここで狩りをしている。ある年のクリスマスには、自身も狩りが大好きな王妃イザベラがこの城の塔に一一日間滞在した。ジョン王はクネップ城の管理人にジョン王がいないときには、クネップのシカは気前よく人に贈られた。ジョン王はクネップ城の管理人に無数の無数の手紙を書き送り、シカの死骸を特定の貴族や王族に送ったり、お気に入りの客人をもてなすよう指示している。「マイケル・デ・プーニングがそちらに行くので、Cnapp〔原文ママ〕の庭園の太ったシカを獲れるだけ獲らせてやれ。彼の犬を使っても、弓を使っても構わぬ」。鹿狩りだけではなかった。「猟師のウィドとウィドの友人がそちらに行く。Cnappeの森で、我々のイノシシ狩り用の猟犬を連れて狩りをさせてやってくれ。一日につきイノシシは三、四頭獲って構わない」

狩猟と獲物を食べる風習が貴族たちの間で盛んだった一三世紀を通じ、鹿狩り庭園に対する情熱は衰えることがなかった。一四世紀が始まる頃には、イギリスにはダマジカのいる鹿狩り庭園が一三〇〇か所以上あり、イギリス全土の約二パーセントを占めるまでになった。一五世紀、クネップの鹿狩り庭園が荒廃し始めたとき、鹿狩り庭園から逃げ出してクネップの地所に棲んでいたのは、この、ノルマン人が持ち込んだダマジカだった。鹿狩り庭園そのものは一六世紀のある時点で閉園し、ダマジカたちは解放されてイギリスの田舎へと散っていった。現在イギリスには、野生のダマジカが一二万八〇〇〇頭いる。

## ダマジカを放つ

だが今私たちが目をつけているのは、ペットワースの庭園で飼われているダマジカだった。その大きさと血統の良さもさることながら、人間が犬を連れて歩き回ったり、道路を車が通ったりすることにも、庭園の境線や隠れるもののない開けた空間にも慣れていたからだ。復元されたクネップのレプトン・パークに着いたらそうしてほしいと私たちが願った通りに、ダマジカたちは、ケイパビリティ・ブラウン［訳注：一八世紀イギリスの造園建築家］が設計した風景の中を、四方から丸見えなのも平気で歩き回った。ただし、ここへ連れてくるのは決して簡単なことではなかった。二月のある寒い朝、特殊空挺部隊員のような迷彩服を着た私たち二〇名は、ペットワース・ハウスの管理主任デイブ・ウィットビーの先導に従って、パニックに陥っている二〇〇頭のダマジカを古い道路の上に囲い込んだ。鎮静剤でおとなしくさせるには数が多すぎて、大暴れしているダマジカをそのまま捕まえる以外に方法はなかった。ダマジカが網にかかると飛び出していって押さえつけ、頭からプラスチックコーンを被せて落ち着かせ、暴れる体を、丁寧に足を体の下にたたみ、ひと塊に縛る。雄ジカの角は、他のシカと一緒にトラックの荷台に乗せる前にのこぎりで切り落とした（成熟した角は死んだ骨なので、人間が爪を切るのと同じで動物にとって痛いことではない）。

この屈辱的な捕獲劇のトラウマからダマジカが完全に回復するには春いっぱいかかったが、夏になる頃には落ち着いて、セレンゲティ国立公園のインパラの群れのように、おとなしく庭園を歩き回るようになった。ミヤマガラスやニシコクマルガラスはいち早くアフリカのショウジョウサギの真似をして、ダマジカの背中に乗っかって寄生虫をついばんだ。六月末から七月初めにかけて、私たちの最初の子ジカの一群が生まれた。母ジカが群れと一緒に草を食んでいる間に、私たちは、背の高い草に隠れている生後一日か二日の子ジカに出くわすことがあった。成熟したシカと一緒に走れるようになるまでの、まだ弱々しい子ジカには、匂いというものがほとんどない。捕食者に気づかれるのを防ぐためだ。子ジカは身近に危険を察知すると石のようにじっとするようプログラミングされていて、母親が戻ってきて乳を飲ませるまでは動かない。その間、数時間かかることもある。私たちは、子ジカを踏みつけたりしないよう気をつけて歩くようになった。子ジカのキャラメル色の毛皮は、夏の草むらの中で完璧なカモフラージュになる。最初に気づくのが、瞬きもせずにじっとこちらを見つめるその黒い瞳であることもしばしばだった。

ダマジカは夜になるともっとずっと大胆で、間もなく、家の正面の扉を開けると四〇頭を超えるダマジカの一群が、何があろうと意に介さない城の番犬、ジェニングス・ドッグ［訳注：ローマ時代の犬の彫刻］の石像のすぐ前にある円形の芝生の上をうろうろしているのに出くわすようになった。私たちから六メートルかそこらのところにいるダマジカたちは、顔を上げるでもなく草を食べている。それから一五年経った今でも、静かな夜更けに暗闇の中に立って、彼らのホッとするような優しい鳴き声と静かに草を食む音を聞くと不思議な気持ちになる。

一年と経たないうちに、ダマジカは私たちと、信用できる犬を連れてよく散歩に来る近所の人たちの顔を覚え、夏の昼間なら、雄ジカは二二メートル、雌ジカは六五メートルくらいまで近づいても逃げなくなった。ただし、見慣れない犬を見かけるや否や、ダマジカは四つ足で飛び跳ねるようにして逃げていく——「プロンキング」と言われる、強さと機敏性を見せつける挑戦的な行動だ。

四つの特徴的な体毛の色を覚えると、私たちが彼らを見分ける能力も高まった。「コモン」は典型的な栗色の体毛に白い斑点があり、夏はそれがはっきりするが冬は体毛の色が濃くなり斑点もはっきりしなくなる。「メニル」は非常にはっきりした斑点が冬毛の期間中も見られる。「メラニスティック」は、黒に近い非常に濃い茶色の体毛で斑点はない。そして一番希少なのが「リューシスティック」——白変種だ。模様はなく、目と鼻だけが黒い。

夏の間ダマジカは私たちを、アフリカの草原にいるようなうっとりした気分にさせてくれたが、秋になると静けさは破られた。一〇月、最初の発情期が訪れて、湖から漂ってくる霧はテストステロン臭がした。原始的かつ不安をかきたてる、低い、絞り出すような鳴き声が、湿った空気に乗って私たちの周りを行き交った。昼も夜も荒々しいおくびを送り出すのは、その雄ジカが健康で体力も充実しているということを、体や角の大きさよりももっと確実に表す徴(しるし)なのである。

プレジャー・グラウンド内には、ダマジカの毛の固まりや、角をぶつけてズタズタにされた枝などが、朽ちていく落ち葉の上に散らばっている。森の中を歩いていると、突如としてフェロモンに満ちた臭いがすることがある——まるでラグビーの選抜チームの試合後、ロッカールームのドアを開けた時みたいだ、とチャーリーが言う。雄ジカが、顔の周りにある臭腺を木にこすりつけて自分の縄張りを示すためにつけた印である。シカには主要な臭腺が七か所——額、目の下、鼻、足、陰茎包皮の内側、そして後脚の内側と外側——あり、まるでスカンクのように、シカ同士、あるいは他種の動物とも、生々しく複雑な匂いでコミュニケーションを取る。発情期にはフェロモンの分泌が最高に強くなって、唾液にさえ鼻にツンとくるような匂いがある。

日が短くなり始めると、雄ジカは戦いの準備を始めた——二頭ずつ組になり、「パラレル・ウォーキング」と呼ばれる特別な形で並んで歩く。二頭の雄ジカは、互いに相手の手強さを推し量りながら体を強張らせて並んで歩いていたかと思うと、突然、一瞬のうちに体の向きを変えてぶつかり合い、角と角を絡ませ、筋肉を緊張させて揉み合った。と、数分後——疲れたか怖気づいたかしたのだろう——一頭が小走りに離れていった。一番大きな雄ジカたちは、プレジャー・グラウンドの反対側の端にあって今でも使われているレック［訳注：集団求愛場］に集まっていた。蹄で土を蹴り上げ、自分の体や地面を尿でびしょびしょに濡らしながら、彼らにとっての格闘の場であるここで、雌ジカを奪い合う戦いが繰り広げられるのである。ときには命がけの戦いだ。尿に汚れ、黒くなった腹の底から、彼らは原始時代の獣のように吠える——天にも届くような悪臭を振り撒き、攻撃性と欲望に我を忘れて。私たちが夏の間見慣れていた彼ら——年長の雄ジカは一匹でおとなしく草を食み、若い雄は雄同士で仲良く一緒にいた——とはまるで別の生き物だ。これが生命の秘密なのである。性の営み、遺伝子を永続させたいという死に物狂いの衝動。一頭一頭が必死なのだ。賢い雌ジカたちはオークの木の下で、冬に備えてカロリーを溜め込む。一方雄ジカたちは、冬が来る頃には疲れ果て、餓死しかけており、一番弱いものから死んでいく。自然はこうやって、不必要な個体を排除するのである。

初めのうち、こうした生命の循環に慣れていなかった私たちは、発情期の終わりの雄ジカを見るのが辛かった。立派な雄ジカが膝を折り、中には疲れ切って、角を傾けて地面に置いているものもいたし、路地で一悶着あった後の酔っ払いのようにヨロヨロしているものもいた。回復力のある個体はもちろんやがて元どおりになるのだが、冬の間ときおり、立ち直れずに死んでしまった雄ジカを目にすることもあった。まだ死んで間もない雄ジカの目をすでにカラスやカササギがつつき出していたし、ヨーロッパコマドリたちは体に開いた穴からくちばしで脂肪の層を突っついていた。

ダマジカを庭園に放したことで何かに火が付いた。私たちは昔の風景に、今よりもっと生命に満ちた何かに戻っていこうとしていたのだ。土地が回復し始めた。もちろん、一九世紀のレプトン・パークにはジャコブヒツジやレッドポール牛がいたこともある。だがおそらく、私たちにとってもっと魅力的だったのは、中世の

「Cnappe」の面影だった――王と城、堀と木の柵で知られる、霧に包まれたような謎めいた時代である。ダマジカやイノシシの群れが狩りの獲物で、「コーサー」や「ストーキング・ホース」［訳注：どちらも狩猟に使われるウマの種類のこと］がいて、嗅覚ハウンドと視覚ハウンドがいて、糞の臭いで獲物を追い、ハーリア犬、狩猟用ラッパ、弓や槍が使われていた時代。それは何か、今よりももっと野性的、本能的で直感的な、自然というものがもっと豊かで深くて包括的だった、そんな時代と――いや、もしかするともっと昔のローマ時代の庭園、柵で囲んだ敷地に野生動物を放ち、人間の文明の境界線の向こうにある未踏の荒野を模倣した理想郷のビジョンと、私たちを結びつけたのだ。

鹿狩り庭園は私たちを、過去という生きた風景に送り出し、二〇世紀の農業が突きつける難題解決の糸口をくれた。だがこれはほんの始まりだったのだ。間もなく私たちはオランダを訪れ、それが私たちの視野をさらに広げることになる。私たちの土地と、人間が農業を始める前からその土地を支配してきた動物たちについての私たちの考え方ががらりと変わろうとしていた。その経験によって、残りのクネップの土地をどうするかについての私たちの決断は激変したのである。

# 第4章　オランダ自然保護区の衝撃

ツバメを一羽見つけても夏が来たとは限らないが、三月の雪解けの時期にガンがひと群れ、暗闇を切り裂くようにして飛来すれば、もう間違いなく春だ。

アルド・レオポルド『野生のうたが聞こえる』一九四八年
（講談社学術文庫　新島義昭　訳）

フラン・ヴェラの著書『Grazing Ecology and Forest History（放牧の生態学と森の歴史）』がオランダ語から英語に訳されたのは、二〇〇〇年、私たちがクネップの耕作をやめた年のことだ。この本は、ヨーロッパ中、とりわけイギリスの生態学者や環境学者を大いに混乱させた。ほとんど偶然のうちに環境保護に足を突っ込むことになった私たちにもその影響は及んだ。テッド・グリーンと彼のウッドランド・トラストの同僚ジル・バトラーは大いに興奮し、私たちに、オランダで進行中のヴェラのプロジェクト「オーストファールテルスプラッセン」を見学に行けと勧めた。ヴェラの理論によって、自然の景観の中に草食動物が存在するという可能性が開けたのだ、と二人は言った。ヴェラのプロジェクトで起きていることを見れば、クネップの庭園についての私たちの考え方も変わるかもしれない。自然というものを見る目が変わるかもしれないのだ。

## オランダの再野生化

　こうして私たちは、爽やかな五月のある日、アムステルダムから車で三〇分のところにある、世界で最も非凡かつ物議を醸す自然保護区の真ん中で、長身で真面目で白髪交じりのあご髭を生やしたオランダ人生態学者と並んで立つことになったのである。オーストファールテルスプラッセンの面積は六〇〇〇ヘクタールに及ぶ。オランダのゾイデル海という湾の一部が二〇世紀になって開拓され、湾から切り離されて巨大な淡水湖となった。そしてそのアイセル湖を埋め立てた、南フレヴォランドと呼ばれる四万三〇〇〇ヘクタールの干拓地の一部である。私たちの目の前に広がるその光景は、ほとんど理解の域を超えていた――ケニアのマサイマラ国立保護区並みに短く刈られた平らな草原で、動物たちが群れをなして草を食んでいる。ずんぐりして原始的な様相のコニック種のポニーは、シマウマくらいの背丈で脚と顔は黒く、体はねずみ色で、足元には子ウマがいる。体毛の黒いオーロックスの雄は曲がって先の尖った角がある。アカシカの大群。双眼鏡越しには、小高く盛られた小山の上に、ふわふわしたアカギツネの子どもたちが興奮してじゃれ合っているのが見える――ジャッカル並みに厚かましい親ギツネが、ねぐらにガンを咥えて戻ってきたのだ。水辺に近づくと、ハイイロガンとそのヒナたちが、ヌーの川渡りみたいに岸辺を駆け下りた。ヨーロッパ北西部にいるハイイロガンの半数近い三万羽が、毎年ここで換羽するのである。チャーリーも私も、これほど多数の生物が一緒にいるところを、ボツワナのオカバンゴ・デルタ以外では見たことがなかった。

　生命に満ち溢れたこの土地が、ほんの数十年前まではすべて海の下にあったというのは想像しがたい。干拓されてからわずか二一年後の一九八九年、ここはラムサール条約の対象に指定された。自然保護の観点から世界的に重要な湿地、という意味である。身を刺すような冷たい風が、競い合うような鳥たちの鳴き声を運んできた。葦の中からは、サンカノゴイの、子どもが牛乳瓶に息を吹き込んでいるみたいな超低音の「ブーン」という音を伴奏にして、ヨーロッパヨシキリ、ツリスガラ、ヒゲガラ、そしておなじみのワライガエルの「ケケケケケ・ク・ク・クー」という声が協奏曲を奏でる。水たまりでディスプレーしているタゲリは、「ピーウィッ」とけたたましく鳴きながら白と黒のハンカチのような羽を広げたりたたんだりしている。浅瀬にいるヘラサギは、頭の羽を風に逆立てながら、スプーンのようなその嘴を水の中で前後に動かしている。アオサギは岸辺から冷たい視線で辺りを見回す。一〇〇年近い間オランダから姿を消していたが、現在はここで繁殖しているダイサギやコサギがゆったりと飛び立つ。頭上の空高く、囀りながら飛ぶヒバリのその上を、納屋の扉みたいな立派な翼のオジロワシが三羽、ヨーロッパチュウヒに追いかけられている。世界で四番目に大きいワシで、一九八〇年代まで西ヨーロッパではほぼ絶滅していたオジロワシは、アフリカにいるシュモクドリと同じような巨大なもしゃもしゃの巣を、枯れたヤナギの木に作っていた。人が近寄りがたい海岸や人里離れた辺鄙な島々の鳥たちが、ヨーロッパでも最も人口密度が高い地域であるここに毎年やってきて、事実上の海抜ゼロメートル地帯で繁殖しているのである。彼らが姿を見せたのには誰もが驚いた——おそらくフラン・ヴェラ以外の誰もが。

「一九八〇年に、オーストファールルテルスプラッセンにオジロワシを呼び戻したいと言ったら、お前は馬鹿だとみんなに言われましたよ」とフランは言う。「まず、人口が多いところのこんなに近くにはオジロワシは決して巣をかけないし、巣をかけるのは大きなオークかブナノキかマツだけで、ヤナギには絶対に巣は作らないと言われました。でもそれは、誰もそれを見たことがないということにすぎない——オジロワシにそういう機会がなかっただけなんですよ。そして、オジロワシはオークやマツの生えた人里離れた山岳生息地の生き物、というイメージが私たちの頭の中に出来上がってしまった。だからオジロワシを護りたければそういう生息地を提供しなければいけない、と言われてきたんです」

「でもこれは循環論法でね。私たちは自分が目にしたものに縛られているんですよ。人間によって完全に変えられてしまったこの世界に生きる私たちは、自分が見ているのは必ずしも野生動物が望む環境ではなくて、仕方なく我慢して暮らしている、骨抜きにされた自然の残りカスなのだということを忘れがちです。望み通りの環境なわけではないんです。もしかすると、生き残れるギリギリのところで、本当はその動物に適さない環境にしがみついているだけなのかもしれない。だから箱の蓋を開けて、自然のなすがままにし、動物が今よりも多彩な生き方ができるようにしてやれば、今とはとても異なったものが見えてくる。オーストファールテルスプラッセンはそのためにあるんです。仲介は最小限にとどめ、自然に好きなようにさせてやる。そうやってできた環境については、私たちは何一つ知らないんですよ」

その言葉は穏やかで、綿密な理論に基づいてはいたけれど、フラン・ヴェラは、情熱のこもった決意といったものを感じさせた。人々が耳を傾けるべきメッセージが彼にはあったのだ。オーストファールテルスプラッセンの驚くべき力強さの鍵となっているのは、草を食む動物である、とフランは言う。

「保護区を作り始めた早い段階で、私たちは重要なことに気づきました。自然には、私たちがこれまで説明できなかったある根源的な現象がある。それは人間が管理しているところではめったに起こらないこと——つまり、動物が環境に与える影響です。その土地の生息環境を形成し、生物多様性を背後で推進するのは動物なんです。動物がいなければ、土地は痩せ、不活発で単調で、生物種も減っていきます。人間による環境保護活動の多くが失敗するのは、それが理由なんですよ」

このことをわからせてくれたのは思いもかけない動物だった。「ハイイロガンが、その仕組みを教えてくれたんです。この鳥が扇の要だとは誰も想像もしていなかったけれどね。私たちが解決不能だと思っていた問題を、ハイイロガンが解決してくれたんですよ」

南フレヴォランド干拓地はもともと農業地に指定されており、現在はオーストファールテルスプラッセンとなっている、一番海抜が低くて最も水量の多いところは工業開発用に割り当てられていた。一九七三年のオイルショックと経済不況によって工業開発に待ったがかかると、自然がそのチャンスを利用したのである。干拓地の低地部分に、大きな浅い湖が残された。たちまちこの浅い湖の周りに湿地植物が生え、驚くほどの数の水辺鳥——その多くは希少なもの——がやってくるようになった。一九七八年、生物学者エルンスト・ポーターは雑誌『Journal of the International Council for Bird Preservation（野鳥保護のための国際協議会会報。後にBirdLife Internationalと改名）』に、この干拓地に姿を見せ始めた野生生物についての記事を発表した。この記事がフラン・ヴェラ、フレッド・ベイゼルマンをはじめとする生態学者の目に留まり、野鳥の登場を喜んだ彼らが、この地区を保護するよう政府にロビーイングを始めた。そして一九八六年、オーストファールテルスプラッセンは正式に自然保護区に指定されたのである。

## 草食動物と生物多様性

だが、この地区の自然管理には難題があった。水深の浅い沼や湿地を放っておくと、クネップの湖が急速に小さくなっていることからもわかるように、アシがはびこってますます水深が浅くなり、やがてヤナギが生えて、最終的には沼が消えてしまう。湿地帯の自然保護区のほとんどは、それを阻止するためにとてつもない時間と労力をかけ、アシを刈り取っているのである。だがオーストファールテルスプラッセンの葦原はあまりにも大きくて、昔ながらの方法で手で刈り取るのは無理だったし、地面の耐荷重量が小さくて重機を入れることもできなかった。

「適切に管理できなければ、この一帯はあっという間に森になってしまうだろうと思いました」とフランは言う。「私たちにできることは何もなかった。指をくわえてそうなるのを眺めるしかなかったんですよ」

と、そのとき、驚くべきことが起こった。ハイイロガンがこの湿地を見つけたのだ。ヨーロッパ中から、何千羽ものハイイロガンが、湿地の広さに惹かれて集まってきた。他の動物が近寄りがたい立地は、夏の間、四～六週間の換羽期を過ごし、主翼羽が再び生えるのをじっと待つ無防備な彼らの避難所としてぴったりだった。オーストファールテルスプラッセンでおとなしくしている一か月かそこらの間に、ハイイロガンたちは大量の沼沢植物とその地下茎を食べた。その結果、この湿地帯と、互いにつながり合った沼はなくならずに済んだのだ。

「あることに気づいたんですよ。ハイイロガンが勝手に餌を食べているおかげで、この一帯が木で覆われるのが防げているんだとね。驚きましたよ――ハイイロガンが植生遷移を導いていたんです、逆だと思っていましたがね。しかもそれだけではなくて、彼らは生物多様性も高めていました。ハイイロガンのおかげで、広大な葦床がアシと浅瀬からなる複雑な生息地に変わり、その結果、オランダ国内で人間がしっかり管理している他の湿地自然保護区よりも多くの種類の生物を引き寄せたんです」

「そこで別の問題が浮上しました。ハイイロガンにこの湿地帯を使い続けてもらわなくてはならない。そのためには、湿地の隣に、通常ハイイロガンが棲む草原を作る必要があったんです。換羽の前後、体に脂肪を溜めるために集団でいられる場所をね。問題はその方法でした。草食動物を干拓地の、沼地以外の区域、葦床とヤナギの苗木しかないところに放して、自然に草原ができるかどうか見てみようか？　ハイイロガンが沼地でそうしたように、草食動物は陸地の植生遷移を阻むことができるのか？　ハイイロガンと同じように草食動物を自由にさせておいたら、生物多様性という観点から、もっと興味深くてもっと価値のある何かが生まれるのではないか？　実際に、私たちはこの自然保護のための土地を、お金をかけて人間が仲介するのではなく、草食動物を牽引力とする自然のプロセスに任せることで管理できるのではないか？」

草食動物によって自然の植生遷移を防ぎ、より複雑で生物多様性に富んだ生息地を生むことができる、というのは、異端とも呼べる考え方だった。このときまでほとんどの生態学者は、自然を進化させる自然のプロセスは一つしかないと考えていたのである。つまり植生遷移だ。ヨーロッパの農家なら誰もが知っているように、一片の土地を放っておこうものならそこにはすぐに低木が茂り、やがては高木が生える。これは「極相群落」と呼ばれる状態で、自然は常にこの状態を目指しているとされている。有力とされている説によれば、まだ人間による影響がなかったときには、木が育つ気候、土壌、水のある土地はどこも閉鎖林冠で覆われていた。ヨーロッパの温帯気候地域では、木に覆われていなかったのは山の頂上、非常に急な傾斜地、それに一部の高層湿原だけだったはず――科学者の間で「閉鎖林冠説」と呼ばれるこの考え方は、大衆文化に浸透し、遠い昔の世界に関する神話の基盤ともなった。イギリスでは、人間が石斧で木を伐り倒すようになる前はジョン・オ・グローツ［訳注：グレートブリテン島最北の村］からランズ・エンド岬［訳注：グレートブリテン島最西端］まで、リスは樹冠のてっぺんを走っていけたものだ、と言う。閉鎖林冠に覆われた森は「自然」と同義語となり、人間はそれを破壊する者とみなされた。この説によれば、原始の森を切り開いたのも人間だし、それ以来土地を農作地と居住地として使い続け、再び森が世界を支配することを許さないのも人間なのだ。

「でもこの閉鎖林冠説は、自然が持つもう一つの力を完全に見落としているんですよ」とフランが言った。「植生遷移とは反対の方向に働く力をね。動物による攪乱です」

## 森ができる前のヨーロッパ

人間が出現する前に地上を歩き回っていたであろう大型動物類のことを私たちが失念しているのが問題なのだ、と彼は説明した。オーロックス（原牛）、ターパン（ヨーロッパ原産の野生馬）、ヴィセント（ヨーロッパバイソン）、エルク（北米ではムースと呼ばれる）、ヨーロッパビーバーといった大型草食動物や、雑食性のイノシシなどである。化石化した骨が示すところによれば、これらの動物はみな、一番最近の氷河期が終わって二〇〇〇年後、つまり今から一万二〇〇〇年ほど前に、中央および西ヨーロッパの低地帯に再び棲み付いている。一方、花粉が残した記録によれば、樹木が再び登場したのは九〇〇〇～一五〇〇〇年前のことである。つまり、オーク、セイヨウシナノキ、セイヨウトネリコ、ニレ、コブカエデ、ブナノキ、シデなど、ヨーロッパにおける原始的な閉鎖林冠の落葉樹林とされるものには欠かせない樹種がこの地に現れたのは、大型草食動物が姿を見せてから少なくとも三〇〇〇年後のことなのだ。これは私たちの神話に描かれた世界とは大きく異なった情景である。閉鎖林冠の森こそがこうした大型動物の自然生息地であるという一般通念とは真っ向から食い違う。それはさらに――これも異説だが――大型草食動物は樹木が生えるのに一役買った、あるいは少なくとも樹木が生えるのを阻みはしなかった、ということを示唆している。

こうした大型草食動物と、その捕食動物であるオオカミ、クマ、クズリ、オオヤマネコなどは、増えていく人間たちが原野を畑に変え、森を管理し、しばしば伐採したりしたことで多大な影響を受けた。当然だが、捕食動物は牧畜をする人間たちと衝突した。特に、一三世紀にヨーロッパでウール産業が台頭してヒツジの数が増えるにつれ、捕食動物は厳しく迫害された。食肉として手軽な狩猟の対象だった野生の草食動物もまた、増加する家畜のために必要な放牧地を奪い合う相手とみなされるようになった。オーロックスは狩猟によって絶滅し、最後の一頭が、一六二七年にポーランドで死んでいる。野生のターパン、あるいはそれに非常に近い野生馬は、東プロイセンとポーランドに一八世紀か一九世紀まで生き残っていた。最後の個体は、モスクワ動物園で一八八七年に死んだと言われている。かつてはユーラシア大陸全土に数百万匹いたヨーロッパビーバーは狩猟によって絶滅の危機に瀕し、一九〇〇年までには、八つの個体群に合計一二〇〇匹が残るだけになってしまった。エルクは西ヨーロッパから駆逐されて、今ではラトビア、エストニア、ロシアなど、遠くヨーロッパの北東地域に少数が残っているだけだ。ヨーロッパバイソンの亜種は三種すべてが野生生息地で狩猟によって絶滅した。バルカン半島の*Bison bonasus hungarorum*（カルパティアバイソン）は一八〇〇年代半ばに絶滅したし、野生の*Bison bonasus bonasus*（リトアニアバイソン）の最後の一頭はポーランドとベラルーシの国境にまたがるビャウォヴィエジャの森で一九二一年に射殺され、*Bison bonasus caucasicus*（コーカサスバイソン）の最後の一頭は、その名の通りコーカサスの北西部で一九二七年に撃ち殺された。今日生き残っているヨーロッパバイソンはいずれも、大陸各地の動物園に飼われていた十数頭の個体の子孫である。

野生の動物の逃げ場がないイギリス諸島では、動物が絶滅するのはもっとずっと早かった。イギリス最後のビーバーはおそらく一八世紀にヨークシャーで殺されているし、最後のオオカミがスコットランド高地で殺されたのは一七世紀のことだ。真性の野生イノシシの最後の一頭は、ヘンリー三世の命により、ディーンの森で一二六〇年に殺された。オオヤマネコは九世紀には姿を消したと考えられている――あまりに昔のことなので、オオヤマネコがイギリスの土着動物だったことさえほとんどの人は知らない。オーロックスがイギリスで絶滅したのはおそらく青銅器時代のことで、ヒグマとエルクもその時代に絶滅している。イギリスの野生馬に関していえば、一番最近の化石は九三〇〇年前のものだ。

一九世紀後半、自然保護に対する関心が高まり始めた頃には、ヨーロッパの大部分は完全に様変わりし、人間の徹底的な管理下にあって、野生の草食動物といえば、わずかに残された生息地でほんの一部が生き残っているのみとなっていた。アカシカやノロジカのように生き長らえた動物を人間が許容したのは、それがごく少数であり、庭園の中にいる場合だけだった。畑の作物や植樹林に被害を及ぼすからだ。だからそれらの動物は、自然のまま放置された土地の植物遷移にはほとんどなんの影響も与えなかった。野生の草食動物が自然の植物遷移とどのような関係があり、どんなふうに介入するのか、それを示せるほどの数も多様性も残ってはいなかったのである。人々は、草食動物がいなくなった閉鎖林をヨーロッパの風景の自然な姿と考えるようになった。そしてそれはさらに誤った想定につながった――つまり、自然が根源的に極相群落に向かって発達するのならば、絶滅したオーロックスやターパンを含むヨーロッパの土着大型草食動物はどれももともとは森に棲んでいたはずだ、という思い込みである。ところが、農業の営みの中で考えた場合、家畜化された草食動物（皮肉にもその中には絶滅したオーロックスやターパンの子孫であるウシやウマが含まれるわけだが）の大群が樹木の再生を阻むのは確かなのだ。ということは、そもそも閉鎖林が存在するためには、ヨーロッパの土着草食動物は実際にはごく少数しか存在しなかったはずだ、という論理展開になる。これは今でも森林学者や生態学者の間に広く普及している循環論法で、フランはやれやれと頭を振る。「問題は、大前提が間違っているということなんですよ」とフランは言う。

アメリカ人植物学者フレデリック・クレメンツが一九一六年に著した『Plant Succession（植物の遷移）』で最初に提唱され、その後『The British Islands and Their Vegetation（イギリス諸島とその植生）』（一九三九年）その他の著書のあるイギリス人植物学者アーサー・タンズリー卿によって発展した極相植生という理論は、自然管理の戦略を練ろうとしている自然保護活動家にさらなる難問をつきつける。閉鎖林は、草原、牧草地、ヒース、そして伝統的な高地など、人の手が入った生息地と比べて明らかに生物種が少ないのである。

「昔はどこも閉鎖林だったという理論に従えば、近代的な工業型農業による自然破壊が始まる前のヨーロッパでは、人間の存在が生物多様性を高めたことになる。だって、干し草を作ったり木の枝を刈り込んだり木を伐採したりという伝統的な農業や林業は明らかに、閉鎖林よりもずっと多様性のある生息地を野生動物に提供するわけですからね」とフランが言う。ヘインツ・エレンベルグが著書『Vegetation Ecology of Central Europe（中央ヨーロッパの植生生態学）』（一九八六年）の中で「人間が、畑、ヒース、採草地、放牧地などの色鮮やかなパッチワークを作っていなかったら、中央ヨーロッパは単調な森ばかりだっただろう」と書いたように、当時の生態学者にとってはこれが一般的な考え方だったのだ。

「自尊心のある生態学者なら、ヨーロッパ全体が暗くて単調で動物も少ない森に戻るのを見たくはないでしょう」とフランが続けた。「ただしそれは、私たち人間にとてつもない責任と仕事を課すことになる。生物多様性を生み出しているのが人間の力ならば、人間は自然をとことん管理しなければならないし、それには巨額の費用がかかる。自然自身にその能力があるとはどうしても信じられないわけです。でも、自然が創りだしたのでなかったら、そもそも生物多様性はどこから来たんです？　自然は人間よりもずっと前からあるものだということを私たちは忘れているんです」

ではいったい、草原で、牧草地で、雑木林で、コモンズ（入会地）で満足そうに暮らしている動物たちは、人間が役牛や熊手や鎌や干し草用の荷車や穀ざおを携えて登場する以前はどこにいたのだろう？　その答えは、アフリカ大陸の生態系にあった。人間の起源となったこの地は、（過去二〇〇年ほどの植民地主義のもとで起こった種の絶滅を除けば）昔から、人間が土着の動植物相に与えた影響が最も少ない。人間とともに進化しながら、アフリカの動物たちにはその身を護る戦略を構築する機会が与えられたのだ。だがそれ以外の場所では、高度に発達し、武器を携え、急激にその数を増す人間が登場すると、野生動物――とりわけ大型動物類に、大きな、ときには壊滅的な影響を与えた。オランダ人のフランやドイツの生態学者たちは、アフリカのサバンナで行われる研究に刺激を受けた。たとえば、一九七九年に出版されたマイケル・ノートン＝グリフィスとアンソニー・シンクレアによる研究論文『Serengeti: Dynamics of an Ecosystem（セレンゲティ：ある生態系のダイナミクス）』は、草食動物の行動がどのようにさまざまな植物や動物の成長を促すかを示したごく初期の研究の一つである。

「アフリカは、有用なパラダイムを示してくれるんですよ」とフランが説明してくれた。「ある生態系の中で、自然に発生する多数の草食動物が果たす重要な役割を示してくれるんです。それがどのように、多様な生物種のいる草原を作り、維持しているのかをね。ではなぜそれと同じことがヨーロッパでは起きなかったとされるのか？　草食動物が、アフリカではダイナミックで環境に有益な影響を持てるのに、ヨーロッパではそれはできない、と考えるのはなぜなのか？」

## オーストファールテルスプラッセンでの実験

こうして、オーストファールテルスプラッセンに草食動物を放すという実験が始まった。アフリカと同様、草食動物は自由に歩き回り、自然に群れを形成し、人間は餌を与えることもせず、何の介入も行わない。だから放すのは、頑健で、生存本能が強く、冬を自力で乗り越えられる、昔からいる動物でなくてはならない――基本的に、現代的な選び抜かれた品種ではなくて、その祖先に近い品種だ。彼らは事実上、ヨーロッパに不在の大型動物の代わりをするのである。鼻から尻までの体長が三メートル以上ある絶滅種オーロックスの代わりをしたのは、ヘック牛だった。二〇世紀の初頭にヘック兄弟によって、オーロックスがヴィセント、つまり完新世ヨーロッパに存在したもう一つの大型草食動物、ヨーロッパバイソンと混同されないようにするために作られた品種である。選抜育種によってオーロックスの特徴を回復しようとしたヘック兄弟の試みは、その後、ナチスが自分たちの人種的イデオロギーの象徴として賞賛したことによって悪名高いものになってしまった。ヘック兄弟の手法には議論の余地が残るが、彼らの実験は成功し、オーロックスは現代の畜牛の祖先と認められるようになった。ヘック牛には、スコットランドのハイランド種、グレートブリテン島のホワイト・パーク種、スペインの闘牛を含む、八種の古代種の遺伝子が交ざっている。昔の巨大なオーロックスよりは体長が二〇～三〇センチ短く、ヘック牛の雄は体重が六〇〇キロ弱と、オーロックスの雄より少なくとも一〇〇キロは軽いが、それでもヘック牛は堂々とした巨体である。そして、絶滅したターパンの代わりをする動物には、ポーランドのビウゴライ地方原産で、体長が小さくてずんぐりとし、薄墨毛の体で背中に筋が入っているコニック種のポニーが選ばれた。頑健で、ターパンと表現型が似ているとされるためだ。コニック種もまた、一九三六年にポーランドのある公爵が始めた戻し交雑育種の実験の対象だった。ノロジカは少数がもともとオーストファールテルスプラッセンにいたし、アカシカもこれらの動物に加えられた。

「アフリカで見られるような、そしてかつてはヨーロッパに広く見られたような、色々な草食動物をここに放したかったんですよ。もちろん、もともとここにいた動物全部の代わりが完全に揃っているわけではありませんが、それでも、これらの動物種を一緒にするだけでもとても大きな利点があるんです。ここにいる有蹄類はみな食べ方が違うんですよ――口の構造もすごく違うし、消化器系も違うし、行動の仕方も好みも違います。たとえばノロジカは比較的高い位置にある小枝や低木や若木を食べます。ウシとウマは、多少は小枝や葉も食べますが基本的には草を食べます。アカシカは植物の生育シーズンには草を食べ、冬、草が硬くなると高いところの枝や木の皮を剝いで食べます。毒のあるセイヨウニワトコの皮さえ食べられるんですよ、シアン化物を胃の中で中和させられますからウシやウマにはできないことです」

「これらの動物の先祖も、これと同じか非常によく似た食べ方をしていたでしょう。腸内微生物叢も、種子を運ぶ能力も同じだったはずです。たとえばウシは、腸の中、体毛、蹄で二三〇種類の植物の種子を運びます。昔はこのように種類の違う動物たちが一緒にいたわけで、オーストファールテルスプラッセンでも、違った草の食べ方を組み合わせることによって、より複雑な植物相を持つ広い草原を作り、維持することができると思ったんですよ」

後になって中東から欧州にやってきたヤギとヒツジ——メソポタミアの野生ムフロンの子孫たち——は、後氷期西ヨーロッパの生態系の一部である一連の草食動物には属さないため、オーストファールテルスプラッセンの仲間入りはしなかった。当初オーストファールテルスプラッセンに放された草食動物の数は少なく、一九八三年に三二頭のヘック牛、一九八四年に二〇頭のコニック・ポニー、一九九二年にスコットランドその他地域から移送されたアカシカ三七頭が放されただけだ。自然に数が増えるのに任せようとしたのである。ここでも、アフリカがヒントになった。

「アフリカでは、有蹄類の巨大な群れが同じ場所で一緒に草を食べています。もちろん捕食動物もいますが、捕食は個体の密度そのものには影響を与えません」

草食動物の群れのサイズは主に、食べ物がどれだけあるかで決まる。雨が多く、植物がよく成長して食べ物が豊富なときは、個体数が激増する。食べ物が少ないとき——アフリカではとりわけ乾季や干ばつのとき——には個体数が減る。栄養不良の雌は排卵しないのだ。もう少しましな状態なら排卵はするかもしれないが、受胎はしない。受胎しても、胎児は流産するか吸収される。仮に妊娠後期に至ることがあると、母親は自分よりも胎児を優先させる。それが高じて毒血症に罹り、死んでしまうことも多い。老齢の個体、中でも雄は、衰弱して死を迎える。草食動物の数が減れば植物は動物に食べられるというプレッシャーがなくなって、環境が整うと一気に成長し、それによって再び動物の数が増える。

「自然な増減サイクルなんですよ」とフランが言う。「ヨーロッパ温帯地域の気候条件はアフリカほど厳しくはないが、ここでもそれと同じことが起こっていなかったと考える理由はありません。長い冬はアフリカの乾季と同じような影響を与える。厳冬は干ばつのようなものです。季節の変動と、もっと長いサイクルでの植物へのプレッシャーは、実は動物の数を制御する自然の手段なんですよ」

## 草食動物が生み出す奇跡

オーストファールテルスプラッセンに放された動物の数は実際に増加し、みなが予想したよりはるかに高い環境収容力があることがわかった。現在は、ポニーが八〇〇頭、ウシが一六〇頭で安定し、二四〇〇ヘクタールの干拓地の陸地帯の草を食み、二〇〇〇頭のアカシカは陸地帯と湿地帯の両方からノロジカを追い出してしまった。また全体として見ると生物多様性は高まり、一年中動物が草を食べているオーストファールテルスプラッセンの方が、一定の季節だけ動物が放牧される耕地よりも多様で複雑な生物相を支えている。

動物は、保護区の隅から隅まで同じように草を食べるわけではない、とフランが説明してくれた。春と夏、植物の成長期に動物たちがあまり、あるいはまったく草を食べなかったところは、草が伸びて花が咲き、ネズミや、ネズミを捕食するヨーロッパチュウヒやヨーロッパノスリなどの鳥にとっては朗報だ。動物が草を食べたところは一時的にガンのすみかになる。冬になると、成長期に食べなかったところを動物が食べ、踏みならして、さまざまな植物にここで発芽するチャンスを与えるので、春になると牧草や広葉草本が豊かに生い茂る。

全体として見ると、冬に多数の動物が死ぬことで、翌春に備えて土地は食草行動のプレッシャーから解放される。動物の数が増減することでイバラ類が自然に勢いよく生え、たまにヤナギが爆発的に増えて小型哺乳類や野鳥のすみかとなり、今度はそれが、湿地帯のヤナギの木に棲むフクロウやオオタカやハイタカの餌になる。
「オーストファールテルスプラッセンでわかったのは、数種類の草食動物を、人間が手を加えず好き放題にさせていると、特定の季節にだけ家畜を放牧する耕作地に特徴的な短草の草原に比べて、はるかに多様な動物や植物の成長が促される、ということです」

ミズハタネズミ、アナウサギ、ノウサギ、オコジョ、イタチ、ヨーロッパケナガイタチ、キツネ、ヨーロッパヤマカガシ、ヒキガエル、オサムシ、フンコロガシ、シデムシ、そしてさまざまなチョウがこの保護区に辿り着き、今ではオーストファールテルスプラッセンに大量に棲んでいる。記録された鳥の種類は、なんと全部で二五〇種にのぼる。

だが、毎年冬に動物が死ぬという事実は物議を醸した。冬の終わりにウシやポニーやシカが飢えて死んでいく姿は、現代のヨーロッパ人には感情的に受け入れがたいものだった。フランのところには、狩猟家、農家、動物愛好家から脅迫状が届いた。またヘック牛とナチスの関連性も敵意に満ちた比較の対象になり、フランを生態学のヨーゼフ・メンゲレになぞらえて、彼が動物たちの強制収容所で実験を行っているという風刺漫画も描かれたりした。だがフランはまったく動じなかった。

「繰り返しますが、私たちの自然観は、人間によるコントロールの慣例に支配されています。家畜にとって良いとされることをそのまま野生動物にあてはめているんですよ」と彼は言う。「オーストファールテルスプラッセンの動物たちが自然な環境の中で自由に生きているという事実――工場式畜産場に閉じ込められているわけでも、毎日人間に手荒く扱われているわけでもないし、人工授精ではなく自然な交尾をするし、子ウシが母ウシと一緒にいられる自然な群れの中で暮らしているし、農産業が人工的に調合した餌ではなくて本来彼らが食べるべきものを食べている、という事実はどうでもいいらしい。生きている動物の生活の質よりも、動物の死にばかりこだわっているんです」

「特に、こうした死は数が多すぎるし『不自然』だと考えるのは、オーストファールテルスプラッセンの周囲に、餌を求めて動物が出ていくのを防ぐための柵があるからです。でも、アフリカで移動する動物の群れにも周期的な個体の死亡は起こります。動物が移動できないところ、たとえばタンザニアのンゴロンゴロ保全地域は、アフリカで一番捕食動物の数が多いところですが、そこでも群れの動態は同じです。餓死というのは自然界の重要な要素で、基本的な自然のプロセスなんですよ」

とは言うものの、一般市民からの激しい抗議の声に、オーストファールテルスプラッセンの不干渉という方針は妥協を余儀なくされ、現在は、死が近いとされる個体は人道的観点から撃ち殺されることになっている。オランダと欧州連合の法規では、ウシとウマの死骸は、たとえそれが脱・家畜化された個体であっても腐るまで放置することは許されないので、オーストファールテルスプラッセンから運び出され火葬される。ただしノロジカとアカシカは「野生動物」に分類されるために死骸放置が許されており、キツネやネズミ、カラス、そしてオジロワシを含む猛禽類の餌になる。最終的には、肉、毛皮、腱、骨は一片も残さずバラバラになり、プロジェクト開始以降オーストファールテルスプラッセンに棲みついた多種多様な昆虫、シデムシ、バクテリアや菌類によって消化されるのだ。これらの分解生物たちは力を合わせ、リン、カリウム、カルシウム、マグネシウム、窒素などの栄養素を土壌に戻し、土壌を肥沃にするという役割を果たす。

現在進行形で奇跡が起きつつある風景を眺めるチャーリーと私の中である思いが閃いた。海だったところを埋め立てた土地、いわば生物多様性が事実上ゼロだった白紙の状態で、自然な草食行動がこれほど生産的な反応を引き起こせるのならば、他のどんな場所でも——もしかしたら、長年の集約農業で疲弊し、汚染されてしまった土地でも——これに似たことは起こり得るのではないだろうか？　壊滅的な環境の衰退を逆転させる方法を示すことで、オーストファールテルスプラッセンは全ヨーロッパの手本になれるのかもしれない。

チャーリーはもともと、アフリカが体の奥深くに刻み込まれていた。生まれてからの数年を、父親が煙草と綿花を栽培していた植民地時代のローデシアで過ごしたからだ。アフリカには明らかに彼を魅了するところがあり、私は彼と一緒にケニア、タンザニア、ナミビア、ボツワナ、南アフリカの野生動物保護地区を訪れたことがあった。チャーリーにとって、オーストファールテルスプラッセンに見られる動物の数はごく自然なことだったし、のびのびと開放的な景観もごく普通のものだった。だがこうした生態系に、人口密度が高く、厳しく管理されたヨーロッパの低地で遭遇するというのは、目から鱗の出来事だったのだ。それはまったく異なる二つの経験、それまでは別々だった二つの世界を融合させた。野生が、それまで論理的に野生ではあり得ないと思っていた場所に割り込んできたのである。チャーリーの頭の中を色々な考えが駆け巡った。帰宅の途上、彼は独り言のように、これと同じような自然の営みがクネップで起きるに任せたらどうなるだろう、と言った。レプトン・パークを復元するというアイデアを周囲の農地にも拡大しつつ、それよりさらに野生に近い、持続可能な計画を試みたら？　草食動物を使って生息地を創造し、クネップの地所全体に野生生物を取り戻すことは可能だろうか？　自由意思を持つ環境保護計画は、私たちが待ち望んでいた答えになり得るのだろうか？

# 第5章　再野生化、実現までの険しい道のり

環境保護は、不安定な理論ではなく実際の観察に基づいて行われるべきである。

オリバー・ラッカム『Woodlands』二〇〇六年

二〇〇二年、自然に関するイギリス政府の諮問機関で、環境・食糧・農村地域省（ＤＥＦＲＡ）の資金で運営される機関「イングリッシュ・ネイチャー」宛てにチャーリーが書いた「趣意書」は、率直で非常に楽観的なものだった。そこには「ロー・ウィールド・オブ・サセックス地域に多様な生物が生息する自然地区を作る」という私たちの意思が述べられていた。私たちがやろうとしているのは「土地管理に関する実験」であり、数種の草食動物を自由に動き回らせることで、オーストファールテルスプラッセンで私たちが目にしたのと同じような、野生生物のための生息環境を作ることである、と手紙は説明した。私たちは、一四一六ヘクタールの地所全体をぐるりと囲むフェンスを建て、三二〇キロメートルに及ぶ地所内のフェンスは住居その他の建物の周りを除いて撤去し、地所の中を横切る一般道Ｂ道路に家畜脱出防止格子を設置し、国道Ａ２７２をまたぐ陸橋を造って動物たちが地所内を自由に移動できるようにするための資金援助を求めていた。また、野生のウシに耳標をつけるのは難しいかもしれないこと、散歩中の犬と野生動物が衝突するかもしれないこと、雑草の

増殖や、腐敗する死骸に苦情が出るかもしれないことなど、小さな問題が起こる可能性は認めつつ、それらは解決できないものではないと思う、とも書かれていた。

## 再野生化への野望

私たちが選んだ動物のリスト一つ取っても、イングリッシュ・ネイチャーをたじろがせたことだろう。アカシカ、ダマジカ、ヘック牛、エクスムーア・ポニーを放すというのがすでに相当困難なことである上、イノシシ、ヨーロッパビーバー、ヨーロッパバイソンの三つはほとんど口にするのも憚られる名前だった。私たちは高い望みを持っていたのだ。

私たちが特に期待を寄せていたのはイノシシだ。オーストファールテルスプラッセンの動物構成で明らかに欠けているのが大型の腐食動物だったのだ。フレヴォランド平原ではキツネや鳥が死骸をつつきはするがそこにもイノシシはいない。イノシシは、アフリカで死骸の骨を砕くハイエナのいわばヨーロッパ版であるが、イノシシにはもう一つ、鋤の代わりをする、という重要な生態学的機能がある。イノシシが鼻で掘り返して露わになった土には無脊椎動物が棲みつき、花の咲く植物や低木がそこから発芽するのである。オランダ政府は、イノシシが保護区から逃げ出して養豚場のブタに病気を広げる危険があるとして、オーストファールテルスプラッセンにイノシシを放すことを許可しない。皮肉なことだが、自然保護活動家の多くはむしろ逆に、ウイルスの温床である集中的養豚場から野生の動物に病気が広がる危険があると考えている。フランは、イノシシの方からオーストファールテルスプラッセンを見つけてくれはしないかと期待していた。オーストファールテルスプラッセンからわずか二五キロのところに野生のイノシシがいることがわかっていたからだ。私たちの周りには養豚農家はいないので、クネップにイノシシを放すのはオランダのように問題にならないものと私たちは期待していた。イギリスの野生のイノシシは少なくとも三〇〇年前に絶滅していたが、近年になって、イノシシ農場から逃げ出したり解放されたりしたイノシシが再び野生化していた。イースト・サセックス沿岸には大きな群れがいて、ライの町では毎年一〇月にイノシシ祭りが開催され、イノシシバーガーやイノシシのシチューなど、「ラスト・オブ・ザ・サマー・スワイン（夏のイノシシの名残）［訳注：ラスト・オブ・ザ・サマー・ワインというイギリスの人気テレビ番組をもじっている。スワインはブタの意］」を使ったご馳走が供される。野生のイノシシはクネップからほんの二キロ強のところで目撃されていたが、それは国道A24号線の向こう側で、この道路に阻まれてそこから西に移動できずにいるらしかった。

私たちは、動物の死骸は運び出して焼却するのではなく、そこにそのまま放置しておけるよう強く望んでいた。だが、ヨーロッパ各国にあるのと同様の衛生と安全に関する規則がイギリスにもあるおかげで、それを実現するためには特別な許可が必要だった。景観の中に動物の死骸が存在しないというのもまた、自然の営みから失われた側面の一つだった。そしてその結果、エンマムシ科の甲虫やクロバエの蛆といった死肉食性の昆虫、菌類、細菌などの生物群がすべて崩壊したのである。イギリスで最後に目撃された場所を指して「dead donkey fly（死んだロババエ）」と呼ばれているハエは、腐敗が進んで骨と皮だけになった動物の死骸に卵を産みつけたものだったが、死骸が放置されなくなるとイギリスでは絶滅してしまった。彼らがいなくなったことを嘆く人は昆虫学者以外にはほとんどいないかもしれないが、動物の死骸をその土地の上で腐らせることで、栄養素が食物循環の中に保たれる。その中には、たとえば鳥が卵を産生するために欠かせないリンやカルシウムも含まれる。

二〇〇二年には、ビーバーはまだイギリスでは目の敵にされていた。だがヨーロッパではビーバーの数は順調に回復しつつあり、オーストファールテルスプラッセンでも目撃されていて、近い将来そこで繁殖する可能性が高かった。ヨーロッパでは、彼らが環境に好ましい影響を与えることの証拠が集まりつつあり、私たちは、このキーストーン種をイギリスで復活させることの重要性をイギリス政府が理解してくれることを願っていた。湖や池、水路、広大な沼地のあるクネップは、その足がかりになる場所としてぴったりだと思ったのだ。

バイソン（野牛）もまた、ヨーロッパでは絶滅に近い状態から復元されつつある草食動物だった。フランをはじめとするヨーロッパの生態学者たちは、これもキーストーン種であると考えていた。最終氷河期の後にイギリスにバイソンがいたかどうかは論議の絶えない問題である。イギリスでバイソンの骨が発見されたことはない。だが、化石による証拠が手に入りにくいものであることはよく知られている。たとえば、オランダで化石化したオオカミの骨が発見されたことはないが、ほんの数百年前までオランダには多くのオオカミがいた。オランダの南部で最後にオオカミが撃ち殺されたのが一八四五年、最後にオオカミが目撃されたのは一八九七年だ。むしろ化石による証拠が見つかることは非常に稀で、それが発見されるとそれまでの仮説が丸ごとひっくり返されることが多い。たとえばシュロップシャー州コンドバーで二〇〇九年にたまたまマンモスの骨が発見されたが、このたった一度の発見によって、イギリスにマンモスが存在した年代は、それまでより現代に七〇〇〇年近い、わずか一万四〇〇〇年前のことに書き換えられた。科学者――中でも確実性と具体的な遺骸を研究対象とすることを好む古生態学者にとっては不愉快かもしれないが、証拠の不在は不在の証拠ではないのである。しかも近年、北海の底のドッガーランドでは、完新世（約一万一七〇〇年前に始まった、現在の後氷期）が始まった頃の動物、オーロックス、イノシシ、エルク、ビーバー、ノロジカ、カワウソなどの遺骸と並んでバイソンの骨が発見されている。ドッガーランドは、八二〇〇年前に海面が上昇するまではイギリスとヨーロッパ大陸を結んでいたランドブリッジである。イギリスがまだ地理的にヨーロッパ大陸の一部であった頃に、動物がおとなしくカレー［訳注：ドーヴァー海峡に面したフランス北西部の港町］で立ち止まったとは考えにくい。

ただし、ある一点については、私たちの計画がオーストファールテルスプラッセンよりも大きく制約されなければならないことがわかっていた。オーストファールテルスプラッセンの三分の一の面積しかない私有地で、住居もあれば庭もあり、人々がその中で日常生活を送っているクネップの地所内では、動物を餓死させるわけにはいかなかったのだ。この実験にとって、人間による介入は最小限に抑え、餌を補給せず、草食動物ができるだけ自然な形で周囲の環境と関わることが必要であるとは思っていたが、動物が飢えて死んでいくのを家の窓から眺めるのは良心に悖る行為だし、所詮政府がそれを許すはずがなかった。英国動物虐待防止協会の本部はクネップから程近いサウスウォーターという村にある。クネップの面積と位置、それに私たち自身の動物に対する感性が、クネップならではの限界を作り出すことになった。私たちは、動物の個体数が増えたら、冬の間十分な餌を食べて健康でいられる程度の数まで間引くこと、病気になったり、たとえば出産の際に問題があったりしたら、獣医の立ち会いのもとで介入することを提案に含めた。間引いたウシやシカ、イノシシを食肉として販売することで、間引くのにかかる費用を捻出できるものと私たちは算段した。ポニーは年に一度集めて、適切な数を超える個体は販売するつもりだった。

## 繰り返される「視察」と「話し合い」

チャーリーの手紙にはまた、この実験は二五年計画で実施するものであること、二五年経過した時点でプロジェクトを総括し、「再野生化」を継続するか何か別の形の土地管理方法に戻すかを決定するつもりであることも説明されていた。この実験がどのような結果を生むか、私たちには確信がなく、元に戻せるという保証が必要だった。私有地の持ち主として、経済的なことも不安だった。もしもイングリッシュ・ネイチャーが――あるいはどこか他の機関が――私たちへの資金提供を決め、後になって支援を打ち切るというようなことになったり、二五年後に環境保護の資金を提供してくれる他の機関がなくなっていたりした場合、この計画が子どもたちの世代の重荷になることも避けたかった。子どもや孫たちには、彼らが生きている時代の状況に沿って、この土地をどうするかを自由に決めさせてやりたい。ひょっとして、現在は想像ができない何らかの理由でこの粘土質の土壌での農作が再び可能になったとしたら、それは農業への回帰を意味するかもしれない。

翌年、イングリッシュ・ネイチャーの上級森林研究員がクネップに視察にやってきた。長くて白髪交じりの、ダーウィンのような薄いあご髭を生やした恥ずかしがり屋の学者、キース・カービーは、イギリスの生態学者のほとんどがそうであったように、ヴェラの本に対する反応の余波に巻き込まれていた。興味をそそられた彼は、慎重にではあったが、ヴェラの理論がイギリスの土地で試されるのを非常に見たがっていた。でも最終的には、彼の担当部門は私たちの計画に資金を提供することはできない、と彼ははっきり言った。それだけでなく、イングリッシュ・ネイチャーの首脳陣には、私たちの計画ほど過激なことを急いで行う気はないだろう、とも彼は言った。そして、コンピュータによるモデル化や、設定目標や、安全防止措置や、動物の個体数や植被率のパラメータ、さらに必要とされるたくさんの調査について言及した。

イングリッシュ・ネイチャーが私たちの提案を一笑に付さなかったという事実には励まされたものの、この冷たい返事に私たちは落胆し、最終的に、あまり用心深いやり方をしても意味がないと感じた。草食動物を自由にさせることがその土地に及ぼす影響について調べたかったら、動物を放してみるしか方法はないのである。プロセスを重視したプロジェクトの目的はただ一つ、成り行きを自然に任せるということで、それはつまり、先入観を捨て、できる限り制約を取り払うことだった。目標の設定やパラメータを定めても意味がなかった。この実験は、何の制約もなく、自然の営みを復元して生物多様性を高めるという大まかな期待がある以外には特に具体的な目標を持たないものでなければならなかった。とにかく私たちには、何が起こるかは知りようがないのだ――変数が多すぎるし、こんな試みはこれまでイギリスでは許可されたことがないのだから。自然の成り行きに任せた土地で何が起こるかをコンピュータモデルを構築して予想するなど、まだ生まれていない子どもが一生に成し遂げることを予測しようとするようなものだった。

キースのこの訪問を皮切りにその後も何度も視察があり、役所との話し合いは五年以上にわたって同じような調子で続いた。イングリッシュ・ネイチャーがこのプロジェクトを支援してくれそうだという期待が幾度となく高まっては、政治的な優柔不断さや科学者たちのあまりにも慎重すぎる態度によって打ち砕かれた。資金がなければ、一四一六ヘクタールの地所全体をフェンスで囲むことはとてもできない。そしてそれが、草食動物を自然に放牧するというプロジェクトにとってはまず必要不可欠だった。イングリッシュ・ネイチャーの煮え切らない態度は、どんな政府機関にもつきものの、ときおり起きる組織改変や方針の変更・改革によってますますひどくなった。たとえば二〇〇六年、イングリッシュ・ネイチャーという機関は、田園地域庁、農村地域開発局と合併して「ナチュラル・イングランド」という組織に再編されている。だがイングリッシュ・ネイチャーが支援を断るための言い逃れの根幹には、ヴェラの理論と、もともとの「野生の森」とはどんなものであったかをめぐって相変わらず吹き荒れる議論があった。今から約七〇〇〇年前、新石器時代以前の、花粉層序学でいえばアトランティック時代だったイギリスは、閉鎖林に覆われていたのだろうか？　それとももっと広々とした、草原、低木地、木立、そして単独で立つ木が混在し、多数の草食動物が草を食む土地だったのだろうか？　明らかに、イングリッシュ・ネイチャーにとっては、イギリスの過去の生態系を正しく知ることが、今後どのように自然保護活動をしていくか、私たちが提案しているようなプロジェクトに対してどんな態度を取るのかを決めるための基本要件だったのだ。

## 根強い閉鎖林冠説

ヴェラを支持する人たちにとって、イギリスは閉鎖林に覆われていたとする説の根幹には明らかな誤りが存在した。おなじみのオークの木である。開けた風景の中で人目を引く、太陽を崇拝するかのようにその枝を広げるオークこそ、温帯ヨーロッパが完全に閉鎖林だったわけではないことの動かぬ証拠だった。

イギリスにオークが多数あったことは、花粉記録や古い氾濫原から出土した化石などからすでにわかっている。オリバー・ラックマンは、「『ボグ・オーク』と呼ばれる、泥炭の中に埋まった状態で保存された倒木や切り株は、花粉記録を補完する貴重なデータである。これらは先史時代に生えていたオークのすべてを代表するものではなく、ほんの一部でしかない——珍しい場所に生え、突然の水位上昇による暴力的で異常な死を迎えたのである。それでも、泥炭に埋まった木を軽んじるべきではない。それはある種の原生林について、どんな木がどこに生えていたか、そしてその木が物理的にどのような構造であったかを、他のどんな証拠よりも正確に伝えてくれるのだ」と書いている。さまざまな動物や植物がオークと関連性を持っていること自体が、オークが古くから生態系に存在していたことの証拠である。歴史的にその存在が稀で、広い地域に分散して生えていた木は、オークのように他の生物とのさまざまな関連性が生まれないことが多い。たとえばオークは、ドングリを分散させ発芽させるためにカケスを必要とするが、この鳥との特別な関係は数千年かかって生まれたものに違いない。つまりオークは、単に近代になって急に普及した木ではないのだ。そして、古くからある私たちの土地にオークの存在が目立つということは、閉鎖林説にとっては明らかな問題を提起する。ハシバミやカバノキと同様に、ヨーロッパの低地に生える二種のオーク――フユナラ（*Quercus petraea*）と、クネップにあるようなヨーロッパナラ（*Quercus robur*）――はどちらも、少なくとも若木の段階では大量の太陽光を直接浴びる必要がある。ブナノキ、シデ、セイヨウトネリコ、セイヨウシナノキ、セイヨウカジカエデ、ヨーロッパモミ、カエデ、ハンノキ、セイヨウハルニレ、ヨーロッパニレ（仮名）、その他中央ヨーロッパと西ヨーロッパに自生する樹木種とは違って、オークは閉鎖林の中では成長できない。森や木に詳しいテッド・グリーンのような人にとってはこんなことは常識なのだが、閉鎖林説を支持するほとんどの人がこの事実を見過ごしているのだから驚いてしまう。

オークの成長に太陽光が必要であることを知っている人は、嵐や老化が原因で大きな木が一本、あるいは数本の木が固まって倒れ、そこにできた光の差し込む空き地でなら、オークが発芽・成長し、成木になることも可能だと主張する。だがヴェラはこれを否定し、ポーランドに残るいわゆる「原生林」ビャウォヴィエジャの森を含む、中央および西ヨーロッパ全土の森林保護区には、林冠が開いているところですら、オークの若木は長い間育っていない、と指摘する。基本的に、そうした保護区のオークは消えつつあるのだ。そもそもこれらの森林保護区にオークが存在するのは、森林保護官によって植樹され、競合する樹木から意図的に保護されてきたもの――その場合はどれも同じ樹齢で、幹は高くまっすぐに伸び、横に伸びる枝が少なく樹冠が小さいため材木としての価値が高い――であるか、四方に枝を伸ばした古いオークの木で、開けた環境で成長した後に、日陰でも育つ木々にのみ込まれてしまったものであるかのどちらかだ。枝を大きく広げるオークの古樹があるということは、明らかに、その森がかつては草地をともなう開けた森であったことを示している、とヴェラは言う。草食有蹄類によって作られ維持される自然の生態系だ。こうしたオークは、もともとはカケスやモリアカネズミが地面に落としたドングリから芽生え、イバラの茂みの近くにぽつんと一本で生えていたのかもしれないし、あるいはカケスがイバラの茂みの周りに落としたたくさんのドングリから育ったオークの木立の一本だったのかもしれない。イバラの茂みはオークの苗木にとっては苗床の役割を果たし、太陽光を遮ることなく草食動物からオークを守ったことだろう。そうした土地から草食動物が姿を消すと、植生遷移に拍車がかかる。当然、日陰でも育つ樹木種が勝利し、最終的に閉鎖林を形成して、それが現在は「森林保護区」となったわけだ。自然保護活動家にとっての聖地であり、法律で保護された場所である。樹高が非常に高いオークは、周囲の木がそれより高くなって太陽光を奪うのに時間がかかるので、枯れるまでには何百年もかかるかもしれない。だが最終的には枯れてしまう。

私たちはそれをこの目で見ている。クネップのプロジェクトが始まって数年経った頃、ルーマニアでのことだ。カルパティア山脈の野草の草原を友人と見に行ったときに、シギショアラの町の近くでたまたまブレイテ自然保護区を見つけたのだ。ゴツゴツと曲がった幹が見事な、樹齢六〇〇年から七〇〇年は経っているオークの古樹が点々と立つこの希少な森林牧草地は、五〇年前に伝統的な羊飼いが減ってしまってから打ち捨てられていた。草食動物の邪魔がなくなると、シデやブナノキが密集して生え始めた。すでに日陰を好む先駆種の樹木に取り囲まれていたオークは、樹冠の葉が散り、枝も落ちて、樹木の海にゆっくりとのみ込まれつつあった。何本かはすでに周囲に圧倒されて倒れてしまっていた。

こうしたオークの古樹から芽生え、たそがれゆく棺にしがみついている小さなオークの芽は、陽の当たる空き地に（ときには大量に）根付くこともあるが、最終的には数年のうちに、日陰に強い木の若木との競争に負けて枯れてしまう。イギリスでも同様のことが起きている。サセックス州の、クネップから程近いところにあるメンズ自然保護区は、人間が介入することが許されない、イギリスに残された最後の天然閉鎖林とされている。この保護区を観察している生態学者たちは、一九八七年、三〇〇年に一度という規模のハリケーンで多数の木が倒れたとき、オークの若木がたくさん生えるものと期待していた。ところが現在までオークが生えてきているという事実はなく、学者たちは頭を捻っている。

先史時代のヨーロッパは閉鎖林に覆われていたとする説の支持者はまた、林冠に穴が開く原因としてしばしば落雷による火災を挙げる。だがこれもやはり、少なくとも温帯地方ではしっくりこない。こんな霧と雨の多い土地で、森林攪乱の原因が火災だとする主張に信憑性が与えられるというのが理解しがたいのだ。イギリスの森で、そこにあるものだけを使って火を熾そうとしたことがある人なら誰でも、真夏ですらなかなか火が熾せないことを知っている。ガイ・フォークス・ナイト［訳注：一六〇五年、ガイ・フォークスとその一味がクーデターを起こそうとしたが失敗。イギリスではこの事件のあった一一月五日に大きな焚き火を熾してガイ・フォークスの人形を燃やす風習がある］の焚き火は、たっぷりガソリンをかけなければしょんぼりとくすぶるだけだろう。南ヨーロッパの乾燥した地方にある乾いたマツの森とは違って、イギリスには、唯一の例外であるヨーロッパアカマツを除いては火のつきやすい樹種はないし、稲妻が発生しても消防車が発動することはない。激しい雷はほぼ必ず雨を伴う。第二次世界大戦中、著名な森林学者ハーバート・エディンは、雨が少なかった夏の間に行われた英国空中戦のときでさえ、コンクリートの建物を燃やせる焼夷弾が森林火災を引き起こしたことは一度もないと述べている。バークシャー州にあるビシャム・ウッズの一部である「カーペンターズ・ウッド」には、一九四四年に爆薬をいっぱいに載せた飛行機が墜落してできた穴が今も残っており、死亡した空軍兵士のための記念碑が立っている。爆発音は数十キロ離れたところでも聞こえたが、墜落場所からほんの数百メートルのところにあるブナノキを含む周囲の木に火はつかなかった。刈り株の野焼きが大流行していた一九七六年の大干ばつの間ですら、木に火が移ることはなかった。イギリスの森にかけては右に出る者のないオリバー・ラッカムは、マツ林を除き、イギリスに自生する木が火災を引き起こすことはない、と断言する。「広葉樹林は、濡れたアスベストくらい燃えにくい」と彼は言うのである。

閉鎖林冠説は、定義からして草食動物を攪乱の大きな原因とみなさない。だとしたら、人間が登場する以前にいったい何が、オークが成長できるだけの穴を林冠に開けたのだろう？　長期間の干ばつ？　洪水？　嵐？　病気？　異常気象事象というのは非常に稀にしか起こらないものだし、大概は局所的なものだ。病原菌が発生するというのは洪水や干ばつよりもさらに稀で、数百年に一回、ひょっとしたら数千年に一度しか起こらない。そして、ニレ立ち枯れ病やセイヨウトネリコ立ち枯れ病のように、普通は同じ樹種だけを攻撃する。こういう極端な事象は、それだけでは、オークがイギリスに君臨している理由、それどころかオークの進化もオークが生き残っている理由も説明できない。

## 花粉学者の主張

ではいったいなぜ、閉鎖林冠説は科学者の間でこれほど支持を得たのだろう？　なぜこの説を覆すのがこれほど難しいのだろうか？　その理由はおそらく、一つには心理的なものだ。すべてを包み込む暗い森、というイメージは、想像力に強く働きかける。それは、一九世紀に英語圏に持ち込まれたドイツ語の民話――ヘンゼルとグレーテルや赤ずきんや白雪姫など、東欧の暗い針葉樹林が舞台のおとぎ話の世界なのだ。北欧では、原始の森にはトロールをはじめとする恐ろしい、魔法がかった伝説の生き物がいて、それらはみな、人間にとっては非常に危険な存在だった。

足を踏み入れてはいけない「化け物の棲むところ」が、私たちの集合意識の中に組み込まれたのである。フロイト的な、パワーと侵入、木を伐る人、よだれを垂らす恐ろしい獣に打ち勝ち、暗闇に光をもたらし、鋤で土地を開拓し、処女地に種子を蒔く。これは非常に人間中心的な物語で、そのルーツは私たちの心理の奥深いところにある。「この地上はもともと、水が広がっているところ以外は森に覆われておりました」と、一七七〇年、ロンドン考古協会に対してトマス・パウナルは断言している。「最初の人間は森の人で、森の果物、魚、野生の動物を食べていたのです」。そして科学は二〇世紀に至るまでそれを疑わなかったのだ。完新世のイギリスは、「湿ったオーク、セイヨウトネリコ、低木やイバラの広大な森が広がり、その多くが人跡未踏の地だった。森はある意味で完全だった」――一九四三年、考古学者シリル・フォックス卿はそう言っている。

かつて地上には木々が青々と生い茂り、果てしのない、不可解で豊穣な原始の森が遍（あまね）く広がっていた、という仮説は、現代社会において、今よりもっと豊かで深い「自然」の魔法に再びかかりたいと願いそれを懐かしむ人にとって、現代という時代が私たちに残した、疲弊し汚染され小さく仕切られた自然に対するアンチテーゼとなった。科学はいまだにそのビジョンを支持しており、この誤った説を存続可能にしている責任の多くは、閉鎖林説を二一世紀にまで持ち込んだ花粉学者たちにあると言わねばならない。

花粉化石は、二〇世紀前半の「極相植生」主唱者だったアーサー・タンズリーやチャールズ・モスにとっては「証拠」であり、現代のヨーロッパ人が過去を思い描く際の基盤となった。スウェーデン人地質学者エルンスト・ヤコブ・レナート・フォン・ポストが初めて花粉分布図を制作したのは一九一六年のことである。泥炭湿原や湖の堆積物の地層内で保存された樹木花粉を調べた彼は、最終氷期が終わってから現代まで、西ヨーロッパと中央ヨーロッパの低地にどんな種類の森が存在したかを特定することができると主張した。花粉化石には、オーク、ニレ、セイヨウシナノキ、ブナノキ、ハシバミ、シデなど、いずれも多量の花粉を排出する樹種のものが多く見られ、草、花、ほとんどの低木などの非樹木花粉は著しく少ない。二〇世紀初頭の科学者たちは、彼らが目にしているものこそ、そこに閉鎖林があったことの証拠だと考えた。その後の植物地理学者や森林学者たちはそれを、仮説の検証もせずにそのまま引き継ぎ、原生林を構成する樹種についての細かい点や、後氷期の森で各樹種が登場した正確な時期を議論するばかりだった。

だが花粉学は重大なことを見落としている。ヴェラが考える、古代草食動物が中心の生態系を持つ先史時代の森林牧草地的な地勢には、スピノサスモモ、セイヨウサンザシ、イヌバラ、セイヨウイボタ、ハナミズキ、野生のリンゴ、ナシ、チェリー、ナナカマドなど、日光を必要とする低木種からなる「マント群落とソデ群落」の茂みがある。ルーマニア、フランスのジュラ県西部、ドイツのボルケナー・パラディース、スロベニアのスロヴェンスキー・クラス国立公園、そしてイギリスのニュー・フォレスト国立公園などの天然森林牧草地に今も残る地勢だ。だが日光を必要とするこれらの低木は昆虫が受粉を媒介し、空中にはほとんど花粉を飛ばさない。特定の虫に付着しやすいよう、花粉は表面がでこぼこでベタベタしていることが多く、風に乗って遠くまで飛んでいくようにできている、塵のように軽い花粉とは違うのだ。花粉学的な視点には、こうした植物は見えないのである。花粉スペクトルにこれらの植物の花粉が不在だからといって、それが存在しなかったことの証拠にはならない。事実、これらの植物が今日存在しているということ自体が、過去にもそれらが存在していたことの証拠であり、重要な問いを投げかける――この世界がもともと閉鎖林に覆われていたのだとしたら、これらの植物はどうやって生き残ったのだろうか?

開けた森林牧草地に特徴的な低木の一つ、セイヨウハシバミは、大量の花粉を作り、花粉は風に運ばれる。ハシバミは閉鎖林の中でも枯れることはないが、花を咲かせ、大量の花粉を産生するには日光を必要とする。中央ヨーロッパおよび西ヨーロッパ全土の、大型の泥炭湿原、湖、池などで見つかる花粉全量のうち、二〇～四〇パーセントはハシバミの花粉だ。ところが驚いたことに初期の花粉学者たちは一貫して、低木であるハシバミは閉鎖林の下層植生であるという前提に基づき、花粉分布図からハシバミの花粉を排除したのである。彼らにとって、高木と競合しないハシバミの存在は、閉鎖林を構成する高木の種類の特定を邪魔するものでしかなかったのだ。これは、花粉学の父、レナート・フォン・ポストによって一九一六年に始まったパターンである。「(森の木の花粉の) 全量にはハシバミの花粉は含めなかった。ハシバミはほとんどの場合、オークその他の木で構成される森の下層植生であり、それ自体で群落を形成して他の森林形態と競合することは稀だからである」と彼は言った。一九三四年には、イギリス人植物学者・花粉学者であるハリー・ゴッドウィン卿が、『New Phytologist』誌に発表した分析論文の中で、ハシバミの花粉について次のように説明している。「花粉の解析的研究が始まって以来、最も解析が難しい標本を例外とし、ある花粉の存在を認めるためには最低一五〇粒の花粉が観察されることが慣例となっている。この合計数に、ハシバミおよびセイヨウヤチヤナギの花粉は含まれない」。ハシバミの花粉は、現在は花粉分布図から除外されることはなくなったものの、今でもレナート・フォン・ポストの例に従って、樹木花粉に分類されている。ハシバミの花粉が高い割合で含まれているのは、林冠が開けていたことを示している、と考える者はいないらしい。この異常な慣例は、ヴェラに言わせれば、事実から目を背け耳に栓をしているに等しい。オークと同様、ハシバミの花粉は、昔そこに閉鎖林ではなく視界の開けた森林牧草地のマント群落があったことの重要な証拠なのである。

先史時代には林冠の開いた草原というものはまったく、あるいはほとんど存在しなかったという証拠だとして花粉学者が最も頻繁に挙げることの一つに、化石記録の中には草本花粉が少ししか含まれていないという点がある。だがこれには当然の理由がある。草食動物の大群は、花が咲く前に草を食べてしまう。それはセレンゲティと同じで、トニー・シンクレアによれば、セレンゲティで草が花を咲かせるのは、何らかの理由で一時的に草食動物が食べる草の量が減ったときだけである。また、湖や泥炭湿原に落ちる草本花粉の量に影響を与えた物理的な要因もある。マント群落とソデ群落というのは森林牧草地に特有な、密集して生える棘のある低木で、風除けの役割を果たす。そしてそれは、何百年も前から私たちが、動物の侵入を防ぎ、風や雪を遮るための生垣を作るのに使ってきたのと同じ植物でできている。開けた草原のところどこに木立やぽつんと単独で立っている木があり、棘のある低木が縁取るように散在する、複雑な構成を持つ森林牧草地では、風は遮られ、方向を変えるので、花粉を――特に、地面に近いところにある花粉を――分散させる効果が弱まるのである。どんなに風が強い日でもその一画は静かだ。この防風壁が最も効果を発揮するのは、マント群落とソデ群落のすべての木や低木に葉が茂る盛夏以降で、この季節にはまた多くの草本も花を咲かせる。堆積物の中に含まれる草本花粉の量が少ないのは、草食動物の存在と、密集した棘のある背の低いソデ群落に花粉がとらわれることで説明できるかもしれないのだ。

地面からもう少し高いところに、棘だらけの低木の茂みから顔を出したハシバミは、他の木々や低木が芽吹くよりも先に花を咲かせ、花粉が分散される可能性も高い。ハシバミの花粉は開けた場所の上昇気流に乗って遠くへ飛ばされる。ハシバミが湖底に積もった降下花粉の中に多く見られるのはそれが理由かもしれない。

さらに、堆積物中に花粉が多く見られるからといって、その木がそこに多く存在していたに違いないと花粉学者たちが考えるのは間違っている、とヴェラは主張する。セイヨウシナノキ（虫だけでなく風によっても受粉する）のような日陰に強い木は、閉鎖林に生えているものよりも、草原にぽつんと一本で立っているものの方がはるかに多くの花粉を作る。太陽を浴び、大きく広がる空間があるので、そういう木はまるでオークのような立派な樹冠を持ち、枝は低いところにまで広がってたくさんの花を咲かせるのだ。低木の茂みや草原に高く聳えるこうした木の花粉は、風に運ばれやすく、遠距離を移動する。そのため、ある特定の地域をとってみると、庭園のような地勢の場所では、木の本数は少なくても、同じ地域の閉鎖林よりも大量の花粉を分散させる可能性がある、とヴェラは言い、さらに、「大型草食動物が草を食べる庭園状の土地に現在見られる花粉分布は、樹種やその比率という意味で、閉鎖林のものとされる先史時代の花粉分布に驚くほど似ている」とも指摘する。

## 原始ヨーロッパに広がる草原

原始時代のヨーロッパには、閉鎖林でなく、もっと広々と開けた多様な地勢があったはずだと考えているのは、ヴェラだけではない。イギリスでは近年、ヴェラ以外の科学者も別の方向から彼と同じ結論に近づいている。たとえば朽木につく甲虫の専門家であるキース・アレグザンダー博士は、半化石化した甲虫の存在をそこに閉鎖林があったことの証拠だとする古代昆虫学者と議論を繰り広げている。サセックス大学のクリス・サンドム博士のチームは、木に棲息する甲虫のすべてを十把一絡げにして「森と樹木の昆虫」というカテゴリーに分類し、その中には木とはまったく無縁の甲虫も多数含まれるにもかかわらず、それらは、完新世初期に「林冠がほぼ閉じた、あるいは部分的に閉じた森林で、前者により近い」森がそこにあった証拠だと主張する。だがアレグザンダー博士は、そうした化石はまったく逆のことを示唆していると言うのである。たとえば、キクイサビゾウムシ亜科のゾウムシの一種や、完新世初期に最も一般的だったデバヒラタムシ科の甲虫の一種といった甲虫は、棲息場所が非常に限定されており、腐朽した心材を大量に含む太い木の幹を必要とする。閉鎖林ではそういう木は生まれない。したがって、オークやハシバミの花粉が見つかったのと同じ泥炭堆積物の中から甲虫が見つかったというのは、それが草原に単独で立つ木であったことを示している、とアレグザンダー博士は主張するのだ。

ナチュラル・イングランドが最近開発した、現在の無脊椎動物相と生息域の関係の新たな分析システム「無脊椎動物および生息環境情報システム」は、アレグザンダー博士のこの主張を裏付けている。「無脊椎動物および生息環境情報システム」はすべての生物種一覧を、その「生態集合体のタイプ」に基づいて、はっきりと区別できるいくつかのグループに変換する。つまり、同じ場所に棲む異なる生物群集である。アレグザンダー博士は、さまざまな古生態学的時代分類に関するサンドム博士のデータを客観的に概観するため、このシステムにデータを入力した。すると、完新世初期の甲虫の半化石のうち二八パーセントが草原と低木に棲む甲虫種、一三パーセントが樹上性の甲虫種、四七パーセントが腐朽した木材に棲む甲虫だった。完新世後期になると、草原と低木に棲む甲虫が四四パーセント、樹上性が一一パーセント、そして腐朽した木材に棲むものは三四パーセントだった。この構成を見ると、日陰を好む甲虫が非常に少ない。つまり、木があったことを示す証拠はたくさんあるが、日陰があったことを示す証拠が乏しいのである。したがって、後期完新世の記録は、草原と低木が増えたこと、植生遷移初期のモザイク状の植生――人間が再び陸に暮らすようになり農業が発達するにつれて当然そこにあることが予測される植生――の存在を示しているのである。このデータは、完新世の前期・後期ともに頭上が開けた森林牧草地が支配的であったことを示しているが、そこが閉鎖林であったことは示していない。

石灰質草原に棲むカタツムリの化石証拠からもこれと似たことが言える。一九九〇年代、ちょうどヴェラが博士論文を仕上げていた頃、環境考古学者、貝類学者としてオックスフォード大学で教鞭を執り、ボーンマス大学の主任研究員でもあったマイク・アレン博士は、ストーンヘンジ、エイヴバリー、ドーチェスター、そしてウェセックスにあるクランボーン・チェイス周辺の石灰質草原は後氷期の森で覆われていた、という、それまで考古学で広く信じられていた考え方に疑問を持ち始めていた。カタツムリの半化石が残っているという事実は、むしろ開けた草原に結果樹と低木が生えている風景がそこにあったということの徴であ る、と気づいたのだ。ストーンヘンジに新しくできた博物館にある、石灰岩質の土地の進化を視覚化した見事な展示は、アレン博士の研究に沿ったものだ。草や低木の葉を食べる草食動物の群れのおかげでそうした草原が木で覆われなかったことで、カタツムリの生息地ができた。そして、開けた草原が支える膨大な生物量（バイオマス）が、初期の人間をこの地方に惹きつけたのだ。

キングス・カレッジ・ロンドンで教鞭を執っていた地衣類学者フランシス・ローズ博士は、一九七〇年代から亡くなる二〇〇六年まで、閉鎖林説に頭を悩ませた。彼は主として森の着生地衣類を対象に、三〇年にわたり、具体的にはニュー・フォレストで研究を行い、木が密集しているところに見られる地衣類や蘚苔類はその種類が非常に限られていることに気づいたのである。そのほとんどは、日光を必要とし、周囲に木のない広々としたところに立っている木か、低湿地に作られた乗馬道やその淵に沿って立つ木にしか生えていなかった。また、デンマークの入会地に残る、最終氷期（イギリスではデヴェンシアン期と呼ばれる。温暖化によって地上に木が復活する前の時代）に典型的だった生息環境の中では、周北極・高山性の植物が残っていることにも気づいた。この共有地は今でもウマが草を食べているという事実がローズに、こうした土地が木で覆われないために草食動物が一役買っているということを確信させた。ノーフォークにもこれと類似した、デヴェンシアン期に特徴的な生息地が残っているが、伝統的な放牧が行われなくなったことでそうした生息地は消えつつあり、カンチスゲ、ムシトリスミレ、さまざまな種類のラン属や亜寒帯性の蘚苔類などの、フェン［訳注：弱酸性から弱アルカリ性の湿原で、特有の植物群によって特徴づけられる］植物もそれと一緒に姿を消していた。

ローズ博士は、二〇〇〇年に画期的なヴェラの著書を読んだ後、熱狂的な手紙をヴェラに送っている――「（この本は）『古典的な』仮説、つまり、先史時代の温帯ヨーロッパは木が密集した閉鎖林に覆われていたとする説に対して、私たちの多くが強い疑いを抱く原因となった数々の点を、実に見事に網羅しています」

## ヨーロッパ人と森

閉鎖林か、開けた森林牧草地か、という議論を混乱させる最も根強い原因の一つに、「森（フォレスト）」という言葉の定義が曖昧であることが挙げられる。オリバー・ラッカムの言葉を借りれば、それは「歴史的に濫用されてきた言葉」であり、この言葉が現在も意味が曖昧なまま使われていることが、イギリスの景観がどのようなものであったかについて私たちの目を曇らせているのである。「中世の人間にとって、森とはシカがいるところであり、木が生い茂るところではなかった。たまたま森に木が生えていた場合、それは伝統的な森林牧草地の一部を形作るにすぎなかった」と彼は書いている。そして、中世のこの伝統的な森林牧草地——開けた場所に立つ野生の木、低木、家畜が草を食む放牧地からなる「一般人が目にする」景観——こそが、フランス・ヴェラの考えによれば、ヨーロッパにもともと広がっていた野生の景観に一番近いのである。

中世のラテン語の「forestis」——英語の「forest」、フランス語の「forêt」、ドイツ語の「forst」の語源——は、一七世紀、メロヴィング朝とフランク王国の王たちの「寄贈書」の中に、法的概念として初めて登場する。耕作が行われず住む者もいない野生の土地のことで、おそらくは、人間が住んで耕作する「文化的な」土地の「外側」のことを指すラテン語の「foris」あるいは「foras」に由来している。この言葉は一般的には野生の土地を、具体的には野生の木、低木、野生動物、水域、魚のことを指す。ius forestisと呼ばれた森林法のもとでは、こうした「野生の」産物はすべて国王の所有物だった。耕作されていない土地は誰のものでもなく、国王にはこうした誰のものでもない土地でイノシシ、アカシカ、ノロジカ、ターパン、オーロックス、バイソンなどを狩る王権があった。国王にはまた、自分が寵愛する貴族に狩りをする権利を与えたり、庶民が「森」で家畜やミツバチを飼い、材木や薪を採ることを許可したりすることもできた。国王は「forestarii（森林監督官）」を雇って、付与したこれらの権利を管理し、許可された数量を守らなかった者を処罰し、収穫物の一部を献上させる、あるいは労働の提供という形でこれらの権利に対する支払いを徴収したのである。

ここで言う「forestis」は、閉鎖林とは程遠いものだった。狩猟の獲物となった在来の野生動物は、（ノロジカだけは例外かもしれないが）いずれも、多かれ少なかれ、牧草地と、葉を食べたり身を隠したりするための低木の茂みを必要とした。王たちのスポーツ、ウマに乗っての狩猟自体、びっしりと隙間なく木が生い茂るところ、と定義された「森」の中では想像できない行為だ。

やがて、大型の野生草食動物が狩りによって絶滅に近づくと、家畜の群れがそれに取って代わるようになった。王たちは庶民に「放牧権」を与え、農民は金を払えば秋に家畜のブタを森に放して、ドングリや落ちた果実で太らせることができた。そこは、日光を必要とする野生のナシ、リンゴ、チェリー、そして森の王、つまり単独で生えるオークの点在を特徴とする土地だったのである。「エーカー（acre）」という英単語は、古英語でドングリを意味する「aecer」に由来しているが、これはもともとは、オークの木が生えている場所のことを指していた。また、畜牛の放牧権も与えられたが、その数は今考えると、当時の品種が現在のものと比べて小型だったということを差し引いても驚くほど多かった。一六六四年、フランス国王の所有地だったフォンテンブローの森では、王族の鹿狩りのためのシカがまだ多数存在したその一万四〇〇〇ヘクタールの敷地の中で、六三六七頭のブタと一万三八一頭のウシが草を食べていたのである。農民たちには森で薪や飼い葉を集める権利は与えられていたが、イバラの茂みは森から持ち出すことを制約する法令が定期的に発令された。木の再生にはイバラの茂みが必要だったからだ。

今では古めかしさを感じる「ウォルド（wald）」という言葉は、一番初めは動物の餌になる木の葉のことを指していた。その後、そうした木が育つ未開の地、という意味になり、「森（forest）」という言葉と同義になった。サウスウォルド、コッツウォルド、あるいはサセックスの「ウィールド」といった英語の地名は、そこから派生した「wold」を含んでいる。中世には「森」と「牧草地」は区別されておらず、「ウォルド」はその両方を指し、またそれ以上のものだった――それは、灌木、木立、イバラの茂み、単独で立つ巨木、そして草地がモザイクのように入り混じっていることを特徴とする一つの「システム」であり、天然の資源が豊富であること、家畜の餌の重要な供給源であることから大切にされていたのである。一本の木は、それが立っている場所にあるそれ以外のすべての植物の中の、不可欠な一部と考えられていた。木の葉や枝もまた動物の餌だったから、概念的には牧草地と違いはなかったのである。

一八世紀のイギリスでは、材木の需要が増えたため、成木がずらりと立ち並ぶ人工的な森が初めて作られた。「森」と「草地」の概念は徐々に別々のものになっていった。ただし、この二つの言葉が相互排他的な意味を持つようになったのは一九世紀になってからのことだ。王立サクソン森林アカデミーを創設したドイツ人、ハインリッヒ・フォン・コッタによって開発された現代林業の概念が、間もなくヨーロッパを席巻した。人工的な植林地では、イバラの茂みは邪魔者扱いされた。そして、若木を守るイバラがなくなった森では、草食動物による甚大な被害が出た。家畜やシカをはじめとする野生の草食動物は、植林地の周りに水路や塀を造り、どんなことをしてでも侵入を防がなければならなくなった。間もなく、木々を再生させるというイバラの役割は完全に忘れられてしまった。イバラの茂みがなければ、草食動物のいる森で木が自然に再生することは不可能だ。動物とイバラの茂みが存在しなくなると、植物の「天然更新」は単に「成木から落ちた種子が発芽すること」と再定義された。そして「森」とは木があるところ、「草地」は木のない草原のことになった。森と草地の間にあった生き生きとした関係は失われてしまったのだ。人々は森林牧草地を、閉鎖林が退化したものと見るようになった。人間が斧で林冠に穴を開け、草食動物のおかげで穴が開いたままの土地。古代や中世の文書が、ある場所を「森」と呼んでいると、現代人は閉鎖林を思い浮かべるが、実はそれは閉鎖林とは程遠いものだった。「近代林業の歴史を研究する人たちは、植林地が中世の『森』というシステムを引き継いでいるという勘違いをしやすいが、この二つは、どちらも『森』と呼ばれる以外、共通点はほとんどない」とオリバー・ラッカムは言うのである。

科学的エビデンス——木について実際的な知識を持っている人にとっては当たり前のことが多いのだが——があるのだから、なぜ研究者たちがこれほど「ヴェラ仮説」を目の敵にするのか理解に苦しむ。だが学問の世界というのは奇妙なもので、ときに非生産的であり、往々にして動きが鈍い。新しい考え方に対してはオープンで敏感に反応するだろうと思いきや、奇妙なほどに保守的で、過激な考え方には抵抗を示し、これまでの仮説という台木から有機的に発生する学説を好む傾向がある。査読によって審査される研究論文は、そのテーマに関するそれ以前の研究論文に、同意するとしないとにかかわらず謝辞を示すのが決まりになっており、先達の研究を完全に否定することは基本的に良しとされない。こうした環境に、ヴェラのものほど過激な理論はそぐわないのである。ほぼ一〇〇年近くこの分野の研究や学者としてのキャリアを支えてきた理論を覆すヴェラの研究は、イギリスの生態学者たちにとっては「正統派の思想に対する挑戦」であり、「根本的な科学的前提を打ち壊すもの」であり、実際に、確立した科学体系、とりわけ花粉学の足をすくうものなのだ。学者たちが考え方を修正してこれまでの過ちを認める、ましてこれまでとは完全に違った思考の枠組みを認めるようになるには、時間がかかることは明らかだった。古くから「一つ葬式があるたびに科学が進歩する」と言われている通りだ。

二〇〇三年にクネップを訪れたキース・カービーは、その数か月後、これまでの誤解を正すための厳密な議論に着手した。イギリスの政府機関は、再野生化によって「自然に近い地区」を作る、というアイデアに多少の関心を持ってはいたが、イングリッシュ・ネイチャーが環境・食糧・農村地域省（ＤＥＦＲＡ）の政策決定者レベルによるクネップのプロジェクトへの協力を要請するためには、その前に科学界の幅広い同意が得られなくてはならない、と彼は言った。科学者の間に何らかの形の合意を得ようと、彼は科学者や環境保全活動家たちに、草食動物の放し飼いに関するオンラインでの議論に参加するよう呼びかけ、「イギリスの状況にあてはめた場合のヴェラの仮説を裏付ける科学的証拠の検証」を依頼した。「明日は緑の森へ、新しい牧場へ」と題した研究プロジェクトの情報欄で、彼はその目的を次のように説明している。

先だって、オランダの生態学者フランス・ヴェラにより、野生の森がどのようなものであったかに関する異説が提唱された。彼の主張は、かつてイギリスを含む西ヨーロッパの大部分を覆っていた原生林は実は林冠が開けており、森林牧草地に近かったのではないか、というものだ。絶滅した野牛をはじめとする大型動物が森の形成に果たした役割が過小評価されていることは間違いないが、イギリスのほとんどが低木や樹木が点在する草原であったかどうかは議論の余地があるところである。
ただし、かつての景観がどのようなものであったかは別として、ヴェラらによる研究の結果は、家畜やその他の大型草食動物を放牧することによって、多彩な景観に富む広大な土地を形作り、維持することが可能であることを示すものであり、オーストファールテルスプラッセンにある五〇〇〇ヘクタールの自然保護区がそれを如実に例示している。

このようなアプローチをイギリスの状況にあてはめることは適切だろうか？　我々が知りたいのはその

点である。

## 追い風が吹く

私たちが驚いたのは、イギリスの科学者たちが、イギリスの生態学的な状況はヨーロッパのそれと大きく異なっていると考えていたことだ。イギリスとヨーロッパは同じ進化史を共有し、大陸とイギリスが分かれてからは、進化史から見ればほんの一瞬にすぎない八二〇〇年しか経っていないというのに。私たちにはまた、科学的論争はどうあれ、イギリスの反応は慎重すぎるように思われた。イギリスよりも人口密度が高く、自由にできる土地がはるかに少ないオランダが再野生化を試みているのに、それよりもずっと規模の小さいクネップでの再野生化プロジェクトは、実現可能性の検討だの、難解な定義だの、安全衛生面での懸念だのといった泥沼にはまってしまった。単に土地の管理を手放してなるがままに任せる、ということは、イギリスの役所にとって、私たちが予想したよりはるかに困難なことだったのである。イギリスが島国であることによって狭められた視野が、イギリス人の自然に対する態度を決めているかのようだった。

私たちの土地は私有地だったので、外部の助けを借りずに私たちがここで再野生化を行うのを止める権利は誰にもなかったが、私たちには政府あるいはどこか別のところから資金を得ることが必要だった。主に、私たちの土地を囲む鹿避けのフェンスを建てるための資金だ。二〇〇四年一一月二四日に送られたEメールの中でキースは、イングリッシュ・ネイチャーのクネップに関する立場を明確にした。「当方の農業政策専門家によるここまでの提言は、(a)提案内容に関するしっかりした科学的根拠と(b)起こり得る実施上の問題についての検討がなされたという証拠がない限り、大規模で新しいプロジェクトに資金を提供するのは無意味である、というものです」。要約すればそこには、「イングリッシュ・ネイチャーが現場の管理計画に大々的な資金提供を行う可能性は低い」と書いてあった。

だが一方で、ありがたいことに、私たちがクネップのために作った計画への注目は高まりつつあった。二〇〇三年、私たちは、レプトン・パークの復元の後ろ盾となった政府による農業環境プログラム、「カントリーサイド・スチュワードシップ事業」から追加の資金を得た。クネップの地所は、道路で隔てられた三つの区画に分けられた。私たちはその三つを、（あまり芸がないが）北区画、中央区画、南区画と呼ぶことにした。北区画はA272号線の北側、中央区画にはクネップ・キャッスルとレプトン・パーク、オールド・キャッスル、アドゥー川が含まれ、南区画はスワローズ・レーンの南に残った土地である。中央区画の西側には、シプリーの村の周囲に細い道路で細かく仕切られた土地が点在し、フェンスの外側ではあるのだが、名目上はプロジェクトの一部である。

新たにカントリーサイド・スチュワードシップ事業から得た資金のおかげで、中央区画全部（二八〇ヘクタール）と北区画を復元プロジェクトに含めることができた。チャーリーの従兄弟で敷地の隣に住むアンソニー・バレルは、彼の所有地七五ヘクタールを北区画に寄贈し、北区画は合計二三五ヘクタールになった。これで鹿避けフェンスを中央区画の外周まで広げ、昔スワローズ・ファームだったところもフェンス内に含め、また北区画の外周七・二キロに沿って鹿避けフェンスを建て、同時に一九キロ分の地所内のフェンスを取り除くことができた。レプトン・パークの復元に使った高価な野草の種のミックスは使わずに、私たちは北区画でまだ永年放牧地になっていなかったところに、カントリーサイド・スチュワードシップ事業が使う標準的な野草の種のミックスを蒔いた。

当面の間、北と中央の二つの区画は別々に分けておかなければならなかった。A272号線をまたいで架け、草食動物が移動できるようにしたいと夢見ていた陸橋は、お金がかかりすぎて財政的な支援を得ることができなかったのだ。こうした「緑の橋」の草分けはオランダで、一九八八年以降、オランダでは六二か所の「エコダクト（環境道路）」が建設されている。一番初めにできたものの一つがアルンヘムの近くにあるターレット陸橋で、植樹された陸橋は、できてから六年後には、三種のシカ、イノシシ、アカギツネ、アナグマ、モリアカネズミ、トガリネズミ、ノネズミが行き来するようになった。アイントホーフェンに程近いフルーネヴァウト・エコダクトには、橋の上に水たまりが一列に作られていて、両生類のための渡し板がかかっている。スウェーデンではこうした陸橋を使った結果、エルクやノロジカが引き起こす交通事故がかなり減った。交通量の多い道路は、路上で動物が車にはねられて死ぬだけでなく、動物たちを物理的・遺伝的に隔離するというもっとずっとたちの悪い影響を野生生物に与えるが、イギリスではその点が現在でも完全に見落とされている。イギリスには、重要と呼べる「緑の橋」はたった二つしかない。一つはケント州の「ハイウィールド・エリア・オブ・ナチュラル・ビューティ」内にあるスコットニー城の地所を通るA21号線の上に架かったもの。もう一つはロンドンのマイル・エンド・パークの道路による分断を克服するため、五車線のM11号線をまたいで造られた。「緑の橋」が環境保護にとって望ましくまた必要なものであることがイギリスで理解されるのは、まだまだ先の話だろう。

「鹿の園」を拡張しようというアイデアの源は、一七五四年、クロウによって描かれたクネップの俯瞰図にある。二〇〇年近くにわたって所有者だった鉄器製造業者キャリル家からクネップを買い取ったジョン・ウィッカーがクロウを雇って描かせたこの地図は、今でも城の大広間に掛かっている。ザラザラした上質皮紙二枚を使って描かれたクネップの輪郭は、犬がお座りをして何かをねだっているように見える。ヨロヨロしたLの字形の湖が、消化管のように地所の真ん中にある。地図に描かれた地所の境界線は、現在のA272号線の北側に瘤のように出っ張ったところ――そこが犬の頭と前脚だ――がある奇妙な形をしていて、昔の城が所有していた中世のもともとの鹿狩り庭園の名残を地所に含めるために、境界線を拡張したことがわかる。カントリーサイド・スチュワードシップ事業はこの部分を、以前の庭園復元の範囲の中に含めることに同意していた。ハンフリー・レプトンが手がけた景観が再び、ノルマン人である私たちのものになると考えるのは嬉しいことだったが、私たちには、自分たちがこれまで非常に幸運であったこともわかっていた。私たちが環境・食糧・農村地域省（ＤＥＦＲＡ）に支援を求めたのはちょうど、ＤＥＦＲＡがヨーロッパ経済共同体から耕地転換のための潤沢な予算を得て、すでにカントリーサイド・スチュワードシップ事業の対象になっていたプロジェクトを拡大したいと思っている時期だったのだ。

ほどなくしてまた一つ、これもヨーロッパ経済共同体のおかげで期待していなかった追い風が吹き、クネップの南区画は耕作から解放された。二〇〇三年六月、欧州連合の農業大臣が、共通農業政策（ＣＡＰ）の抜本的な改革によって補助金と農産物を切り離すと発表したのである。この政策は二〇〇五年五月に施行された。それまでの補助金制度は、それがあったおかげで穀類の利益率が上がり、私たちのような農家は何十年もの間、穀物栽培に適さない土地に穀物を作付けてきた。補助金があったがために私たちは、供給過剰によって世界的に価格が下落している作物を作ることにこぞって専念していたのだ。欧州連合によるこの改革の狙いは、耕作限界地の農家に、別のやり方――その土地により適した別の作物を育てることでも、耕作とはまったく異なった土地の使い方でも――を検討する機会を与えることだった。ところがこの政策変更を利用したイギリスの農家は驚くほど少なかった。自分たちの知っているやり方に頑固にしがみついたのだ。けれども私たちにとっては、これは状況を一変させる素晴らしいチャンスだった。私たちの土地全体を集約農業から解放し、「休耕地」として、新しくできた「シングル・ファーム・ペイメント」と呼ばれる補助金を受け取ることができたのだ。

その補助金の額は、最後の三年間に私たちの農場が受け取った補助金の平均額に基づいて決められた。唯一の条件は、その土地が「耕作可能な状態」を維持することだったが、トッピング〔訳注：カバークロップ（緑肥）の上部を切って種子ができないようにすること〕、水路の保守管理、生垣の剪定などの費用を差し引いても、それまで受け取っていた補助金の八割は受け取れることになる。考えるまでもなかった。二〇〇三年には、契約農家を使ってもクネップでの農作は赤字だったのだ。チャーリーの叔父が労働力と機械の費用を肩代わりしてくれてはいたが、彼を契約農家として雇う費用は必要だったし、燃料や肥料、農薬や種子は買わなければならなかった――そしてそれらは値上がりするばかりだったのだ。一方で穀物の値段は下がり続けていた。小麦の値段は、農村地域支出庁による記録が始まった一九九四年の一二五ポンドという高値から、二〇〇四年には一トンあたり六八ポンドまで下がった。チャーリーの叔父にクネップとの契約を解除するよう説得する必要はなかった。私たちの土地を耕しても利益はほとんど出ていなかったし、農業を続けるには契約の内容を見直す必要があったからだ。その彼もまた、数年後には契約農家をやめて食肉牛を育てることに専念するようになった。何十年にもわたってクネップの土地管理に関する決断を、集約農業優先に偏らせてきた補助金が、穀物栽培から切り離されたのだ。私たちはクネップの土地を本来の姿に戻し、耕作から解放してやることができた。突然私たちは、自然のままに動物を放牧するという計画を独力で始める資金を手にしたのである。

# 第6章　野生のウシ、ウマ、ブタを放つ

私たちは動物を不完全な生き物と思い、人間よりも劣ったかわいそうな生き物と見るから、動物をかわいがる。それが間違い、大変な間違いなのだ。人間の尺度で動物たちを判断してはならない。人間界よりも古くて完全な世界に住む動物たちは、完成した姿をしており、我々人間が失った感覚、もしくは獲得し得ない鋭敏な感覚を与えられて、我々には聞こえない声に従って生きている。

ヘンリー・ベストン『ケープコッドの海辺に暮らして』一九二八年
（本の友社　村上清敏　訳）

私たちと同じような土地で同じような境遇にある農家や地主が、私たちと同じことをしたがらないなどとは想像もしていなかった。農業を諦め、耕地転換のための補助金を受け取って土地を回復させ、イギリスの田舎が失った野生生物を取り戻そうと思わない人がいるわけがないではないか？　従兄弟が北区画に七五ヘクタールの土地を提供すると約束してくれたことに勇気づけられ、チャーリーは、プロジェクトをより大規模に拡大できる可能性が高い土地の地図を作成した。クネップを中心に、主要な道路で区切られた四〇四六ヘクタール

の長方形の土地である。二〇〇三年八月六日の午後、私たちは近所の農家や地主たち全部で五〇人を招待して、プロジェクトの説明に続き、庭園内にある小屋で夕食を供することにした。賛否両論の「再野生化」という言葉は使わずに、私たちはそれを「野生の森の日」と呼んだ。オランダ政府の環境保護政策アドバイザーであるハンス・カンプがオランダから車で駆けつけ、オーストファールテルスプラッセンの状況を説明し、草食動物と自然の過程に関するヴェラの仮説を紹介した。テッド・グリーンは、スペイン、ポルトガル、ルーマニア、それにイギリスのニュー・フォレスト国立公園にある森林牧草地の生態系に関するスライドを見せた。サセックス・ワイルドライフ・トラストのＣＥＯ、トニー・ホワイトブレッドは、サセックスにこうした場所ができることが生物界に与える大きな可能性について語った。

　簡単なことではないとわかってはいたが、少なくとも話を聞いた人の中に多少の関心を喚起し、いずれはこのプロジェクトへの支援や協力の申し出があることを私たちは願っていた。それがとんでもなく的外れな期待であるとは思いもよらなかったのだ。ハンスが見せたスライドの、コニック種の雄が戦っている様子やハイイロガンの大群や蛆虫の湧いた動物の死骸を避けて通るオランダ人バックパッカーなどの写真に、人々は押し黙ったままだった。チャーリーが立ち上がり、来る数年間に起こるであろうクネップの景観の変化、つまり、整然としたサセックスの畑や手入れの行き届いた生垣が伸び放題の低木林と荒れ放題の湿地に変貌するであろうことを説明すると、部屋の中は不満そうな呟きと、呆れたように首を振る人ばかりだった。しかも隣人たち（そこには私たちの親族の一部も含まれていたが）は、単にこの計画が自分たちには向かないと判断したのではなかった。後になって彼らと話をしたチャーリーと私は、彼らの反応がもっと感情的なものであることを知ったのだ。彼らはそれを、誇りある農家への侮辱であり、背徳的な土地の無駄遣いであり、イギリス人らしさそのものに対する攻撃と受け止めたのである。

## 希少品種のウシを放つ

二〇〇三年八月のその日、私たちの計画に呆れ果てたとまではいかないまでも納得しないまま車で帰路についた隣人たちは、その二か月前に私たちが放したオールド・イングリッシュ・ロングホーンの群れを見かけたかもしれない。私たちは熟考した末に、ヘック牛を放すのはやめていた。オーストファールテルスプラッセンでのヘック牛の様子を目にした私たちは、スペインの闘牛の血が濃すぎてクネップには向かないと判断したのである。地所内の小道を散歩する人たち、特に犬を散歩させる人たちの安全は確保しなければならない。私たちに必要なのは、一年中外で過ごせるだけの野生の血を持ち、かつ従順さを持つよう交配されて、人間に管理されることに抵抗しない伝統的な牛種だった。チャーリーは、一六年前に売却した、祖母のお気に入りだったレッド・ポール種がそれに最適だったことに気づいて後悔した。

私たちがオールド・イングリッシュ・ロングホーンを見つけたのは、たまたま地元の瓦礫運送業者がガトウィックに群れを飼っていて、手放してもいいのが若干いると聞いたからだった。茶色と白の斑の濃い体毛に覆われ、背中に「フィンチング」と呼ばれる白い線があるのが特徴的な一四頭の雌ウシは、敷地の中でたちまち目立つ存在になった。テキサスロングホーン（種としてオールド・イングリッシュ・ロングホーンと直接のつながりはない）のように上向きにカーブしたり、かと思うと顔を縁取るように下向きに曲がっていたり、左右が奇妙に別の方向を向いていることもある派手な角を持つオールド・イングリッシュ・ロングホーンには、明らかにオーロックスの血が流れていた。オールド・イングリッシュ・ロングホーンの祖先は、一六世紀・一七世紀にイギリス北部で役畜として使われたウシだ。長命なこと、安産であること、乳の乳脂肪分が豊富であることなどから大切にされ、また昔は角を削った透明の薄片が「貧乏人のガラス」と呼ばれ、それでボタンやカトラリーやランプやコップを作ったものだった。産業革命の頃、増加する都市の住民のため食肉用に改良されたが、在来の牛種の多くがそうであったように、近代型農業では、フリーシアン種やホルスタイン種といった乳牛、食肉用には成長が早いシャロレー種、ヘレフォード種、アバディーン・アンガス種などとの競争に勝てず、一九八〇年に「希少品種保存機関」による監視の対象となったことで絶滅を免れたのだった。

ダマジカと同様に、ウシも落ち着くまでには時間がかかった。最初の数週間は敷地を囲むフェンスを辿って自分たちの境界線を確かめているようだった。それからようやくウシたちは、家の外を歩き回り、湖や池を調べ、あちらこちらと動き回って地所内を探検し始めた。こんなに自由に動き回れるのは初めてのことだったのに、ウシたちは、それまで農場の囲いの中にいるウシしか見たことのなかった私たちがびっくりするような行動を取った。木々の間を縫うように歩き回り、木の幹や低く垂れた枝に体を擦り付け、ダマジカのブラウジングラインの上に頭をもたげて長くてベタベタする舌で葉を食べたり、湿地に足を踏み入れ、池や小川の縁で下草を食べたりする。湖のほとりにあるサルヤナギがお気に入りの様子で、ハエや小バエがうるさいときはその枝に角を擦り付け、葉や樹皮を剝がし取っては樹液を顔に塗りつけて虫除けにするのだった。その眺めは、私たちが飼っていた、みな同じ年齢で短命なホルスタイン種の群れが、退屈そうに、なんの特徴もない牧草地で頭を垂れているのとはまったく異なっていた。私たちの酪農場の環境は、現代的な基準から見れば決して悪くはなかった。だが、自分たちにはウシという動物の全体像が見えなくなっていたということに私たちは気づいたのだ。私たち人間にとってウシはどれも同じで、機能だけが重要な動物にすぎなくなっていた。それは、人間とウシの長く密接な関係が行き着いた悲しい結末だった。だがもしかしたら、こうしてウシが個性をなくし、自然な表情の表出が抑えられていたからこそ私たちは、集約農業がもたらした人間味のないシステムで彼らの乳を搾ることができたのかもしれない。

ロングホーンがクネップに到着したとき、そのほとんどは妊娠していて、数週間もすると最初の子ウシたちが生まれた。ダマジカのときもそうだったが、私たちは、生まれたばかりの子ウシが水路や生垣の中に寝そべっているところに出くわすようになった。これは子ジカを見つけたときよりもずっと私たちを当惑させた。彼らの行動に介入しない、特に出産時に介助しないでいるのには非常な違和感を覚えた。私たちは、不必要にウシたちの行動に干渉しないよう意識的に努力し、彼らに生まれつき備わっている知恵を信頼しなければならなかった。

出産が近づくと、その少し前に雌ウシは群れを離れて出産に良い場所を見つける。いったん選んだら、生涯同じ場所を使い続けるウシもいる。そうでない場合、私たちが生まれた子ウシを見つけるまで数時間、ときには数日かかることもある。子ウシを見つけだして、耳に標識を付けることが法的に義務付けられているのは、他の農家と同様なのだ。出産後間もなく、雌ウシはイラクサの茂みを見つけて食べる。鉄分を補給するためらしい。産んだばかりの子ウシに乳を飲ませると、母ウシは群れに戻り、ときには何キロも離れた子ウシと群れの間を、通常二、三日後に子ウシが母親に付いて歩けるようになるまで行き来する。子ウシが初めて群れに加わるときは大騒ぎだ。ウシたちは子ウシを取り囲み、優しい声で鳴きながら、一頭ずつ、新米の子ウシの匂いを嗅いでその香りを記憶し、その存在を群れに刻み付けるのだ。子ウシたちが小さい間は、子育ての経験が豊富な雌ウシが一、二頭で子ウシたちを守り、群れは他所で草を食べるということもよくある。

二年ほど経つと、ロングホーンの群れの行動は決まったパターンに落ち着いた。私たちは、雨が降るとウシたちがどこで寝るか、夏にはどこで涼むか、初春の牧草や、イバラに交じってにょっきりと顔を出すイラクサのやわらかい新芽をどこで食べるのか、だいたい予想できるようになった。その頃になると雄の子ウシも増え、群れは多世代の個体で構成されるようになり、有力な雌ウシが威張っていた。また、年長のウシがリーダーに選ばれ、そのウシが群れの意思決定を担うようになった。リーダーである雌ウシには有無を言わせぬ権威があった。たとえば、群れが日なたでのんびり、あるいは森の中に積もった温かな落ち葉の中でゆっくりくつろいでいたとする。突然リーダーの雌が大きな声で鳴き、歩き始める。新しい牧場に移るときだ。群れは一団となって立ち上がり、行儀よくモーモーと返事をしながら、のしのしと雌ウシの後を追う。リーダーは鳴き声で群れを引っ張り、ときには駆け足をさせたりもする。プレジャー・グラウンドの中を、謎の使命に駆られて突進するロングホーンの群れは、まるで『ジャングル・ブック』に出てくるゾウの行進のようだ。ただしキップリングは、群れを先導するゾウ、ハティ大佐を、威勢のいいおばさんゾウとして描くべきだった。ゾウやシカを含め、群れで行動する動物のほとんどは女家長に統率されていて、群れの男性陣の上に立ち、荒々しい若い雄さえもその配下にある。農場で畜牛と一般の人の間に起きる事故のほとんどは、みな同じ世代で、往々にして同じ性別の個体ばかりが一か所に囲われている若い群れが、犬を見て興奮した結果である。自然の群れが持つダイナミクスから離脱した去勢雄ウシや若い雌ウシは、まるで親のコントロールが利かない、退屈したティーンエージャーのようなものなのだ。

いったん群れが落ち着くと、地所内を自由に動き回るロングホーンが歩道の歩行者を邪魔する心配は無用であることがわかった。見た目は怖いが（角があるのは雄ウシだと思い込んでいる人が多いのにはびっくりする）、彼らは散歩をする人や彼らの犬にはほとんど関心を示さない。ただし、母ウシと子ウシの間に立てば別だ——すると母ウシはギロリと目を剝き頭を下げて身構える。何百年にもわたって家畜化され、攻撃的な遺伝子を交配によって排除してきたおかげで、ウシたちの見事な角が人に危害を与える危険は減ったものの、結局のところ母親の本能には勝てないのである。

ロングホーンの群れが自然に大きくなるのに任せる、ということは、子ウシは母親と変わらない大きさになる頃まで母ウシの乳を飲めるということだ。自然界では、母ウシが子ウシの授乳を拒み始めるのは、次の出産に備えて乳の量が増え、乳房が膨らみ始めてからのことである。だが次の子ウシが生まれた後でさえ、家族の絆は強い――これもまた、私たちには見慣れない、複雑な家族関係だった。私は、まだチャーリーの祖父母が存命で私たちが地所内の家に住んでいた頃、母親から引き離されたばかりの子ウシたちが隣の牛小屋の中で大声で鳴くのが聞こえる、身を切られるような夜のことを思い出した。子ウシたちは、母ウシの初乳――出産後の数日間だけ出る、抗体が豊富な黄色っぽいクリーム状の乳――は飲ませてもらえるが、生後三日で子ウシばかりの牛舎に移され、決められた時間に自動授乳機から粉ミルクを飲む。雄の子ウシは一八週間から二〇週間ほどで「ホワイトヴィール」、あるいは二二〜二三五週間で「ピンクヴィール」を切り出すために屠殺される。雌ウシの場合、選ばれたものは乳牛の群れを継続させるためにクネップで育てるが、それ以外は市場で売り飛ばされた。農場では、再び人間のための牛乳生産に戻った母ウシたちが、ときには何日も子ウシを探して鳴き続ける。乳牛の生涯は過酷である。三〜四回出産し、一日平均二二リットル（最盛期に一日七五リットルを泌乳したウシも一頭いた）の牛乳を一年三六五日分泌し続けた後、五歳から六歳で廃牛処理加工場行きとなり、その肉はドッグフードかミートパイにするぐらいの価値しかない。自然界で母ウシが子ウシのために作る乳は一日三〜四リットルであることを考えれば、搾乳によって母ウシが健康を損なっても不思議はない。現代的な酪農で特に顕著な健康上の問題に乳腺炎がある――細菌感染による、痛みを伴う乳房の炎症である。イギリスでは、一〇〇頭の乳牛の群れがいれば、多い場合は年間七〇頭が乳腺炎に罹る。

だが自然に任せた私たちのやり方では、とりわけ群れを大きくしている最中には、歳を取って子どもを産めなくなった雌ウシも生かしておくことができ、処分するのは、その方がそのウシの苦しみをやわらげることになる場合のみである。群れの中で一番年長のウシは二一歳という高齢まで生きた。

三月初頭、春草が芽生える前に、ロングホーンの元の持ち主が来訪した。自分のウシが人間の介入なしに冬を乗り切れたかどうかが心配だったのだ。多少痩せてはいたが（冬はそれが当然だ）、小枝や草をたっぷり食べたロングホーンたちは頑健で健康だったし、夏に生まれた子ウシたちは元気そのものだった。彼は、私たちが補足の餌を与えなかったというのがどうしても信じられないようだった。獣医の世話になったこともないし、出産時の問題もなかった――ただし一度だけ、川のそばで生まれた子ウシが川に落ちて溺れるという事故があったが。私たちの群れの、出産と健康に関する数字は、従来型のほとんどの畜産農家よりも優れていた。

## 野生馬が加わる

ウシを放牧して数か月後の二〇〇三年一一月には、エクスムーア・ポニーの雌の子ウマが六頭やってきた。エクスムーアで年に一度、秋に行われる駆り集めの際に捕獲され、市場に出された子ウマたちが、再びトレーラーに積まれてクネップにやってきたのだ。駆け足でトレーラーから降り、自由の身となって後ろ脚を跳ね上げる子ウマたちは、ロングホーンよりもずっと野性の強い動物であることが見て取れた。この馬種がいいとアドバイスをくれたのは、やはりオランダ人で、野生馬と草食動物による環境保護に詳しいジョープ・ファン・デル・フラサッカーだった。ジョープにとって、エクスムーア・ポニーはヨーロッパで最も古い馬種の一つで、遺伝子的に、コニック種よりもさらに野生馬ターパンに近いのだった。一九八四年にオーストファールテルスプラッセンでコニック種が選ばれたのは、ターパンの直系の子孫であると考えられていたのが主な理由だった。それが真実かどうかはさておき（ジョープは疑っていた）、草食動物を使った環境保護プロジェクトで絶滅した野生馬の代替として使うなら、ウマの種類は一種類でない方が、遺伝子的にも生態学的にも良いと考えるしっかりした論拠がある、とジョープは考えていた。たとえば、カルパティア地方のフツル馬、北ヨーロッパではノルウェーのフィヨルドポニーやスウェーデンのゴットランドラス・ポニー、東ヨーロッパ低地のコニック種、そして西ヨーロッパのエクスムーア・ポニーなどである。

エクスムーア・ポニーが土着の馬種であることはほぼ間違いない。エクスムーア地方で見つかった化石化した屍体は、紀元前約五万年前のものだ。サマセットにあるローマ時代の彫刻は、表現型がエクスムーア・ポニーに似たものがあるし、『ドゥームズディ・ブック』〔訳注：ウィリアム一世の命で作られたイングランドの土地台帳〕には一〇八六年にエクスムーアにポニーがいたという記録がある。ただしエクスムーア・ポニーが氷河期からずっと純血を保っているかどうかは議論が分かれるところだ。DNA鑑定の結果からは結論が出ず、家畜化した別の馬種の雄ウマが過去数百年の間に荒野に逃げ出してエクスムーア・ポニーの雌と交配したという話も伝わっている。その雄ウマの一頭はカタフェルトという名のアラブ種で、座礁したスペインの無敵艦隊の船から岸に泳ぎ着いたのだとも言われる。ただしコニック種と違うのは、野生のエクスムーア・ポニーの場合、荒野からエクスムーア・ポニーの雄を連れてきて家畜化したウマとの雑種強勢を促進しようとした場合以外、人間による意図的な育種介入はほとんど行われなかったという点である。

はっきりしているのは、異種交配をしてもエクスムーア・ポニーの特徴が変わらず優勢であったということだ。がっちりした体軀、ずんぐりした脚、小さな耳、黒鹿毛で、目、鼻口部、脇腹、下腹部の色が薄くなっているエクスムーア・ポニーは、ドルドーニュ県にあるラスコー洞窟に描かれた、今から一万七三〇〇年前の旧石器時代の絵そのままだ。またその骨や骸骨は、野生のアラスカ種のような、原始的なウマ科の動物の化石記録によく似ている。

頑丈にできていて、岩だらけの環境に完璧に順応したとはいえ、エクスムーア・ポニーが今日まで生き残っているというのは奇跡的なことだ。第二次世界大戦中、エクスムーアの荒野が軍隊の訓練場になったときには、兵士たちはエクスムーア・ポニーを標的にして射撃練習を行った。地元の住民の食料になったものもあり、終戦時、生き残っていたのは五〇頭に満たなかったのである。以来、繁殖の取り組みが続けられているが、エクスムーア・ポニーは今でもイギリスの希少品種保存機関が指定する絶滅危惧種の一つである。野生の個体は、エクスムーアにいるものが五〇〇頭足らず、その他にはイギリスの他地域といくつかの国に三〇〇〇頭ちょっとがいるだけだ。エクウス・サバイバル・トラストによれば、その生存は世界的に「危機」状態にある。クネップは、トラよりも希少な動物の守護者となったのだ。

アメリカの詩人で小説家のアリス・ウォーカーにとって、ウマのいる景観は美しい。彼女の言うウマとは、ケンタッキーの競馬場にいるクオーターホースのことではなく、アメリカの岩だらけの渓谷や草原にいる野生のマスタングやアパルーサのことだ。そしてエクスムーア・ポニーは、それと同じ興奮をクネップにもたらし、過ぎ去った時代の景観との、時代を超えたつながりを生んだのだ。エクスムーア・ポニーの特徴である「ヒキガエルのような目」で、彼らはまるで流氷の上からこの世界を眺めているように見える。最も過酷な環境で生きられるように進化した彼らは、胸板が厚く、心臓と肺が大きく、背中が広く、頑健な脚と硬い蹄をしている。頭は大きくて、氷のように冷たい空気を吸うため鼻の穴が小さく、硬い草を噛み砕くための強い顎と深く根を張った長い歯、フサフサのたてがみと長い前髪、横に広がって水を弾く「アイステール」を持つ。冬になると、長くて耐水性のある脂っぽい外側の体毛の下に、断熱性のある、ウールのような下毛が生える。まぶたは脂肪の層で覆われていて、雨や雪、そしてかつては荒野を闊歩していたであろう捕食者たちの鉤爪から目を護っている。活発で反抗的で好奇心が強く、人間のことを軽蔑したような態度が感じられる。少なくともクネップでは、ロングホーンに近づける二倍近い距離までしか、エクスムーア・ポニーには近づくことができない。

私たちが最初に心配したことの一つは、長い間の荒野暮らしに慣れた彼らにとって、クネップのような低地の粘土質の土壌はやわらかすぎる、あるいは牧草が栄養豊富すぎるのではないかということだった。蹄葉炎についても心配だった——偶蹄類の動物はみな罹る病気だが、中でも胃が一つしかないウマは特に感染しやすいのである。蹄葉炎の原因は炭水化物の摂りすぎだ。穀物やクローバーをウマに与えすぎると、糖分、でんぷん、フルクタンが蓄積し、それが腸内で発酵して善玉菌を殺し、腸壁の酸性度と透過性が亢進して血液に毒素が溜まる。すると全身が炎症を起こし、とりわけ脚では腫れた組織の行き場がないため構造的な損傷を起こす。ウマを愛する人なら誰もが恐れる病気だが、皮肉なことにその最も頻繁に見られる原因は贅沢な餌を与えすぎることなのだ。ひどくなると積極的な治療を必要とし、安楽死させなければならないことさえある。

翌年の春、新しい草がいっせいに芽吹く頃、エクスムーア・ポニーの世話を担当することになった厩舎管理人のマークが、雌ウマの一頭に蹄葉炎の兆候があるのに気づいた。彼はウマと意思を疎通させる驚くべき才能を発揮してその雌ウマを捕まえ、家の隣に昔からある柵で囲われた放牧場に隔離すると、フェンス越しに鼻先を突き合わせる「姉妹」たちが好奇の目で見守る中、四週間、少量の干し草しか食べさせなかった。徐々に症状が消えると、雌ウマは無事に、もっと硬い夏草の生えた野に再び放された。病気を見つけたのが早かったおかげだ。次の年の春、私たちはハラハラしながらエクスムーア・ポニーを見守り、一頭でも炎症の兆候が見られると、慎重すぎたかもしれないが、マークが全頭捕まえて、一〇日間、囲いの中で厳密に決められた食餌をさせてから放した。これを毎年繰り返すことになるのかと私たちは心配したが、翌年にはこの病気の兆候は一切見られなかった。クネップの土地に人工的に加えられた窒素が徐々に減るにつれて、牧草に含まれる糖分とフルクタンも、ポニーたちが代謝できるレベルまで減少したのだ。

エクスムーア・ポニーがクネップで元気に生きられることを確信すると、私たちは群れを大きくすることにした。そこで二〇〇五年の七月に登場したのが、半家畜化した見事な純血のエクスムーア・ポニーの若い雄ウマ、ダンカンだった。一歳のときに荒野で捕獲され、将来的に種馬となるよう端綱をつけられたのだ。人を乗せたことはなかったが、人間に引かれたり、体を洗われたり、ブラシをかけられたり、囲い場の中を歩かされることには慣れていた。だが初めてクネップに来たときのダンカンは情けなかった。ダンカンが到着したときポニーの雌ウマたちは、夕方の日差しに長い影を落としながら家の前でおとなしく草を食べていたのだが、ダンカンがポニーたちと仲良くなろうと小走りに駆け寄ると、六頭がいっせいにダンカンに背を向け、侮辱するように鼻を鳴らしながら後ろ脚をダンカンに向かって蹴り上げたのである。驚いていなないきをあげながら、ダンカンは私たちの後ろに隠れた。雌ウマたちは血を求めて前脚で地面を蹴っている。

半家畜化した雄ウマを選んだのは、その方が種馬として扱いやすいと思ったからなのだが、これを見て私たちは、ダンカンはこの仕事をこなすだけの強さが足りないのではないかと心配になった。だがマークは楽天的だった。「まあ慣れさせせようや」と彼が言うので、私たちはわざとその場を立ち去り、ダンカンがどうなるかは天に任せることにした。するとどうだろう、翌朝行ってみるとダンカンは、まだショックから立ち直れずおどおどしてはいたものの、雌ウマたちと一緒にいるではないか。私たちはウマの群れが湖の真ん前で草を食べるのを眺め、この勇敢な小型の雄ウマが雌ウマと交尾を始めると歓声をあげた。

それから一一か月――エクスムーア・ポニーの平均的な妊娠期間――が経ったが、雌ウマの腹はもともと丸くてぽっちゃりしているものだから、妊娠している雌ウマがいるかどうかさえほとんど判別不可能だった。私たちが諦めかけた頃、一〇月のある凍てついた雨の日に、クネップで最初の子ウマが、主要道路のすぐそばの草原の真ん中で生まれた。土砂降りの雨の中、母親に守られながら弱々しい脚で立とうとしては倒れてしまうこのちっぽけな雄の子ウマの誕生は、子ジカ、あるいは子ウシの誕生以上に重要な出来事であり、再野生化計画に命を吹き込んだ。一二月には雄の子ウマがもう一頭、そして翌年四月には雌の子ウマが誕生し、地球上に生息する野生のエクスムーア・ポニーの数が増えた。

ところが、ダンカンが次第に大胆になるにつれてその気性が問題を引き起こすようになった。エクスムーア・ポニーがもともと持っている好奇心の強さと、人間に慣れすぎていることが相まって、境界線を堂々と無視するようになったのである。ダンカンは、クネップの管理オフィスのすぐ外、経理担当の女性が駐車する場所に糞をして自分の縄張りを主張した。まるで、自分がこの城の王であると言わんばかりだった。マークは毎日、フェロモンたっぷりの尿が湯気を立てている馬糞をシャベルで取り除くのだが、次の朝にはまたしても同じ場所に、縄張りを示す糞の山ができている。またある日は、オフィスの玄関ホールにダンカンが入り込み、受付の窓にぬっと現れたダンカンの頭を見たチャーリーのアシスタントが危うく心臓発作を起こすところだった。

だが私たちが一番心配したのは、地所内で乗馬をしている人たちに対するダンカンの態度だった。野生のエクスムーア・ポニーの雄ウマや子ウマたちは好奇心が強いが、人間や人間が乗っているウマとは健全な距離を保つ傾向にあった。ところがダンカンはすぐそばまで近づいて挑発するのだった。家のすぐ前にあるポロの練習場に観客の中を通り抜けて出ていき、「親戚」であるウマがボールを追いかけるところをつぶさに観察する。チャッカー［訳注：ポロの試合はチャッカーという七分間の区切り六回で構成される］がダンカンを競技場から追い出すのに丸々費やされることもしばしばだった。半家畜化されていたことが、再野生化プロジェクトにとってはマイナスの結果を招いたのだ。二〇〇七年七月、ダンカンは、新しいすみかに送られていった。そこで、家畜化したポニーの小さな群れを飼っているマークの友人、「エクスムーアのポール」と暮らすことになったのである。一年後、ショーに出場するためのトレーニングで駆け足をしているダンカンの写真が届いた。

申し分のない様子で子どもを背に乗せ、どこから見てもまるでテルウェル［訳注：ポニーのユーモラスなイラストで有名なイギリスの漫画家］の漫画みたいだ。野生か、人に慣れるか、その間でどっちつかずでいる日々は終わったのだ。

## イノシシの代役

エクスムーア・ポニーの雌たちによるクネップ支配が脅かされたのは、二〇〇四年一二月のことだった。二頭のタムワース・ピッグとその子ブタ八頭が到着したのである。イノシシをイギリスの原野に放つことを禁じた「危険野生動物法」のおかげで、私たちは当初の計画を変更せざるを得なくなった。一九六〇年代後半から一九七〇年代初頭にかけてペットとして大人気だった、ピューマ、ボア・コンストリクター、有毒な爬虫類、クモ、サソリなど、危険な外来動物を飼い主がイギリスの野に放すのを防ぐためのこの法律は、一九七六年に制定され、一九八四年に改正されてイノシシが含まれるようになった。イノシシはイギリスの在来種で、かつてはイギリス全土にいたことがわかっていたにもかかわらずである。

この矛盾は、イギリスにおけるイノシシの立場を奇妙に歪ませた。イノシシの畜産農家の数は、その野性味の強い肉の市場での需要拡大によって、一九七〇年代から増加していた。イノシシは危険野生動物法の規制対象なので飼育には許可が要る。だが、仮にイノシシが飼育場から逃げ出してしまうと、それは野生のシカ、アナグマ、キツネと同様、届出義務のない野生動物にすぎなくなる。成熟したイノシシは体重が一二五キロにもなるし、一・八メートルの跳躍力があり、時速五〇キロで走るので、飼育場から逃げ出すのは珍しいことではない。あるいは、イノシシの世話が農家の手に余ったり、イノシシをフェンスで囲い込んでおく費用が高額すぎる、という状況もときどき起こる。そんなわけで、飼育場を逃げ出してイギリスの森で自由に生きているイノシシがどれくらいいるのか、正確な数は誰にもわからないが、ディーンの森だけでもその数は一五〇〇頭に達すると考えられている。

クネップの近辺にいる野生のイノシシが自分からクネップにやってきてくれることを期待するのが、私たちにとっては最善の策だった。イノシシがフェンスを破って敷地に入ってこようと思えば（雌のタムワース・ピッグの匂いは彼らを惹きつけるはずだった）、鹿用のフェンスなどなんでもない。だがそれまでは、タムワース・ピッグがイノシシの代役として、鼻で地面を掘り返し、クネップの土壌を掻き回してくれるのだ——野生だった彼らの祖先が、キング・ジョンの時代にそうしていたように。

エクスムーア・ポニーを選んだときと同様に、私たちがタムワース・ピッグを選んだのは、それが頑健さと祖先とのつながりの強さで有名だったからだ。長い脚と鼻、細い背中、長い剛毛、そして短い距離をウマも顔負けの速さで走れる意外な能力などはいずれも、ヨーロッパの森に棲むブタの特徴である。一九世紀初期に、スタフォードシャー州タムワースにあるロバート・ピール首相の地所で品種として登録されたタムワース・ピッグは、集約農業向けに開発された、成長が早くたくさんの子どもを産む現代品種との競争に勝てず、希少品種保存機関の推測では、イギリス国内で登録されているタムワース・ピッグで子どもを産める雌は三〇〇頭を切っていた。

タムワース・ピッグが姿を見せると、エクスムーア・ポニーたちはまるでグリズリー・ベアに遭遇したかのような反応を見せた。大きくてゴワゴワした薄茶色の飼育ブタを一目見るなり、ポニーたちは一目散に丘の方に走って逃げる。家畜として飼っていたウマたちも尻込みをした。生まれる前から遺伝的に刷り込まれているイノシシについての記憶が引き起こす反応なのだろう。ハイエナと同じく、イノシシは雑食性である。彼らが食べるのは通常は屍肉だ。その歯はどちらかといえば、獲物を殺すためのものではなく、肉を噛み砕くためのものだ。だが彼らは手に入るものなら何でも食べる。一〇〇〇年前、生まれたての、やわらかくて不抵抗の子ウマは、腹を空かせたイノシシにとっては格好のご馳走だっただろう。

やがてエクスムーア・ポニーは、タムワース・ピッグが危険な存在ではないことに気づいた。ポニーたちは少し落ち着いて、タムワース・ピッグと同じ場所で草を食べるようにさえなった。だが、分別のない子ブタがポニーの群れに迷い込もうものなら、ポニーたちは迷わず子ブタを蹴り殺した。悲しいことに私はそれを実際に目撃したのだ——ある朝、可愛らしい生まれたての子ブタを、四歳の名付け娘に見せていたときのことだった。

ご承知のように、人はブタに弱い。頭が良くて好奇心が強く、横柄で、目先のことしか見えず、愛想が良くて食いしん坊で、ブーブーと鳴き、格好悪い——そんなブタに人は自分を見る。ミス・ピギーからエンプレス・オブ・ブランディングス［訳注：P・G・ウッドハウスのユーモア小説に登場するブタの名前］まで、私たちは人間とブタの似ているところを面白がり、大切にしてきた。このブタとの共感にはしかし、ひょっとすると実際に生物学的な根拠があるかもしれない。近年の遺伝子研究によれば、ブタと霊長類の進化には緊密な関係があることがわかっている。実際にブタとチンパンジーに共通の祖先がいたのかどうかは、人間のゲノムを詳細に調べなければわからないが、人間が、思っていたよりもずっとブタに近いことは確かなようだ。だからこそ、クネップのタムワース・ピッグはいくら悪ふざけをしても許されてしまうのかもしれない。順応させるために入れておいた囲いから解放されるや否やブタたちは、チャーリーが丹精込めて手入れした道路縁の植木を、まるで止めようのないフォークリフトのような勢いで破壊し始めた。それから二頭が横並びになって公共の歩道の芝生を掘り返し始め、陸地測量図に描かれた通りのルートを辿って敷地を斜めに横切っていった。

私たちは、魚雷がスローモーションで進むように脇目も振らずに進んでいく彼らが何をしているのかに気づいた――彼らは、この地所内で一度も耕されたことがない部分を正確に探り当てているのだ。そこは無脊椎動物や地下茎や植物相が豊かなのである。囲いから放たれた最初の数日間で、ブタたちは、近代農業が私たちの土地に何をしたのか、その正確な青写真を描いてみせた。

家の正面にある装飾用の円形の芝生もまた、ブタたちを磁石のように惹きつけた。ここもまた、一度も耕されたことがない土地だ。チャーリーはやむなく、カウボーイばりに家畜用鞭を持って自転車に跨り、この場所は聖域であるということをブタたちに教え込もうとした。だが、食欲に駆られた体重二三〇キロの動物を立ち去らせるのに効果的な方法は多くはなかったし、代わりにもらえる餌といえばヒッコリーの木の実だったから、ブタたちはすぐに芝生に戻ってきてしまう。それでも、子どもたちが「ビッグ・ママ」「スウィート・フェイス」とあだ名をつけた二頭の雌はチャーリーの言わんとすることを理解して、子ブタたちにもそれを教えた。少なくともこの点については、私たちは理解し合ったのだ。ウィンストン・チャーチルはかつて、「猫は人を見下す。犬は人をあがめる。ブタは人を正面から見つめる」と言った。ブタと人は対等なのだ。

ブタたちの創造力はしかし、こと地所内で行われる公共イベントとなると私たちを困らせた。大テントが立つのをブタたちは遠くから見つける。夏のクラフト・フェアのときは会場を電気柵で囲んだが、会場の片側にある池と会場の境界を塞ぐことには思い至らなかった。ブタたちは夜中に池を泳いで渡り、お菓子が置いてあるテントに入り込んで、ソフトクリームを作るために用意しておいた材料の粉末二袋をズタズタにしてしまった。湖の前の広場で毎年開かれるダンスパーティーでは、タキシードやパーティードレスを身に着けた人々の間を歩き回ってカナッペをねだり、横向きにゴロンと寝てはお腹をさすれと催促するという隠し芸を披露してパーティーの主役の座を奪った。地所内にテントを立てて行われた盛大なインド式結婚式の翌朝、電話が鳴り、トレー二枚分のオニオン・バジ［訳注：タマネギの天ぷらのようなもの］をブタたちが食べてしまったと聞いたときは、払い戻しを要求されるか、最悪は裁判沙汰かと覚悟した。だが花嫁の母親はこの上なく気のいい方で、ブタたちがやってきたおかげで結婚式がますます楽しいものになったと言うのである。彼女はただ、バジのスパイスでブタたちのお腹が痛くならなかったかどうかが心配だったのだ――アルカセルツァー（胃の薬）を飲ませてやってくださらない？　と彼女は言った。

だが、タムワース・ピッグがことあるごとにつまみ食いする癖は、深刻な問題だった。ブタたちが消化不良を起こすかもしれないとか、最近獲得したばかりの有機土壌認定を失うかもしれないとか、それだけが理由ではない。ダンカンのときのように、タムワース・ピッグがあまりにも人に慣れすぎて、この再野生化プロジェクトの一部として放っておくことができないのではないかと思ったのだ。散歩する人たちはパン屑を持ってきてブタたちに食べさせるようになり、ビッグ・ママとスウィート・フェイス、それにどんどん増える子ブタたちは、人を見ると近づいてポケットを鼻でつつくようになっていた。悪気はもちろんないのだが、お年寄りや体の不自由な人、それに子どもなら簡単に倒れてしまう。それに主人を守る忠実な犬たちは人間ほど寛容ではないかもしれない。私たちは、すべての歩道に看板を立て、動物に餌を与えないようにと懇願した。時が経ち、野生の状況で生まれた世代が育てば、ブタたちはもっと慎重になり、彼らなりの、人間と出くわした際の逃走距離を持つようになるのでは、と私たちは願った。

## ブタの土壌改良能力

道路の縁の植木を食べ尽くしてしまうと、ブタたちは鼻先をもっと遠いところに向けた。最初のうち私たちは、彼らのあまりの破壊能力に狼狽した。地面が濡れているときは特に、一〇頭のブタがわずか数時間で何エーカーもの土地をソンムの戦い［訳注：第一次世界大戦でイギリス・フランスの連合軍とドイツ軍の間に起こった最大の会戦］の跡みたいにしてしまう。だが土地の再生する能力もまた同じくらい驚異的で、植物の成長期ならば、ほんの数日後には先駆植物が、戦いのあった場所のあちらこちらに芽を出すのだった。掻き回された土にはさまざまな無脊椎動物がコロニーを作ったが、その中には単独生活性のハチが含まれていた。そういうハチはイギリスでは希少で、巣を作るための開けた大きな土地を必要とするが、鼻で地面を掘る野生のイノシシがいなくなった現在は、道が狭くなっていて、頻繁に行き交う家畜が同じように地面を掻き回す農場の入り口に仕方なく巣を作る。冬になるとミソサザイやヨーロッパカヤクグリやヨーロッパコマドリがブタたちの後を追い、足跡にいる虫をついばんだ。

アリは、ブタが掘り起こした土の塊をうまく利用して蟻塚を作り始め、八年経った今では、ところによってはそれが高さ三〇センチを超えた。日光で温められ空気をたくさん含む土中の微気候の中で、アリのコロニーは繁盛した。すると今度は蟻塚にヤドリギツグミやサバクヒタキ、とりわけヨーロッパアオゲラが集まった。ヨーロッパアオゲラの餌は、冬は特に、最高で八割が草地に棲むアリなのだ。飛んでいるヨーロッパアオゲラはすぐわかる——鮮やかな黄緑色の閃光が、けたたましく鳴きながら宙を横切っていくのである。サセックスの方言で「ヤッフル」という名前はその鳴き声からきている。だが地上に降りてしまうとヨーロッパアオゲラは目立たない。草に完璧に溶け込んで、蟻塚をつつき、アリが掘った穴を破壊し、長さ一〇センチの糊で覆われた舌をひるがえしてアリを一気に絡め取る。使っていないときの舌は、アオゲラの頭の中に収まるように、後頭部、目の上の、右側の鼻腔の中に丸まっている。成鳥はヒナのためにもアリを集める。その数は天文学的だ。ルーマニアで行われたある調査では、ヨーロッパアオゲラのヒナ七羽が巣立つまでに食べたアリの数は、推定一五〇万匹にのぼった。ヨーロッパアオゲラの糞はまるで、蟻塚の上に落ちた煙草の灰のようだ。糞を割って中を開けると、何が起こったのかわからないとでも言いたげな、悲しそうなアリの小さな顔でいっぱいである。

日光で温まった蟻塚の土はまた、小さなベニシジミや数が減っているコモチカナヘビが日なたぼっこするお気に入りの場所であり、ヒナバッタが卵を産む場所でもある。非常に稀だが、運悪く、ブタが甲虫を探して蟻塚を掘り起こすことがあると、アリは大慌てで壊れたところを修復する。蟻塚の土壌組成は、周りの草地が酸性なのとは異なっていて、周囲の土壌とは違う種類の菌類、地衣類、コケ、草、野生のタイムなどの顕花植物が育つのに向いている。それらがコロニーを形成して蟻塚の表面を固めるのを助けるのだ。アリとブタの間にある意外な関係のおかげで、突然、奇跡的に、サセックスの重たい粘土質の土壌から軽くて複雑な組成を持つ土が生まれるのを私たちは目にしていた。

植生にも影響があった。ブタは、他の草食動物には見つけられない、あるいは消化できない植物が大好物だ。たとえばエゾノギシギシやアメリカオニアザミの硬い根。他の草食動物と違って、ワラビやその根茎も食べる。腸内の毒物や発がん物質を中和するためだ。毒のある成熟したシャクナゲはさすがの彼らも食べられないが、若い芽は食べるので、シャクナゲの増殖を抑え、環境保護プロジェクトの一環としてのシャクナゲ撲滅計画に大いに役立つことがわかった。

ブタたちが他の生物に生きやすい環境を作っているというのは初めから明らかだった。だが、ブタ以外の草食動物が草を食べたり地面を荒らしたり踏みつけたりすることにもまたそうした効果があった。たとえば、ウシが体を擦り付けられる低い木の枝があるところでは、ウシの蹄が粘土質の土を踏み固めて地面に浅い窪みができ、周期的に水が溜まる。このときだけは、私たちは地面に水があるのを見て喜んだ。この、きれいな水をたたえた「つかの間の池」は、大きな水たまり程度のものにすぎないこともあり、とても浅いのですぐに蒸発してしまうのだったが、ウォーターバターカップ、ミズハコベ、シャジクモ類といった植物、さまざまな水生カタツムリや水生甲虫、それに絶滅の危機にある優美なホウネンエビなどの大切な生息地であり、イギリスではそういうところがどんどん希少になっている。草食動物たちはみな、少なくともいくらかの時間を、湖や池のほとりを探索して過ごす。彼らが地面を踏みつけたり草を食べたりするおかげでガマがその場所を独占することが難しくなり、他の水生植物が育つチャンスが生まれるのだ。

だが何よりも大きな変化をもたらしたのは、単に、一九六〇年代から土がびしょびしょになるほどの殺菌剤や殺虫剤を散布してきた、その習慣をやめたことだった。虫の数が爆発的に増えると、夜、家の外をホオヒゲコウモリが飛び交い、ドーベントンコウモリが小さい昆虫や蚊を求めて湖の水面すれすれを飛ぶのが見られるようになった。地元のコウモリ研究家によれば、希少種であるヨーロッパチチブコウモリも、二五キロ離れたメンズ森林保護区から、小さなガや甲虫を食べるためにクネップの湿地牧野に飛んでくるようになった。庭でキャンドルを灯してディナーを食べれば、私たちにはその名前もわからない実にさまざまなガを招き寄せることになった。唯一見分けがついたのはクロスキバホウジャクで、それだけは目立つし一目瞭然だった。秋になると、クネップ・パークの真ん中で野生のキノコが採れるようになり、毎年、いっせいに顔を出すキノコの傘が、スプリング・ウッドの周りをフェアリー・リング［訳注：芝生にキノコが輪になって生える現象］で縁取った。

クネップの草食動物たちは、オーガニック農場でないところでは家畜のウマやウシに習慣的に与えられるアベルメクチンという強力な駆虫剤を摂らない。すると私たちは、アフリカでしか見たことがなかったようなウシやウマの糞を目にするようになった――フンコロガシが作った穴がポツポツとできているのだ。チャーリーはこれに夢中になった。アフリカとオーストラリアで過ごした子ども時代の、虫への執着が戻ってきたのである。チャーリーはエクスムーア・ポニーがたった今排泄したばかりの糞の横に寝そべって、フンコロガシがやってくるまでの時間を測った（最短記録は三分だった）。臭いに誘われ、戦闘ヘリコプターのように狙いを定めて飛んできたフンコロガシは、羽をたたむとまっしぐらに糞に突入する。外側がすでに乾いて硬くなっているとフンコロガシは弾き飛ばされるが、急いで戻ってきて、この栄養たっぷりな排泄物に頭から突っ込んでいく。間もなくキッチンのカウンターに、チャーリーが集めたフンコロガシの全種類を入れたガラスの小瓶がずらりと並んだ。ボーンマス大学のポール・バックランド教授に送って識別してもらうのだ。夏の間ずっと糞を引っ掻き回した後、チャーリーは得意満面に、たった一つのウシの糞から二三種類のフンコロガシを識別してみせた。

イギリスには土着のフンコロガシが約六〇種類いるということを私たちは学んだ。アフリカのフンコロガシは、自分の体重の最大五〇倍の重さの糞の玉を、ときには天の川を道しるべにしてはるか遠くまで転がしていくことで有名だが、イギリスのフンコロガシはそれとは異なり、そのほとんどがトンネルを掘る。糞の玉を、糞のあった場所の近く、または真下にトンネルを掘って地中に作った巣穴へと引きずり込むのだが、その深さは六〇センチにもなることがある。糞の玉はフンコロガシの幼虫の餌になり、幼虫は巣穴の奥深く、捕食者のいないところで育つことができる。

フンコロガシは三〇〇〇万年前から地球に存在している。南極を除くすべての大陸におり、専らあらゆる動物の糞を食べるが、草食動物の糞に含まれる植物成分を好むものが大部分だ。家畜やペットに駆虫剤を与えると、それが糞に混じり、その糞を食べる昆虫――フンコロガシも含まれる――を殺す。これは地球の土に起こっている最も深刻な問題の一つである。フンコロガシがトンネルを掘り、糞を食べて消化することで、土壌中の有機物が増え、肥沃度、混入酸素、化学構造が改善され、雨水の濾過能力が向上し、地表を流れる水の質が良くなる。皮肉なことに、糞の中に含まれる寄生虫を食べ、糞そのものを速やかに処理することで、フンコロガシは寄生虫による伝染を防ぎ、その結果、化学合成された駆虫剤を家畜に与える必要も減るのである。イギリスのフンコロガシの数種が絶滅の危機に瀕した今になってようやく、畜産家たちはその価値を理解し始めている。フンコロガシが健康的な牧草の成長を促進することによって、家畜産業は年に三億六七〇〇万ポンドの節約になると推定されている。そしてもちろん、フンコロガシは食物連鎖の一部でもある。クネップでは、甲虫ばかりを食べる小型のフクロウが初めて巣をかけ、私たちが植えた新しいオークのツリーガードにヒナと一緒に止まっているのを見かけるようになった。

他の食虫鳥類も戻ってきた。そしてその中には、かつては田舎の住人なら誰でもその鳴き声を知っていたヒバリも含まれている。ヒバリはイギリス人がお気に入りの現代クラシック音楽の題材だ。ところが、みんなが大好きなこの鳥は、一九七二年から一九九六年の間に七五パーセント減少し、今も減り続けているのである。「舞い上がるヒバリ」は、今や田舎よりも街のコンサートホールで耳にする人の方が多いのではないだろうか。アドゥー川の氾濫原を見下ろすタンブルダウン・ラグに接する、かつては広大な穀物畑だった草むらを、そして、今では跡形もないがオールド・クネップ・キャッスルの宅地として栄えた中世の街がそこにあったことから名付けられたタウン・フィールドを歩く私たちの耳には、再びヒバリの声が聞こえる――空に向かってまっすぐに舞い上がりながら高らかに歌うその声が。それはまるで、空気そのものが、過ぎた日々の音によって再び満たされていくかのようだ。

# 第7章　近隣住民の不満噴出

何に目をやるかは問題ではない。問題は、何が見えるかだ。

ヘンリー・デイヴィッド・ソロー『I to Myself』一八五一年八月

災いだ、家に家を連ね、畑に畑を加える者は。お前たちは余地を残さぬまでにこの地を独り占めにしている。

イザヤ書五章八節

中央区画をどこまで再野生化できるかは、家の周りが一九世紀にレプトン・パークの一部であったことによって大きく左右された。カントリーサイド・スチュワードシップ事業からの助成金を受け取るためには、シカのいるなだらかな芝地があることが条件であり、これはつまり、草を食べる動物の数を減らさず、目障りな低木が決して育たないようにしなければいけないということを意味していた。昆虫、鳥、コウモリ、爬虫類、そしてキノコの数が増え、オークの古樹が枯れるのを防げたことはそれだけで感動的だったが、再野生化という観点から見るとそういう地勢はやはり不自然で、人間が考える理想の姿に縛られているように感じられた。

北区画は、レプトン・パークの地図の一部であったことは一度もないが、オールド・クネップ・キャッスルが所有していたもっと人の手の入らない鹿狩り庭園の一部であったことはあると考えられており、より自由な実験が許された。二〇〇四年、フラン・ヴェラがクネップに滞在し、この区画にはとりあえず少数のロングホーン牛を放すだけにして、植物が育つチャンスを与えてやるようにとアドバイスをくれた。彼は、五年も経てば生垣が成長し、イバラの茂みも育ち、先駆植物が草地に生えるだろうと期待していたのだ。そうなった時点で、シカやポニーやブタを放すか、それとももう少し待つかを決めれば良い。それはまるで、試合前のボクシングの選手の体重を測るみたいなものだった。植生遷移と動物による攪乱が公平に競い合えるようにするというこのやり方の方が、一九世紀の鹿狩り庭園のままの、「勝負のついた」変化のない景観を守るよりも、最終的にはよりダイナミックで生物学的に興味深いものが生まれるのではないか。私たちはそう言ってなんとかカントリーサイド・スチュワードシップ事業を説得し、その結果、例外的にこの区画には低木の茂みができても良いという許可を得た。二三五ヘクタールある北区画には、二つ目の群れとして二三頭のロングホーンを放して自由に歩き回れるようにした。そして何が起こるかを待つことにしたのである。

## プロジェクトの停滞

南区画はまったく別の話だった。それが一二世紀当初の鹿狩り庭園の一部であった可能性は高かったが、この庭園が中世から存在したことを示す唯一の証拠である一七五四年のクロウの地図にはこの部分は描かれておらず、したがって、私たちはこの区画を庭園復元プロジェクトの一部としてカントリーサイド・スチュワードシップ事業に提案することができなかったのだ。一方で、クネップの地所全体で自然のままに草食動物に草を食べさせるという実験を展開するのを支援してくれるよう政府を説得する、という私たちの努力は少しも前進していなかった。イングリッシュ・ネイチャーは、何度も来訪して前向きな議論を重ね、クネップの野生生物に関するベースライン調査の資金を提供すると約束したにもかかわらず、このプロジェクトを公に支援することにはまだ躊躇していたのである。二〇〇五年一月、キース・カービーからの手紙には、「農村地域開発局と田園地域庁の数人と、『再野生化』のアイデアについて砕けた話をしてみました。大賛成の人も中にはいますが、そうでない人もいます」と書いてあった。二〇〇七年には「新しく、統合された地方創出機関」ができることを見込んだ上で、彼は続けて、「この統合の準備の一貫として、今からそれまでの間に事実上の共同事業として進めるべきかを話し合っています。再野生化プロジェクトがその一つに選ばれるといいのですが」と書いている。しかし、すぐには何も起こりそうもないのは明らかであり、補助金がないことには、南区画の境界に沿って鹿用フェンスを建てる一〇万ポンドの費用、さらに、排水溝、家畜用のゲートとフェンス、畑を仕切るゲート、水門、橋などを撤去するための五万ポンドを捻出するのは不可能だった。

私たちは二〇〇一年に、南区画で収穫高が最も少なかった畑で従来型の農作を行うのをやめ、五年をかけて、徐々にその範囲を広げていった。すぐには草食動物を放す予定がなかったので、中央区画と北区画でしたように自生種の野草の種のミックスを蒔くのはやめて、最後にトウモロコシと小麦と大麦、その他たまたまそこに生えていた作物を収穫した後の畑はそのままなにもせずに放っておくことにした。つまり二〇〇六年までには、四五〇ヘクタールのすべてが、一年間から五年間放置されていたわけだ。一方で私たちは、環境保護のための放牧計画に資金を提供してくれるよう役所にかけ合い続けた。

皮肉なことだが、この苛立たしい空白の時間こそ、再野生化計画における最も建設的な動きであったことが後でわかった。段階を追って土地を自由にしていくという私たちの行き当たりばったりなやり方に、野草の種を蒔かなかったことと大型草食動物を放すのが遅れたことが重なって、自然化の過程にはまたとない推進力となり、そこでは、他の場所で私たちがしていたことをはるかに凌ぐ、野生生物たちにとって面白い環境が生まれたのだった。

南区画のほぼ全域で、わずか数年のうちにそれまでとまったく違う景観が見られるようになった。ただし一番水気が多く、長年の農作で押し固められ、今はロータリー耕運機が入ることもなく酸素が欠乏した状態の畑だけは、変化するのが遅かった。それから一五年経ってもその一部はまだほとんど変化が見られず、いまだに土壌無脊椎動物が棲みついて土壌に空気を送り込むことができないのだから、水浸しのこの畑はいずれは浅い沼になるのだろう――以前とはまったく異なる生息域だ。だがそれ以外の場所はすべて、多かれ少なかれイバラの低木が生い茂っていた。その成長を邪魔する密集した牧草がなくなった今、セイヨウサンザシ、スピノサスモモ、イヌバラ、それにキイチゴの固まりが畑に突き出していた――ほんの二、三年前にはトウモロコシと大麦に覆われていた畑だ。数キロに及ぶ生垣は、以前なら、毎年秋になると、地面が濡れすぎてヘッジカッターを持っていけなくなる前に刈り込まれて大切な冬のベリーを小鳥たちから奪ってしまっていたが、今では爆発的に広がって、鳥たちを歓迎するかのような黒々とした茂みとなっていた。

畑はそれぞれみな、長い間どのように使われてきたか、最後に栽培された作物が何だったか、土壌の種類の微妙な違い、農作をやめた年の天候、その年が特定の木や低木の「マスト・イヤー［訳注：並外れて大量の種をつける年］」だったかどうかによって違う反応を見せていた。それらすべての要素が、異なった植物の組み合わせを異なった速度で育てたのだ。複雑な植物相が互いに近いところに生まれ、驚異的な波及効果を見せていた。その中を自転車で横切ったり、夏に四駆のバギーを走らせたりするときには、口をしっかり閉じ、サングラスをかけてピチャピチャとぶつかってくる虫の集団を避けなければならなかった。環境ジャーナリストのマイク・マッカーシーが、殺虫剤による大打撃を被る前は夏になるとしょっちゅう「ガの吹雪」が吹いた、と書いていた、それが復活したのだ。冬でも鳥の歌声が聞こえた。ノハラツグミ、マキバタヒバリ、ワキアカツグミなど、ここではめったに見たことのなかった冬鳥たちが、ベリーやミミズを求めてやってきた。イギリス南東部では一九九五年から二〇一〇年の間に三五パーセント減という急激な減少を見せている鳥、ウソも、ブラックベリーの花、実、種子を堪能していた。三月になるとヒバリが何十羽もやってきたし、夏には、イギリスの農村地帯の鳥の中で最も急激に減りつつある（一九六〇年以降六〇パーセントの減少）キオアジの美しい鳴き声が響いた。

## 低木とオークの苗木

ヴェラの視点から見て一番重要だったのは、低木が姿を見せ始めると同時に、南区画のいたるところで芽生えた何千本ものオークだった。その中には、ドングリを溜め込んでいたノネズミが、やはりその数を増していたメンフクロウやヨーロッパノスリといった猛禽類に捕食されてしまい、そのままとなったドングリから芽生えたものもあったかもしれない。けれど、オークの分散に最も大きな役割を果たすのは何と言ってもカケスである。くすんだピンク色の体で喉が白く、顎には口ひげのような黒いラインがあり、青い飾りの入った黒と白の翼をしている、カラス科の鳥の中で一番見目麗しく色鮮やかな鳥だ。一九世紀を通じて、他の鳥の巣を襲ってその卵やときにはヒナを食べる鳥として迫害され、いまだにそうする森番もいる。カラス科の鳥はほとんどがそうなのだが、カケスは感心するほど何でも食べる鳥で、ドングリの他にもさまざまな無脊椎動物、種子や果実、ときには小型の哺乳動物も食べる。だがカケスには一つ、変わった習性がある——ドングリを地中に埋めるのだ。カラス科の鳥には他にもこれをするものがあるかもしれないが、カケスほど巧みにそれをこなす鳥はいない。そのためカケスは、自然の森林放牧地が生まれるためには何よりも重要な要素なのである。

ヨーロッパナラとフユナラは、放っておくと、びっくりするほど繁殖力が弱い。初めてドングリができるのは樹齢二〇年になってからだし、毎年秋に地面に落ちる種子のほとんどは、動物に食べられるか腐ってしまうかのどちらかだ。日光を必要とするので、親の木の樹冠の下で何とか根付いた苗木があっても育たない運命にある。ドングリは、捕食者に食べられずに発芽するためには何とかして地中に埋められなければならない。存続するためには、オークは自分以外の生き物に頼らざるを得ず、その結果、カケスとの見事な共生関係が生まれたのである。

カケスはたった一羽で、四週間のうちに七五〇〇個のドングリを地中に埋めることができる。「おしゃべりなドングリ集め」を意味する、*Garrulus glandarius*という学名に恥じない。非常に選り好みが激しく、成熟していて小さすぎず、寄生虫がついておらず、発熱量が多く、しかも――これこそ共生関係なのだが――発芽の可能性が高いドングリだけを選ぶ。一度に最高六個、そのうちの一番大きくて長いものを嘴に挟み、残りは食道に詰めて、カケスはドングリを、元の木から五〇～六〇メートルのところから、遠くは数キロ離れたところまで運ぶ。そして周りに木のない、オークが発芽しやすいところを選ぶと、セイヨウサンザシなどのイバラの低木の根元にドングリを埋める。地面からにょっきりと上に伸びたセイヨウサンザシは、カケスが後でドングリを埋めた場所を思い出すための標識だ。カケスはドングリを一つひとつ、四五センチから九〇センチほど離して埋める。ネズミやリスに見つかりにくく、ついでに根付きやすいように、地中深く叩き込むのである。

カケスは一年中、こうして地中に保管した炭水化物たっぷりのドングリを食べる。だが四月から八月にかけて、他にも食べるものがたっぷりある時期にはドングリはあまり食べない。そしてその間に、食べられずに残ったドングリが発芽するのである。苗木の茎は通常、五月に地上に顔を出し、六月には最初の葉が開く。このタイミングが重要なのだ。六月になるとカケスはヒナに食べさせるための苗木を探し始める。苗木そのものが欲しいのではなく、その子葉が欲しいのである。ふっくらとした子葉には、種子に蓄えられた食料――ほとんどの植物が成長に使う最初のエネルギーとして頼っているその栄養が含まれている。

一方オークにとっては、子葉はさほど重要ではない。日光がたっぷり当たるところで発芽した若いオークはすぐに、長い主根を中心にした根系を大きく広げ、それが最初から苗木に栄養を届けるからだ。最近行われた研究では、オークの苗木の成長の早い段階で子葉を取り除いてみたところ、子葉には発芽に必要とされるよりはるかに多くのエネルギーが蓄えられており、したがって発芽後の子葉を取り除いても苗木は立派に育つ、ということがわかった。オークの子葉は地中にとどまる。カケスは苗木を見つけると、茎を咥えて引っ張り、地中に残ったドングリと子葉を地面の上に持ち上げて、摘み取ってヒナに食べさせるのだ。オークの苗木の主根は強靱で、こうやってカケスが苗木を引っ張っても、多くの場合苗木が枯れることはないし、子葉を取り除かれても成長は妨げられない。子葉はまるで、注意深く助産師役を果たしてくれたカケスへのオークからのご褒美であるかのようだ。

南区画では、いたるところにカケスが植えたオークの苗木が育っていた。二〇〇九年、チャーリー、テッド、それにボランティアのグループが数えたときには、一つの畑に一六〇〇本の苗木があった。中には、カケスが子葉を摘み取るために苗木を咥えて持ち上げたときの傷が茎にそのまま残っているものもあった。セイヨウサンザシ、スピノサスモモ、キイチゴなどの茂みの近くに植えられているものが多く、ほんの一年もすればこの棘だらけの茂みがオークを包み込むようになるだろうことが見て取れた。絡まり合った天然の有刺鉄線が、伸びていくひょろひょろの苗木を守るのだ。

この区画にはまだ、数頭のノロジカと、（中央区画と北区画の草地には数千羽いるのに比べて）ごく少数のウサギがいるだけで、新たに成長しつつある低木に草食動物が与える影響はごく少なかった。事実上、私たちが目にしていたのは、十分に機能している生態系であれば異常気象や伝染病によって草食動物の数が激減したときに爆発的な成長を見せる類の植生だった。たとえば中世のイギリスで王室の森林に棲むシカを襲った伝染病、もっと近いところでは、一九五〇年代に大流行してウサギの数を激減させ、その結果、イギリス南部のジュニパーとセイヨウサンザシを再生させた粘液腫病、あるいは二〇一四年、中央アジアの大草原地帯で二〇万頭（全体の八八パーセント）を超えるサイガを一掃した病原菌などがある。こうして繁盛する低木の茂みは、野草や無脊椎動物――とりわけ、成長の段階に従って二種類以上の異なった生息域が近くになければならない、複雑な生活環を持つもの――にとって絶好のすみかになる。無脊椎動物は他の無脊椎動物や小型哺乳動物、両生類、爬虫類を引き寄せ、それが今度は鳥やその他の捕食動物を引きつける。新しくできる低木の茂みは地上で最も豊かな生息域であるということを、やがて私たちは知るのだった。

## 自然保護活動家の矛盾

だが現代の農家や地主は低木を毛嫌いする。生産性がないと考えるからだ。その結果、低木はイギリスからほぼ完全に消えてしまった。低木地は必ずと言っていいほど「荒れ地」と呼ばれる。だが昔からそうだったわけでない。中世では、低木は非常に大事にされ、低木というのは決してネガティブな意味を持つ言葉ではなかった。鉄のように硬いスピノサスモモの幹は杖として使われたし、スローと呼ばれるその実は薬になり、またワインやジンの味付けに使われた。キイチゴはセイヨウニワトコと同じように食べられる実がなり、染色に使うことができた。セイヨウサンザシは杖やさまざまな道具の持ち手を作るのに適し、家畜を囲う柵を作るのにも使われたし、実はジャムやソースになった。ハシバミは家畜の囲い、屋根を茅で葺くときに使う押さえの棒、籠、家具、炭などになった。ヤナギは炭を作ったり籠を編んだりするのに使われたし、クリケットのバットや薬も作った。ヨーロッパハンノキとハナミズキの炭は火薬になった。エニシダはもちろん良い箒になった［訳注：エニシダと箒はともに英語でbroom］。ジュニパーは肉をスモークしたり鉛筆を作るのに使われ、実は油の精製や、獲物の肉やジンの味付けに使われた。セイヨウマユミからは串や爪楊枝や籠を作った。セイヨウハルニレは弓や家具、脱穀場を作るのに使った。カバノキは糸巻き、薪、箒、屋根を葺く茅を作ったり、その樹皮は防水やタンニングに使われた。樹液を発酵させて作るカバノキのワインは薬として使われたし、若い葉には利尿効果があった。イヌバラからは、今ではビタミンCを非常に豊富に含むことがわかっているローズヒップが採れ、シロップやソースやゼリーなどを作った。サセックスでは「furze」と呼ばれるハリエニシダは、家畜の餌になり、竈や天火の薪にもなった。人々は草食動物の侵入を防ぐため、森の周囲にこうしたイバラの茂みを緩衝帯として植えることを奨励した。イギリスには、ソーンダン（Thorndon）、ソーンデン（Thornden）、ソーンベリー（Thornbury）、ハスルミア（Haslemere）、ヘイゼルドン（Hazeldon）、スピンドルトン（Spindleton）、ホウソーン（HathernまたはHawthorn）、ハザーディーン（Hatherdene）、ブランブルトン（Brambleton）、バーナム・ブルーム（Barnham Broom）、ブルームヒル（Broomhill）、ブルームパーク（Broompark）といった地名があちこちに存在する。クネップでも、低木が大事なものだった時代の名残が畑の名前になっている。

何よりも重要なのは、人々が誰の所有地でもない放牧地で家畜に草を食べさせていた時代には、イバラの茂みは木を再生させる苗床として大事にされていた、ということだ。農業作家アーサー・スタンディッシュ（活躍期は一六一一～一六一五年）は著書に、「『イバラの茂みはオークの母』という古い森の格言がある」と書いている。ヴェラを思わせる口調で、イバラの茂みを「木にとっての母親であり乳母」と呼び、「イバラの茂みがなければ共有地には樹木は存在しないだろう」と言っているのだ。木の自然な再生を補完するために、一七世紀の森林官は、「ドングリとアッシュの翼果をばらばらに散らばった茂みに投げ入れ」るよう指示されていた。「（経験の示すところによれば）それらは茂みに守られて成長し、いかにも完璧な木となって、将来、材木がたっぷり採れるだろう」というのである。イバラやヒイラギは木の再生にとって非常に重要であったため、一七六八年にニュー・フォレストで制定された法律には、それらを傷つけた者に三か月の強制労働を科し、毎月の初めに鞭打ちを行ったほどだった。

だが現代では、自然保護活動家でさえ低木の茂みの大切さを伝えるのに苦労している。問題は、一つにはそれが一時的なものであるという点だ。低木の茂みはそもそも、遷移途中にある生息地である。草食動物がいなければ、それはいずれ閉鎖林になる途中段階だ。草地、冠水牧草地、沼沢地、森、ダウンズ［訳注：イングランド南部の白亜質で樹木のない小高い草原地帯］、湿原、ヒースの茂る荒れ地などは、どれもその輪郭が描ける。それらは自立した存在で、人間がその形を決めやすいのだ。だが低木の茂みはじっとしていない。伐れば伐るほどそれは増える。定義するのも難しいし、地図を作るのは事実上不可能である。どこが始まりだろう――茂みの縁だろうか、草地だろうか、地面に何も生えていなくてぬかるんでいるところか、ワラビやアシや地面を覆うキイチゴのあるところか、それとも低木そのものか？　そうしてそれはどこで終わるのだろうか――茂みの中で生えた若木が茂みの丈を越えたところか、それともそれが閉鎖林の中にのみ込まれるまでか？　低木の茂みは絶えずその姿を変え、何か別のものになろうとしている。現代的なものの考え方にとって、それは不愉快なことなのだ。

ある特定の生物種の保護のため自然の状況を変えるまいと必死になっている自然保護活動家たちは、何十年もの間、じわじわと忍び寄る低木層を敵とみなしてきた。低木層を駆逐することに大金が注ぎ込まれ、低木を伐り払うのが自然保護ボランティアの主な作業だった。森の縁を守っているはずの低木そのものが自然保護活動の中心からはじき出され、線路ぎわ、ボタ山、砂利の採取場、造船所、使われなくなった採石場や炭鉱など、荒廃した場所に追いやられた。皮肉なことに現在では、人々に敬遠され、草ぼうぼうで誰にも保護されないこうした場所こそが野生生物の生息地として知られており、ノドグロアオジ、セアカモズ、クロジョウビタキ、コガラ、ナタージャックヒキガエル、キタクシイモリ、そして非常に希少な絶滅危惧種のクモなど、イギリス全土の田園地方で絶滅の危機に瀕している生物種や、ムネアカヒワ、キタヤナギムシクイ、ウソ、オナガムシクイなどその数が激減しつつある生物種が生き残る砦になっているのである。イギリス全国で希少化している昆虫の一五パーセントは「ブラウン・フィールド［訳注：利用されなくなった工業用地］」でその存在が記録されており、中には現在「学術研究上重要地域」に指定されているところもある。「バグライフ」のような自然保護団体は、工業用跡地を野生生物保護区として保持することを嘆願するという奇妙な立場に置かれている。その一方で、工業開発から保護されているはずのいわゆる「グリーンフィールド・サイト」には価値ある野生生物はほとんどいない。今やブラウンこそがグリーンなのだ。

これもまた逆説的なことだが、イバラの茂みを一切許容しない自然保護活動家たちは、植樹活動において誰よりも効果的なパートナーを失っているのだ。毎年、森を作るあるいは再生させるために、苗床で育てられて根がむき出しの苗木を買うために大金が注ぎ込まれる。だが苗床育ちの若木を育てるのは、一般に思われているよりもずっと難しい。苗木は脆弱で、植え替える前に――ときには植え替えた後にも――すぐに乾いて枯れてしまう。自然に根付いた苗木と比べて土壌とのつながりが弱く、適切な菌類も持っていないため、傷つきやければならない。ツリーガードはどれも必ずすぐ感染症に罹りやすいため、一本一本、ツリーガードで護らなければならない。ツリーガードはどれも必ず二酸化炭素排出量の多いポリプロピレン製の円筒で、防腐処理された木の支柱にプラスチックの紐で取り付ける。これもまた、費用もかかるし環境にも良くないし、人手のかかる作業だ。木を植える区画に鹿避けの柵があったとしても、ツリーガードは風、大雨、ウサギやノネズミやアナグマの被害は防げないし、円筒の中は湿度が高くて、木は腐ったり、カビが生えたり、害虫のすみかになりやすい。気をつけないと、青白くひょろひょろの苗木の幹に円筒が擦れてそれ自体が木を傷つける。木が育っても育たなくても、最終的にはまた人手をかけてツリーガードを取り外すという作業があり、それを廃棄したりリサイクルしたりするためにまた二酸化炭素が排出される。ツリーガードのほとんどは日光に当たると分解されるはずなのだが、実際にはそうはならないようだ。木がきちんと育ったときはツリーガードには十分に日が当たらないし、木が枯れてしまった場合は、筒は倒れて草むらに埋もれてしまう。もしも分解を始めたとしても、その場所でツリーガードを分解させれば土中に環境を汚すプラスチックの残骸が残る。

クネップは、イバラの茂みの方がよほど上手に苗木を護り、苗木の成長には良い環境であるということを立証しはじめていた。ウッドランド・トラストをはじめとする樹木保護団体の職員たちは、クネップでの木の再生がとても早いこと、またカエデバアズキナシやクラブアップルのほか、自然に生える木の種類の豊富さに驚いていた。だがたとえこうした自然保護団体が、キイチゴやスピノサスモモが自分たちの仕事を代わりに（しかも無料で）やってくれるのを黙って見ていたいと思ったとしても、彼らの資金調達モデルではなかなかそれができなかった。慈善団体は交付金に頼って森に植樹している。自然が見せる、まとまりのない、非常に競争が激しくかつ気まぐれな反応は、正確な費用の算出、目標、予測可能性を必要とする交付金制度には向かないのである。慈善団体はまた、一般からの寄付金で木を買い、木を植えたり維持したりするのはボランティアの人たち頼りである。穴を掘って木を植える、ということの魅力は、彼らの売りの一部なのだ。慈善団体が単に自然のなすがままに任せてしまったら、彼らの資金の大部分を賄っている仕組みが消えてしまうのである。

## 萌芽更新と低木

最近まで、イギリスの景観から低木が失われたことの影響を緩和するために取られた重要な策の一つに、萌芽更新（コピシング）と呼ばれるものがあった。オーク、ハシバミ、アッシュ、ヤナギ、コブカエデ、クリなどの木を、定期的に地面近くまで伐り、新芽（「スプリング・ウッド」と呼ばれる）が切り株から生えるようにするのである。考古学者の発見によれば、この習慣は新石器時代初期まで遡ることができる。萌芽更新が行われていた最も古い証拠はサマセット低地のものだ。ここは四〇〇〇年前、人間の祖先が湿地に入り組んだ木製の通り道を作っていた。この歩道はオーク材を、アッシュ、セイヨウシナノキ、ニレ、オーク、ハンノキなどで作った一定の長さの棒と、ハシバミやヒイラギなどのもっと小さい棒で固定してできていた。イギリスの最初の住人が気づいたように、萌芽更新を行うと、成長が早く、手に入れやすく、加工しやすく、多目的に使える木材ができる。その上、木の寿命が延びるというおまけもついている。グロスターシャー州にあるウェストンバート国立森林公園で今も萌芽更新が行われている、小さな葉を持つセイヨウシナノキは、何千年も前からそこにあったと考えられている。幹ではなく枝を収穫する萌芽更新は、つまり、イギリスの大型動物類が草や葉を食べた影響を模倣しているのである。萌芽更新によるダメージにイギリスの木や低木の多くがこれほど良い反応を見せるという事実は、それらが膨大な数の動物とともに進化してきたことの証拠だ。最後の間氷期は特に動物が多かった。完新世の初期、氷河が後退するとともに再びイギリスに棲むようになったオーロックス、ウマ、アカシカ、バイソン、エルク、イノシシ、ビーバーに加え、更新世の中期から後期（七八万一〇〇〇〜五万年前）のイギリスには、パレオロクソドン・アンティクウス、カバ、メルクサイ、ステファノリヌス属のサイなどがいた。動物たちは、ハシバミやセイヨウシナノキ、シデ、スピノサスモモ、それにイヌバラやキイチゴやサンザシといったおなじみの木の葉を食べ、オークやニレの枝を折り、ヒイラギやツゲの茂みを突き破った。スピノサスモモの凶暴な棘は、オーロックスの体皮にさえ負けないほど精巧にできていて、サイとてたじろいだことだろう。

ローマ時代から一八世紀まで、有名なサセックスの製鉄業は萌芽更新に頼っていた。製鉄業のせいで森がなくなったと思っている人は多いがとんでもない。絶えず炭や薪の供給が必要だった製鉄業者たちは、むしろ森を護っていた。カバノキなら四年、オークなら最大五〇年、というふうに、木は種類によって異なる間隔を置いて伐られ、イギリスで最も価値あるものとされる古い広葉樹林は、過去に七〇回かそれ以上萌芽更新が行われた可能性がある。だからこそイギリスは今でも最も森が多い国の一つなのであり、そのことはアンダーウッド、ナットボーン、メープルハースト（「ハースト」は古い英語で丘の上の森を意味する）、リンドハースト（カバノキの森）、キルンウッドといった地名に刻み込まれている。クネップにも、リンドフィールド・コピス、ポラーズヒル、アルダー・コピス、シューツ、スプリング・ウッド、ウィックウッド、コピス・プラット、コピス・フィールドなどといった名前の場所がある。萌芽更新によって低木の茂みは延々と再生が繰り返され、多くの種のチョウや無脊椎動物、そしていわゆる森の小鳥たちがその恩恵に与った。だがそれはやはり不自然で厳重に管理された環境であり、キイチゴのような棘のある低木は許されなかった。スイカズラ（ヨーロッパヤマネはこれを巣作りに使い、イチモンジチョウはこの花が大好きである）でさえ、第二次世界大戦が終わってかなりの時間が経つまでは、望ましくない雑草として引き抜かれたものだった。もちろん、萌芽更新は、生物多様性の観点から見れば複数の低木をミックスするのが良かったが、最も商業価値のある樹種だけに限られることも多かった。サセックスの私たちが住む地方では、それはハシバミである。

一九世紀に石炭産業が興ると、イギリスでは萌芽更新が徐々に衰退していった。一方、北端の地方にしか石炭がないフランスでは、今でも萌芽更新を使った薪産業が盛んである。そしてイギリスの萌芽更新を葬り去ったのは、プラスチックの発明と大量生産技術の開発だった。それまで萌芽更新で採れる材木と低木が使われていた目的のほぼすべてが、突如安価なプラスチックに取って代わられることとなり、二〇世紀後半にはイギリスで伝統的に行われていた萌芽更新の九割が姿を消した。クネップ内の森で昔から萌芽更新が行われてきた木は、がっしりとした成木になるか、補助金が交付される農地か別の目的の開発のために伐り倒された。ナイチンゲール、ハシブトガラ、ニワムシクイやキタヤナギムシクイ、ヒメヒョウモン属のチョウの一種（pearl-bordered fritillary）、ミドリヒョウモン、ヒメシロチョウ属のチョウの一種（wood white）、イリスコムラサキの数が激減すると同時に、アネモネ、ブルーベル、カキドオシ、ツルオドリコソウ、スミレ、トウダイグサ、カッコウセンノウ、セイヨウナツユキソウ、カウホイート、セイヨウキランソウも減った——これらはみな、森の一部で萌芽更新が行われた後にできる、日当たりが良くて広々とした環境に豊かに育つ花たちだ。

## 地元住民との軋轢

二〇世紀、低木の茂みは一般には役に立たないものと言われ、悪者扱いされるようになった。かつては乱雑に広がる茂みが許容されるどころか歓迎されたことがあったにもかかわらず、今やこの国は、電動機械で武装し、秩序と境界線に取り憑かれてしまっている。良いときと悪いときがある自然のサイクルを真似て成長を循環させるシステムは、少なくとも人間の寿命程度の時間の中では変化がないように見える景観に取って代わられた。整然と生垣で囲まれ、成木とこぢんまりした雑木林が点在するパッチワーク状の耕地が、木のないなだらかな丘とゆっくり流れる川に囲まれている——そんな風景が、イギリスの、「緑豊かで気持ち良い土地」の原形となった。それは私たちの意識下に、安定と繁栄とコントロールを示すバーコードのように刻まれている。そしてこののどかな田園風景に根ざしているのが、野生を征服し、自然を自分たちの都合に合わせて捻じ曲げる、人間というものの概念なのだ。『The Kent & Sussex Weald（ケント州とサセックス州の森林地帯）』（二〇〇三年）という本によれば、私たちが住むイギリスの南東部は「人間の手によって見事に作られている」。そしてそれは「広大な野生の土地を伐り開き植民する、という、何世代にもわたる農民たちの絶え間ない努力が、歴史上最も長く続き、最もよく記録された例」なのである。だとすれば、典型的なイギリスの風景とされるもの——まるで絵ハガキのような、断固たる農業的努力の結実——を生涯にわたって見つめ続けてきた地元の人々が、クネップが低木の茂みだらけになるのを見て激昂したのも頷けることなのだった。

匿名のインタビューに答えた村人の一部は、怒りを——特に南区画で起きていることに対する怒りを——ぶちまけた。修士論文のテーマとしてクネップの再野生化プロジェクトに対する反応を調査しているその学生に向かって彼らは、いわゆる自然保護に反対しているわけではないのだ、と説明した。回答者のほとんどは、自分は田舎と切っても切れない結びつきがあり、野生動物を愛している、と考えていた。「野生動物は大好きだし、田舎が大好きだし、出かけた先でチョウやガや生垣を目にするのが大好きだ」と回答者の一人は言った。「そういうものが滅びればいいとは言ってない」。ただし、サセックスは、制限なしに野放しにされる土地には向いていないというだけなのだ。「こういうやり方はイギリスの南東部には適さないと思う」と一人が宣言した。「荒れているよ……ただの荒れ放題だ」と言う人もいた。「野性的と言うことさえできない。私は世界中あちこち行っているし、ジャングルとか色々見てきているが、ここはそういうのとは全然違う、だってここにこれがあって然るべきだとは感じないからね」。またある人は、シプリーの教区会に向けた手紙の中で、ここが「まるで外国のよう」で「完全に放棄され、まるで誰もそこを気にかけなくなったよう」だと書いた。そこの農家が死んで売りに出された土地のようだと言った人もいた。ただし、家を囲むレプトン・パークの復元は概して評判が良かった。「シカは走り回るしウシもいる。良い眺めだ」というわけだ。ほとんどの人にとって、レプトンという鹿狩り庭園はロマンチックな理想のイメージと矛盾しないのだ。農耕地と同じく、そこには秩序があり、脅威を感じさせなかった。「もっと普通で、もっと住みやすい」場所だったのだ。一方、土地を放棄して自然のなすがままに委ねる、つまり「手放す」ことは、怠惰で無責任で、不道徳でさえあった。それは野蛮な、「後ろ向きの」行為だった。「ふしだらな破壊行為」だと言う者もいた。

地元の住民は、農地の「破滅」に対する失望の意を繰り返し示した。見た目のめちゃくちゃさは生産性の欠如を意味していた。「農家をやってる大勢の友だちが言っているよ――あいつは何千エーカーも持ってるのに、そこをこんなことにしちまうなんて信じられない、とね。何の問題もない土地が、言ってみれば見捨てられたわけなんだから」。「ここは廃棄された土地じゃあない。違うよ。なのにこんな荒地にしちまって」。多くの人が、チャーリーは先祖が重ねてきた努力を無に帰してしまったのだと考えていた。「シプリー教区には過去の声がこだましている。この一族が代々耕してきたこの土地は、ほんの数年前までは模範的な土地だった。バレル家の誇りであり、喜びだったのに」

このプロジェクトに不満を抱く別の住民は、地方紙に宛てた手紙の中でこう言っている。「メリック卿によって最初に耕され、それからウォルター卿とバレル夫人に引き継がれたとき、クネップは評判が高く、高い基準で行われる農作と管理に誇りを持つ人々によって運営されていました。(中略)今日、できるだけ自国で農作物を栽培し、海外からの輸入を減らして、飢えに苦しむ国を助けなければならないこの時代にあって、彼は立派に機能していた地所を荒れ果てた土地にしてしまいました。誰かが彼を止めなければなりません」

地元住民によるクネップの再野生化反対の声の高まりについて正しい判断を下すべく、シプリー教区会は住民を戸別訪問して、他の質問と一緒に「公的な資金をこのプロジェクトに寄与することの恩恵あるいは問題」について尋ねた。人々は口々に同様の不満を表明した。曰く、「その金は、クネップ・キャッスルのスタッフに伝統的な農法を教えて、この土地から利益が上がるような正しい土地の使い方を理解し、世界の食料問題解決に寄与できるようにする方が有効な使い方だった」「人口が密集するイギリス南東部では食料の生産こそが優先されるべきだし、基本的に私たちは『世界の人々に食料を供給する』という指針に従うべきだと私は思う」「このプロジェクトは、農地としてなかなかの土地を農作から取り上げ、その結果、輸入作物の必要性が増している」「アングロサクソン時代から続く古い畑の数々と農場主の邸宅からなり、ずっと最上の農地だったこのイギリス南東部の一画を再野生化する、というのは、私に言わせれば税金の無駄遣いだ」……。

人々の一致した意見は、「生産性の高い混合農業地帯として有名なサッセクス・ウィールドを雑草だらけの土地に戻すというのは理解に苦しむ」というものだった。「人口が増加しているのだからもっと食料を生産しなければいけないと言われているのに、土地の持ち主が農業をしないよう仕向けるために税金を使うというのはおかしいではないか」

再野生化に対する敵意の大部分は、根底にこの主張がある。だが、慈善的精神から来ている強烈なこの信念は、主に食品業界と農業界が広めた、誤った情報に基づいている。飢餓の恐怖、食料不足、あるいは少なくとも農産物の価格の急騰というのは、国際連合をはじめとする諸機関によって明らかにされた事実と相違しているのだ。このことが一般市民によって正しく理解されない限り、私たちのような自然保護プロジェクトのために土地を割り当てるというのは――たとえそこにどんな大きな意義があったとしても――熱心な反対派を生み続けるだろう。

生き残るためには土地を隅から隅まで耕さなければならない、という、第二次世界大戦以降私たちの頭に刷り込まれたイメージは、非常に強く感情に訴えるものだし、政治的に不安定な、戦火にまみれた国や地域で起きている飢餓の痛ましい画像が、食料が足りないという思い込みを日々強化する。二〇五〇年までには世界人口が七〇億人から一〇〇億人に増えると予測される今、食品製造会社や販売店、アグリビジネス、そして農民組合によって送り出されるメッセージは、世界的に食料生産量を七〇~一〇〇パーセント増加させなければならない、というものだ。

## 自然保護より農業生産

だがこのメッセージは、補助金制度と生産過剰が原因で農産物の価格が下がったためにグローバル市場から締め出された、私たちのような農家の実体験を映し出していない。それこそが、食品業界の既得権者たちが全力を尽くして人々に見せまいとしているコインの裏側なのである。ほとんど公にされていないが、現実には、世界で生産される食料はすでに、一〇〇億人に食べさせるに十分なのだ。そしてそこには衝撃的な事実が隠されている――一三億トンに及ぶ食べ物が毎年廃棄されているのである。これは実に不快な、ほとんど理解不可能な、往々にして避けて通られる事実だ。単なる「廃棄物」がそれほどの量を占めるなどということがあり得ようか？　だがこれは、現代における最大のスキャンダルを実証しているのである。

国連食糧農業機関によれば、先進工業国は年間に六億七〇〇〇万トンの食べ物を無駄にする。国連食糧農業機関が「無駄」と呼ぶのは、十分食べられるのに不必要に廃棄される食べ物のことだ。人が食べるために生産された油糧種子、食肉、乳製品の二〇パーセント、穀物の三〇パーセント、魚製品の三五パーセント、そして根菜、果物と野菜の四〇～五〇パーセントは、入るべき人間の口に届くことはない。果物と野菜の三分の一は、外見の美しさが基準を満たさないという理由で廃棄される。そうさせる犯人で最もひどいのがスーパーマーケットのチェーン店で、完璧主義――ニンジンはまっすぐでなければいけないし、リンゴは傷があってはならない――を煽り、山のような生鮮食料品と加工食品が、納品された後に廃棄処分されるのである。表向きは無駄を減らすと公約しているテスコ［訳注：イギリスのスーパーマーケットチェーン］は、二〇一五年から二〇一六年にかけての会計年度に、イギリス国内の店舗から五万トンの食品を廃棄したことを認めている。先進国ではどこでも、レストランが材料を過剰に仕入れ、とても食べられない量の料理を客に供し、その日の最後に残ったものはすべて捨ててしまう、ということが日常的に行われている。一九九六年に起きた狂牛病危機と二〇〇一年の口蹄疫のせいで、こうした残り物をブタの餌にすることもできなくなってしまった――何百年も続いてきた伝統が潰えたのだ。今ではそれはごみ廃棄場行きである。おかげでベーコンを作るためにはもっと農作物が要る。世界中で生産される大豆のほとんど（九七パーセント）は家畜の餌になり、ヨーロッパによる大豆かすの輸入量は、二〇〇三年に残飯をブタに与えることが禁じられてからの二年間で三〇〇万トンにのぼった。

浪費は家庭でも起きる。私たち消費者は、一個買うともう一個ついてくる、といった特売やポイント制度に誘惑されて、決まって必要以上に買いすぎる。食料を適切に保存せず、賞味期限を文字通りに解釈する――本当は、それは単にその食べ物が最も新鮮な期間を示しているにすぎないのに。そして私たちは残り物で料理を作る方法を忘れてしまった。食べ物がこれほど安いと、邪魔な残り物をさっさと捨てないでおくモチベーションがない。第二次世界大戦中ならこれはとんでもなく非道なことだっただろう。一九四〇年から配給制度が終わった一九五四年まで、食べ物を無駄にするのは犯罪だったのだ。ところが現在、裕福な国々では、消費者だけで年間二億二二〇〇万トンの食べ物を捨てている。これはサハラ砂漠以南のアフリカで生産される食料の全量に近い。イギリスでは、二〇一三年に廃棄された全部で一五〇〇万トンの食べ物のうち、家庭から出た食品ごみが七〇〇万トンを占めた。この大量な廃棄物を処理するために、イギリスは毎年、一二五億ポンドを支出し、二〇〇〇万トンの二酸化炭素を排出し、五四億立方メートルの水――テムズ川を一年に流れる水の総量の二・五倍――を使う。しかもこの数字は、私たち自身が食べる量よりはるかに大量の穀物を消費して生産される肉を中心とした食生活への移行や、私たちの過食は考慮されていない。蔓延する肥満、それに伴う糖尿病、がん、心臓疾患と闘う医療従事者によれば、私たちは必要とするよりはるかに多くのカロリーを摂取している。平均的なアメリカ人は現在、一九七〇年より少なくとも二〇パーセント多くカロリーを摂取する。そのほとんどが加工度の高いジャンクフードである。そしてイギリスも急速にその後を追いつつある。

発展途上国では、食べ物が廃棄されるのはフードサプライチェーンの終点ではなく起点である。インフラの不備――冷蔵施設、輸送手段、保管施設、食品加工工場、それに通信手段の欠落――によって、六億三〇〇〇万トンという、先進国とさして変わらない量の食料が廃棄されるのだ。ただし発展途上国の場合、食料が廃棄される結果として起こるのは肥満ではなく飢餓である。サハラ砂漠以南のアフリカでは、生産量の一〇~二〇パーセント、価格にして四〇億ドル、四八〇〇万人を一年間養える量の穀物が、カビ、虫、ネズミの餌食になる。インドでは、市場に届く前にだめになる果物と野菜が全体の三五~四〇パーセントと推定されている。

だが、食品・農業界は、自分たちが廃業に追い込まれるのを恐れて食料廃棄問題の解決に消極的だ。それどころか、人間の食料消費をさらに増やし、新しい市場を開拓しようとする。一九六〇年代から一九七〇年にかけて、穀物の生産者が集約農業というシステムを促進させ、「緑の革命」によって過剰供給になった穀物をウシたちに食べさせたのと同じように、今彼らは、食料の行き先を自動車業界に求める。かつて、食料は私たちが食べるものだった。ところが今では、私たちは食料を燃やすのだ。自動車がウシに取って代わった。すでに、アイオワ州とアラバマ州を足したほどの栽培面積を持つアメリカ産トウモロコシの四〇パーセントは車の燃料になっているし、欧州連合加盟国ではバイオディーゼル（主に、国内で栽培された菜種油と、インドネシアとマレーシアから輸入されたパームオイル）の消費が、二〇一〇年から二〇一四年の間に三四パーセント増えている。二〇一三年には経済協力開発機構（OECD）が、このままいけば二〇二一年までに、トウモロコシや雑穀の世界総生産量のうちの一四パーセント、植物油の一六パーセント、サトウキビの三四パーセントが燃料として燃やされることになるとの予想を立てた。イギリスでは全英農業者連盟が、バイオ燃料製造に使われる作物（主に小麦、ビーツ、ナタネ）を栽培できる土地は全農地の二パーセントまで、という規制を緩め、ヨーロッパ並みの七パーセントに引き上げるよう政府に働きかけている。仮にイギリスに深刻な食料不足のおそれがあるのなら、こんな立場は取らないだろう。繰り返すが、政府による上限規制は、食料不足の危険があるからではない。それは、欧州交通環境連盟の科学者を含む気候変動の研究者たちの指摘に応えるためなのだ。彼らによれば、主に植物油から作られ、製造者は「環境に優しいエネルギー」と言って憚らないバイオ燃料は、実は化石燃料に比べて八〇パーセント、より環境に悪いのである。

世界では、地球に今生きている総人口より三〇億人多い人口を養うのに十分な食料が生産されている、というあまり知られていない状況は、主に、驚くような農業技術の進歩が可能にしたものだ。新しい品種の開発、GPSを使った正確な播種と施肥、ハイテクな農業機械などのおかげで、収穫高は飛躍的に伸びた。過去一〇年で世界の穀物生産量は二〇パーセント増加している。イギリスはというと、二〇一五年には小麦の生産量が六パーセント増えている。一九九〇年代のクネップでは小麦の収穫高が一エーカーあたり二・七五トンだったのに比べ、現在のイギリス全土の平均を見ると、一エーカーあたり三・七トンである。先祖たちが聞いたら驚くだろう。現在イギリスで蒔かれる小麦の一粒からは、六〇〜七〇粒の小麦が採れる。一三〇〇年代は四粒だった。

作物が豊作ならおのずと価格は下がり、生産コストが高い割に生産効率は低い耕作限界地を耕す私たちのような農家を倒産に追いやる。だが実際は、食料を生産する土地は今より少なくていいのである。収穫高は年々増加の一途を辿っているが、一九八〇年代以降、イギリスで小麦と大麦が栽培される農地の面積は二五パーセント減っているのだ。一九三九年と比較してイギリスの人口は二〇〇〇万人近く増えているわけだが、穀物の耕地面積は、第二次世界大戦以前と比べても今が一番少ない。減っているのは穀物の栽培面積だけではない。イギリスの永年放牧地の面積は、一九二〇年には七四〇万ヘクタールだったのに対して二〇一四年には五八〇万ヘクタールに減っているし、果樹園面積は、一九五一年には一一万三〇〇〇ヘクタールだったのが、現在は二万二〇〇〇ヘクタールである。

クネップは、世界的に進行する驚異的な農業生産性の高まりと、それによって耕作限界地が見捨てられたことの被害者なのだ。「リワイルディング・ヨーロッパ」は、二〇三〇年までにヨーロッパ全体で三〇〇〇万ヘクタールの農地が放棄されるだろうと予測する。すでに、スカンジナビア半島の北部はその多くで耕作が行われていない。そうした休耕地をどうするかは、ヨーロッパのほとんどの国の政府が頭を痛める問題であり、イギリスもその例に漏れない。これは、現代史において、かつてなかった自然回復のチャンスなのである――イギリスの土地はこう使われるべき、という非常に根深い先入観を、私たちが手放すことさえできれば。

# 第8章　プロジェクトの危機

ラグワートよ、ぎざぎざの葉をした謙虚な花よ
お前が金色を振り撒いて咲くのを見るのが好きだ
夏が終わり、刈り取られた小麦が朽葉色の束となっても
お前の美しさがその跡を美しく飾るよ

ジョン・クレア「The Ragwort」『Poems of the Middle Period』vol. IV 一八三二年

近隣住民の懸念の大部分は最初の数年でやわらいだ。発情期の雄のダマジカに突かれた人もいなかったし、ダンカンがいなくなったエクスムーア・ポニーの群れは、乗馬道で乗馬中の人を煩わせることもなかった。自由に歩き回っている動物に襲われるといけないから、歩道を歩く子どもには付き添いが必要だ、と言い張った女性からは、その後何の連絡もなかった。一時は「問題が起こること必至」と言われた、子ウシづれのロングホーン牛などは、この地域の酪農業が衰退の一途を辿る中、その姿を歓迎する人さえいたほどだ。私たちは争いの火種になりそうなことには気を使った。たとえば歩道や自転車用道路は、ブタが掘り起こしたり、雨の日にたくさんの動物に踏みつけられてぬかるんだところがあればできるだけ平らにした。だがクネップの周囲の

地主たちが言うには、彼らの土地でも泥や道のでこぼこや足首を捻挫する危険性についての苦情が増えていたそうだから、それは田舎というものに対する期待が都会的になってきたことの表れだったのかもしれない。

## 憎まれ役の雑草

だがこのプロジェクトには一つだけ、当時も、そして今でも解決できない問題があった。それに対する怒りはあまりにも激しくて、一時はこのプロジェクト自体が頓挫しそうになったほどだ。多くの人にとって、クネップのプロジェクトで最も許しがたいこと——私たちの怠慢さを象徴し、「遺憾な状況」から「大災害」まで、人によってその目にさまざまに映る問題とは、「有毒」な雑草の存在だった。ある人は地方紙に、「チャールズ卿は、よく耕された地所を、アザミやエゾノギシギシやラグワート〔訳注：和名ヤコブボロギク〕だらけの荒地にしてしまった」と投稿した。名前の挙がった三種の雑草のうち、一番許せないのは何と言ってもラグワートらしかった。新聞の読者の一人は、あまりにも腹が立ったのだろう、こんな詩を書いた。

クネップ・キャッスルの恥さらしなラグワート
疫病みたいに広がっている　誰のせいだ?
見渡す限り黄色だ　なんというざまだ
毒草に乗っ取られるよ
やつらは放っておくんだ、「地面に巣をかける鳥のため」と言って
だがそんな鳥はどこにいる?　見たことも聞いたこともない

その間に雑草は隣の地所にも広がっていく
汚染を止めてくれ！　俺たちは要求する
「自然保護」とやつらは言う——便利な言い訳だ
俺は認めない——これは怠慢と嫌がらせだ
地元の新聞には投書が届く
ＤＥＦＲＡはどうなんだ——罰金かけないのか？
今年は特にひどい　マスコミに叩かれた
だがクネップ・キャッスルはこのありさまを何とかしてくれんのか？
バレルさんよ、どうにかしろよ　頼むからさ
さもなきゃ来年は容赦せんぜ　これまで以上にな

ラグワート（*Senecio jacobaea*）はユーラシア大陸に自生する。ヨーロッパでは、スカンジナビア半島から地中海沿岸まで広く分布し、イギリスとアイルランドにももともと豊富に生えている。普通は高さ九〇センチほどで、六月以降、平たくて明るい黄色の花がびっしりと固まって咲き、荒れ地や道端に、そして牧草地によく生える。ウサギが引っ掻いた程度に地面がちょっと露出しているだけでラグワートが発芽するには事足りる。だから農作をやめ、何千羽ものウサギが穴を掘るのは言うに及ばず、ブタが鼻で地面を掘り、草食動物の蹄が掻き回す私たちの土地は、ラグワートが生い茂る可能性のある場所が俄然多くなる。だが二〇〇八年、ラグワートの伝播力はことのほか凄まじかった。ラグワートは二年草で、ストレスを与えられると元気に育つ性質があるので、夏に雨が降らないと、その二年後にたくさん生える。そして二〇〇六年の夏は雨が降らなかった。

二〇〇七年の四月も雨が少なくて、そのことがさらにラグワートの発芽を助け、地方紙の別の読者の言葉を借りれば、「行けども行けどもラグワートが風に揺れて」いたのである。

イギリスでラグワートに向けられるこの「けしからん」という憤りは、普通はイタドリのような侵略的外来種に向けられるものだ。最終氷期以降ずっとイギリスの景観の一部だった植物に対するこうした敵意は、奇妙で新しい現象である。詩人ジョン・クレアがその「豊かな陽光のように輝く花」を褒め称えてから、まだ二〇〇年も経っていない。マン島ではこの花は「cushag」と呼ばれ、島を代表する花である。ところがマン島を除くイギリス全土では、ラグワートはこの世から抹消すべき「悪」なのだ。怒りっぽい雄ウシ［訳注：イギリス人のこと］はこの硫黄色の花が大嫌いだ。この感情はあまりにも強く、最近は環境・食糧・農村地域省と、四六の自然保護団体の連合体である「ワイルドライフ・アンド・カントリーサイド・リンク」が共同でラグワートを攻撃する人々に分別を求めたが、アンチ・ラグワートを掲げるプロパガンダがやむことはなかった。

最も激しい非難の中身は、ラグワートが家畜を殺す、というものだった。実際、ラグワートには毒がある。哺乳類が大量に食べれば肝不全を起こして死に至る、ピロリジジンアルカロイドを含んでいるのである。だが野生の草食動物たちは、何万年もの間この花とともに生きてきたのだ。クネップのロングホーン、エクスムーア・ポニー、タムワース・ピッグ、ノロジカ、ダマジカ（後にアカシカも）はラグワートのあるところで草を食べているが被害は何一つない。ラグワートは避けなければいけないということが彼らにはわかっているのだ。ラグワート自らが、動物たちに近づくなと警告している――食べれば苦く、その悪臭はイギリスの歴史に刻まれるほどである。伝わるところによれば、一七四六年、カロデンの戦いの後、勝ち誇ったイングランド軍がカンバーランド公ウィリアムを称えてある花を「スウィート・ウィリアム［訳注：和名ビジョナデシコ］」と名付けると、敗れたスコットランド軍は仕返しに、ラグワートを「スティンキング・ウィリー［訳注：悪臭のウィリーの意〕」と呼ぶことにしたという。シュロップシャー州とチェシャー州では「メアーズ・ファート〔訳注：雌ウマのおならの意〕」と呼ばれている。

ラグワートの毒が問題になるのは自然な環境ではなく、牧草地や柵で囲まれた飼育場で、草が食べ尽くされて他に食べるものがないため家畜が仕方なくラグワートを食べたり、サイレージや干し草にラグワートが混ざっているのに気づかず食べてしまう場合である。そういうときでも、ウマやウシの場合は体重の五〜二五パーセント、ヤギなら一二五〜四〇〇パーセントというとてつもない量を食べない限り死には至らない。

一番最近起きたラグワート・ヒステリーは、英国馬類獣医師会と英国乗馬協会にその責任がある。二〇〇二年、彼らはあるアンケート調査の結果を公表し、イギリスにいる約六〇万頭のウマのうち、六五〇〇頭が毎年ラグワートを食べて死亡する、と断言したのである。これは、一九九〇年に農漁業食糧省がラグワートによるウマの死亡件数を推定した「年間平均一〇頭」という数字に比べて驚くほど多かった。だがこの英国馬類獣医師会の主張は、その科学的根拠が誤りであったことが後にわかったのである。英国馬獣医師協会の会員のうちアンケートに答えたのはわずか四パーセントで、彼らはその年、ウマがラグワートによって被毒した（「死んだ」ではないことに注意）ことが「疑われる」（確認されてはいないことに注意）事例を平均三回目にした、と報告した。英国馬類獣医師会は単純にその平均回数に全会員数の一九四五人を掛け合わせて、その一年の事例を六五五三件としたのである。英国馬類獣医師会の誰一人として、大部分の獣医が彼らのアンケートに回答しなかったのは報告すべき事例がなかったからだ、という最も可能性の高い理由を考慮しなかったらしい。彼らの理屈が間違っていたことがわかり、その後、英国馬類獣医師会のウェブサイトからはこの報告が削除されたにもかかわらず、彼らが作り出したこの誤解は独り歩きを始め、特に育馬産業ではまことしやかに語られるようになった。古い諺にある通り、真実が靴を履く前に嘘は世界を半周できるのだ。

## やまない誤解と偏見

しかし、ジョン・クレアが「慎ましき花」と呼んだラグワートに対するイギリス人の敵対心は根が深く、ラグワートの根と同じくらい引き抜くのが困難だ。そもそも最初にその偏見を生んだのは、一九五九年に制定された「雑草制御法」だった。この法律は、ラグワートとその他四種――エゾノギシギシ、ナガバギシギシ、セイヨウトゲアザミ、アメリカオニアザミ――を特定し、それらに「有毒」植物というレッテルを貼った。当時のこの法律は、農業関係者の利害を守るために制定されたものだ。これらの雑草を制御しなければ、収穫高が減って収益が落ち、穀物産業に大きな影響を与えるのである。たとえばセイヨウトゲアザミが分泌するフェロモンは、ほとんどの穀物の発芽を阻害する。ラグワートの場合、この法律のおかげで、家畜の餌に混じらないように畑や飼育場から除去しなければならなくなった。

だが「有毒」というのはなんとも挑発的な言葉だ――そしてこのとき以来、「邪悪な」植物に関するデマ騒ぎの頭上には必ず、どくろの旗のようにこの言葉がはためくのだ。よく、ラグワートは触ると毒だと誤解している人がいるのだが、ラグワートに含まれるピロリジジンアルカロイド（ちなみに顕花植物の三パーセントはこれを自然に分泌する）は皮膚から吸収されることはない。ラグワートの花粉を吸い込むと肝臓を傷めると主張する人もいるが、これも物理的に不可能である。また最近デイリー・メール紙は、ラグワートの花から集めたハチミツは人間には毒であるとの記事を掲載したが、環境・食糧・農村地域省は、その危険性は「ごく低い」または「取るに足りない」と述べている。ミツバチは常に、キツネノテブクロやラッパスイセンを含む、毒のあるさまざまな花の蜜や花粉を集めているが、そうした花のハチミツに毒があると言って非難されたことは一度もない。

ラグワート反対派は、他人の土地に生えた失礼な雑草を非難しながら、道徳的に優位な立場を取ろうとするのが常套手段だ。彼らの主張は、地主や地方自治体には生えた雑草を除去する法的義務がある、というものである。だがこれは完全に間違っている。それに、雑草制御法で指定された五種類の雑草に「届出義務」などない。イギリスの法律にそんな概念はないのである。

一九五九年に制定された雑草制御法の修正条項として、二〇〇三年には「ラグワート制御法」ができた。ワイルドライフ・アンド・カントリーサイド・リンクからの圧力で決められた実施規則に、「一般的なラグワートおよび各種ラグワート亜種はイギリス諸島に自生する植物であり、それらが生存をサポートしている無脊椎動物や野生動物とともに、イギリスの動植物群に本来含まれるものである。本規則はラグワートの除去を提案するものではなく、草食動物の健康に危害を及ぼす、あるいは餌や飼料の生産に危険のある場所にラグワートが生え広がるのを防ぐ戦略的なアプローチを推奨するものである」と明言されているにもかかわらず、この修正条項は、状況を整理して人々の不安をやわらげる役には立たなかった。

政府によるガイドラインは今でもラグワートをはじめとする「有毒な」雑草について、矛盾を含み、扇動的なところがある。土地管理に関する政府の二〇一四年のガイドラインには、「これらの雑草を自分の土地に生やしておくことは違反ではないが、害のある雑草が自分の土地から隣人の所有地に広がることは防がなければならない」と書かれている。こうした雑草が、家畜の飼育、飼料の栽培や農作に使われる土地の脅威とならない限り政府はアクションを起こさない、としながら、同時に人々に「隣人の土地に生えている有害な雑草については苦情を申し立てる」ことを推奨し、そのための「有毒な雑草に関する苦情申し立てフォーム」を提供しているのだ。

どうやら手遅れのようだ。田舎では今、ラグワートを自然の一部として受け入れることのできる人はほとんどいないし、ジョン・クレアのようにそれを称賛するなどもってのほかである。ラグワートを、目も眩むほど美しい陽光の炸裂、と見る人はいないし、もっと重要なのは、ラグワートが環境的な意味で私たちの生活に貢献してくれていることを誰も評価しないということだ。自然を愛している、と人は言うけれど、どうやらそれは自分の都合のいいときだけなのだ。イギリスにはガーデニングを愛する人がたくさんいるけれど、彼らは在来の花よりも異国の花に関心があるのである。イギリスの野生植物を守る活動をしている環境保護団体「プラントライフ」の会員数が一万五〇〇〇人であるのに対し、王立園芸協会の会員は四三万四〇〇〇人いる。野草の花が咲く草原を擁護し、プラントライフの後援者であるチャールズ皇太子は、二〇一五年、ナチュラル・イングランドに対し、ラグワートに対する見解を改めて「この問題をもっと積極的に解決する」よう要請している。

他の顕花植物は草食動物に食べられてしまってもラグワートは食べられずに残っている、というのは（したがって毒があることは明らかだ、と反対派は思うわけだが）、喜ぶべき事実である。ラグワートは、イギリスの野草の中で最もたくさんの昆虫を支えているからだ。七種類の甲虫、一二種類のハエ、大蛾類一種（赤と黒の、ラグビーのジャージのような幼虫でおなじみのシナバー蛾）、そして七種類の小蛾類が、ラグワートの花以外は餌にしない。単独生活性のミツバチの少なくとも三〇種類、カリバチでは一八種類、そして虫に寄生する寄生虫五〇種類が、主にラグワートの花蜜を食料とする。合計すると一七七種の昆虫が、ラグワートを花蜜や花粉の供給源としているのである。他の花がほとんど枯れてしまった後も、ラグワートは夏の終わりまで咲き続けて大切な花蜜を提供する。クネップでは、遅ければ一一月まで咲いていることもある。夜でさえ、その輝くような黄色は夜行性のガを――それも四〇種類のガを惹きつける。昆虫に対するこの援護射撃が環境に与える影響はとてつもなく大きい。ナチュラル・イングランドですら、ラグワートに命を支えられる無脊椎動物に依存する捕食動物や寄生虫の数は「莫大」と言っている。またラグワートは腐肉を食べる虫を惹きつけることによって、生物の分解サイクルを支えるのに重要な役割を果たす。

野生生物にこうした恩恵を与えているにもかかわらず、ラグワートを否定するプロパガンダのおかげで近年、ラグワートが生えるところはどこであろうと徹底的に排除する、というプログラムが発足した。道端、野草の草原、そして驚くべきことに、学術研究上、重要地域に指定された場所さえもがその対象である。除草のためには広域除草剤が使われることが多く、当然ながら巻き添え被害が出る。しかし、たとえ手で根から引き抜いたとしても、やはり他の植物に被害は出る。他の自生種、たとえばキオン属のノギクの一種（hoary ragwort）、ヨモギギク、セントジョンズ・ワート、ヤナギタンポポなど、黄色い花を咲かせる野草がよくラグワートと間違われるのだ。昔から、雑草とはたまたま間違った場所に生えた植物のことだと言われるが、今、ラグワートはどこに生えようが間違いであるらしい。

ラグワートをもっと広い観点から眺めると、これはウマやその他の家畜が食べると死んでしまう可能性がある相当数の植物のうちの一つにすぎない。イギリス南部で草食動物を殺しかねない植物には、キツネノテブクロ、アルム・マクラツム、アイビー、ブラックブリオニー、ホワイトブリオニー、ワラビ、セイヨウニワトコ、セイヨウマユミ、ヨーロッパイチイなどがある。三月には、クネップの北区画の森は一面のラッパスイセンで覆われた——イギリスの他の地域では、一九世紀、二〇世紀の植物収集家たちがほとんどを掘り起こしてしまったので、滅多に見られない情景だ。スイセンは、野生種も園芸種も含め、イギリスで最も毒性の強い植物の一つである。数年前には地元の牧師が復活祭の説教を面白くしようとしてスイセンを食べてみせ、病院で胃洗浄を受けなければならなかった。それなのに、誰もスイセンを悪く言おうとはしない。

ラグワートがこれほど評判が悪いのは、もしかするとその繁殖の仕方が一因かもしれない。スイセンのように球根で増えるのではないため、秩序がなくて予測ができないと思われているのだ。ラグワートが作る種子の数については意見が大きく分かれるが、最も信用できる情報源によれば、一株が三万個の種子を作るという。そしてその種子は風に乗ってはるか遠方まで運ばれる、と考えられている。二〇〇八年の夏、シプリーの村の周辺でラグワートが爆発的に増えたのは、クネップから種子が風で運ばれた結果だ、と多くの村人が思っているのだ。

ラグワートが満開だった二〇〇八年九月八日付でチャーリーが地元の種馬飼育場のオーナーから受け取った手紙は、私たちが受け取った多数の手紙のうちの一通である。

拝啓

雑草の季節が再びやってきました。今年も大豊作おめでとうございます。

他の者がみな懸命にラグワートやアザミやエゾノギシギシを駆逐しようとしているのに、貴殿らは何もしておられないようです。

スチュワードシップ事業の一環として、貴殿がなさっていることは許されているに違いないとは思いますが、これらの種子が飛んでいく先の土地や住民のことを考えてはくださいませんか。

週末に、ケンブリッジ近郊で農場を営む友人が訪ねてきましたが、この辺りの土地がなおざりにされている様子に呆れておりました。

こんな手紙など貴殿には何の意味も持たないだろうことは承知していますが、もちろん環境・食糧・農村地域省には貴殿がなぜこのように土地を放っておくことができるのか問い合わせるつもりでおります。

繰り返すが、先入観と恐怖心は科学よりも足が速い。政府によるガイドラインに従えば、ラグワートがクネップから周囲に拡散するということは事実上不可能である。研究によると、ラグワートの種子の六〇パーセントはその株の根元の周囲に落ち、しかも一般に発芽するのは土中の種子であって、風で飛んでくる種ではない。風に飛ばされる種子は軽くて生殖力がないことが多いのだ。一本のラグワートが健康な種子を三万個作れば、その根元に落ちるのがそのうちの一万八〇〇〇個、半径四・五メートル以内に落ちるのは一万一七〇〇個、というふうに、遠くなるほどその数は減って、三六メートル離れたところには一・五個しか種子は届かないのである。環境・食糧・農村地域省が定めた規則に従って、私たちはクネップの敷地の境界線より内側に五〇メートルの緩衝帯を作り、雑草の種資源ができないように定期的に草を刈っていたし、近隣の住民を安心させるためにさらに五〇メートルにわたって自主的にラグワートを手で引き抜いていた。クネップの土地がリャマ農場と隣接しているところのように、とりわけ神経を使わなければならない場所では、環境・食糧・農村地域省が推奨する距離の二倍にあたる一〇〇メートル幅の緩衝帯の草を刈った。発芽能力があろうとなかろうと、クネップのラグワートの種がクネップの境界線を越えて飛んでいった可能性は非常に低かったし、今でも低いのだ。インペリアル・カレッジ・ロンドンの植物学の名誉教授であるミック・クロウリーが一九八一年に始めたラグワートの研究プロジェクトは現在も進行中だが、「我々の経験では、ラグワートは前年にできた種子から発芽するよりも、埋土種子から発芽する頻度の方が高い」と彼は言う。種子は少なくとも一〇年は土中で生き続けることができる。ウサギが地面を引っ掻いた程度の、ほんのわずかな地面の攪乱がありさえすれば、種子は発芽してロゼット期に移行するのだ。「ラグワートが発芽するのは通常はマイクロサイトに限られていて、土壌シードバンクには、存在するマイクロサイトすべてに行き渡るくらいの埋土種子は普通いくらでもある」と言うのである。

## 「不自然」なのか「自然」なのか

レプトン・パークに関して言えば、文化的な景観とはどういうものであるべきか、という意見がさらに強烈で、入念に刈られた草地にラグワートが生えれば余計に目立つので、私たちはもっと厳しいアプローチを取らざるを得なかった。一種類の植物に対する世論のせいで、このプロジェクト全体を台無しにする危険を冒すことはどうしてもできなかったのだ。いまだに私たちは、クネップの地所全体で、ラグワートが特によく繁る年なら一万ポンドを費やす——野生生物に数え切れないほどの恩恵を与え、私たちにも、私たちの隣人にも、私たちの家畜にも、何の被害も与えないこのイギリス自生の植物を引き抜くために。

手紙を送ってきた人たちに対し、私たちは精一杯これらのことを説明したが、彼らの不安をなだめようとする試みなど聞く耳を持たない人の方が多かった。どうやらそこには、苦情を言わせるもっと何か根源的なものがあるようだった。ラグワートは、地所内を自由に歩き回る動物、他の「有毒」植物、地面のでこぼこさ、食料の生産量不足などに対する懸念と並んで、もっと大きな不安感の表出の形の一つであるように思えた。クネップの、これまでとは違う管理方法（あるいは管理の欠如）について、近隣の住民たちが何よりも警戒するのは、何かもっと漠然としたものだった——ただしそのすぐそばで暮らす人にとっては不安の方が大きかったことだろうが。それは、人々は何を求め、どこまで我慢できるのか、という美意識の問題だった。私たちを非難する人の多くは、イギリスの田園がもともと持っている味わいを私たちがめちゃめちゃにしていると思っていたのだ——美しくて、均整と調和のとれた、私たちの存在そのものにとって不可欠な性質を。地元住民の一人からチャーリー宛に届いた歯に衣を着せぬ手紙には、「言わせてもらえば、元は穀物畑だったあなたの土地は、私の感性を傷つけるのです」と書かれていた。

美意識というのは非常に主観的なもので、それを明確に認識したり分析したりするのは難しい。美意識は私たちが生まれた瞬間から私たちの中に育ち始める。そして私たちを、この土地がどうあるべきかというある特定の考えに縛り付ける――そして私たちはそれを「自然」なもの、あるいは少なくとも「良いもの」と思い始める。子ども時代、特に自分が育った場所で目にしたものを、私たちはこれからもずっと見続けたいし、自分の子どもにも見せたいと思うのだ。懐かしさ、そして懐かしいものが感じさせてくれる安心感が、私たちを見慣れた風景に結びつける。また、その美意識に夢中なあまり、私たちが見ているものは太古の昔からここにあったのだと思い込む。私たちを取り囲む田園風景、あるいはそれに非常に近いものがずっとここにあり、今そこにいる野生動物たちは、完全に同じではないとしても、少なくとも何百年も前からそこにいた動物たちにかなり近いはずだと信じている。だが、過去に起こった生態系の変化は素人には――いや、往々にして環境保護のプロにさえ――把握するのが難しい。現在というものの持つ臨場感が私たちの目を曇らせる。私たちが辺りを見回すとき、そこにあるものは見えるが、そこに欠落しているものは見えないのだ。仮に生態系から何かが失われた、あるいは変化したことがわかっていたとしても、私たちが遡る過去というのは自分の子ども時代の思い出か、せいぜいが両親あるいは祖父母の記憶でしかない――「昔はここにはタゲリが何百羽もいたんだよ」「ヒバリやウタツグミなんかそこらじゅうにいたさ」「ここいらの野原は昔は真っ赤なケシの花や真っ青なヤグルマソウが咲いたもんだった」「わしが子どもの頃はタラなんざ貧乏人の食べ物だったね」という具合に。私たちは、祖父母のそのまた祖父母の時代には、どこの村にもさまざまな花が咲き乱れる草原があり、萌芽更新が行われた森にはたくさんのチョウが溢れていたことに気づかない。彼らにはウズラクイナやサンカノゴイのさえずりが聞こえたことだろうし、コキジバトが群れ飛ぶのを目にしたことだろうし、タゲリもヒバリも無数に飛んでいただろう。たったの四世代前、川には（イギリスではすでに絶滅している）カワメンタイやウナギが泳ぎ、夏の夜にはコウモリやガやグロー・ワーム（日本のホタルに似た昆虫）が飛び交ったはずだ。そして彼らのそのまた祖父母の時代には、埃っぽい田舎道にヨタカが巣をかけ、町の街灯の周りを飛ぶガを捕まえるところさえ見ることがあっただろうし、果樹園にはどこもヒタキがいたし、塩類平原から山の頂上まで、そこらじゅうにマキバタヒバリがいたことだろう。イギリスの海には巨大なタラや回遊するマグロの群れがいた。今では濁った北海の水は、ウェールズ地方と同面積ほどもある牡蠣の繁殖地によって濾過されて透明に澄んでいた。そしてさらにそのまた祖父母が生きていたのはイギリス最後のビーバーが生きていた時代で、大きなノガンが飛んでいただろうし、長さ八キロ、幅が五キロもあるニシンの群れが岸から見えるところを回遊し、その後を、イルカやマッコウクジラの一群、またときおり交じるホホジロザメなどが追うのを眺めたことだろう。今の私たちが目にするものとはまったく違う光景が当たり前だった時代の記憶は、歴史の本や各時代の記録をそれほど昔まで遡らなくてもすぐそこにある。それなのに私たちは、こうした壊滅的な犠牲の存在を認めようともしない。

こうやって徐々に基準を引き下げ、自然の生態系の劣化を容認してしまうことを「シフティング・ベースライン症候群」と呼ぶ。水産生物学者であるダニエル・ポーリーが一九九五年に名付けたものである。彼は、急激に失われていく魚種資源の調査を任された専門家が、海洋にはもともとどれくらいの魚がいたかということではなく、自分が仕事を始めた時点での魚種資源の状態を調査のベースラインにするということに気づいた。何百年も昔の海には、海面が盛り上がるほどの魚がいるところもあったかもしれない。けれども科学者が「自然の」魚類個体数の基準点として持ち出すのは必ず、ほんの数十年前の情報なのだ。つまり、各世代の科学者が、何が「自然」であるかということを再定義してしまうのである。ベースラインが低下するたびに、それが新しい「普通」になる。英国鳥類学協会が、一九七〇年をイギリスの鳥個体群変動のモニタリングにおける基準年と設定したのもこれに似ている。もちろん、どこかに基準を設定するのは必要なことだし、綿密に記録された基準年以降の個体数の減少は凄まじいものだが、基準年を決めること自体が、私たちが基準年以前のことを忘れるように仕向けているのだ。かつてはもっとたくさんの鳥がいたということを私たちは忘れてしまう。もっとずっと、ずっとたくさんの鳥が。

二〇〇〇年代に私たちは、全国農民組合や田園土地所有者協会などの民間非営利団体からさまざまな世代の人たちを招き、トラックやトレーラーに彼らを乗せてクネップのプロジェクトを案内し始めたが、そういうときにも、ベースラインが下方修正されていったことの証拠が明らかになった。

私たちは、私たちと同じ年代、つまり四〇代から六〇代の人たちの反応には慣れていた。農業革命時代に育った彼らは、私たちがしていることを見て愕然とする。だが二〇代の人たちの多くからは好ましい反応があった。彼らにとって、全国的な食料不足とか、「勝利のために耕す」などという概念は、過ぎた時代ならではの心配にすぎなかった。彼らが育ったのは豊かな時代だ――グローバル化が進み、服も食べ物も安価で、スーパーマーケットには冬でもスペイン産のトマトがあり、ペルー産のアスパラガスやニュージーランド産のラム肉やタイ産のタイガープローン（エビ）やアルゼンチン産のビーフが並ぶ。だが彼らはコキジバトの声を聞いたことがないし、カッコウの声すら聞いたことがある人は稀だ。ほとんどの人は、生きたハリネズミを見たこともない。からっぽなイギリスの空、鳥やチョウの不在は、彼らにとっては普通のことなのだ。だが彼らは、少なくとも学校では環境について心配することを教えられている。クネップは彼らにとって新しい経験だった。大気を満たすたくさんの虫を掻き分けるように歩き、ヨーロッパヤマカガシやヒメアシナシトカゲを持ち上げたり、四方八方から立体的に迫ってくる鳥の鳴き声に負けじと声を大きくしたりする彼らは、困惑しつつも嬉しそうだった。

だが私たちが一番驚いたのは、一番年長の世代の反応だった。八〇代の人たちは、戦争と戦争の間の、農業が衰退した時代のことを覚えていた。イギリス全土で耕作限界地が見捨てられた時代である。それはチャーリーの曽祖父の時代で、クネップの土地のほとんどは低木の茂みに戻ってしまっていた。そんな彼らにとっては、イヌバラやセイヨウサンザシの茂み、ハシバミやサルヤナギ、そして群れ咲くラグワートさえ少しも嫌なものではなかった。むしろその光景は、虫や鳥が溢れる田舎で遊んだ子ども時代を、どこにでもヨーロッパヤマウズラがいた時代のことを彼らに思い出させたのだ。その光景は彼らにとって、恐ろしいものでも警戒すべきものでも何でもなかった。その逆だ。中にはそれを本当に美しいと思う人もいた。「何もわかっちゃおらんな」――老人の一人が、戦時中に生まれ、クネップの光景は「不自然」だと非難する息子に向かって言った。「昔は田舎はみんなこうだったんだよ！」

# 第9章　数万匹のヒメアカタテハの襲来

心の中に流れる音楽が聴こえることはめったにありません。それでも私たちはそれに合わせて踊っているのです。

ジャラールッディーン・ルーミー　一三世紀

プロジェクトが軌道に乗ると、私たちには、増えていく動物たちの最大許容頭数について、またイギリスの法律——特に、土地の復元や耕作からの逸脱についての法律に関するアドバイスが必要だった。南区画を囲むフェンスを建てるための補助金も陳情しなければならなかったし、それにどうやら、広報活動ももっと上手になる必要があった。私たちは、クネップで起こっていることに関心があって協力を申し出てくれる、異なった専門分野を持つ環境保全活動家たちを集めて小さなグループを作った。そして二〇〇六年五月一〇日、クネップ・ワイルドランド計画の最初の運営会議を開いた。「ロー・ウィールド・オブ・サセックス地域に多様な生物が生息する自然地区を作る」ためのこの日の会合は、まずは午前中の現場視察から始まった。

南区画に出現しつつある低木の茂みの中を、見事に生い茂るラグワートをはじめとするさまざまな課題について考えながら歩くうち、このグループにできることは単なるアドバイスよりずっと多いということが明らかになった。サセックス・ワイルドライフ・トラストのCEOであるトニー・ホワイトブレッド博士、サセックス・バイオダイバーシティ・レコードセンターのテレサ・グリーナウェイ、森林保護委員会のジョナサン・スペンサー、ナショナル・トラストのマシュー・オーツ、グレージング・アニマルズ・プロジェクトのジム・スワンソン、ナチュラル・イングランドのエマ・ゴールドバーグ、ボーンマス大学で環境考古学を教えるポール・バックランド、オランダ政府の生態系政策顧問を務めるハンス・カンプ、そして大型草食動物財団のジョープ・ファン・デル・フラサッカーという顔ぶれは、このプロジェクトを先へ進めるためには理想的な識者の集合だったのだ。新しい方向性が見え始めた。突如として私たちは、クネップで進化中のこの生息環境を専門家の目で眺め、もっと大きな全体像、より広い意味での「生きた景観」そして「連結性」――それは私たちにとって耳新しい専門用語だった――の中で捉えて、この地方だけでなく、イギリス全体にとってそれが何を意味するのかを考えるようになった。

このグループが核となって、やがて「クネップ・ワイルドランド諮問委員会」が発足した。続く数年間のうちに、クネップで起こっていることに惹かれた二〇名ほどの著名な動物・植物学者が新たに加わった。その中には旧友テッド・グリーンもいたし、もちろんフラン・ヴェラもいた。集まった面々の専門知識の高さを思うと、ときどき、自分たちは夢でも見ているのではないかと思ったものだ。彼らが参加してくれたことでクネップのプロジェクトの信憑性は決定的なものとなり、私たちは俄然やる気になった。興奮が空気を満たした。私たちがしていることに情熱を燃やす真面目な動物・植物学者の一団がそこにいたのだ。伸縮式のダイニングテーブルを最大まで伸ばし、夜遅くまで、暖炉を囲んでウィスキーを飲みながらのミーティングを、役員の一人は、『地球の生命〔訳注：リチャード・アッテンボローがナビゲーターを務めたBBCのドキュメンタリー番組〕』と『再会の時〔訳注：一九八三年のアメリカ映画〕』が一つになったようだと評した。私たちは、言葉の定義や数値について、到達地点よりも過程について、モニタリングやベースラインについて、どこまで管理するのかについて、費用と利益について議論し、また「自然資本」「生態系サービス」といった新しい概念について熟考した。それが明け方まで続くこともしばしばだった。古い慣習や先入観を打ち壊し、新しいルールを作るのだ、という感覚がそこにはあった。

議論が円満だったとは限らない。アドバイザーの一人は、全員の意見を一致させようとするのはカエルをバケツに集めようとするようなものだと言った。専門家たちがそれぞれ違った観点からこの実験プロジェクトに参加したのは当然のことで、ある特定の結果を望む気持ちがときとして入り込んでしまうのだ。同じ喩えでこじつけるなら、すべてのカエルはそれぞれ違う池からここに集まってきていて、カエルというのはどういう生物か、この池はどういう池であるべきか、ということについてそれぞれ違った考えを持っていたのである。非介入という大方針があること、不確実性を受け入れ、特定の科学分野の枠組みを超えて考える必要性——つまり、肩の力を抜いて本職のことは忘れる必要があることを、委員会のメンバーたちに思い出してもらわなければならないことも再三再四だった。その意味で、オランダ人メンバーの存在は不可欠だった。到達地点を定めない実験主義にかけては、彼らはすでに数十年の経験を持っており、その概念について彼らが言うことには説得力があった。オーストファールテルスプラッセンの影響のおかげで、オランダでも、ヨーロッパの他の国でも、生物多様性保全のための新しい放牧プロジェクトがすでに始まっていて、それらを突き動かしているのは自然の過程そのものだった。自然の管理は自然に任せる、というのが、ヨーロッパ流の物の考え方の一部になっていたのだ。

## 「再野生化」の定義

委員会が最初にした議論の一つは「再野生化（Rewilding）」という言葉の定義そのものであり、クネップで起こっていることを再野生化と呼ぶのは適切か、ということだった。今でこそこの言葉は一般的になり、その意味は精緻化されているが、ほんの一〇年前のイギリスでは、オオカミの群れを自分の地所に放すと宣言したスコットランドの地主がらみでこの言葉がたまたまマスコミに大きく取り上げられていた。もちろん、大型の捕食動物を放せるほどの広さがクネップにないことは明らかだった。オオカミの群れの縄張りは五〇～三一〇平方キロメートルにも及び、一日に一三〇キロも移動できる。イギリスに復元させるのにオオカミよりもずっとふさわしいのは、単独で、人里離れた森の奥に暮らし、ほとんどノロジカしか食べないヨーロッパオオヤマネコだが、彼らが狩りをする面積は二〇平方キロメートルから四五〇平方キロメートルまで色々だ。にもかかわらず、「再野生化」という言葉と捕食動物の復元との強い関連性が、「クネップが一種のジュラシック・パークになるらしい」という噂に早くも火をつけていた。チャーリーと私はそれまで、思い切って堂々とこの「再野生化」という言葉を使うべきだと思ったり、この言葉をクネップに使えば厄介ごとを増やすだけだと思ったりして、考えを決めかねていた。

再野生化という言葉には、環境保全活動家もまた神経質に反応した。多くの科学者は、この言葉は挑発的で曖昧で、「混乱し、矛盾した考え方につながる」と考える。ある科学者グループは、二〇一六年に『Current

Biology』誌に掲載された「再野生化は環境保全における新たなパンドラの箱である」と題した記事の中で、「再野生化の実践者も、その支持者も、ジャーナリストも、この言葉を軽はずみに使いすぎている」と書いた。この頑なな「再」という接頭語の存在が、過去を取り戻そうという幼稚な野心を表している、と言う人も多い。「再野生化する人たち」は、不可能を求める理想主義者である、と彼らは主張する。再野生化の支持者が取り戻そうとしている自然とは、何百年もの間、種が絶滅し、生息地が失われ、土壌にも天候にも不可逆の変化が起き、「人新世」が及ぼした莫大な被害によって、もはや存在し得ないものなのだと。でも私たちはそんなことはわかっていた。サセックスの自然に人間が与えた影響はあまりにも大きく、歴史によって、また現在の状況下であまりにも大きくその姿を変えられてしまっている。私たちは、残されたわずかな材料を使って未来のために何かを作れることを願うしかないのである。もしかしたら、単に「野生化」と呼ぶべきではないのか？ガトウィック空港の管制管理下にあり、じわじわと拡大するホーシャムとワージングの都市圏に挟まれ、縦横に道路が走り、頂点捕食者のいない、かつては農地だった、決して大きくはない土地。ここで私たちがしていることを、本物の「野生」と呼んでいいのだろうか？

「再野生化」という言葉は、一九八〇年代に、アメリカの環境保全活動家で「アース・ファースト！」の創設者の一人であるデイブ・フォアマンが創ったものだ。その後、彼はアメリカで「ワイルドランド・プロジェクト（現在はワイルドランド・ネットワーク）」と「リワイルディング・インスティチュート」を創設している。この言葉が最初に使われたのは、一九九〇年に『ニューズウィーク』誌に掲載された「地球を取り戻そう」という記事の中だ。続いて、アメリカ人生物学者マイケル・ソーレとリード・ノスがこの言葉を継承し、一九九八年に『ワイルド・アース』誌の記事の中でその概念を精緻化して「三つのC」に基づいた環境保全、とした。三つのCとは、「Cores（中心部）」「Corridor（生態的回廊）」「Carnivore（肉食動物）」である。彼らは生態系のネットワークの重要性を強調した。つまり、生物多様性が残るホットスポット地域と、孤立して点在する野生地区を結んで一つにし、自然の営みが再び大きな規模で展開できるようにするのである。また彼らは生態系における頂点捕食者の役割を擁護した――現代の環境保全運動の生みの親であり、最初の「再野生化する人」と言ってよいアメリカ人環境保全活動家、アルド・レオポルドがそれより半世紀も前に明らかにしていたことである。その後、一九九五年にイエローストーン国立公園にオオカミを放したことが圧倒的な生物多様性の増加につながって以来、イエローストーン国立公園はアメリカにおける再野生化の流れの最重要例となっている。この現象はやがて、「頂点捕食者による栄養カスケード」として知られるようになった。

アメリカで展開する再野生化はとてつもなく大規模で、主に、現存する野生地域が中心だ。最も野心的な生態的回廊は「Yellowstone to Yukon Conservation Initiative（Y2Y）」と呼ばれるもので、オオカミやグリズリーなど幅広い種類の動物を護るために一九九七年に開始された。長さが三二〇〇キロ、幅が五〇〇～八〇〇キロもあり、その面積は一三〇万平方キロメートルに及ぶ。ロッキー山脈が丸ごと含まれ、アメリカの五州、カナダの州二つと準州二つ、三〇を超えるネイティブアメリカン部族の居留地や先祖伝来の土地にまたがる、優にイギリスの五倍を超える広さである。

人口密度が高く、高度に工業化され、歴史を通じて分断されてきたヨーロッパではこんなことをするのは難しい、と考えてもばちは当たらないだろう。ところがこの数十年、突如として、アメリカ流の再野生化を大西洋のこちら側で実践する可能性が拓けたのである。グローバル化による競争の激化と農作物の価格暴落という、クネップの私たちを襲ったのと同じ影響によって、ヨーロッパ全域で耕作限界地の農家の農業離れが広がった。アルプス、ピレネー地方、ポルトガル、スペイン中央部、サルデーニャ島、旧東ドイツ、バルト海沿岸諸国、カルパティア山脈、ギリシャ北部、ポーランド、スウェーデン北部、フィンランド北部、それにバルカン半島諸国で、打ち捨てられつつある、あるいはすでに打ち捨てられた農地は広大な面積に及ぶ。新しい夢を抱いた若い世代が、自給農業の辛さ、あるいは遊牧生活の寂しさから逃れて都市部に移住することが、この流れを加速させた。ヨーロッパのいたるところで村が過疎化し、残るのはわずかな年長の住民だけになった。二〇二〇年までには、ヨーロッパの国民の五人中四人が都市部に暮らしていると予想されている。「リワイルディング・ヨーロッパ」によれば、二〇三〇年までに三〇〇〇万ヘクタール以上の農地が放置されているだろう――イギリス全土よりも五〇〇万ヘクタール広い面積である。

ヨーロッパではすでに、この前例のない土地の放棄の影響が、猛禽類、カワウソ、ビーバー、エルク、イノシシ、そしてとりわけ大型捕食動物の増加という形で表れている。ロンドン動物学会とバードライフ・インターナショナルが共同で二〇一三年に行った調査では、イギリスを除くヨーロッパ全体の三分の一近くでヒグマ、オオカミ、クズリ、ヨーロッパオオヤマネコが目撃され、その多くは自然保護指定区ではないところに棲んでいた。一番多いのはヒグマ（*Ursus arctos*）だ。ヨーロッパの倍の面積を持つアメリカにいるグリズリー（大型の亜種*Ursus arctos horribilis*）がわずか一八〇〇頭なのに対し、ヨーロッパには現在一万七〇〇〇頭のヒグマがいる。オオカミは一万二〇〇〇頭でアメリカの二倍近いし、ヨーロッパ二三か国には合わせて九〇〇〇頭のオオヤマネコが棲んでいる。クズリ（陸棲のイタチ科では最大の種）は一二五〇頭で、今のところはスカンジナビア半島とフィンランドの北部に限られているが、南部でも数が増えることが期待されている。

捕食動物の数が再び増えたことを喜ぶ人ばかりとは限らない。一九七〇年代に環境保護運動が始まって以来、野生動物に対してヨーロッパ人の寛容度は高くなってはいるが、一部の人たち――とりわけ、ヒツジやトナカイを放牧する人や猟師たち――の間にはまだ根強い敵意が残っている。だがもしかすると、彼らの激しい怒りはまた、彼ら自身が苦境に立たされていることを示しているのかもしれない。牧羊農家にとって、儲からなくなったことをオオカミの襲撃（必ずと言っていいほど誇張される）のせいにする方が、ニュージーランドから安いラム肉が輸入されるようになったことのせいにするより楽なのだ。また各国の農業大臣にとっても、捕食動物の数の増加を非難する方が、ヨーロッパの農業全体を覆う根本的な停滞を認めるより都合が良い――後者についてはほぼ打つ手がないのだから。

ヨーロッパにおける捕食者の存在についてはその是非が盛んに議論されており、彼らを迫害する地域も中にはあるが、全体としては、頭数もその生息範囲も拡大を続けている。ヨーロッパで肉食獣研究の第一線にいる五〇名が共同で行った調査の結果は、欧州連合、とりわけEUの「生息地指令」に基づいた法的保護の重要性を強調する。生息地指令では、一〇〇〇種を超える動植物と二〇〇種類の生息環境が保護されており、EU離脱がイギリスの野生生物に与える影響について考えるイギリスの環境保全活動家たちは、この点を大いに懸念している。欧州連合に帰属しない国、たとえばノルウェーやスイスには同指令が適用されず、ヨーロッパの他の国と比べて野生動物の回復が大きく後れを取っている。逆にドイツでは、オオカミを殺せば一万五〇〇〇ユーロの罰金が科せられ、オオカミの群れの数は二〇〇〇年には一つしかいなかったのが二〇一五年には四五集団に増えている。

## 鍵となる生物種

ヨーロッパで起きている、農地破棄の結果としての捕食者の復活というこの現象を一見する限り、再野生化がひとりでに起こっており、私たちはただ何もせず傍観していればいいように思えるかもしれない。だが、水系、土壌型、動植物や無脊椎動物の集団は、長い年月にわたる人間の介入によって別の局面を迎えており、以前とは異なった形で平衡を保っている。「カタストロフィックシフト」［訳注：生態系の不可逆的な悪化。悪化させた原因を取り除いても、環境は元通りにはならない］と呼ばれる現象だ。何もせず放っておくだけでは、自然がそのダイナミックで生物多様性に富む生態系を取り戻すには、何万年、いやひょっとしたら数百万年もかかるかもしれない。問題は、そこに欠けている要素を人間の手で復活させることによってその進行を加速させられるのか、そしてそれはどんな要素なのか、ということだ。イエローストーン国立公園におけるオオカミの復帰は、川の流れを変化させたと言われ、その成功が大々的に報じられている。だがそれが成功したのは主に、オオカミが導入されたときそこにはすでに、野生の草食動物を含み、ほぼ完全に機能する生態系が存在していたからなのだ。いわばオオカミはその生態的ニッチに復帰したのであり、それが一気に劇的な波及効果を生んだのである。このように巨大な生態系——本物の野生の土地——はヨーロッパではほとんど聞いたことがない。ヨーロッパ大陸に棲む捕食者の数は増加しているかもしれないが、それだけでは閉鎖林を他のものに変えることはできないのだ。

ヴェラの説明によると、大型草食動物は、生息環境の創造において根源的な役割を果たす。大型草食動物を正しく使えば、カタストロフィックシフトという手詰まりの問題を解決できるのである。存在しない大型動物の代役としての草食動物やビーバーのようなキーストーン種を再導入することで、生物多様性が回復されることがわかっており、その結果としてこれらの動物は、再野生化の概念が意味すること、またそれが起こり得る規模を拡大させてくれる。

バイソンがその良い例だ。二〇一五年、強風が吹く一一月のある日、木に詳しいテッド・グリーンとジル・バトラー、それにフラン・ヴェラと一緒に、ハーレムの街から数キロ、アムステルダム空港から車で三〇分のところにあるオランダ沿岸部の砂丘に立ち、チャーリーと私はちょっとした奇跡を目の当たりにした。そこは三三〇ヘクタールのクラーンスヴラック自然保護区の真ん中だった。クネップの三分の一にも満たない面積だ。私たちの後ろ、敷地を囲むフェンスの外を通勤電車がガタゴトと通り過ぎ、正面には、鉛色の北海を見下ろすようにしてカジノの街ザントフォールトの高層ビルが砂丘を縁取っている。そしてその手前、私たちから六〇メートルも離れていないヨーロッパクロマツの木立に隣接する起伏のある丘陵で、二二頭のバイソンとその子ウシたちが草を食べていた。

弧を描くようなシルエット、もじゃもじゃの頭、黒い三日月形の角、大きく盛り上がった肩からほっそりした腰に流れるラインは、絵本や西部劇、くすんだ洞窟の壁に黄土色で描かれた壁画を思い起こさせた。草の束に舌を絡ませるようにして食べながら彼らはゆっくりと坂を降りてゆき、彼らの尾と、わずかに明るい色をした顎の下の房毛を潮風が揺らした――まるで亡霊を生き返らせるかのように。

ここにいるバイソンたちには、いわば「四つ足のついたチェーンソー」として、ある明確な役割が与えられていた。有名だったクラーンスヴラックの野草の花咲く草原は、ウサギが大量死したことによってごわごわとした硬質な草にのみ込まれ、不安定な砂丘には、セイヨウカジカエデやウラジロハコヤナギや低木の茂みが生え広がった。大きな生態系の変化が起きていた。他の植物を締め出して砂丘を占領した二種の草――ヤマアワ（*Calamagrostris epigejos*）とアンモフィラ・アレナリア（*Ammophila arenaria*）――は硬すぎて、いかなハイランドのウシたちでも食べることができない。砂丘の生態系の劣化と地下水への悪影響を懸念したPWN（この自然保護区の土地所有者であるオランダの水道会社）は、「アーク・ネイチャー」とパートナーシップを組み、二〇〇七年に保護区内にバイソンを――オランダで最初の、自然の中を自由に歩き回るバイソンの群れを――放したのである。

その結果は驚くことばかりだった。バイソンは期待通り、セイヨウカジカエデやポプラの樹皮をぐるりと剝がして幹を枯らし、木の墓場を作ったり、鬱蒼と茂るごわごわの草を踏みつけ、引っ掻き、引き裂いて、砂丘への樹木の進出を食い止めたりしたばかりでなく、ウサギが草を食べていたときよりもはるかに動的な生態系を作り始めたのである。アーク・ネイチャーの生態学者レオ・リンナーツが、最近ここでオオタカの餌食になったらしいハトの羽根が散らばっている、草の生えた砂だまりの陰の、ゴルフ場のバンカーを思わせる砂の窪地で、ところどころに固まって生えている地衣類、コケ、そしてスミレを指差した。「これは意外でした」と彼は言った。バイソンは、前脚の蹄で地面を引っ掻き、角で芝土をポイと取り去ると、砂だまりに肩を押し付け、露出した砂に体を擦り付ける。そうすることで体の痒みを止め、古い体毛や寄生虫を取り除くのだ。寄生虫がつくのを防ぐために、彼らはこうして常に新しい窪地を作り、びっしり生えた草で動きが止まってしまった砂丘の砂が再び動けるようにする——固まってしまった自然の景観を揺り動かすのである。

そしてその後には生命が顔を出す。ギングチバチ科のハチの一種（sand wasp）、ヒメハナバチ、ハンミョウ科の甲虫が砂の窪地に棲みつき、窪みと窪みを結ぶバイソンの通り道はスナカナヘビや小型哺乳類の幹線道路となる。モリヒバリやセアカモズのほかさまざまな鳥たちは、掘り起こされた虫をお腹いっぱい食べる。ノロジカは、バイソンが掘り起こした草の根の菌類を食べ、その胞子が糞に混じって撒き散らされる。どんな草食動物もそうだが、バイソンは媒介動物であり、お腹の中や、蹄や毛皮に植物の種子をくっつけて運び（オランダやヨーロッパ中央部の植物種の約半分は、毛皮にくっつきやすいように種子にフック状のものが付いている）、彼らの糞、尿、そして骨が、ある場所の鉱物や養分を他の場所に運ぶ。土がぬかるむ冬の間に彼らの蹄が地面につける窪みには、セイヨウカワラマツバ、ヒメハギ属の花、ムラサキ科オオルリソウ属の花、キンアザミ（仮名）、クルマバナモドキなどが生える。バイソンという大型草食動物を連れ戻したことで、さまざまな生息環境が生まれたのだ。人を寄せ付けない硬い草と、セイヨウカジカエデとポプラばかりの単調な木立しかなかった風景の中から、湿った窪み、イバラの茂み、マツ科の常緑樹や落葉樹の木立、砂原、野草の花が咲く草原などが混在する複雑な生息環境の体系が姿を現したのである。

オーストファールテルスプラッセンを訪ねたとき、一連の草食動物が、生物多様性に富む生態系を何もないところから生み出せることを私たちは知った。クラーンスヴラックはそれよりもさらに数歩進んでいた――それは、たった一種類の草食動物の存在が、オーストファールテルスプラッセンの一〇〇分の一にも満たない、しかも砂丘という繊細な生息環境においてさえ、それまで不在だったさまざまな自然過程を引き起こし、土地の変化を加速させ、多様化させることができるということを示したのだ。もっと広い自然保護区域とここをつなげれば、さらに大きな生物多様性が生まれることはほぼ確実だった（クラーンスヴラックを近隣の二〇〇〇ヘクタールの自然保護区と陸橋でつなげる計画がある）し、コニック種のウマの小型の群れを二〇〇九年に放した結果、そこには一層複雑な生態系が生まれ、バイソンにとってもますます棲みやすくなっていた。

## 再野生化への懸念

放牧されたウマ科の動物とウシ科の動物の関係について新たな知見が得られたことは、環境保全活動にも畜産業にも大きく役立つ可能性がある。二〇一二年にプリンストン大学がケニアで行った研究によれば、ウシをロバ（観察がしやすいためシマウマの代役として使われた）と一緒に放牧すると、ウシだけで放牧した場合より六〇パーセント体重が重くなった。ロバ（後腸発酵動物）が、ウシ（反芻動物）には消化できない硬い草の上部を食べたためだ。これと同じようにもっと遠くの野生の地域では、シマウマが硬い草を食べることで、やわらかくて葉の多い草をヌーが食べやすくしている様子も観察された。こうした動物間の相互作用を「促進作用」といい、ダートムーアで近年認められた例では、野生のダートムーア・ポニーが、自由放牧されている家畜牛の草食行為を促進させた。ダートムーアの荒地にポニーが作る芝生のように平らかな草地はまた、ニセヒョウモンモドキ属のチョウ（marsh fritillary）にとってもなくてはならない生息環境だ。ニセヒョウモンモドキ属のチョウは希少なチョウで、イギリスで最も急激な減少を見せている種の一つであり、記録によれば、一九九〇年から二〇〇〇年までの一〇年間でそのコロニーの六六パーセントが失われている。かつては同じところに棲んでいた異種の草食動物が、互いに補完し合うような草食行動を身に付けたというのは、驚くにはあたらないのかもしれない。遠い過去の大自然の中で、オーロックスとバイソンの群れがターパンの群れの後を追っているところを想像するのは何とも嬉しい。

この、ヨーロッパ版再野生化プロジェクトが示して見せた効果は明らかだ。比較的小さく、隔絶された地域であっても、適切な草食動物を適切な数だけ放せば、生物多様性は飛躍的に増大するのである。自然過程が起こるために必要な最初の推進力を彼らが与えてくれるのだ――飛行機がグライダーを空中に持ち上げるように。

残念ながら、バイソンをクネップに放すことはできなかった。これもまた、当初やりたいと思っていたが当面は棚上げにせざるを得なかったことの一つである。またしても、犬の散歩に来る人たちのことが懸念されたのだ。三本の電線でできた簡単な電気柵で囲ってあるだけのクラーンスヴラックを見れば、バイソンがどれほど安全な動物かは明らかだ。だがバイソンは犬を怖がる。彼らには犬がオオカミに見えるのだ。クラーンスヴラック自然保護区にバイソンを見にやってくる観光客は毎年四〇〇〇人にのぼり、私たちが行ったときは、レオの妻が乳児を抱っこ紐で抱えて、一人で嬉々としてバイソンを探しに行ったが、犬は自然保護区内に入ることが許されない。オランダ政府と環境保全活動家はイギリスよりも大胆である。たとえそれがバイソンを自由に歩き回らせるためであっても、クネップから犬を散歩させる人を締め出すというのはあまりにも挑戦的で、容認されないことはほぼ確実だった。

　バイソンがいなくても、クネップに放牧された草食動物たちが生物多様性に大きな影響を与えていることは明らかだった。けれどもまだ未解決の問題があった——杞上の懸念にすぎなかったかもしれないがやはり私たちには気になったのが、ヨーロッパの例に倣ってクネップで起きていることを「再野生化」と呼んでいいのか、呼ぶべきなのか、という問題だ。私たちはクネップの諮問委員会のアドバイザーの一人に、クネップの呼び方の代案を考えてくれないかと言った。彼が考えたのは「長期・最小介入・過程主導型自然地区」というものだった。几帳面な定義ではあるが、おかげでアドバイザーたちはますます喧々囂々（けんけんごうごう）になった。「長期的」とは何を意味するのか。誰が「最小限の介入」とは何かを決めるのか。そしてもちろん、「自然」とは、また「過程主導」とは具体的に何を指すのか、などなどを、アドバイザーたちは熱心に議論した。「地区」という言葉さえ論争の的になった。自然過程が起きるためには、プロジェクトはどれくらいの規模が必要なのか？　まさか裏庭程度のもののことではあるまい？　クネップを表現するためにどんな言葉を使おうと、それは必ずや激しい論戦を巻き起こし、誰かが変更を求めることになるのは明らかだった。もしかすると、そもそも「再野生化」というのは、不安定で予測が不可能な概念なのかもしれない。最終的に私たちは、「再野生化」という簡潔な言い方は便利だし、その後のことはどうでもいい、ということで一致したのだった。だが、ある陰鬱な冬の夜、チャーリーは私に向かって諦めたように「当面は、念のためにこの実験を『クネップ〝ワイルドランド〟プロジェクト』と呼んで、『再』という言葉は外した方がいいんじゃないかな」と呟いた。

　キース・カービーは、私たちの最初の運営会議には出られなかったが、代わりにナチュラル・イングランドの代表としてエマ・ゴールドバーグを出席させていた。約一年後、ナチュラル・イングランド南東支部のプログラム・マネージャーであるジム・シーモアがエマと一緒に運営会議に出席した。彼らがそこにいるということとは、政府が引き続きクネップに「好奇心を抱いている」ことの証しだった。ただし「自信を持っている」というほどではなく、私たちは資金づくりが一向に前進しないことに苛立っていた。二〇〇八年、キースはチャーリー宛の手紙にこう書いている――「我々が向こう半年から一年の間に、クネップのプロジェクトを実証サイトとして『採用』できるかどうか、それをお答えできる段階ではありません。がっかりされることとは思いますが、それを前提に計画を進行していただきたい」

クネップで増え続ける雑草をめぐっての騒動が収まらないこと、特に二〇〇七年のセイヨウトゲアザミの大繁殖がキースの自信につながらなかったのはたしかだ。ヨーロッパ全土と北アジアに自生し、「呪われたアザミ」とか「地獄のレタス」と呼ぶところもあるセイヨウトゲアザミは典型的な先駆種で、競合種がほとんど存在しない、あるいは繁殖の妨げになる複雑な植物相のない、牧草地、穀物畑、地面が攪乱されたところを好む。温度が適度で潤沢な地下水があり、日差しが強すぎないという適切な条件が揃えば――典型的なサセックスの夏がまさにこれに該当する――セイヨウトゲアザミは驚異的な繁殖を見せる。発芽すると主根を地下深く伸ばし、種子は風に運ばれるが、同時に側根を使ってクローン的にも増える。だから、くすんだピンク色で細かい毛の生えたような花が遠くまで続いているのが、実は全部一株のセイヨウトゲアザミだということもあり得る。そして、庭をいじる人なら誰もが知っているように、掘り出してお終い、ということはめったにない。その根は壊れやすくて、ほんの小さなかけらからも再生できるからだ。

## セイヨウトゲアザミ VS ヒメアカタテハ

二〇〇八年になる頃には、高さ一メートル弱のセイヨウトゲアザミの茂みが驚くほど広がっていたが、二〇〇九年になると、レプトン・パークの広大な面積――西側と北側の道路に沿ってずっと、それからクネップの北区画の、ポンドテイル・ファームの建物から先――がセイヨウトゲアザミに覆われた。これは私たちの再野生化の信念がそれまでになく試される最大の難問だった。私たちはトリフィドの日に直面し［訳注：トリフィドはロシアのホラー小説『The Day of the Triffids』に登場する、架空の動く人造肉食植物］、隣人たちが何を言うかもわかっていたし、セイヨウトゲアザミが図々しくレプトン・パークに侵入したことがカントリーサイド・スチュワードシップ事業からの資金供与を危うくしかねないこともわかっていた。ほんの一〇年前、まだ以前のやり方をしていたときだったら、私たちだって草刈機と除草剤を携え、必死でセイヨウトゲアザミを排除しようとしていただろう。たじろがず、何もせずにいるために、私たちはあらん限りの勇気を振り絞らなければならなかった。

この厄介な問題に私たちが頭を悩ませている頃、イギリス海峡の向こうからは、別の侵略者が私たちの方に進行してきていた。時速五〇キロで、一一〇〇万匹のヒメアカタテハが、まだ見ぬ土地に向かって進んできていたのだ。遠距離を渡ることで有名なヒメアカタテハは、夏になるとイギリスにやってくるチョウの一種である。毎年イギリスに渡ってくるのは約一〇〇万匹だが、一〇年に一度、北アフリカとアフリカの周辺で個体数が急増し（二〇〇九年のこのときはモロッコのアトラス山脈でだった）、それが大陸間を越える渡りの飛行に最適な気候と重なると、さらに数百万匹がイギリスに飛来する当たり年となる。

それは五月二四日、前の日の雨が去って気圧の嶺にある、暖かく晴れた日曜の朝だった。目覚めると、窓の外を、一分に一匹程度の間隔でチョウが次々と通り過ぎた。庭園では、数千、数万というヒメアカタテハが、震える霞のごとくセイヨウトゲアザミの茂みに舞い降りていた。私たちが近づき、犬がその棘だらけの茂みにウサギを探して駆け込むと、オレンジ色と茶色の羽がいっせいに、色づいた秋の葉のように飛び立った。

ヒメアカタテハは、イギリスではかつて、一七世紀に女性が化粧をするのが流行したことにちなんでbelladonna（美しい貴婦人）と呼ばれていた。一八世紀には、短い期間だが、ロマンチックな名前の代わりにthistle butterfly（アザミのチョウ）または単にthistle（アザミ）と呼ばれていたこともある。ヒメアカタテハはさまざまな花の蜜を吸うが、卵を産み付けるのはアザミと決まっている。花は成虫に蜜を提供し、葉は幼虫の餌になるのだ。

その忘れようのない一日、チョウの吹雪が吹き荒れるただ中に目を閉じて立った私は困惑していた。一匹のチョウの羽ばたきは聞こえない。だが何万匹もそれが集まると、まるで滝しぶきか迫りくる気象前線のような、それ自体のざわめきが生まれる。超自然的な波長に乗せて叩き出す彼らの羽ばたきの、震えるようなその囁きは、まるで世界を原子に分解してしまうのではないかと思わせる。一匹のチョウの羽ばたきが世界の反対側で嵐を起こせるなら、何万匹ものチョウはいったい自宅の裏庭にどんな変化を起こすのだろう?

その朝私たちは三〇分ほど、チョウのカーテンを掻き分けながら歩いた。それから何日間も、ブライトンからワージング、ダウンズからウィールド地方まで、私たちの周囲はヒメアカタテハの話題で持ちきりだった。人々はチョウに夢中で、クネップのようなホットスポットに引き寄せられた。五月二八日、イースト・サセックスのロートンに近いところにあるチョウの保護区域で、クネップの諮問委員であるニール・ハルムは、一時間に一五九〇匹のチョウが飛んでくるのを数えた。最大一分間に四二匹のチョウが「曳光弾（えいこう）のように」向かってきたというのである。その年、ヨーロッパ全土で公に記録されたヒメアカタテハの目撃情報は六万件、うちイギリス南部だけで一万件の報告があった。そして一般市民が参加してのこうした科学的な観察が、長年謎だったヒメアカタテハの生活環の解明に一役買ったのである。

その大当たりの年まで、ヒメアカタテハの渡りは一方通行だと考えられていた。イギリスから大陸に戻っていくヒメアカタテハはほとんど目撃されたことがなかったからだ。人々は「笛吹き男仮説」を信じていた。つまり、ヒメアカタテハは、定住することを目的に、運だけに頼ってイギリスまでやってくるのだが、毎年冬になると非業の死を遂げる、と思われていたのである。だが二〇〇九年はその絶対数があまりにも多かったため、到着したときよりはずっと少数ではあったものの、次の世代のチョウがイギリスから南に戻っていくところを見たと言う人が出始めた。その秋、ハートフォードシャー州ハーペンデンにあるロザムステッド研究所の垂直型昆虫観測レーダー（VLR）が、地上で人々が気づいていたことは事実であったと確認した。飛び立ったヒメアカタテハは高度を上げて、飛行に有利な追い風を探す。VLRは地上一・二キロのところまで「見る」ことができ、それぞれ奥行きが四五メートルの一五の高度域を飛んでいる昆虫を検出する。レーダーが識別した「シグネチャー」がどんな昆虫種であるかは、ヘリウムを入れた気球の下に吊り下げたネットを使って同定することができる。これは画期的な研究で、なぜ渡りの帰路がこれほど長い間知られずにいたかがこれでわかった。南に帰っていくチョウたちのほとんどは、人には見えない高度のところを飛ぶのである。地上五〇〇メートル以上であることが多い。

全体像が見え始めた。クネップで私たちが目にし、イギリス中で人々が記録していたのは、地球最大のチョウの渡りだったのだ。長いときには、アフリカの乾いた大地から北極圏まで一万五〇〇〇キロにも及ぶ距離を往復するその旅は、北アメリカの有名なモナークの移動距離の二倍近い。ヒメアカタテハは、アイスランドで記録された唯一のチョウである。その旅を完結するためには、最大六世代を必要とする。これほど壮大な旅でなければ四世代で十分かもしれない。ヒメアカタテハを追跡するのが非常に難しい理由は、モナークと違い、渡りの途中でいっせいに交配しないからだ。一部のチョウは旅の途中で地上に下り、交尾して産卵するが、他のものは渡りを続ける。気候が温暖なら生活環の最初から終わりまでが展開するのに一か月かからず、新しく誕生したチョウはすぐに北へ向かう旅を始める。世代が混ざり合って、盛夏から晩夏にかけては、若い生まれたてのチョウが、年取ってくたびれたチョウと一緒に渡っていく。北へ向かう往路では、他のチョウよりも遠くまで飛んでいくチョウもいる。こうやって年に一度の渡りを少しずつずらして行うのは、種としてのリスクを軽減するためだ。

だが、まだ完全にはわかっていないこともある。体重一グラムにも満たず、翼幅（よくふく）わずか六センチの、ピンの頭ほどの脳しかない生き物が、いったいどうやって見知らぬ土地、両親やその前の世代さえも行ったことのない場所に辿り着くのだろう？　最近の研究では、触覚の先端にある太陽コンパスを使うらしいことが示唆されている。

これは私たちにとって、自然界で起きる生物種の増減――心電図のように個体数が爆発的に増えては一気に減少するという現象をまざまざと見せつけられた最初の経験だった。その夏、とげとげした黒い毛虫の大群がセイヨウトゲアザミに群がり、絹糸のようなものでテント状の巣を作った。巣はすぐに糞粒や食べられない葉針だらけになった。一帯は混沌とした軍隊の野営地のような様相を呈した。秋になり、毛虫が葉を貪り食って蛹になり、孵化して飛び去ってしまうと、一面のアザミはぼろぼろで、茎には薄汚れた絹糸状のものがぶら下がり、ピンクの花は葉のなくなった茎の上でうつむいていた。ポニーにとっては格好の餌だ。その次の年、二四ヘクタールを占領していたクネップのセイヨウトゲアザミはすべて姿を消した。毛虫による破壊がセイヨウトゲアザミの免疫力を弱め、その結果、ウイルス、害虫、サビ菌類、あるいはカビなどの病原体か何かが取り付き、クローンで増殖する植物コロニーに野火のように広がったのだろう。セイヨウトゲアザミは、遅かれ早かれ、天候、病原体、捕食動物が一緒になってやってくるという最悪の事態によって一掃されるようになっているらしかった。クローンを作って増殖するという、ほとんどの人にとっては何よりもたちの悪い特徴はまた同時に、セイヨウトゲアザミの最大の弱点でもあったのだ。このとき学んだことのおかげで私たちはその後、不要なストレスを感じることがずいぶん減った。今では近隣の人たちが、クネップのラグワートや、最近では先駆種のヒメジョオンが咲き乱れる広大な野原を見て不満そうにしていても、私たちはにっこり笑ってやり過ごす。有毒な雑草の大流行さえ、永遠には続かないのだ。

除草剤の倉庫に鍵をかけて何もせずにいたおかげで私たちは、自然による一大スペクタクルを特等席で見物することができた。だが仮にヒメアカタテハの大群がやってこなかったとしても、三年間に及ぶセイヨウトゲアザミの大繁殖は私たちへの贈り物であったことが後でわかった。棘のある茂みは、他のチョウや昼行性のガ、爆発的に増えたバッタを含むその他の虫を鳥の嘴から護り、トカゲには最高の餌場ができた。濃い縞模様のある妊娠中の雌トカゲはアザミの茎と茎の間のノネズミの通り道を這い回り、やがて生まれる子どもたちのために虫を捕った。エクスムーア・ポニーやブタたちはアザミが大好物だが、鬱蒼とした茂みの中に分け入るのは躊躇い、外側の縁を齧るだけだ。草食動物の蹄からも護られて、蟻塚も増えた。初めのうちの、土がまだやわらくて蹴散らかされやすい脆弱な蟻塚を攻撃するものがいないので、アリたちは新しい塚を安心して作ることができた。チャーリーはオイルドジャケットの上に鎮座して、働きアリがアザミや草の茎を噛み切っては巣に運び、新しい蟻塚を堅牢にしていくのを何時間も眺めていた。秋にアザミが枯れる頃には蟻塚は十分に高くなってしっかりし、生きたコケと草がまるでチーズの皮のように外側を覆っていた。今、世界が滅亡した後のレプトン・パークでは、セイヨウトゲアザミが大繁殖した場所を、蟻塚の密集具合で見分けることができる。

# 第10章　イリスコムラサキとサルヤナギとブタ

その身を浸すは
光の織りなす色が混じり合い
比類なき豊かな色彩に満ちし空
光線の一筋ひとすじに色は移ろう
その羽のはばたくたびに

アレグザンダー・ポープ『髪盗人Ⅱ』一七一四年

集約農業から再野生化への切り替えを始めてから八年経った二〇〇九年には、自慢できる成果がいくつも見られた。たとえばクネップでは数十年ぶりにワキアカツグミ、ノハラツグミ、ニシベニヒワ（仮名）が戻ってきた。どれもイギリスでレッドリストに載る、最優先保護鳥類だ。ヒバリ（これもレッドリストに載っている）の数も、南区画で行われた横断調査では二羽（二〇〇五年に記録）から一一羽に増え、ロバート・バーンズの詩にある「可愛いおしゃべりなモリヒバリ」たちが、新しく生えてきた低木の茂みの中にいるのを観察するのが楽しかった。冬には池でオカヨシガモが泳ぎ、シギ、コシギ、ヤマシギが堀で餌を食べ、春になるとワタリガラスのつがいが、テッド・グリーンが予言したまさにその場所——寝室の窓の横にある大きなレバノンシーダーの枝——に巣をかけた。クネップで最後にワタリガラスが観察されてから一〇〇年以上経っていたが、今では二月の寒い朝、私たちは、レンガの壁にこだまするワタリガラスの鳴き声で目を覚ます。まだ半分寝ている私の頭の中で、その音は私を中世のイギリスへ、ジョン王と古い城へ、猟場の番人がワタリガラスを撃ち落とすようになる前の時代へ、彼らが神秘と何かの前触れだと信じられ、晒し台や戦場の死体を食べ、ロンドンでは道路の清掃人として大事にされていた、そんな時代へと連れていく。ロンドン塔のワタリガラスが王座とこの国を護っていたのだとしたら、彼らがクネップに現れたのは縁起の良いことに違いなかった。

## 希少な鳥とコウモリがやってきた

クネップに棲む鳥たちは、次々にやってくる新顔に合わせて習性を変化させていた。カラスとミヤマガラスは、おそらくは縄張り意識の強いワタリガラスに追われて、前ほど目立たなくなった。池のサギはその数こそ変わらなかったが、三五年前に地元のアルフ・シンプソンとアイリス・シンプソンが観察を始めて以来初めて、繁殖地の木のてっぺんにあったねぐらを放棄して、水面から近いところに巣を作った。おそらくは、卵やヒナを頭上のヨーロッパノスリから護ろうとしているのだろう。

フランク・〝バットマン〟・グリーナウェイは諮問委員会の生物種記録係であるテレサの夫で、その夏中、急増するコウモリの種類を識別し続けた。七月の暖かな夜には、私たちは池や湿原で作業中の彼を見に行った。コウモリが近づくと、激しく興奮したモールスコードのようにコウモリ探知機が可聴周波数でカチカチ音を立て、私たちをかすめるように飛んできたコウモリは、細いナイロン糸を張った目には見えないハープトラップに捕らえられて、下のキャンバス地の収集袋に安全に滑り落ちていく。ハープトラップは実に巧妙な装置で、コウモリの膜状の翼と小さな指が絡まってしまうことがあるミストネットに比べて安全だ。手袋をはめたフランクの手の中から、ヒゲの生えた、一ポンド硬貨ほどの体重もないホオヒゲコウモリのくしゃくしゃになった顔が覗き、びっくりしたように私たちを見つめる。コウモリを面と向かって見たときにお腹の底に湧き起こる認識には驚かされる。それは、手の中の鳥を見つめるのとは違うのだ——鳥は恐竜の遺伝子を引き継ぎ、冷たい目をして、嘴と羽があり、卵生で、足趾があり、何を考えているかわからない。だがそこにいるコウモリは、温かな血の通う哺乳動物で、キラキラした瞳と物知りたげな鼻、小さな尖った歯を覗かせる文句を言いたげな口があり、体は毛で覆われて、授乳中の雌なら小さな乳房ともっと小さな乳首がある。どこか暗闇の中には、何かの板の下や木の洞や誰かの家の屋根の中に、乳がもらえるのを待っている赤ん坊が寝転がっているのだ。この、翼を持った可愛らしい夜の生物は、私たちの仲間なのである。

その夏、イギリスに生息する一八種のコウモリのうちの一三種がクネップで記録された。そのうちの二種は、イギリスのみでなくヨーロッパ全体でも希少な種だ。ベヒシュタインホオヒゲコウモリは、広葉樹の原生林と関係が深い、木の上に棲むコウモリで、非常に希少なためその生態はほとんどわかっていない。長いピンク色の鼻口部と赤みがかった茶色の毛、大きな耳が特徴で、木に止まっているクモや昼行性の虫を食べる。ヨーロッパチチブコウモリには、パグのような上を向いた可愛らしい鼻と、頭のてっぺんでくっついている幅広で丸みのある耳（見分けるのに便利な特徴だ）があり、古くなった木の緩んだ樹皮の裏をねぐらにし、長ければ二三年生きることもある。黒い体毛は先端だけが白く、触るとちょっと脂っぽい。夜の田園地方を遠くまで飛んでいくときに、雨を弾いて身を護るためだ。

二〇〇九年には、元は穀物畑だったところを再野生化したクネップの一四一ヘクタールには、「ＵＫ生物多様性行動計画」によって優先保護種と定められた生物種のうちの一五種が生息していた。コウモリが四種と鳥が一一種である。さらに、保全が重要であるとされる無脊椎動物が六〇種。また二〇〇九年には新たに七六種類のガが記録され、ガの種類は全部で二七六種になった。ときどきやってくる動物も増えていた。コサギや、ブルックハウス・スクレープスにやってくるサンカノゴイ、湖にはスズガモが、アドゥー川沿いの水たまりにはクサシギがいた。

イギリスの在来種でない動物――飼われていた外国の動物が逃げ出したもの、あるいはその子孫――もいた。たとえば、インドの神話にハンサとして登場し、世界で最も高いところを飛ぶ鳥の一つで、エベレスト山の上を飛んでいるところを目撃されたことがあるとされるインドガンがほんの数日間滞在したときは、いかにも新顔らしく、草を食べているハイイロガンやカナダガンの群れの周りで居心地悪そうにしていた。それ以外は、木の上に巣を作る派手なエジプトガンのつがいを含め、クネップが気に入ったようだった。この郡でヒナが生まれた初めての野生のエジプトガンは、冬中ロバのような耳障りな声で鳴き、城の塔とヒマラヤスギの間を優柔不断そうに行ったり来たりした。今では二〇羽ほどいる子どもたちが加わって、春が来るたびますます騒がしい。

## 孤独なクジャク

私たちは何もせずただ見ているだけでいる、と決めていたのだが、そうしているうちに、外来種の動物たちが、ここに存在する権利があるのはどういう生物か、という私たちの認識に疑問を投げかけるようになった。イギリスでは通常、この件に関する判断基準は驚くほど主観的だ。オニツリフネソウや *Rhododendron ponticum*（シャクナゲ類の一種）のことは「外来の侵害種」として非難するのに、キジ、ニジマス、スノードロップ、クリなどには目をつぶる。コバンユリが生えているかどうかが、「中世の野草の草原」として特別科学研究対象地区に指定されるかどうかを決めるのだが、それはバークシャー州の州花であるオオマツユキソウと同じく在来種ではない。

希少であるかどうかが問題になる場合もある。ノルマン人が連れてきたウサギは、現在イギリスに三七五〇万羽いて、害獣とみなされることが多い。一方でヤブノウサギはおそらく二〇〇〇年前にローマ人がイギリスに持ち込んだものだが、すっかり私たちのお気に入りとなり、UK生物多様性行動計画で保護されている。

単にタイミングの問題である場合もある。オオヤマネは、ハートフォードシャー州トリングにあったロスチャイルド卿のコレクションから一九〇二年に逃げ出したもので、現在は危険な存在とされているが、今から五〇年後には、一八四二年にイギリスに持ち込まれたコキンメフクロウと同様、愛され、保護すべきものとなっていないとも限らない。一九七六年にやってきたシグナルザリガニは、イギリス在来のホワイトクローザリガニ（仮名）より繁殖していると言って非難されるが、一九七六年当時、イギリスの河川にはすでに他に五種類の外来種のザリガニがいたし、イギリスの在来種自体が、おそらくは一五〇〇年頃にヨーロッパからやってきたものであることが遺伝子分析でわかっているのである。さらには、それは単に、美しいかどうか、邪魔になるかどうかだけの問題である場合もある。イギリスの畑に生える雑草はその大半が大昔から人間とともにあるが、ヤグルマギク、アラゲシュンギク、ヒナゲシ、きれいだが毒のあるムギセンノウは大事にする一方で、青銅器時代からイギリスにある野生カラスムギは望ましからぬ外来種だと言って譲らないのはいったいなぜなのだろう？

私たちは外来種の草花をたくさん植えた庭で嬉々として家を囲むが、田舎となると話は別だ。公園や庭園、樹木園などから植物が外に出て野生化すると、途端にそれは邪魔者になる。自分の庭先にある外来種は、不法移民が空港に寝泊まりしているようなもので、いわば中立地帯にあるのだ。その根底にある問題の一つに、新しい種の移入における人間の役割に関する混乱がある。ある生物種を「外来」と定義するのは人間だが、興味深いのは、自分たちが他の生物種移入の媒介者となること——意識的にであれ無意識であれ——を認めないことで、私たちは人間を動物界から締め出しているということだ。ただしそれはすべての人間に当てはまるわけではない。工業化されたヨーロッパ社会が成立する以前の時代の人々——それがどんなに高度に進化した社会であっても——が持ち込んだ生物種は、一般にそこにあって当然とみなされる。現在も残っている部族社会に生きる少数民族の人々でさえ、長距離を移動して商取引を行うにもかかわらず、非難されることはない。ところが、現代化した人々——「ネイティブ」と「ネイティブ以外」のレッテル貼りをする人々のような——が新しい種を持ち込もうものなら、それは許せないことなのである。

移入された植物や動物が、移入先の生態系をどの程度乱すものかについても混乱がある。タブロイド紙は、侵害、攻撃、外来種による世界侵略、といった見出しが大好きだ。だが科学者の間では、非在来種による生態系への影響は激しく誇張されているし、それは単なる見解の問題だという意見が強くなりつつある。大きくてたくさんの花をつけ、外来種の中でも目立つオニツリフネソウでさえ、川岸の植生の多様性と構成にはほとんど影響しないし、その土地の受粉媒介者にとっては有益である、という研究結果もある。

新しい種は必然的に別の種の生態的地位を奪う、と思っている人は多いが、生態系というものは、たとえそれが島国であろうと、必ずしもそういうふうにはできていない。その場所はまだ「満杯」ではなく、新種が獲得する生態的地位はそこに新しく加わったものかもしれないのだ。新種が単に多様性を強化する場合もある。そうした全体像はまた、生態系に起こる別の変化が原因でぼやけることもある。外来種は、環境汚染や気候変動や生息環境の悪化の原因なのだろうか、それともそれらは単にそうした変化を利用しているだけなのだろうか？　プロジェクトの開始から数年経って、南区画のはるか頭上ワカケホンセイインコの一群が鳴くのを聞いたとき、私たちは、先入観を持たずに事態を受け入れるよう自分たちを説得しなければならなかった。結局、インコたちは二週間ほどするといなくなってしまった。おそらく数が増えつつあった猛禽類に追われたのだろう。この色鮮やかな脱走者たちがリッチモンド・パークやキュー・ガーデンに腰を据えることができたのはまさに、そこには彼らを襲う生物種が少なかったからなのかもしれない。

外来種の中にはもっとうまく移入したものもいて、クネップの鳥、その他の生物種の種類は年々増え続けているから、外来種について心配しなくてはいけない理由はなかった。この数年、湖のほとりのオークに巣をかけるようになったオシドリは好ましくないとかイギリスらしくないなどとは誰も言えないだろう。ノロジカ、ウサギ、セイヨウシャクナゲと同じように、オシドリもまた、一〇万年前の最終間氷期にはここにいたのだ。最終的にはそれでこそ在来種であると断言できるのだと考える人もいる。私たちは、生態学者ケン・トムソンの二〇一四年の著書『外来種のウソ・ホントを科学する』（屋代通子 訳、築地書館）の言葉に倣うのが最善の策だという結論に達した。彼はこう書いている――「いまだ汚されていない、人間以前の黄金時代に時計を巻き戻せるなどという考えは、いい加減に捨てたほうがいい。たとえ、その黄金時代のイメージをどんなにありありと描けたとしても。そうではなく、この侵入された見事な新世界を最善の場所にするために、わたしたちに何ができるかに集中する時が来ているのだろう」

一つだけ、それがあまりにも魅力的なために、介入しないという私たちの決意を覆さずにはいられなかった外来種がある。どこからともなく突然、自信に満ちた様子で現れて、何年もクネップにとどまったクジャクのパーシーだ。パーシーがやってきて二年ほど経ち、そのもの悲しげな鳴き声と、古い種馬の厩の屋根の上を舞台にして尾羽を震わせながら扇のように広げてみせる求愛の様子に根負けした私たちは、良くないこととは知りながら、つい誘惑に負けて雌のクジャクを二羽買い与えたのだ。この二羽が生きていたのは巣を作るまでだった。一羽は、果樹園の中のイラクサの茂みで卵を抱き始めた途端にキツネに殺されてしまった。もう一羽の方は、私たちの家の庭にあるイチイの生垣の中にうまく隠れていたが、ヒナが孵る直前に殺された。キツネはクジャクを捕まえるために高さ一・八メートルの隠れ垣を飛び越えたに違いなかった。私たちはあらためて、それがいかに不自然に見えようとも、自然のすることには介入しないと誓った。最近のパーシーは、自分なりの慰めを見つけたように見える――厩舎の外に停めてある、ピカピカの、エレクトリック・ブルーのBMWコンバーティブルに向かって誘惑の前戯をしてみせたかと思うと（車のアラームが鳴るとパーシーは取り乱す）、ニワトリの囲いの中に飛んで入り、白くておとなしいサセックス種のメンドリと事の成就を図るのである。ありがたいことに子孫が生まれる心配はないが、メンドリたちが始終卵を抱きたがるのが厄介だ。パーシーが何歳なのかはさっぱりわからないが、家畜化した（パーシーがそうなのかどうかはわからないが）クジャクは五〇年生きることがある、と何かで読んだときは複雑な心境だった。

だが、私たちが日常生活の中で顔を突き合わせる生命の多様性と豊富さを最も如実に感じさせるのは、もっと一般的な生物との遭遇だった。大きくて太った、長さ一・二メートルもある雌のヨーロッパヤマカガシが、イチイの生垣の人間の頭ぐらいの高さのところを、鳥の卵を探して這い回っている。グロー・ワームの雌がテニスコートの横で雄を誘うために光を放つ。ある年の夏には、泡状で硫黄のような黄色をしたカワホコリカビ（変形菌類）の見事な塊が庭園の芝生の一面に生えたが、そんなことは後にも先にもそれ一度きりである。かと思えば、玄関の目の前のオークの枝にチョウゲンボウが巣を作ったり、キバシリやヒタキが藤に止まっていたり、車道でアナグマの子どもが遊んでいたりする。

壁で囲まれた庭の向こう端にある古いリンゴ貯蔵庫が今は私の書斎になっていて、そこからは、使わなくなったウマの飼育場が見える。窓はフジウツギで覆われ、格好の野鳥観察舎になっている。二〇〇八年、デスクの上には双眼鏡と鳥類図鑑が置いてあって、気が散らないようにここを書斎にした意味がない。厩舎に巣があるコキンメフクロウのつがいがヒナたちに、庭を囲む壁から飛び方を教えていた。私はヒナの一羽が小さなヨーロッパヤマガシを捕まえて地面で格闘するのを観察した（明らかに、いつものミミズよりも手こずっていた）。ときおり、オコジョに襲われたウサギの金切り声にハッとし、ダビデとゴライアスの戦いも眺めた――小さな捕食者が獲物をしっかりと摑み、ウサギが逃げると驚いた顔をする。はめ板に開いた穴にはアオガラの巣があって、私の犬の毛布から盗っていった青いウールの房が見えている。六月と七月は隣の木の小屋にツバメがいて、ヒナたちの頭の上でピーチクパーチク鳴く。私はツバメたちが飼育場に虫を求めて急降下し、ニシイワツバメやアマツバメと一緒にぐるぐると旋回しながら飛ぶのを眺める。七月には、多いときなら一〇種類のチョウを、デスクに座ったままで観察できる。

生き物たちの数に息をのむこともある。以前はよく、ブライトン・パレス・ピアやサマセット低地でムクドリの大群を観察したが、今は三月のクネップの空を背景にして、空に浮かんだ波のようにうねり、砕け、その形を変える群れを見ることができる。やがて空が暗くなるとともに、群れは庭園のノース・ロッジの後ろにある竹林に吸い込まれていく――まるで魔人のジーニーが魔法のランプの中に消えるように。ある年の一〇月には、一〇〇〇羽を超えるコザクラバシガンの群れが、湖の上で一時間以上にわたってやかましく鳴きながら旋回し、偵察を送っては水の状態をチェックしていたが、日が暮れる直前にやっと着水した。気温が下がり氷帯が大きくなるグリーンランドから、おそらくはオランダ、あるいはデンマーク西部を通って南に渡る途中なのだろう。その鳴き声と羽ばたきの音が夜空に響きわたった。朝になる前に彼らは去り、後には、撤退した軍隊のように、彼らがいた気配だけが残った。

## 再野生化が勢いづく

こうした動物たちの出現が日常茶飯事になる一方で、私たちは将来のことが不安だった。中央区画と北区画について結んだカントリーサイド・スチュワードシップ事業の契約期間である一〇年は刻々と過ぎていき、二〇一〇年には契約が切れることになっていたのに、南区画のために資金援助を得られる見通しは一向に立たなかった。もし援助を得るのが無理ならば、もう一つの選択肢は農作に戻ることだったが、仮にこの段階で私たちの土地で農作をしようという人がいればの話で、それはとても想像し難かった。だが私たちの不動産を管理するジェイソン・エムリッヒは、聡明にも、すべての可能性について調べ続けた。

それまで私たちは、環境・食糧・農村地域省が運営する環境スチュワードシップ・スキームに二〇〇六年に加わった、より的を絞って与えられる高次レベルスチュワードシップ（ＨＬＳ）に望みを託していた。より能動的で難しい農業環境プロジェクトを対象に、一〇年を期限とした契約は、一エーカーあたりに与えられる助成金がカントリーサイド・スチュワードシップ事業よりも多く、南区画をフェンスで囲むためにどうしても必要な費用もカバーできるだろうと私たちは願っていた。だが腹立たしいことに、クネップは高次レベルスチュワードシップが生息環境管理の対象とする目標地域にはなく、したがって助成金を受ける資格はない、と私たちは告げられた。

それを一転させたのは、ナチュラル・イングランドで「科学・エビデンス・アドバイス担当取締役」を務めるアンドリュー・ウッドのクネップ訪問だった。ある土地管理人会議で、ジェイソンが巧妙に彼に近づいたのだ。アンドリューは、二〇〇八年六月のある朝、チャーリーとともに南区画の湿地帯と低木の茂みを見て回り、「高次レベルスチュワードシップはまさにこのためにできたのだ」と断言した。もちろん彼にはそれがわかるのだ——なぜなら高次レベルスチュワードシップを作ったのは彼なのだから。彼によれば、目標地域というのは単に、環境保護事業がすでに存在するところでその効果を最大限にするためのガイドラインにすぎず、私たちが行っているようなプロジェクトを不利にするためのものではなかったのである。そしてまさに、クネップ・ワイルドランド・プロジェクトが存在することによってその後、ウェスト・サセックスのアドゥー川流域が高次レベルスチュワードシップの目標地域に選ばれている。当初ナチュラル・イングランドが助成金の交付をしたがらなかったのは、お役所仕事にありがちな本末転倒の典型的な例だったのだ。アンドリューが来訪した翌日、ナチュラル・イングランドの地域担当マネージャーから電話があって、南区画を囲むフェンスを建てるための補助金提供の申し出があり、また地所全体に対する高次レベルスチュワードシップの助成金への申し込みが許可された。一〇年間の高次レベルスチュワードシップの契約は、二〇一〇年一月一日開始だった。

チャーリーはまるで首輪を外されたグレイハウンドのようだった。二〇〇九年三月には南区画を囲む一五キロのフェンスが完成し、五月の末に、ハドリアヌスの長城に程近い、スコットランドとの国境地域にある家畜場から五三頭のロングホーン牛がトレーラーで運ばれて南区画に放された。八月の終わりにはエクスムーア・ポニー二三頭、九月には二〇頭のタムワース・ピッグ、そして翌年二月には、中央区画から連れてきた四二頭のノロジカが続いた。その頃までには、カケスが植えたオークの苗木と数本のセイヨウトネリコ、野生のカエデバアズキナシ、それにカバノキが、ヴェラが言った通りに棘のある低木の茂みを突き破って成長していた。イヌバラ、キイチゴ、セイヨウサンザシ、それにサルヤナギの茂みは、まるで放された動物たちのビュッフェ・テーブルみたいだった。周りに木のない開けたところに何にも護られずに立っているやわらかな苗木というおやつ付きだ。さてこれから、植物遷移と動物による攪乱の戦いが始まるのである。

まもなく私たちは、南区画に動物たちが踏みつけてできた小道を歩くようになっていた。アフリカの低木林を歩くときにゾウやバッファローの通り道に引き寄せられるのと同じように。そこの雰囲気は、レプトン・パークや北区画の光景とはまったく違っていた。そこには生命に満ち溢れた濃密さと複雑さがあった。鳥や昆虫の鳴き声が音の壁を作る。折れた枝、糞、蹄の跡、爪を研ぐ場所、そしてぬた場［訳注：イノシシやシカなどの動物が泥を浴びる場所］が、低木の茂みの中に溶け込んだ大型動物の存在を示していた。開けた場所にいる家畜を見慣れている私たちイギリス人にとって、これはまったく異質の感覚で、何かに喩えようとするとどうしても海外のことを例に出さずにはいられない。ここを訪れて初めてこの光景を目にする人は口々に、すぐその辺りにシマウマやヌーの群れがいそうだし、上を見上げたら木にヒョウがいそうだ、と言うのである。

二〇〇九年七月、ロングホーンを南区画に放して数か月経った頃、ナショナル・トラストの自然専門家でありクネップの諮問委員でもあるマシュー・オーツは、高さ二メートルから三メートルに成長した交配種のサルヤナギの木立の奥深くに虫眼鏡を持って立っていた。満面の笑みを湛えている。面白いことを発見したのだ。マシューのことはチョウ愛好家と呼ぶのが最もふさわしいが、彼の場合、そのチョウ好きは狂気に近いものがある。五〇年間にわたってチョウを追い求め続けてきた彼は、ヒメヒョウモン属のチョウ、ニセヒョウモンモドキ属のチョウの一種、ウラギンヒョウモンなどの希少種や、激減中のセイヨウシジミタテハの研究で知られている。だが、彼にとってこれらのチョウよりももっと特別なチョウがいる。そして二〇〇九年、ついに彼はこの南区画で、その数を増やし続けているタテハチョウ科のチョウの一種（gatekeeper）、チョウセンジャノメ、マキバジャノメ、ヨーロッパシロジャノメ、セセリチョウ科のチョウ、カラフトセセリ、イカルスヒメシジミ、コヒオドシなどに交じったそのチョウを――いや、もっと正確に言えばそのチョウの繁殖地を見つけたのである。

　数が少なく、なかなか見つからないイリスコムラサキは、イギリス在来のチョウの中で二番目に大きく、最も華やかなチョウと言われている。クネップの北西、一番近い町サウスウォーターの拡大しつつある居住圏周辺にところどころ残る古い森でしばしば少数が目撃される。マシューは子ども時代、クライスト・ホスピタルの寄宿学校の授業をさぼってそこで最初にこのチョウを見た。一九七〇年代のことだ。このときの出合いが彼の中に、生涯にわたるチョウへの情熱を掻き立て、彼はイリスコムラサキが棲むその他の「聖なる森」――ハンプシャー州とサリー州の境にあるアリス・ホルト、ハンプシャー州のニュー・フォレスト、ウィルトシャー州のセイバーネーク・フォレスト、サリー州レザーヘッドの近くのブッカム・コモンズ、オックスフォードの北東にあるバーンウッド・フォレスト、そして、かつてはノーサンプトンシャー州ブリッグストックに程近いロッキンガム・フォレストの一部だったイリスコムラサキの聖地、ファーマイン・ウッズなど――を訪れることになったのである。

　イリスコムラサキが人を引きつける力は甚大で、これらの場所には、六月の終わりから七月中旬にかけて何百人というチョウの愛好家が、望遠レンズだの、イリスコムラサキを呼び寄せるための突拍子もない材料を持って押しかける。皇帝の名にふさわしく［訳注：イリスコムラサキは英語でpurple emperor］、イリスコムラサキは舌が肥えており、イギリスにいるチョウの中で花の蜜を吸わないたった二種類のチョウの一つである。熱帯地方にいるチョウと同じく、木の葉に止まったアブラムシの蜜を吸ったり、地上に降りて、屍肉、腐った果実、糞便などから悪臭のする液体をすすったりするのだ。ある夏のこと、マシューがファーマイン・ウッズの真ん中で麻のテーブルクロスの上にさまざまな食べ物を並べ、「皇帝の朝食」と名付けて行った実験の結果、イリスコムラサキは、腐ったバナナ、スティンキングビショップチーズ［訳注：イギリスで作られるチーズの一種。悪臭で有名」、排泄して間もない馬糞、潰れたブドウ、濡れた石鹼、ピムスNo.1〔訳注：炭酸で割って飲むことを前提に開発されたイギリスの混成酒〕よりも、酢漬けのマッドフィッシュとタイ産のシュリンプ・ペーストの方が好きであるということがわかった。だが、熱烈な愛好者だけが知っている秘密は、「ブラチャン」といって、オキアミを発酵させた、強烈な臭いのあるマレーシアのペースト状の調味料が最も好きらしいということだ。これは門柱などに塗りやすいし、どうしても至近距離でイリスコムラサキを見たければ自分の体に塗ることもできる。

## イリスコムラサキの飛来

そんなわけで、それまでクネップでは記憶にある限りただの一度も目撃されたことのないイリスコムラサキが二匹、まだ若いサルヤナギの茂みの中を低く飛んでいるのを見た、と言ったときのマシューは、興奮を抑えきれない様子だった。その瞬間までイリスコムラサキは、天然林の指標動物ではないにしろ、森の中にしかいないと考えられていたのである。泥水のたまりや、道や空き地で腐りかけた動物の死骸に舞い降りて餌を食べることはあるし、雌は幼虫の餌になるサルヤナギの茂みに産卵するが、林冠が閉鎖した古い森がイリスコムラサキの棲む領域であることは誰も疑わなかったのだ。

チョウのシーズンは終わりかけていたし、その日は雨だったこともあって、私たち自身はイリスコムラサキを見なかったが、マシューは私たちにその卵を見せてくれた——緑色の小さな粒の下の方に特徴的な紫色の帯がかかった卵は、濃い緑色のサルヤナギの葉の表面に産み付けられていた。彼がどうやってそれを見つけたかは謎だ。だがマシューにはどうやら、チョウのこととなると超能力があるらしく、そうやって何十年もの間、斑な森の緑を見つめてきたのである。イリスコムラサキの雌——マシューは「女王陛下」と呼ぶ——は卵を産む葉を選り好みする。色は真緑で、適度な厚さがあり、やわらかくて、光沢のないものを選ぶのだ。自然主義著述家兼アーティストで、BBというペンネームを使ったデニス・ワトキンス・ピッチフォードはそういう葉を「リンゴの葉」と呼んだ。マシューは親指と人差し指で葉を挟んで見せた。こういうのが、小さい幼虫にとっては一番美味しいのだ。サルヤナギの全種類にこういう葉があるわけではない。サルヤナギの分類法はとても混乱していてわかりづらい。英名の「sallow」は、「セイヨウヤマネコヤナギ（goat willowまたはgreat sallow）」と「ネコヤナギの一種（grey willowまたはcommon sallow）」という二つの近縁種を指し、この二種にはしばしば交配が起こる。交配したサルヤナギは、色々なタイプの葉をランダムにつける。イリスコムラサキの雌が卵を産み付けるために選ぶ葉は、一つの木立の中にごく少数しかない。七月に孵化する幼虫はリンカーン・グリーン［訳注：一一世紀～一三世紀に布の町として栄えたリンカーンで生まれた緑色。ロビン・フッドの服がこの色である］で、サルヤナギの葉の色とぴったり同じ色だ。巧妙にも幼虫は、自分の葉が地面に落ちてしまわないように、絹糸のような糸で葉を茎に固定する。一一月、幼虫は雨の滴の中でじっとして、体の色が茶色っぽい色に変わるのを助け、それから越冬する——冬の嵐を乗り切れるよう、絹糸状のもので葉柄に自分を固定し、少し膨らんだ蛹になるのである。今や大きく広がっているクネップのサルヤナギの茂みには実にさまざまな葉があるので、イリスコムラサキにとっては非常に魅力的だろう、とマシューは言う。

低木の茂みと同様に、サルヤナギは今やイギリスでは嫌われ者だ。サルヤナギの花は「尾状花序」で、かつては春の初めの貴重な花蜜源だったが、それが失われたことの重大性をみんな忘れてしまっている。昔は家畜の囲いを作ったり籠を編んだりするのに使われていたが、今ではカントリークラフトのお祭りというニッチ市場に追いやられてしまった。商品としての価値はなくなり、クネップのサルヤナギは、湿原や生垣や家畜の通り道にパラパラと立って放ったらかしにされ、年老いていくだけになった。以前は畑だったところにサルヤナギが「侵入」してきたことも、地元の農家や地主たちが嫌悪することの一つだった。だがクネップの動物たちにとっては、冬や春の初め、まだ草が生えていない時期の食料源として重要であることは間違いない。森林牧草地が多かった時代にも、サルヤナギはこれと似た役割を果たしていたのだろうか?

サルヤナギの種が発芽するためにはまた、特定の環境が必要である。種子に発芽能力があるのは五月の二週間ほどだけである。数年に一度、サルヤナギはふわふわした種子を盛大につけ、それが風に乗って吹雪のように飛んでいく。だが発芽するためには、濡れてむき出しになった地面が必要だ。サルヤナギは何も生えていない粘土質の土壌の先駆植物なのである。南区画のほとんどは、サルヤナギがまったく生えていない。サルヤナギが生えている場所というのは、そこがあるマスト・イヤーに、サルヤナギの発芽に必要な二週間の間、何も生えていない湿った土地だったということを意味する。段階的に耕作をやめ、最後の収穫の後、草で覆わずに裸のままにしておいたことによって、私たちは偶然、サルヤナギに適した環境を生み出したのである——そしてそういう無作為さこそが、サルヤナギのマスト・イヤーを起こすのだ。

二〇〇九年の後、ウェスト・サセックスでは雨が多い夏が続き、チョウが少なかったため、マシューはどこか他の場所でチョウを追っていた。チャーリーと私は、どこでどうやって探せばいいのか皆目わからず、イリスコムラサキは一匹も見つからなかった。だが彼らはちゃんとそこにいて、クネップを占領しようと待ち構えていたのだということが突如明らかになったのは、二〇一三年の夏のことである。

七月二〇日、マシュー・オーツがニール・ハルムと一緒に、イリスコムラサキの様子をチェックしにやってきた。クネップの諮問委員会の一員であり、バタフライ保護協会のサセックス支部の環境保護アドバイザーでもあるニールは、イギリスで通常見られるチョウ五九種のうち六六種を見たという、ちょっとわかりにくい功績を持っている。見たチョウの数の方が多いのは、希少な外来種であちこちに移動するものが含まれているためだ――ヒオドシチョウ、スペインヒョウモン、キベリタテハ、そして、鱗翅類の収集家にとっての一角獣、アドニスヒメシジミとチョークヒルブルーの混合種などである。イリスコムラサキはイギリス各地ですでに孵化が終わっており、七月の目撃数は多いという情報があった。マシューとニールは、クネップでも十数匹、もしかしたら二〇匹くらい見られるのではないかと予想していた。ところが蓋を開けてみると、曇り空の下、さして広くない範囲で、五時間のうちに八四匹が見つかったのである。イリスコムラサキの大発生だ。二人は、たくさんいるばかりでなく、そのチョウたちが「ものすごく紫色」であることにご満悦だった。

マシューとニールと一緒にイリスコムラサキを観察するのは、優美でどちらかといえば女性的な、いわゆるチョウの見物とはわけが違う。彼らの場合それは、荒々しく、アドレナリンの分泌が激しくなるような観戦スポーツである。イリスコムラサキの方も、観客を意識して演技しているかのように見える。好戦的な雄は、羽を男性的にはばたかせ、オークの樹冠の周りを飛び回り、くるくると回転し、地上三〇メートルまで飛び上がって自分の縄張りを主張する。彼らはチョウの世界の特殊空挺部隊だ――鍛え抜かれ、恐れを知らず、そして化学兵器を携えている。「テストステロンに円周率を掛けて、それをさらに二倍にするようなもんだ」とマシューが言う。「寄宿学校に押し込められた男子なんてもんじゃない。こいつらは一〇か月、毛虫の姿でこのときを待ってたんだぜ。孵化して成虫になって、今や必死なわけだ。土曜の夜ディスコにいる新兵みたいなもんだ。九か月の航海の後で港に上陸した水兵さ」

はるか頭上、空を背景に樹冠のシルエットをかすめて飛ぶイリスコムラサキは、まるで熱帯雨林にいるチョウのように黒く見える。ちらっと見ただけでは鳥のようにも見える。空の上のレックである。雄は、縄張りと雌を選ぶ権利を死守するため、近づくものはなんでも攻撃する。軽はずみに近寄ればズアオアトリも追い払われる。アオガラは驚いて叫び声をあげる――一〇月から四月まで、イリスコムラサキの幼虫が冬眠する間の一番の天敵がアオガラなのだから、当然の報いである。イリスコムラサキは、空中に棒や石を投げ上げればそれさえ攻撃することがわかっている。ときおり、二匹、あるいは三匹の雄が対立し、空中戦を繰り広げることがある。「取っ組み合いだ」とニールが言う。「お互いフルボッコさ」とマシュー。シカと同様、最終的には弱い方の個体が強い方の個体に怖気付く。

イリスコムラサキはある特定の木を好む傾向があるが、「一番の木」が伐り倒されたからといって、一般に思われているようにイリスコムラサキのコロニーが消滅してしまうわけではない。クネップにはオークがたくさんあってよりどりみどりだが、彼らが選ぶのは、古い生垣から育った樹齢四〇〇年の古樹の風下側の枝や、森の端や泥道の脇に生えている巨木である。どれもサルヤナギの木立のすぐ近くにある。そういうところは、マシューのイリスコムラサキ・マップ上には「連続犯研究所」とか「フルボッコ」から歩いてすぐの「無意味な暴力」などと印がつけてある。

雌を探しにサルヤナギに降りてくるときだけ、角度によって鱗粉に太陽の光が反射し、その紫色の衣が露わになる。あるいは何匹かが食餌のためにオークに羽を広げた格好で止まり、枝が折れたり落雷があったところからその甘い樹液を吸うときもそうだ。サセックスにいるイリスコムラサキが他の地域のものよりも暴力的なのは、オークの樹液を好むからなのかもしれない。サセックスにはオークの古樹が比較的たくさん残っているので、この辺りのイリスコムラサキは樹液が主食である。他に言い方が見つからないのだが、つまり彼らは酔っているのだ。樹液で酔っ払ったイリスコムラサキは、飛びながらフラフラし、木の枝に衝突しそうになったりする。ときたま、雄が狐の糞を食べたり道端の石からミネラルを取り込んだりすることもあるが、なぜか彼らがクネップでそうするようになったのは二〇一六年からのことで、その理由はわからない。

雌はもっと地味な茶色と白で、雄のような紫色の華麗な輝きはない。雌もまた鳥を追い払ったりするが、いったん交尾が——尾と尾をつなげて三時間半も続く密教的な性交が——終わると、セックスに飢えた他の雄がいるオークを避け、サルヤナギの陰に潜んで、選んだ葉に慎重に卵を産み付ける。

## 二足す二が五になる

翌二〇一四年にも再びその数は増えたが、イリスコムラサキにとっての記念すべき日が訪れたのは二〇一五年七月一一日、マシューとニールが一二六匹のイリスコムラサキを数えた日のことである。続いて二〇一七年六月二一日には新記録となる一四八匹の個体が観察されたが、翌年の七月二日にはその記録も抜き去って、二・五倍以上の三八八匹が記録された。これによってクネップは他を大きく引き離してイギリス最大のイリスコムラサキの群集地となり、それまでのファーマイン・ウッズの記録を抜いた。マシューの言葉を借りれば、たった一〇年も経たないうちに「ゼロからヒーローに」なったのだ。周りに木のない開けたところに生えている木の周りやサルヤナギの茂みの中を飛び回るところをマシューとニールが観察したおかげで、イリスコムラサキはもはや森に棲むチョウとは呼べなくなった。そしてこれもまた、再野生化が見せた魔法なのである。オーストファールテルスプラッセンで海抜マイナス地帯のヤナギにオジロワシが巣をかけたように、自然の成り行きに導かれる形で行う環境保護は、自然に対する私たちの理解の限界を、そして生物種の柔軟性を露わにする。私たちはある生物にとって何が良い状況かを知っているつもりでいるが、私たちの知る自然環境はすでに本来の姿から大きく逸脱し、どうしようもなく疲弊していて、私たちが目にする野生生物種の生息環境は彼らにとって少しも望ましいものではなく、生息できるギリギリの状況なのかもしれないということを、私たちは失念している。動物・植物学者たちがイリスコムラサキは森に棲むチョウであると信じていたのは、大規模なサルヤナギの茂みが姿を消し、かろうじて彼らが森にしがみついていたからにすぎなかったのかもしれないのだ。だが、イリスコムラサキがクネップで自然発生的にコロニーを形成してくれたおかげで、今では私たちは、この希少な昆虫の減少を食い止めたければどうしたらいいかについて以前より少し理解した。もちろん全部ではないけれど、彼らの生活環や好みについてより多くのことを私たちは知ったし、どういう種類のサルヤナギや状況を好んで繁殖するか、その非常に限定された生態的地位もわかった。そして、昔はイリスコムラサキはイギリスの夏の風物詩で、サルヤナギのあるところにはどこもイリスコムラサキがたくさんいたのだろう、と楽しい想像に浸ることができる。

だがもう一つ、クネップのイリスコムラサキの物語には、彼らがここで繁殖を続ける鍵と思われる驚くべき要因がある。二〇一四年はまた、サルヤナギの実が目立って豊作だった年で、五月の風に種子の綿毛が吹雪のように舞った。その種子がうまく発芽して新しいサルヤナギの苗木が育ち始めたのは、ブタが鼻で掘り起こしたために湿った土が露わになっていたところなのである。おそらく昔は野生のイノシシがいたし、そして今はブタがいるからこそ、サルヤナギが次世代に継承されていくチャンスが生まれるのだ。つまりクネップのイリスコムラサキ王国の勢力拡大は、少なくとも部分的には、私たちのタムワース・ピッグがせっせと地面を掘り返してくれるかどうかにかかっていると思われるのである。

もしも私たちが初めから、イリスコムラサキにとって理想的な生息環境を作ろうと意識していたならば、再野生化の中から自然発生したこれほどの数のイリスコムラサキは決して生まれなかっただろうということを、チャーリーと私は次第に理解した。これは、「創発特性」と呼ばれるものとして私たちが学びつつある現象の一例だ。創発特性とは、複雑系に備わっているが、その複雑系を構成する一つひとつの要素にはないものである。たとえば、心臓の細胞はそれ単独では血液を送り出すという特性を持たないが、他の細胞とともに作り出す、より高次の集合体――心臓という複雑な臓器――はその特性を持つのと似ている。クネップでは、それまで欠けていた、あるいは眠っていた構成要素が一つになり、まったく予想もしなかった稀有な結果を生み出していた。いわば、二足す二が五に、いやそれ以上になっていたのだ。そしてこのことは、このシステムの助産師役を果たした私たちに、自分たちの役割を受け入れ、謙虚であれ、と言っていた。クネップにおけるイリスコムラサキの繁殖を導いた要因の中には、私たちがまだ特定していないもの、この先も特定できないものがあるかもしれない。たとえば特定の種類の動物や昆虫の糞、鉱物、樹液、気温、湿度を好むとか、その他の小さな歯車の一つひとつ、あるいはそれらが運良く組み合わさること。そして私たちに絶対に必要なのは、これまで環境保全活動家がしばしば陥ってきた罠――たとえば、イリスコムラサキには背の高い木とたくさんのサルヤナギという二つの要素さえあればいい、と思い込むこと――に陥らないことである。そう考えるのは、心臓の細胞の一つひとつに血液を送り出すという特性があると考えるに等しい。これは「分解の誤謬」と呼ばれる思考である。異なった条件を必要とするいくつもの段階があり、一年近くを要する複雑な生活環を持つイリスコムラサキは、その生命を存在せしめたシンフォニー・オーケストラの全員が奏でる旋律に乗って羽ばたくのだ。

# 第11章　ナイチンゲールの哀しみ

おお、死を知らざる、永久不滅の鳥よ！　飢えに苦しんだ
いかなる時代の者も、お前を無下(むげ)に退けることはなかった。
今宵この束の間の一刻、私が聞いているお前の声は、
古の宮廷の皇帝と道化の耳をもうったに違いない。

ジョン・キーツ『夜鳴鶯の賦』一八一九年
（岩波書店『イギリス名詩選』平井正穂 訳）

四月下旬のある穏やかな夜、私たちは星が瞬く空にオークの木や伸び放題の生垣のシルエットが浮かび上がる南区画に立っていた。空に響き渡るナイチンゲールのほとばしるような歌声が、私たちを困惑させた。その声は、懐かしいサム・クック［訳注：ソウルシンガー］の歌にあったように、あなたをどこか、美しいけれど同時に遠くて居心地の悪いところに「送り出す」のだ。心は動揺し、憧れや不安、疑いさえもが空気を満たす。何か良からぬことが起きるのではないかという思いがあなたを包み、大地はぐらつく――このたった二〇グラムの小鳥が巨大な空間に投げかける挑発的な声に揺さぶられて。

## 姿を消したナイチンゲール

ナイチンゲールの歌声は気楽に聴けるものではない。それは意外な展開であなたの耳をびっくりさせる。フレーズは次から次へと展開する――華やかなトリルが豊かに、流れるように始まったかと思うと、人を馬鹿にしたようなガラガラ声の不協和音に変わり、それからもの哀しげな甲高い音が甘美な主張を繰り広げ、軽快なクックックッという音と引っ込み思案な口笛の音、そして突然の沈黙――漂うような、からかうような間があって、それから再び流れる滝のような音が徐々に高まっていく。頭の中でこの続きを予測しようとするが、そこには理屈が――少なくとも人間が理解できるような理屈がない。パターンもなければ繰り返しもない。ナイチンゲールという種全体が持っている二五〇種類の「リフ」のうち、一羽のナイチンゲールはおよそ一八〇種類をレパートリーとして持っていて、歌うたびにその順番は異なる。それはもう驚くほどの見事な技巧で、そのエネルギーと音量は胸が張り裂けそうだ。ナイチンゲールの小さな声帯がオルガンのような大音量で奏でる脈打つ旋律が、イギリスの夜の空気を熱帯の調べで満たす。そしてそれは長時間に及ぶことがある。一回の詠唱は三〇分ほどが典型的だが、二三時間半にわたって鳴き続けたという記録もある。

同じくアフリカから渡ってくるコキジバトと同じように、ナイチンゲールもまた、私たちの文化に根付き、私たちの鳥になった。シェークスピア、シェリー、キーツ、ジョン・クレア、T・S・エリオットといったイギリスで最も偉大な詩人たちの作品にもナイチンゲールの翼は登場するし、昔からその「ほとんど痛みに近い喜び」によって、イソップ、アリストファネス、プリニウス、ペルシャの詩人たち、吟遊詩人やトルバドゥール［訳注：南仏の吟遊詩人の総称］たちの想像力を弄(もてあそ)び、挑発し、掻き乱してもきた。

だが今日、ナイチンゲールの歌が引き起こす得もいわれぬ困惑を知っているイギリス人はほとんどいない。

コキジバトと同様に、今その声を耳にするのはほとんど奇跡に近い。一九六七年から二〇〇七年までの間に、イギリスのナイチンゲールの数は九一パーセント減少した。私が子どもだったときに囀っていた一〇羽のうち、今では一羽しか残っていないのだ。こんなはずではなかった。たしかにイギリスは昔から、ナイチンゲールの生息地としては北限地域である。本来暖かいところの鳥であるナイチンゲールが繁殖できるのは、七月の気温が一七℃から三〇℃の地域に限られている。つまり従来は、ヨークシャー州より北では繁殖しないし、高度一八〇メートルより上に棲んでいることもめったにないのである。だが、地球温暖化の影響で鳥類学者たちはそれも変わるだろうと予測していた。今頃は、スコットランドとの境の辺りやウェールズの方までナイチンゲールの声が聞こえるようになっているはずだ、と彼らは予言していたのである。だが実際は、ナイチンゲールの生息域は後退し、南東の方角に縮小して、ケント州、サセックス州、サフォーク州が、イギリスにおけるナイチンゲールの最後の砦となってしまった。

ナイチンゲールがかつてはどこにでもいる鳥であったことを考えると、粛然とした気持ちになり、またそれは驚くべきことでもある。ほんの一〇〇年か二〇〇年前までは、ナイチンゲールはロンドンにもいたのだ。現在王宮が立っている土地は、一七〇三年にバッキンガム公爵が購入したときには「クロウタドリとナイチンゲールでいっぱいの小さな荒野」だった。一八一九年の春、結核で熱に浮かされたキーツを虜にしたナイチンゲールは、ハムステッド・ヒースにある彼の家の近くで囀っていた。ロンドンにあったヒースやコモンズ（入会地）は縮小され、あるいは積極的に整理されていたので、ビクトリア朝時代の人々は、ハンス・クリスチャン・アンデルセンの物語に登場する皇帝［訳注：童話『小夜啼鳥』を指す］のように、ナイチンゲールの鳴き声を聞きにこぞって田舎詣でをし、捕まえて連れ帰っては自宅の居間や応接間で歌わせた。一八三〇年代には、ミドルエセックスの猟場番人なら一シーズンに一八〇羽のナイチンゲールを捕まえ、ロンドンで一ダースにつき一八シリングで売ることができた。給料を補ういい小遣い稼ぎだったのだ。こうした商売は一九世紀の終わりまで続いた。サリー州に住んでいた自然主義作家のリチャード・ジェフリーズは、一八八六年に「町から乱暴者が二人ばかりやってきて、林全体を黙らせてしまう」と書いている。ナイチンゲールは閉じ込められるのが嫌いで、その大部分は、暴れて鳥籠の格子に体をぶつけ、命を落とした。「悲惨な死亡率だった」とジェフリーズは書いている。「先週までサリー州の小道で声高らかに歌っていたこの小さな生き物の七〇パーセントが、セブン・ダイアルズやホワイトチャペル［訳注：現在のイーストロンドン地区にあり、ともに一九世紀には貧しい住民の多い猥雑な地域だった］の側溝に投げ込まれるのだ」

幸い、鳥籠の鳥の売買は二〇世紀になると下火になり、第二次世界大戦が終わるまでは、田舎ではまだ、残されたナイチンゲールの鳴き声を聞くことができた。ナイチンゲールの声は九五デシベルに達することがあり、これは工場労働者がイヤーマフを装着しなければならない騒音レベルよりもずっと高い数値だ。厳密に言えばナイチンゲールの鳴き声は「騒音公害」と呼んでもおかしくない。一九四二年のある夜、ＢＢＣの一人の音響技師が偶然、ある有名な音を録音した――サリー州の公園で囀るナイチンゲールの求愛の声の背景に、近づく戦争の足音――ケルンに爆撃に向かうウェリントン爆撃機とランカスター爆撃機の音を捉えたのだ。ＢＢＣの伝統だったナイチンゲールの鳴き声の生放送は突然中止された。ＢＢＣが、その放送がドイツ軍に爆撃を知らせることになるかもしれないと気づいたためだ。

第二次世界大戦が始まる頃には、ロンドンでナイチンゲールの声を聞ける可能性は幻にすぎなくなっていたが、ロマンス［訳注：声楽曲のジャンルの一つ］におけるナイチンゲールは違った。ナイチンゲールの鳴き声には、まるでそれが現実の痛みから世界を解き放つかもしれないような、何か荘厳さを感じさせる緊張感がある。

あの夜　わたしたちが会った夜
辺りには魔法が漂い
リッツでは天使たちが夕食をとり
そしてバークレー・スクエアではナイチンゲールが鳴いていた

一九三九年に書かれたこの歌は、ヴェラ・リン、グレン・ミラー、フランク・シナトラ、ナット・キング・コールをはじめ、数十年にわたってさまざまな歌手がレコーディングしている（意外なところではロッド・スチュワートやマンハッタン・トランスファーもいる）。そしてその歌詞はいつしか独り歩きを始めた。まるで、願いが夢を現実のことにし、爆撃の間、本当にナイチンゲールが心をこめてメイフェア［訳注：バークレー・スクエア（またはバークリースクエア）があるロンドンの一画］の恋人たちに歌を歌っていたかのように。

ただし、バークレー・スクエアは、少なくとも一七世紀以降ナイチンゲールの生息地だったことは一度もない。英国鳥類学協会によれば、ナイチンゲールは森林に生息する鳥――臆病で人前に姿を見せず、森の中の低木層の茂みの奥に隠れている鳥だ。その数の減少は、やはり萌芽更新が行われなくなったせいとされている。だから、クネップの、以前は畑であった広々としたところでナイチンゲールが増えたことは、イリスコムラサキの出現が鱗翅類研究家たちにとって驚きであったのと同じく、鳥類学的にはちょっとした青天の霹靂だった。イギリスでナイチンゲールの数が増えているのは、クネップの他にはもう一か所、ケント州メドウェイにあるロッジ・ヒルだけである。国防省が所有するこの土地では、五〇〇〇戸の住宅を建てる計画だったが、今のところこの計画は中断されている。ナイチンゲールがクネップで急激に増えたことは、私たちがこれまでこの鳥について知っていると思っていたことを覆し、イリスコムラサキと同様に、環境保全活動はどこでどう間違えたのかという、より大きな問題を投げかける。

英国鳥類学協会が一九九九年に行ったナイチンゲールの全国的な調査では、クネップにある九つのナイチンゲールの生息域が記録されている。だがチャーリーと私が一九九〇年代にクネップでナイチンゲールの声を聞いた記憶はたった一度だ。その忘れられない夜、私たちは真夜中にクネップ湖の端にある堰の壁の上に立って、三羽のナイチンゲールが同時に歌うのを聞いたのだ——二羽は壁の片方にあるサギの繁殖地から、そしてもう一羽は反対側のミヤマガラスの繁殖地から。その年、今でも萌芽更新が行われる数少ない雑木林の一つであるアルンデルの森の広い範囲で伐採が行われたために、行き場を失ったのかもしれなかった。五月の満月の下、ミル・ポンドにこだまして大きく聞こえる彼らの澄み渡るような歌声を聞くのは喜びだったが、この小さな鳥たちがはるばる二つの大陸を越えて飛んで辿り着いたところにはすみかはなくなっていたのだ、と考えると手放しでは喜べなかった。クネップの農地にその代わりができないのは明らかだった。翌日の夜も彼らの歌を聞きに出かけてみたが、彼らはすでに飛び去ってしまっていた。

## 復活の兆し

私たちが再野生化を開始した二〇〇一年までには、クネップにはナイチンゲールがまったくいなくなってしまったようだった。これは一九九五年から二〇〇八年までに全国でナイチンゲールが五三パーセント減少したことと合致していた。ナイチンゲールを襲った危機の原因とおぼしきものといえばやはり、殺虫剤と家畜用の駆虫剤が広範囲で使用されたことによる食料資源の減少、営巣地が宅地開発されたこと、萌芽更新が行われなくなったこと、ナイチンゲールの越冬地であるアフリカに起きた変化、気候温暖化が渡りのルートに与えた影響などが挙げられる。

だから、それから七、八年経っていたとはいえ、突如として再びクネップにナイチンゲールの歌声が戻ってきたのは驚きだった。そして今度はその数も多かったのである。南区画では、三羽、四羽、ときには五羽のナイチンゲールが競い合うように鳴くのが聞こえた。四月下旬に彼らが渡ってくると予想して、私たちはナイチンゲール夕食会をするようになった――夕食後、数人の友人とともにナイチンゲールを聞きに出かけるのである。ほとんどの人は、それまで一度もナイチンゲールの声を聞いたことがなかった。詩に詠われるナイチンゲールは雌であることが多いが、実は鳴くのは雄だけである。つがいになる相手を惹きつけようとして彼らは昼も夜も鳴くが、昼行性の鳥たちのさえずりが混ざらない夜には、その歌声がひときわ鮮烈に、はっきりと、人間の耳に届く。

環境保全活動家たちもこの状況に興味を示し始め、二〇一二年、再び英国鳥類学協会が行ったナイチンゲールの調査の際には、インペリアル・カレッジ・ロンドンの生物学部から、修士課程の学生オリビア・ヒックスが、担当教授アレックス・ロードの後援のもとに送り込まれてきた。オリビアは五月に二週間ほど我が家に滞在し、ナイチンゲールの行動に合わせて寝起きした。私たちが起きて朝食を摂る頃に寝に戻ってくることも多かった。オリビアの目標は、ナイチンゲールの縄張りと、クネップで彼らが選んだ生息場所を特定し、雄がつがいになる雌を見つけられたかどうかを調べて、繁殖成功率を割り出すことだった。そのために彼女は、五月の最終週と六月の第一週、もう一度クネップに戻ってきて寝ずの調査をした。

ナイチンゲールは見つけるのが難しいことで有名だ。地味な茶色の小鳥は、見事に周囲に溶け込んでしまう。巣を見つけるのはもっと難しい。だが、さえずりを聞けばすぐにそれとわかるし、縄張り意識が強くて選んだ営巣地の範囲から出ることはめったにないという意味で、数を数えるのは比較的簡単である。初めに雄のナイチンゲールが、冬を過ごす赤道直下のセネガル、ギニアビサウ、ガンビアから飛び立ち、四月上旬から中旬にかけてイギリスに到着して営巣地を確保する。すべてのナイチンゲールが繁殖のためにアフリカを離れるわけではないが、四八〇〇キロを移動するヘラクレスばりの挑戦に挑むナイチンゲールは数百万羽に及ぶ。捕食者の数がはるかに少なく(アフリカでは昆虫さえ幼鳥を食べる)、縄張りと食べ物をめぐる種内競争が少ないヨーロッパでヒナを育てるためだ。雌は一週間ほど遅れて後に続き、猛禽類を避けるために夜間に飛ぶ。漆黒の空間の中で、雌は地上から聞こえてくる雄の鳴き声を捉えてつがうために地上に降りる。最近の研究では、雌は雄のさえずりの技量に惹きつけられるということがわかっている——歌の音量と複雑さは、その雄の肉体的な強さと成熟度、つまり父親としての適性を示すのだ。夜が明けると雌は雄が選んだ営巣地を念入りに検査する。気に入らなければ雌は、もっと目の利く雄を探して飛び続けるのである。

巣を作るのはもっぱら雌の仕事で、雄は鳴き続ける。だがいったんつがいが成立すると、雄のさえずりは縄張りを宣言するためのものとなり、鳴くのは昼間だけだし、以前のような音色の深さ、切実さはなくなる。卵を産んでからおよそ一三日後、ヒナが孵ると、雄はすぐに子育てに参加し、ほぼ一切鳴かなくなる。このことが、繁殖に成功したかどうかを推測する鍵となる。六月になると、鳴いているのは独身の雄だけだ——結婚できず、家庭を持つことに失敗した雄たちが、仲間からはぐれた雌をむなしく求めているのである。

オリビアの調査結果は驚くべきものだった。クネップで見つかったナイチンゲールの縄張りは三四。ナイチンゲールがまったくいなかった状態から、わずか九年後、イギリス全土のナイチンゲールの〇・五〜〇・九パーセントがクネップにいたのである。三四の縄張りのうち、二七か所にはつがいがいた。ヨーロッパにおける繁殖成功率の平均が五〇パーセントであるのに対し、クネップでは七九パーセントの成功率だ。近隣農家のうちの二軒がオリビアに、彼らの土地——一〇四〇ヘクタールに及ぶ集約農業による穀物の畑——を、比較対象として調査することを許可してくれた。オリビアはそこで、九か所の縄張りを見つけた（英国鳥類学協会による一九九九年の調査に比べてずっと多い）が、つがいがいたのはそのうちの二つ（一八パーセント）にすぎなかった。オリビアの調査結果は、クネップがナイチンゲール繁殖の重要地点になったことだけでなく、おそらくはまだ若い、あるいは到着が遅れた雄が、クネップで営巣に適した場所がすでに占拠された後に、近隣の土地まで溢れ出していることを示していた。

伸び放題になった生垣の、何かが爆発したように錯綜する枝の奥深くにナイチンゲールの巣はある――小枝とコケ、少々の羽根と乾いたオークの葉が絡まり合ったその巣は、地上三〇センチほどのところにあって、それを見ればなぜナイチンゲールがクネップに惹かれるのかがわかる。クネップに巣をかけたナイチンゲールの大部分（八六パーセント）は、奥行きが七・五メートルから一三メートルもある伸び放題の生垣の中に巣を作っている。その六〇パーセントはスピノサスモモで、棘のある茂みが地面まで届き（つまり、シカやウサギのブラウジングができない）、キイチゴやイラクサや背の高い草に縁取られていて、茂みの内側が聖堂のような洞になっているので、成鳥もヒナも安心して落ち葉の中の虫をつつけるというわけなのである。

ナイチンゲールは森林に棲む鳥ではないということをクネップが明らかにした。木はなくても平気なのだ。だがそれが意味することとは？　ナイチンゲールが習性を変化させているのだろうか？　クネップは、彼らが理想とする生息地により近いのだろうか？　それとも、通常の森林よりもこちらの方が気に入ったのか？　このことは科学にとって新しい知見なのか？　クネップの図書室で、懐かしき友のような存在であり私の処女作の題材でもあるビクトリア朝時代の鳥類学者ジョン・グールドが書いた、大型の図譜『Birds of Great Britain（イギリス鳥類図譜）』をひもといてみると、ナイチンゲールの巣については単に「通常は土手の横にあるが、茂みや藪の中にあることもある」とだけ書かれている。それから一〇〇年近く経って一九三八年に書かれた

『A History of Sussex Birds（サセックスの鳥類）』では、サセックス出身で、ホーシャムの教区牧師の息子であり鳥類学者だったジョン・ウォルポール゠ボンドが、「最も好まれる繁殖場所は、森林、中でもその周辺部、雑木林、木立、丘陵に密集する茂み、共同用地や荒地、あるいはクランブルスのような砂利浜が続くところ、ある種の生垣、特に道の両側が生垣になっているところなどである」と書いている。彼によれば、ナイチンゲールの巣は「大抵は野生のスピノサスモモやキイチゴ、瓦礫の山、ツタに覆われた壁などにある」。つまりナイチンゲールはそこらじゅうにいたのである。

だが、たかだか一〇〇年前に几帳面な野外自然学者によって行われた観察の記録が、今日の科学に顧みられることはめったにない。学術論文においては、近年になって行われた研究に言及することが義務とされているのである。これもまた、シフティング・ベースライン症候群の一例だ。イリスコムラサキと同様に、現在、ナイチンゲールは森に棲む鳥と分類されているが、それは今私たちが彼らを目にするのが森だからだ。私たちは森でナイチンゲールを研究し、その習性の予測を立てる。萌芽更新が行われる雑木林はナイチンゲールの縄張りとしては完璧だ、と私たちは考える――なぜなら、広々と開けた場所にあるイバラの茂みや植物が密生した土手や道の両側に虫がいっぱいの生垣があるところなどはもはや存在しないので、ナイチンゲールに提供できるのはそうした雑木林しかないからだ。では、萌芽更新が行われるようになる以前はナイチンゲールはどこに巣を作っていたのか、誰も考えないのだろうか？　私たちのベースラインは人間の営みに深く関わっている。私たちは、「森林」「湿地」「原野」「荒れ地」、あるいは「農地」に棲む鳥、という言い方をする。けれども、人間が自然をこんなふうに区切って、生物種に生物地理や「生息域」を割り振るようになる以前の彼らの本当の生育環境は、もっとずっと複雑で、決まった形を持たず、その境界線を変化させながら、一つの生育環境が別の生育環境に溶け込んでいたのかもしれない。

イギリスが島国であることも、私たちの考え方が窮屈である理由だ。大陸側のヨーロッパの、今でもナイチンゲールがたくさんいるところでは、彼らは明らかに、グールドやウォルポール‐ボンドが描写したような生息地を好んでいる。私はカマルグ（フランス）の塩田でその鳴き声を聞いたことがあるばかりか、ブルガリアでは果樹園の周囲の低木の茂みに堂々と止まっている姿を見たことさえある。一九七三年に発表されたドイツの研究論文は、ナイチンゲールは閉鎖林冠に覆われた森を嫌う鳥である、と断言している。だが、どういうわけかここイギリスでは、この島国だけは例外だと思われているようなのだ――まるで、ドーバー海峡の真ん中でナイチンゲールの好みが変わるとでも言いたげに。もしも私たちが、クネップにナイチンゲールを引き寄せようと意図していたとしたら、イギリスの環境保全活動家たちは間違いなく、萌芽更新をするための森を作れとアドバイスしただろう。そしておそらくは、その結果にがっかりしたことだろう。

翌二〇一三年には、インペリアル・カレッジ・ロンドンから別の修士課程の学生イジー・ドノバンがやってきて、クネップのナイチンゲールについてオリビアが始めた調査を引き継いだ。イジーはナイチンゲール以外にも六種類の、ヨーロッパで保護が必要とされている鳥を調査対象に加えた。そのうちの二種――ヨーロッパアオゲラとノドジロムシクイ――はアンバーリスト［訳注：レッドリストに次いで絶滅の恐れがある生物種のリスト］に、四種――カッコウ、ムネアカヒワ、ウタツグミ、キオアジ――はレッドリストに載っている鳥だ。イジーは一〇ヘクタールあたりのそれぞれの鳥の密度を計算し、クネップの数字と『ヨーロッパに繁殖する鳥類アトラス』にある数字、そしてクネップの隣にある集約農家の土地での数字を比較した。今度も驚異的な結果だった。クネップは、『アトラス』で「優良生息地」とされているところと少なくとも同等、ときにはそれを上回る成績だったのだ。

| 鳥の種類 | 優良生息地での密度 | クネップでの推定密度 | 近隣の農場での推定密度（対照群） |
|---|---|---|---|
| ムネアカヒワ | 5.5〜9.2 | 8 | 1.3〜2.2 |
| キオアジ | 4.7 | 4.5〜7.5 | 3.6〜6.1 |
| ウタツグミ | 15 | 3.5〜5.8 | 観察されず |
| ヨーロッパアオゲラ | 0.3 | 3.8〜6.38 | 1〜1.6 |
| ノドジロムシクイ | 10 | 8.5〜14.2 | 2.6〜4.4 |
| カッコウ | 0.3 | 3.5 | 観察されず |
| ナイチンゲール | 2 | 7〜11 | 1.3〜2.2 |

インペリアル・カレッジ・ロンドンの学生イジー・ドノバンが、10ヘクタールあたりの鳥の密度を計算、比較したもの。

## 再び姿を消したナイチンゲール

唯一、まだ理由が解明されていない例外はウタツグミだが、二〇一六年に行われた調査によれば、この数字は現在は著しく高い。

ナイチンゲールの生息地についての調査結果があまりにも素晴らしかったので、私たちは、二〇一四年五月一日、クネップでナイチンゲールに関するワークショップを開き、ナチュラル・イングランドの最高幹部数名、またナショナル・トラスト、ワイルドライフ・トラスト、田園土地所有者協会、英国農家連盟、英国鳥類学協会、英国王立鳥類保護協会の代表、そして関心を寄せる土地所有者が多数集まった。それまで非常にポジティブな反応を示していたナチュラル・イングランドが、この新しい情報を彼らの助成制度の中に組み込んでくれることを私たちは願っていた。ナイチンゲールの数がかろうじて維持されているこの地域の農家や土地所有者たちが、生垣を七・五メートルかそれ以上にまで大きくし、ナイチンゲールの生育場所を増やすことを奨励するためだ。それは比較的簡単なことだし、そうすればイギリスにいる鳥の中でもとりわけ愛らしいこの小鳥の減少を食い止めることができるはずだと私たちは思ったのだ。

だが、環境保全の実際はそれほど単純ではない。この日のミーティングから間もなくして、サフォーク州（ナイチンゲールの生息地の北限の一つ）に所有する農地に数羽のナイチンゲールがいる地主の一人が、生垣の一部を刈り込まずに大きな藪にするための助成金を申請した。ナチュラル・イングランドの支部は、彼の土地の周囲八キロ圏内にはナイチンゲールがいないので、助成金の無駄遣いになる、と言って申請を却下した。初めのうちは明るい兆候があったものの、ナイチンゲールのための生垣を作るという取り組みはナチュラル・イングランド内部で勢いを得ることができなかった。ミーティングの場ではこのプロジェクトに対して熱烈な賛意を示した人たちは、次第にその姿を消していった。そして悲しいことに、上からの助成金と指示がなければ、土地所有者のほとんどは、仮に環境保全には賛成であっても、環境保全対策のために費やす時間も意欲もお金もなかったのだ——それがこれほど簡単で、見返りの大きい対策であっても。

# 第12章　コキジバトの鳴き声が消える日

老いた鳩である私は、どこかの枯れ枝にでも飛んで行って、
そこで二度と帰るあてのない夫を、
このいのちがはてるまで悼むことにします。

シェークスピア『冬物語』一六〇九年頃
（白水社　小田島雄志 訳）

ナイチンゲールの到来も嬉しかったが、それよりもさらに興奮したのは、ほとんど絶滅の危機に瀕していたコキジバトがやってきたことだ。推定では、イギリス全土に残されたコキジバトのつがいは五〇〇〇組を切っており、そのうちサセックス州にはわずか二〇〇組しかいない。近年その数が増加しているのは、イギリス中でクネップだけかもしれない。農作をしていたときには一羽もいなかったのが、二〇一八年に鳴いているのを耳にした雄のコキジバトは二〇羽を数えた。ただしコキジバトは、観察するのがナイチンゲールよりもずっと難しい。雄の縄張りは非常に広くて、確実に同じ場所で見かけるということが決してない。また彼らのクックーポーポーという優しい鳴き声は年長の人間の耳には聞こえないことも多く、彼らを追跡するのが難しいバー

ドウォッチャーもいる。それは、ナイチンゲールのつんざくような独唱とは対極にある、鳥の鳴き声でいえば一番子守唄に近い鳴き声だ。「コキジバトの優しい鳴き声は、表現するのが難しい、うっとりするような心地良い思いを呼び覚まし、ホッとさせてくれる」と、ビクトリア朝時代の鳥類学者ジョン・グールドは言っている。ハーロー校で古典を教え、『Bird Life & Bird Law（鳥の一生と鳥の掟）』（一九〇五年）を著したR・ボスワース－スミスにとって、コキジバトの「囁くような歌声」は、「自然界で最も心地良い音の一つ」だった。それは魂を癒やす薬だ。

## コキジバトの減少要因

グールドが生きた時代には、コキジバトは誰もがおなじみの鳥だった。春になるとさまざまな年齢のコキジバトが、つがいになり、かなりの大きさの群れを作って飛んできて、秋になると渡っていった。一九三〇年代になっても、ウォルポール－ボンドは「たくさんの」コキジバトがサセックス・ウィールドにやってきて、「小さな集団や、数百羽にも及ぶ大群」が、穀物畑のベッチ（マメ科の植物）を繁殖期の間中食べ、七月になると最初に孵った若鳥が次々とアフリカに向かって飛び立ち、続いて九月には二回目に孵った若鳥の群れが飛び立っていく、と書いている。ウォルポール－ボンドは、雌に求愛する雄が自分を誇示するために見せる飛翔を——翼を背中より高いところで羽ばたかせたり、翼を動かさずに上昇・下降しながら途中で空中に静止したり、あるいは翼を広げたまま動かさずに高い木から低い木へと滑るように飛び移るのを——観察した。巣はそこらじゅうにあって、人を寄せ付けない茂みの中に隠されているものばかりではなく、もっと見通しの良い場所にある巣に座っているコキジバトが、すぐ近くまで近寄っても平気でいるのも「珍しくもなんともない」ことだった。「コキジバトに人気の辺りでは、歩ける範囲内で六個から一〇個の巣を見つけることもよくあったし、ミレイの友人などは一度、ホーシャムの近くで、一時間という短い時間に一七個の巣を見つけたほどだ！」と彼は書いている。

コキジバトが現在ほとんど見当たらないのは、過去数十年間にその数が大きく減少したせいであることは間違いない。数が多いことによる安全性が失われた結果、コキジバトは今まで以上に人前に姿を見せなくなった。二〇〇五年から二〇一〇年までのわずか五年間で、イギリスのコキジバトの数は六〇パーセント減少しており、その数は急激に減り続けている。英国王立鳥類保護協会をはじめとする鳥の保護団体は、コキジバトを絶滅の危機から救う方法を見つけようと必死に手がかりを探している。

渡りのルート沿いで行われる狩猟が減少の要因の一つであることは間違いない。二〇〇七年には、毎年ヨーロッパで三〇〇万羽ものコキジバトが撃ち殺されると推定されている。ヨーロッパでは春の狩猟が禁止されているにもかかわらず、地中海沿岸諸国ではコキジバト狩りは文化に深く根を下ろしていて、コキジバトは渡りの行きと帰りの両方で撃ち落とされる。ある年の九月、ギリシャの友人が、自分で撃ったコキジバトの料理という特別なご馳走を夕食に出してくれたことがあるのだが、私たちがそれを小躍りして喜ばなかったものだからすっかり落ち込んでいた。ローストされ野生のタイムを添えられた小さなコキジバトは、中央ヨーロッパから南に向かう途中だったはずだが、それを見ていると、その数週間前にサセックスで私たちに向かってクックーポーポーと鳴いていたクネップのコキジバトを思い出さずにはいられなかったのである。

サヘル地域［訳注：サハラ砂漠の南縁部］の深刻な干ばつもまた要素の一つである可能性がある。コキジバトは驚くほど暑さに強く、気温四五℃までなら直射日光の下で餌を食べる姿がアフリカで観察されている。だが水なしでは長くは耐えられない。オアシス周辺の木がなくなったことと、穀倉地帯の木立がなくなったことが、渡りの途中での体力の回復に影響を与えているかもしれない。数が増えている鳥の一つであるシラコバトとの競争も要因に挙がっている。さらに、ハトトリコモナス（*Trichomonas galliname*）という寄生原生動物もいる。これは世界中にいる鳥の寄生虫で、恐竜にも寄生した古い寄生虫であると考えられているが、コキジバトは特に大きな打撃を受けているようだ。二〇〇一年以降、イースト・アングリアで寄生虫検査を受けた一〇六羽のコキジバトのうち、結果が陽性だったのが九六パーセントに及び、八羽は死に至る症状を呈していた。

一九八〇年以降の傾向を見ると、ヨーロッパの大部分では、コキジバトの数がある程度、または深刻に減少している。だがそれと比較にならないのが、イギリスでの急激な、ほとんど絶滅に近い減り方だ。このことは、イギリスの環境保全運動を混乱に陥れた。いったい何が原因なのか——イギリスの生息環境に特有の問題なのか、食料不足か、競争の激化や寄生虫の増加か、それともそれらの一部あるいはすべてが組み合わさった結果なのか？　さまざまな、互いに矛盾する事実が報告された。英国王立鳥類保護協会が最近行ったラジオトラッキングによれば、イースト・アングリアのコキジバトは餌を探すために長距離を移動し、その距離は最大一〇キロに及ぶ。このことから、観察する人は、コキジバトはもともと広い範囲で餌を食べるのであると考えた。しかし同じく英国王立鳥類保護協会が二〇一七年に発表した別の報告書は、コキジバトがヒナを育てるためには食料源が巣から一二七メートル以内の範囲になければならないとしている。「我々が調査を行った地域では、種子が豊富な生息環境には、半自然の草地、採石場、休閑中の農地、主にウマ、ときにアルパカによる低強度の放牧地など、野草が花を咲かせ、種をつけることのできる場所が含まれている。だがコキジバトは巣の近くに戻り、五〇パーセントの時間を巣から二〇メートル以内で過ごした」とある。

どうやら私たちは今でも彼らの食べるものについて混乱しているようである——それはおそらく、近年のイギリスではコキジバトが餌を食べているところを見る機会がこれまでになく少なくなっているからだ。英国王立鳥類保護協会はコキジバトを植物の種子以外は食べない「穀食動物」としている。ところが、自然界で彼らの主食と考えられている雑草の種子（昨今それらが見つかれば、の話だが）――たとえばカラクサケマン、ミチヤナギ、オオウシノケグサなど――は、イギリスでは七月にならないと熟さない。実際に、コキジバトが五月に最初にイギリスに渡ってくる頃には、食べ物を見つけるのが困難であるという可能性が高い。長距離を渡ってきた彼らが繁殖できる状態になるためには、できるだけ早くカロリーを摂らなければならないというのに。健康状態が最良のコキジバトなら、一シーズンに二回から三回ヒナを孵すこともあるのだが、現在のイギリスでは一回ヒナが孵れば御の字である。

　では、イギリスに推定一二万五〇〇〇組のつがいがいて、それぞれが一シーズンに二回以上ヒナを孵していた一九六〇年代以降、いったい何が変わったのだろうか？　たしかに、一九七〇年代からイギリス全土で除草剤が日常的に使われるようになったこと――しかもそれが農業だけでなく、人間が管理する土地の隅から隅まででであること――が、いわゆる「耕作地に生える」雑草の量に劇的な影響を与えたことは間違いない。農法の変化も影響した。耕作地の雑草が減るとともに、コキジバトは栽培された穀物を食べるようになり、中でも穀物倉庫の周りや農家の庭にこぼれている、車のタイヤや人間の足が押し潰した穀物を食べた。だが、より大きなコンバインが取り入れられ、無駄になる穀物が減少し、雑然と取り散らかった農家の庭が減るなど、農作業の効率が高まったことで、コキジバトはそれもできなくなった。

　だから、この「農村の」鳥の減少は、農業の工業化、特に伝統的で野生生物にとって優しい農業の手法が失われたことが原因だと一般には考えられている。だがこれもやはり偏った見方である。こうした考え方はやはり、人間に神の役割を与えるものだ。ほとんどの鳥類学者が参照するベースラインは、今生きている私たちの記憶にある範囲、つまり、一世代か二世代前の、一九六〇年代のものなのだ。穀物の生産量がピークに達し、除草剤が使われるようになる前の、「緑の革命」という紛らわしい名前で呼ばれるこの時代を「コキジバトの黄金時代」と考える人は多い。あるいは、伝統的な農業が残っていた最後の時代、一九三〇年代を振り返る人もいる。だが誰一人として、それより昔のことに思いを馳せ、今のこの文化的状況以前の、畑というものが存在するより前に今私たちが「畑の雑草」と呼ぶものが生えていた時代のことを考えようとはしない。そもそも、おそらくは何千年もの昔、彼らはなぜイギリスに渡ってくるようになったのか、そして現在、ここよりももっと野生に近い場所では彼らは何を食べているのか、といったようなことを。

コキジバトは農業とともに進化したと主張する人もいる。だから、穀物が収穫されるようになり、耕運することによって生える雑草が増えるまでは、コキジバトがイギリスに渡ってくることはできなかったのだ、ずっと昔はイギリスにはコキジバトはあまりいなかったのだ、と言うのである。だがこれもやはり、コキジバトを周囲から切り離して考えてしまっている。コキジバトがいくつもの国を股にかける勇敢な旅人であるという事実を見落としているのだ。コキジバトは、一年のうちの六か月を、自然の——少なくともイギリスよりもずっと自然な——サハラ以南のアフリカで過ごす。そして年に二回、まず野生のものだけを摂る食生活から、農業が行われているヨーロッパで見つかるものを食べる食生活に切り替え、それからまた野生のものを食べる食生活に戻る。もしもあなたが双眼鏡で、サヘルのサバンナや低木層にいるコキジバトを観察しているとしたら、コキジバトを「農村の鳥」と呼びはしないはずだ。

ヨーロッパにいるコキジバトは、「畑の雑草」が除草剤で駆除されてしまった結果、やむを得ず、必死で穀物を漁っているのだという可能性も高い。イースト・アングリアでラジオトラッキングされたコキジバトが食べ物を求めて長い距離を飛んでいるのは、正常な行動ではなく、彼らの周辺に食べ物が不足していることを示しているのかもしれない。穀物を食べるのは彼らにとっては最後の手段なのかもしれないのだ。野生のハトの代謝機能は、飼いバトのそれよりもずっとデリケートである。野生のハトの愛好家に訊いてみればいい――ほとんどの人は、小麦やトウモロコシを彼らに食べさせることの危険性について教えてくれるだろう。野生のハトは丸ごとの穀物を消化できず、割れた穀物の尖った縁は喉を傷つけ、潰瘍ができる原因になる。また穀物は腸内の水分を吸収し、真菌性の疾患を引き起こすこともある。栽培された大粒の小麦、大麦、ナタネはコキジバトには代謝しにくく、野生のコキジバトの腹を満たしても健康の改善にはつながらない――そしてこのこともまた、孵るヒナの数が減っている要因の一つであり、ハトトリコモナスに罹るコキジバトがこれほど多い理由でもあるかもしれない。

だが、もっと複雑なコキジバトの横顔を知るために、それほど過去に遡る必要はない。図書館でちょっと調べれば、ビクトリア朝時代に遡るだけでも、現在ほとんどの環境保全活動家が考えているよりもはるかに多様なものを彼らが食べていたことがわかる。グールドによれば、コキジバトの主食は「ベッチや野草の種子、やわらかなハーブの新芽、カタツムリ」である。バードライフ・インターナショナルによる、現在ヨーロッパ大陸とアジア大陸全土に見られるコキジバトの観察結果を見ても、その食べ物は「雑草や穀物の実と種子、ベリー類、キノコ類、ミミズ類」と多様である。

## 個体数を増やせ、「コキジバト作戦」

食べ物と同様、生息環境についても、グールドの生きた時代は今より幅が広い。コキジバトは「森やモミの木の農園、耕作地と耕作地を隔てる厚みと高さがある生垣をしばしば訪れ」、その分布範囲は――おそらくは気候温暖化が原因で――スコットランドとの境界にまで広がっていた。それから約一〇〇年後の一九三〇年代後半、ウォルポール-ボンドはウェスト・サセックスで彼らが「散在する背の高い生垣（セイヨウサンザシの生垣）や、森に広く蔓延する棘のある植物の茂み」に巣をかけ、コニファー、セイヨウニワトコ、カバノキ、ヒイラギ、ハシバミなどの木にいるところを目にしている。コキジバトはときたま果樹園の西洋ナシやリンゴの木にもいたし、またハリエニシダにいるところは二回目撃した、とも書いている。『Birds of the British Isles（イギリス諸島の鳥類）』（一九五三〜一九六三年）を著したデヴィッド・アーミテージ・バナーマンは、「低地帯の、イバラの茂みがそこここに散在する砂だらけの荒れ地で」コキジバトの群れと初めて遭遇したときのことを叙情的な語調で語っている。ナイチンゲールとまったく同じように、コキジバトの生息範囲が縮小するにつれて彼ら本来の生息範囲や習慣についての私たちの理解も狭まってしまったようだ。

二〇一二年五月一〇日、英国王立鳥類保護協会とナチュラル・イングランドは、「イギリスで最も愛される農村の鳥の減少を増加に転じる」ことを目指すプロジェクト、「コキジバト作戦」を開始し、二〇一五年の一月、コキジバトを助けるあるアイデアを私たちに持ちかけてきた。この地方の河川流域アドゥー・バレーを、コキジバトの最後の砦の一つとして特定し、四月下旬から五月初旬にかけて彼らが渡ってきたときに十分な食べ物を用意して、コキジバトが繁殖できる状態になるのを助ける、という構想を考えたのである。彼らの提案は、小麦、ナタネ、キビ、カナリーシードを混ぜた特別なシードミックスを、クネップを含むいくつかの選定箇所に散布するというものだった。これらの種子を、農道や、何も植えられていない休閑地——コキジバトは足が短いため、そういう場所の方が捕食者の脅威に気づきやすいのである——など、コキジバトが好んで餌を食べる場所とわかっているところにばら撒こうというのである。

このアイデアこそ、従来型の環境保全の欠点を如実に表しているように私たちには思えた。意図するところは結構なのだが——絶望的な状況には必死の方策が必要である——それは実に短絡的で、農業という枠組みに根ざしており、ベースラインからしてすでに誤っているのも問題だし、「人間が一番賢い」という考え方がその背後にあり、そして最終的には維持不可能な計画だった。

穀物を食べているコキジバトの数が急激に減少し続けていることを思えば、彼らがシードミックスに穀物を選んだことはとりわけ軽率だった。少なくとも七五パーセントを小麦とナタネにするよう推奨していながら、この実験の提案書そのものが「小麦は、コキジバトの健康維持に必要なビタミンと抗酸化物質をほとんど含まない」と言っているのである。コキジバトがもともとの生息環境で何を食べているのかについては、シードミックスの二五パーセントを通常イギリスでは栽培されていない赤キビ、白キビ、カナリーシードにした、ということ以外にはほとんど考慮されていなかった。仮にコキジバトが、（その前にコキジバト以外の鳥やネズミその他の小型哺乳動物に食べられてしまわないことを前提として）無作為に散布されたこのような穀物に惹かれたとしても、その時期にはどうやっても自然に手には入らない人工的な餌を与えれば、産卵の準備にもっと役立つ食べ物から彼らを引き離すことにもなりかねない。たとえば彼らは、繁殖シーズンの初期には、雑草の若芽やデンプンの豊富な子葉を求めているのではないだろうか？　あるいは、私がこの問いを投げかけたときにある著名な鳥類学者が言ったように、コキジバトは、好んで巣をかける低木の一つであり、その他にもたくさんの鳥が繁殖の準備のために春に食べるセイヨウサンザシの、高カロリーな芽を求めているのではないのだろうか？　コキジバトが春に何を食べたがっているのかがわからないまま、それが私たちの農業の仕方に合っているし種子の卸売業者から入手しやすいという理由だけで、私たちが彼らに食べさせたいものを食べさせるのは、害ばかりあって彼らのためにはならない。

そして、仮にこの計画が成功したとして、後はどうするのだろう？　これほどの規模で鳥の食卓を用意するのは費用がかさみ、長期的に持続することは不可能だ。コキジバトの減少を食い止めるどころか、繁殖率に少しでも影響が表れるまでに、どれくらいの量の穀物をどれくらいの広さにわたって撒布しなければならないのか？　いつそれをやめるのか？　撒布をやめてコキジバトが減少したら、それは誰の責任になるのか？「コキジバト作戦」にどんな利点があるにしろ、クネップの諮問委員はみな、それはクネップには相応しくないということで合意した。全体としてコキジバトが激減しているという事実を尻目に、現在イギリスに残っているコキジバトの中でおそらく最も密集度が高いであろうクネップのコキジバトの数を見れば、ここには彼らにとって都合の良い何かがあるのだということがわかる。ときたまヒナを見かけることがあるのは、彼らがここで繁殖に成功しているという証拠だ。彼らが何を食べているのか、季節によって食べるものが変わるのか、生息環境が彼らにとってどれくらい重要なのかはまだわかっていない。大きくて伸び放題の、棘だらけの生垣や茂みが巣を作るのに都合良いのか？　それとも、草食動物が食べるので草が長く伸びていないところが好きなのか？　豊富な水源か？　その三つ全部、あるいはそれ以外の要素も組み合わさっているからか？　それが何であれ、その要素がここクネップにはあるというのは事実である。一つ考えられるのは、ここでもやはりブタが何かの役割を担っているのではないかということだ。ブタが鼻で土を掘るせいで、適切な生育環境に、コキジバトが夏の間好んで食べる一年草、二年草が発芽するのに合ったコンディションが生まれるのかもしれない。あるいは、秋から土中に眠っていた種子や小さなカタツムリなどがブタによって掘り起こされて、コキジバトがイギリスに着いてすぐに必要とする餌になっているのかもしれない。ブタが土を掻き回すのは、除草剤が使われるようになる以前の時代に耕運機がしていたのと同じことなのだ。そしてこのことはやはり、人間が農業を営むようになる前に野生のイノシシがこの土地で果たしていた生態学的な役割を指し示している。クネップでのコキジバトの行動が、他の場所でコキジバトが減少している理由を理解するための鍵になる、と諮問委員たちは感じていた。「コキジバト作戦」に参加すれば、学ぶべき教訓を学べなくなってしまう。

参加を拒んだことに対して、英国王立鳥類保護協会からは理解を示す好意的な返事が届き、私たちとの関係を損ねないよう、クネップの地所の周囲に緩衝帯を設けてこの実験がクネップの動物たちに与える影響を最小限に抑えるよう検討することに合意した。だが、クネップでコキジバトを追跡し記録する態勢を整えるための助成金を出してほしいという申し入れは却下され、私たちは落胆した。さまざまな窮余の策が検討され、コキジバトに残された時間がなくなりつつある中、今度もせっかくのチャンスを彼らが無駄にしていると思わずにはいられなかった。その一方で私たちは、生態学者ペニー・グリーンに率いられ、願わくば彼らが餌を食べている現場を目撃し、巣の場所を突き止めてコキジバトの生息地を記録しようと、産卵期の間中、人々が寝静まったまだ夜も明けやらぬうちに集まってくる、数は多くはないが熱心な地元の野鳥観察ボランティアの人たちの協力に頼っているのだった。

コキジバトの保護にとって貴重な情報をクネップが提供できるということはわかっていたが、同時に私たちは、コキジバトという生物種一種類の保護にばかり熱中しすぎることの危険性も承知していた。イギリスの環境保全活動が二〇世紀に犯した過ちで最も目立つのは、ある一つの生物種の保護のために生態系全体をないがしろにする、ということだ。クネップを訪れる環境保全活動家たちにとって、一つの種から全体へフォーカスを移すというのは受け入れがたいことである場合もある。私たちにとっては、再野生化プロジェクトの中で姿を現すどんなに魅力的な生物種よりも、この土地で自然が自ら引き起こす自然過程を中断させないことの方がより重要なのである。この場所に動的な生態系が確立するのを許していなかったら、そもそもコキジバトはここにやっては来なかったのだ。

## 孤立する自然保護区

環境保全活動におけるもう一つの問題として私たちがますます意識するようになっているのは、周囲からの孤立だ。イギリスでは、自然のあるところはそのほとんどが事実上一つの島である。島というのは、生物の進化や環境破壊について学ぶには都合の良いところだ。一般的に言って、その島が小さく、また周囲から遠く離れているほど、そこに存在する生物種は少なく、生態系は脆弱である。気候の変化や干ばつ、その他の極端な事象が起これば、他の場所に移動ができない生物種には壊滅的な被害が出る。生態系が周囲から孤立しているとき、新しい生物種がたった一つ導入されることで生態系全体が破壊される場合があるのである。大海に浮かぶ岩だらけの孤島にネズミあるいはヤギが導入されれば、その生態系はたちまち激しく破壊されてしまうが、それが大陸での出来事なら何の影響も及ぼさない。孤立した場所での生物の個体数は、他の場所から持ってくることができない限り回復の可能性は概して低い。周囲から孤立した場所にいる個体数の少ない生物種はまた、同系交配が起きる傾向がある。小さな遺伝子プールは、同系交配が進むにつれて次第にバリエーションが減少し、環境の変化に対応する能力が失われれば、すべての個体が絶滅への道を辿る可能性が高くなる。

イギリスの自然保護地区のほとんどは、小さく、周囲から孤立している。四〇〇〇か所ある自然保護協会特別指定地区は通常、デヴォン州の芝草の草原などの貴重な生息環境、サンカノゴイなどの絶滅危惧種、あるいは特殊な地質特性を護るためのもので、その大半は一〇〇ヘクタールに満たない。その他の自然保護区——たとえばワイルドライフ・トラストが管理する二〇〇〇か所はそれよりもっと小さくて、平均すると二九ヘクタールにすぎない。デヴィッド・クアメンがバラバラに切断されたカーペットの断片に喩えたように、それらは小さいことによってさまざまなほつれが出やすい。

もちろん、自由に孤島から出たり入ったりできる生物種もいる。鳥類、一部のチョウ、ハチ、カリバチなどは、それまでの生息環境が彼らに合わなくなったり別の場所で集団を作りたくなったら、かなり遠いところまで飛んでいくことができるし、花粉やキノコ類の胞子は風に乗って遠くまで運ばれる。科学の言葉で言えば、こうした生物種は「拡散係数」が高い。小型哺乳動物の場合、海を渡るよりも陸地を伝って一つの自然環境から別の自然環境に移動する方が成功の確率が高いが、荒涼とした土地で食べ物も隠れるところもなく、道路が縦横無尽に走る場所を横断するのはやはり危険である。拡散係数がさらに低い生物種は、沈みゆく船とともに沈んでいくしかない。地衣類やオークの枯死木に棲む甲虫類などは、数百メートル以内のところに別の枯死木を見つけなければならないが、昨今そんなものは存在しない。青みがかった薄い紫色の光沢があり、仰向けに転がるとカチッと音を立てて上向きに飛び上がる可愛らしい習性があることからその名がついたバイオレット・クリック・ビートルは、わずかにヨーロッパの数か所とイギリスの三か所——ウィンザー・グレート・パーク、ウースターシャー州のブレドン・ヒル、グロスターシャー州のディクストン・ウッズ（すべて自然保護協会特別指定地区）——で、セイヨウトネリコとブナノキの枯死木に棲んでいるのが見られるだけだ。倒れて中が空洞になった木を、バイオレット・クリック・ビートルが棲んでいる木のそばまで引いていって拡散させようという必死の試みが行われている。クネップにあるオークの倒木に生えているキコブタケ属の真菌と*Podoscypha multizonata*という希少なキノコ類は、拡散係数はバイオレット・クリック・ビートルほど低くはないものの、この先どうなるかは、胞子が次のオークの古樹を移動可能範囲内で見つけられるかどうかにかかっている。

生物種が豊富な土地がすべて周囲から孤立した状態であるというのは、全部の卵を一つの籠に入れるようなもので危険である。野生生物のホットスポットは、生物種の「掃きだめ」にもなりかねない。これは可動性に恵まれた生物でも同様だ。オオカミ、オオヤマネコ、クマなどの最上位捕食者による抑止がないイギリスでは、キツネやアナグマといった適応力の高い中型の捕食者の数が比較的多い。彼らは獲物にする動物の種類が多く、人間が住む土地を自由に移動する。イギリスには、一九七三年から法律で保護されている約二四万匹のキツネと推定四〇万匹のアナグマがいる。だが、捕食者であることが見落とされ、実は環境に与える影響が最も大きいのは、人口の増加に伴ってその数が増加している家猫である。哺乳類学会によれば、イギリスにいる一〇三〇万匹の猫は、年間二億七五〇〇万匹の獲物を殺し、うち六九パーセントが小型哺乳類、二四パーセントが鳥類だ。生息地が小さく、孤立していればいるほど、生き物がたくさんいるホットスポットとして目立ちやすく、捕食者から逃れられる可能性は低くなる。草原は繁殖期のタゲリにとって、また雑木林はヤマシギやヨーロッパヤマネにとっていかにも理想的な生息地ではあるが、同時に、猫やヤマネコやキツネを磁石のように引きつける。周囲から孤立して存在するイギリスの生息地は、絶滅危惧種を引きつけることによってその滅亡を早めているのかもしれないのである。

また、「エッジ効果」と呼ばれるものもある――孤立した生息地の辺縁部の好ましくない環境が、生息地全体に与える影響のことだ。たとえば、穀物畑の真ん中の孤立した森では、その中心部と、風、極端な高温、霜などに晒される辺縁部とで、非常に異なった微気候が生まれる。移行を穏やかなものにするためのごちゃごちゃした広い緩衝帯を持たない、きっぱりと直線的な境界線で仕切られた現代的な土地利用は、空中散布された化学薬品が野生動物の生息地に流れていきやすく、生息地として使える面積が狭くなる。生息地が大きければ大きいほど、その辺縁部の相対的面積は狭くなり、したがってエッジ効果は弱くなるのである。

生活環のうち、異なるステージで異なる生息環境を必要とし、チョウ、マルハナバチ、淡水に棲む両生類や軟体動物の一部のように、孤立した生息地一か所だけでは生きられない生物も問題を抱えている。生活環に複数種の生息地を必要とするこのような生物の存在は、広域環境保全の観点から科学者がようやく理解し始めたばかりの現象である。複数の生息地がつながってできている生息システムにおいて、重要な生息地が一つ破壊される、あるいは劣化すると、たとえそれ以外の生息地は健全でも、システム全体に棲む生物がすべて、減少あるいは絶滅する可能性がある。個体が行き来することによってつながっている生物集団、いわゆる「メタポピュレーション」もまた、つながり合った生息地が途切れれば被害を受ける。メタポピュレーションが分断されたり、渡りの経由地が連続しなくなってしまえば、種全体としての回復力が失われてしまうのだ。

## 打ち捨てられる「自然保護」

バラバラに孤立している自然の残された場所をつなぎ、生態系に回復力を取り戻すことの逼迫した必要性を、イギリスの環境保全活動家たちが理解し始めたのは、およそ四半世紀前のことだ。事実これは、一九九二年に発令されたEUの生息地指令の基本方針の一つであり、現在はイギリスもその対象である。一九九六年にはサセックス・ワイルドライフ・トラストが、『A Vision for the Wildlife of Sussex（サセックスの野生動物についてのビジョン）』という文書を出版し、今よりもずっと広い自然保護区を設けることを提唱した。二〇〇六年、イギリスのワイルドライフ・トラスト連合は、「生きた景観」というコンセプトを導入した――川の流域、舗装されていない道や生垣といった「回廊」を使って、バラバラに存在する自然保護地区をつなぎ、開けた草原の中に鳥が立ち寄れる雑木林を作るなど、人間の活動によって変容してしまった地域を鳥が渡るための「飛び石」を提供しようというものだ。生息地に生態学的な力強さを回復させると同時に、これらをつなぐことによって、気候変動のさなかで生物が生き残れる可能性が高まる、と彼らは力説した。気温が上がっても、それによって生き物が北へ、あるいはより標高の高いところに移動して生き残れるからである。

生息地をつなぐという動きは、影響力の大きい報告書『Making Space for Nature: a review of England's Wildlife Sites and Ecological Network（自然のための場所を作る：イギリスの野生生物保護区と生態学的ネットワークについての考察）』でも強調されている。これは、最近クネップの諮問委員に加わった、著名で誰からも好かれる生物学教授、ジョン・ロートン卿が責任者となってまとめ、二〇一〇年に環境・食糧・農村地域大臣に提出されたものである。イギリスの自然環境を全般的に改善し、現在ある野生動物保護区をつなげることは、生物多様性を取り戻して回復力をシステムの中に組み込むだけではなく、経済活動にとって欠かせない恩恵——たとえば洪水緩和、水と空気の浄化、炭素隔離、土壌回復、作物受粉、そして人間の肉体的・精神的健康の改善など——をも与えてくれる、と彼は政府に呼びかけた。

この報告書が、二〇一一年に発行された環境白書『The National Choice（イギリスの選択）』の基盤となり、今日までこれが政府の方針となっている。ロートンの二四の提言のうちの一部は、少なくとも部分的には実行に移された。申し込みがあった七二か所の中から一二か所が、彼の提言通り報告書の提出から三年以内に、主にワイルドライフ・トラストの後援によって「自然改善地域」に指定された。イギリス政府は、生態系サービスへの支払いと生物多様性オフセット制度の試用、また「自然を活かした洪水管理」を実施する候補地の選定を始めた。政府の政策立案機関でも、民間非営利団体の会議室でも、ロートンが自然のために唱える、「もっと多く、大きく、より良く、つながって」というマントラが、変化のためのリズムを叩き出していた。

だが彼のビジョンの大部分は、今はまだ希望にすぎない。生息地の創造、地方自治体による自然保護計画、土地所有者を対象とした優遇税制、環境スチュワードシップ・スキームの単純化、「ローカル・ワイルド・サイト」と天然林の保護と監視の強化、国立公園と特別自然景観地区の環境保護態勢の改善、大規模な河川系の修復と過栄養状態の軽減などについてのロートンの提言のほとんどは、ホワイトホール［訳注：ロンドン中央の官庁街］というブラックホールに吸い込まれてしまったかのようだった。他の「自然改善地域」も指定されてはいたものの、そのための資金はなかなか支給されなかった。『Making Space for Nature』が刊行されてからの六年間に、環境・食糧・農村地域省の大臣は三度替わり、当初の野望は粉々になり、一貫した思考は一切断ち切られてしまった。詳細な関連法案が整い、必要な文言はそこにあり、気持ちも高まっていた。だが政治的な意思が欠如し、資金の拠出はなく、政府機関と政策立案者間の意思統一もなされなかったために、政策が実施されることはなかったのである。自然にとっては不利な戦況が続いた――集約農業、漁業、林業、そして都市開発を求めるより強力なロビイストたちからの度重なるプレッシャーの前に、自然はほとんど身を護る術がなかった。

ある夏の朝四時に、私は娘のナンシーを無理やり起こし、クネップの生態学者の一人であるペニーがコキジバトを調査するところに付いて来させた。辺りは見事なほどに静かで、空気が澄んでいるせいでニシコクマルガラスやシラコバトやモリバトの鳴き声はどれも普段より大きく聞こえたし、アオガラの人をからかうような鳴き声やチフチャフのしつこい鳴き声、奇妙に欲張りなワタリガラスのカーカーという鳴き声の一つひとつを際立たせた。私たちはそれぞれクリップボードを持ってバラバラになり、ナンシーと私は南区画の一番遠くの一帯を担当した。間もなく私たちの地図には縦横に線が引かれた。それぞれの線には、ニシコクマルガラス、ミヤマガラス、ハシボソガラス、カケス、カササギ、ヨーロッパノスリ、ワタリガラス、シラコバト、モリバト、ドバト、ヒメモリバト、キジなどの頭文字と、飛んでいった方向を示す矢印を記入する。「コキジバト作戦」によればこれらたくさんの鳥たちはみな、コキジバトの数に影響を与える可能性がある捕食者であり、競合種であり、病気の感染源だった。明け方の、鳥たちが一番忙しく行き来する時間、私たちがしていることはまるで藁にすがろうとしているようだった。一九五五年にイギリスに棲みついたシラコバトを除き、今クネップにたくさんいるこれらの鳥はすべて、コキジバトの黄金時代にもたくさんいたはずだ。彼らが今コキジバトの数に大きな影響を与えているように見えるとしたら、それは今コキジバトの数があまりにも少なすぎるからにほかならない。彼らを責めるのは、まるで殺人現場で野次馬を殺人犯だと非難するようなものだ。

一時間ほどそうやって歩き回った頃、サルヤナギの茂みから聞こえてきたクックーポーポーというくぐもった鳴き声が私たち二人を驚かせた。茂みの中をゆっくりと進むと、セイヨウトネリコの若木の木立に出た。二〇一二年以降イギリス中のセイヨウトネリコに広がる、シャララ・フラキネーナという真菌が引き起こす立ち枯れ病の、最初の兆候を見せている樹齢五〇年のセイヨウトネリコの子孫である。枯れた枝はコキジバトが縄張りを示すために止まるのに理想的だった。ほんのつかの間甲高い声で鳴いたかと思うと、コキジバトは、木立を飛び立ち、昔生垣があったところにポツンと立つ、枝がシカの角のように突き出した古いオークの木の捻じれた枝に飛んでいった。

私たちはそれを双眼鏡で追った。私たちからほんの五〇メートルと少ししか離れていないところで、コキジバトは交差する時間にとらわれているかのようだった――一番古い聖書の本からチョーサーの物語、そしてシェークスピアのソネットが、クネップの私たちの世界と交わるところ。ナンシーの曽祖父母もこの音を、毎年必ず聞いていたに違いない。そしてそのまた両親は、コキジバトが群れ飛ぶのを目にしても気にもかけなかったことだろう。喪失を囁くコキジバトたちの声は、砂漠を越える旅の厳しさを、銃声を、約束の土地を、小さくなっていく世界を体現するかのようだった。優しく悲しげなその声は、私たちが心を入れ替えるよう懇願していた。それは、野生の嘆き。報われない愛の歌。惜別の歌なのだ。

# 第13章　洪水と川の再野生化

人間は湿地帯だけに頼って生きるわけにはいかない。そこで、湿地帯のない生活を求めたのに違いない。農場と湿地帯、野生のものと飼いならされたものとが、お互いに寛容と調和をもって共存することを進歩は認めないのだ。

アルド・レオポルド『野生のうたが聞こえる』一九四八年
（講談社学術文庫　新島義昭 訳）

二〇〇〇年、私たちがたまたま再野生化を始めることになったその年の秋は、一七六六年に降雨量が記録されるようになって以来最も雨の多い秋になった。九月の終わりに農機具の類を売ったとき頭上を覆っていた黒い雲は、対流によって起こる一連の嵐に発達して一〇月初めのイギリス南東部に居座り、何日も激しい雨が降り続くと、一〇月一一日の夜、とうとう大変な洪水が起きた。クネップから南東に三〇キロ弱のところにあるイースト・サセックスのプランプトンは雨が最も激しく、四八時間に一五六・四ミリという雨量を記録した。春の大潮と、その前の三年間の雨の多さのためすでに帯水層が満杯になっていたことが加わって、雨水はどこにも行き場がなかった。サセックス州とケント州では、ウーズ川、カックミア川、アルン川、そしてクネップを流れるアドゥー川を含む主要な一二本の川の堤防が決壊した。水路は溢れ、排水管は破れ、道路は川になって、洪水の勢いに拍車をかけた。

## 記録的豪雨と川の氾濫

川の下流では、沿岸の町が浸水した。ルイスでは、三〇分経たないうちにくるぶしほどの深さだった浸水が一・八メートルを超えた。ラッシュアワーで、車に乗っていた人たちは車の屋根によじ登った。めちゃめちゃになったハーヴェイズ・ブリュワリーから酒の樽が流れ出し、家々の壁や玄関にぶつかりながらプカプカと道を流れていく様子は、ガイ・フォークスの日の伝統である樽転がしの奇妙なパロディのようだった。救助隊が緊急出動し、ルイス、タンブリッジ、ウェールズ、メードストーン、ショアハム、リトルハンプトン、ニューヘブン、そしてチチェスターに程近いメドメリーの町の周囲に防護壁を作るために、軍隊とボランティアが招集された。救命ボートが一階の、ときには二階の窓から人々を救出した。アックフィールドでは、スーパーマーケットの夜のシフトで閉じ込められた二〇人が救命ボートに助け出された。洪水によって目抜き通りを押し流された店主はヘリコプターで引き上げられた。

アドゥー川も、姉妹河川であるウーズ川、アルン川と同様、あっという間に氾濫した。クネップでは、キャッププス・ブリッジからオールド・クネップ・キャッスルの横を通ってA24号線をくぐる二・五キロほどの航行可能な流域が、シプリーからパウンド・ファームまで広がる六〇ヘクタールの湖と化した。氾濫原地帯は水に覆われ、オールド・クネップ・キャッスルの周りの盛り土の辺りで渦を巻いて、一二世紀の堀を再現した。奔流は堰に激突し、幹線道路の下を通る排水溝へと流れ込んだ。テンチフォードのそばの村道は堤防が決壊し、フラッドゲート・ファームの辺りではA24号線の路肩に水が打ちつけた。大混乱の最中、大雨と大雨の間に突然顔を出した太陽の日差しに勇気づけられたのかもしれないが、私たちは湖から小さな手漕ぎボートに乗って洪水の中に繰り出した。周りで水位が上がっていく中、行き場を失ったノネズミやミズハタネズミが草の葉にしがみついていたが、私たちは渦を巻く水の流れの中を進むのに夢中で彼らを助けてやることができなかった。A24号線のちょっと手前で、水に浸かった鉄条網のはるか上を旋回し、転覆しなかったことに感謝しながら、私たちはボートをオールド・キャッスルの土手道の上に引き上げた。

一一月が近づくにつれて、嵐は引き続き西ヨーロッパからやってきて、シュロップシャー州、ウースターシャー州、ヨークシャー州に最大の被害をもたらした。テムズ川、トレント川、セヴァーン川、リバー・ワーフェ、そしてリバー・ディーの最高水位は五〇年来の記録を更新し、ヨークシャー州のウーズ川の水位は五・五メートルに達した——一七世紀以降の最高水位である。あと十数センチで大氾濫、というところで、六万五〇〇〇個の砂袋によってヨークの町は水浸しを免れた。雨は三か月間降り続けた。イングランドとウェールズでは、九月から一一月までの合計雨量が平均五〇三ミリとなり、それまでの記録を五〇ミリ塗り替えた。二〇〇〇年秋に請求された天候関連の保険金額の額は一〇億ポンドを超えた。イギリス全国では、全部で七〇〇の村、集落、町で洪水が起きた。

私たちの郡のいたるところで、農家は冬作物を諦め（作物の損失に対する保険は掛け金が法外に高く、ほとんどの農家は払えない）、秋の放牧ができなかった家畜に与える飼料の購入にかかる金を心配し、もっとひどいことに、溺れ死んだヒツジやウシのことで頭を抱えているのを見て、私たちは、農業から足を洗った自分たちがどれほど幸運だったかを思い知った。政府は、これは二〇〇年に一度の災害であると宣言した。だが環境庁は、不気味なほどのタイミングで二〇〇〇年九月一〇日に、気候変動の影響でイギリスは洪水が非常に起こりやすい場所になっているという報告書を公表していた。これからの一〇〇年で、人命と資産に被害が及ぶリスクは一〇倍になるというのである。イギリス南東部では、突然起こる激しい雷雨が増えるだろう、と報告書は警告していた。北極の氷河は解け続けており、この一〇〇年で起こると見込まれる一五~五〇センチの海水位の上昇により、低平地が洪水に見舞われる可能性は高まる。危険を伴う大潮の頻度は、一〇〇年に一度だったものが一〇年に一度になり、テムズバリアほどの強健な洪水防御のための構造物をさえ脅かす。

嵐の後、地元国会議員、地方自治体、それに被災した住民たちが、洪水防御対策の強化を要求した。川沿いに堤防を造り、現存する堤防は岩を増やしてもっと高くし、川が溢れないようにするよう求めたのである。川は浚渫（しゅんせつ）して深くし、護岸を整備し、川が蛇行しているところはまっすぐに直して川の水がもっと早く海に流れ出るようにすべきだ、と彼らは主張した。幹線道路は高いものにして、今より太い排水管を設置し、給電線は地中に埋めて洪水の水が届かないようにしなければいけない。金がかかることだが、人命を、ビジネスを、インフラ設備や人々の資産を守るためならば安いものだ、と言うのだった。ありとあらゆるところで、苛立ちと憤りの声が怒濤のように寄せられた。それはまるで、兵力の増強がなかったために負けた戦いの後みたいだった。今回は、水にしてやられた。だが戦争に勝つのはこれからだ。

## 水路造成の歴史

水の流れを制御するというのは、人間が農業のために土地を干拓し、航行のために川に手を加えるようになって以来、世界中で人間が行ってきた戦争だ。イギリスでは、ローマ人が干拓に精を出し、フェン地方のカー・ダイク、ロムニー・マーシュの灌漑用水路をはじめ、たくさんの水路を造った。だが、治水の技術が頂点に達したのはビクトリア朝時代である。

一八世紀には全部で七七〇〇キロに及ぶ水路が造られて水上交通が成熟し、一八四〇年代から一八五〇年代に鉄道ができてその影が薄くなるまでは、水路がイギリスの物流を支える動脈だった。一九世紀の半ばに差しかかる頃までには、イギリス中を水路が縦横に走り、港と航行可能な川を内陸部の産業と結んだ。ウェスト・サセックスでは、アドゥーのような小さな川さえも、石炭、砂、砂利、塩などを上流に、そして木材、穀物、農作物を下流に運ぶはしけの行き来に使われた。一八〇七年、「アドゥー川航行法」が制定され、地方政府や土地所有者が「小型船、大小のはしけ、吃水三フィートの大型船舶がより有効に航行できるよう、アドゥー川を清掃し、邪魔なものを除去し、幅を広げるあるいはより深くするなどの拡大を行い、川の流れをよりまっすぐにする」ことが許可された。

工事は思ったより捗って、三年と経たないうちに、吃水四フィートの荷船が改善された水路を航行するようになった。二つのターミナルには埠頭が造られ、一八一一年には、石灰、白亜、石炭を運搬するために三つ目のターミナルができた。完成の一五年後、アドゥー水路は、バインズ・ブリッジの北までの浅い流れの幅を広げ、浚渫して、ウェスト・グリンステッドまで延長された。さらに、「一八二五年の水路法」のもとで、バインズ・ブリッジからホーシャムのベイ・ブリッジを経てワージング・ロードに至る区間の幅が拡張され、流れを整えて延長された。このプロジェクトには五年間を要している。長さ二一メートルまでの船が通るのに十分な大きさの閘門（こうもん）も二か所に建造された――一つはバレル家の祖先が埋葬されているウェスト・グリンステッド教会の近く、もう一つはパートリッジ・グリーンのロック・ファームの近くにある。またもう一つの埠頭が、バレル・アームズ近くのターミナルのあるベイ・ブリッジに造られた。これはオールド・クネップ・キャッスルのすぐ手前で、はしけが再び下流に向かうために旋回できる係留場もあった。

それがたとえ吃水の浅い船であっても、アドゥー川を船が通れるようにするというのは大したことだ。一九世紀には、アドゥー川は見違えるようになっていた。その昔、エドワード懺悔王の統治時代には、アドゥー川は強大な感潮河川として、遠くはクネップから一〇キロ南のステイングまで、大きな船舶を内陸に運んだものだった。アドゥー（Adur）という名前はケルト語で「流れる水」を意味するdwyrという言葉から来たものと考えられている。遠くシプリーまではしけが並び、鉄や材木を沿岸に運んだ。バレル家のここ数世代の人々が眠る、テンプル騎士団が建立したシプリーの教会には、鉄鉱石製の双係柱が残されていて、十字軍に加わる清教徒や兵僧たちを運んだであろう浅吃水船を思い起こさせる。一三世紀の初頭にはジョン王が、クネップの森から伐り出した巨大なオーク材を二〇キロ下流の河口まで運び、ドーヴァーの要塞の補強に使った。

だが一四世紀、一五世紀は、イギリス南岸に沿って起こる沿岸流による浸食で、アドゥー川の河口は潮の流れと卓越風から遠ざかるように東に移動し、潮の流れを妨げる礫州ができた。一五三〇年代にはまだ海水がオールド・クネップ・キャッスルにまで達していたが、その量は劇的に減った。「イニング」と呼ばれる方法（沼地帯を囲むようにして土手を作り、水が流出して戻らないようにすること）によって河口はますます浅くなり、ブランバーの古い港は六・五キロほど下流の、沿岸の町ショアハムに移さなければならなかった。

潮の強い影響を受けなくなると、アドゥー川を流れる水はちょろちょろと流れ込む淡水だけになった。クネップのある地方には天然の泉はほとんどなく、川や小川の水はほぼ完全に、流れ込む雨水頼りである。だからアドゥー川を再び航行可能にするために、ビクトリア朝時代の人々は川を「清掃し、幅を広げ、川に通じる下水管、溝、細流、堀などの水の通り道をより深くするなどし、またその川の流れを、新たな排水溝や堀、水路によって修正・変更し、平地・低地からより良くまた効果的に排水できるようにする」ことが必要だったのである。

これと同じことが、イギリスの津々浦々で行われた。ビクトリア朝時代の人々にとって、土地排水を行うのは良いことずくめだった。浅くて流れが緩やかな川や水路を交通手段に使うことが可能になり、農業用地もできたのだから。初めて人口調査が行われた一八〇一年の九〇〇万人から、わずか五〇年後の一八五一年には倍増して人口が一八〇〇万人になったイギリスでは、より多くの食料を生産するための土地を探すことが急務だった。アドゥー川上流の、オールド・クネップ・キャッスルの西を流れる一帯に運河を造るのは、国を挙げての壮大な計画の一部であり、政府は土地所有者に無利子で金を貸すことでこれを奨励し、農業用地の改善に努めたのである。

ナッシュが建てた新しいクネップ・キャッスルの最初の住人だったチャールズ・メリック・バレル卿は、最も声高に土地排水を支持した人の一人だった。一八四五年五月一六日、彼は上院特別委員会に召喚され、「ピアーソンの溝掘り機」の価値について証言した。クネップの彼の地所に革命をもたらしていた新発明である。ピアーソンの溝掘り機を使い始めてからの一二年間に、自作農場の小麦の収穫高は一エーカーあたり五袋から七〜八袋、ときには九袋に増えた、と彼は証言した。今では、「ホワイト・ベルジャン・キャトル・キャロットや、とても美味しいスウェーデン蕪を栽培することができます。(中略)この土地は、私が手に入れたばかりの一八〇三年と一八〇四年には、近隣の農家の誰一人として、自分たちが食べるもの以外はどんな蕪も庭で育ててみようとすらしなかった土地です」。彼のこの発言は、その頃の土壌が現在とどれほど違っていたか、現在よりもどれほど有機物に富んでいたかを示している。そのとき彼が水晶の玉を覗き込んだならば、一五〇年に及ぶ耕作の後の土地が再び、野菜栽培など想像もできない土地に戻ってしまっているありさまを見たことだろう。

## 張り巡らされる排水管

だがその当時、そこには肥沃な土壌があり、農地として解き放たれるのを待っていた。そしてそれに対する大きな障害となっていたのが排水の問題だったのだ。この素晴らしい溝掘り機は、びしょびしょの粘土質の農地四〇ヘクタールをケント州に持つ農家、ジョン・ピアーソンの発明によるものだった。彼の土地は明らかにクネップによく似ていて、「非常に水分が多くて硬」く、湧き水はないにもかかわらず、「水を保持する性質を持つ粘土質の土壌のせいで雨や雪解け水が地表に溜まったまま浸透しない」のだった。人工的に排水溝を造らなければ、太陽によって地表の水が蒸発する夏の終盤にならなければ作物が実らず、収穫高もわずかだった。小麦を作付けできるのは七年のうちの二年くらいで、そうでない年は何も栽培されなかった。排水が少しでも可能な場合、それは「手作業で、木や低木を使って行われ、非常に金がかかった」――つまり、排水溝を手作業で掘り、そこに砂利や木の枝などを入れたのである。

ピアーソンが発明した溝掘り機は、六頭の使役馬が（チャールズ卿は八頭使うことを勧めた）引くもので、深さ六〇センチの開渠を掘るという方法の草分けだった。これは、人間が手作業で開渠やグリップ［訳注：地表から開渠に水を流す浅い溝］を掘って地表から排水しようとするよりもずっと効率的だし、表土からの堆肥の流出も防ぐことができる。粘土質の土壌から水を排出できれば、穀物その他の作物の収穫高を増やせるだけではない。放牧地の水がはけたことによって、家畜の腐蹄症がなくなり、春は今までよりも早く、秋は今までより数週間長く放牧地に放しておくことができるようになったので、冬の飼料の購入代も減った。溝掘り機は人間の健康にも大きく影響した。「私の地所の農家やその家族の健康は大いに改善され、日常茶飯事だったマラリア熱はもはや蔓延しておりませんし、微熱を持つ者の数も大きく減りました」とチャールズ卿は委員会の前で述べている。地主は、小作人たちがこの溝掘り機を使って排水溝パイプと排出口を設置するよう奨励するべきである、と彼は委員会に強く要請した。彼自身は地所の中央にあるレンガ工場で粘土のパイプを製造しており（粘土製の円筒パイプは一八一〇年に発明されていた）、借地に排水を施したい小作人には無償でそれを提供していた。一八二六年に制定された法律によって、「水分が多くじめじめした土地を排水するという目的にのみ使用されるレンガやパイプは、製造の過程で読みやすく『排水』という文字が刻印されている限りにおいて」課税の対象から除外されていた。さらに彼は、排水溝を設置するためにたくさんの人を雇える、と続け、そのことが彼にとって「これを行う大きな動機となっています――なぜならそれによって貧しい者が教会の世話にならずに済むのですから。私はこれまで、ときには二台の溝掘り機を同時に使いましたが、ピアーソンの溝掘り機一台が午前中に掘った溝を夜までに被覆材で埋めるためには二二人の作業員が必要であります」と述べた。

土地排水が地方にもたらした商業的効果は計り知れなかった。それはまた、ケント州とサセックス州の粘土質の土地に初めて、一年を通して使える道路ができる可能性をもたらした。イギリスでは、一八四七年から一八九〇年の間に、合計一三の土地改良法と土地排水法が制定され、一六〇〇万ポンド（現在の価値で一〇億四四〇〇万ポンド）近い金額が土地改良に費やされた。バレル家の記録保存庫には、融資契約や返済計画などの書類が残され、クネップでも熱心に土地改良が行われたことが見て取れる。そんな中、あるときアドゥー川上流のクネップの地所を流れる部分が水路化されたのだ。一八七五年一一月までに、チャールズ卿の息子パーシー・バレルが父の跡を継ぎ、「公金による土地排水法」のもとで三件、「土地改良企業法」のもとで二件、「一般土地排水企業法」のもとで六件の融資を受けていた。さらにその翌年、クネップの地所を排水し、木を伐採して道路を造るために一五二九ポンド一四シリング二ペンスを借り入れ、合計すると八〇〇〇ポンドの借金をしている――これは父親がキャッスルを建てるのに使った金額の半分にあたる。彼の息子であり後継であるウォルター卿も、一八七七年、一八七九年、一八八〇年、一八八三年、そして一八八四年に、主に排水の作業を続けるためにさらなる融資を受けている。

一九世紀後半になると、別の溝掘り機が人気を博すようになった。発明したのはウィルトシャー州のクエーカー教徒の家に生まれた若い農業技術者ジョン・ファウラーで、彼はアイルランドで起こったジャガイモ飢饉を目の当たりにした経験に突き動かされ、食料生産をより安価で行える方法を発明することに生涯を捧げている。一八五一年、彼は新発明の「モール・プラウ」をロンドン万国博覧会で展示した。それは、ウマに引かせたウインチで駆動する機械で、ピアーソンの溝掘り機よりも約一メートル深いところにトンネル状の排水溝を掘ることができ、大げさで煩雑な開渠を掘らずに済む。一八五二年にはウマに引かせるウインチ装置の代わりに石炭を動力とするスチームエンジンを使うようになり、産業革命が地方の姿をがらりと変え始めた。一八四〇年から一八九〇年の間に、イギリスでは四八五万ヘクタールの土地が排水され、そのほとんどが農地となった。

二〇〇〇年に売却するまでは私たちも、畑が水浸しになりそうな気配がうかがえると、これと同様の基本型モール・プラウを使っていた。ただし引くのはウマではなくトラクターだった。フレームから伸びたスチール製のプレートに、魚雷のような形をした「モール［訳注：モグラ］」が固定されている。フレーム自体はトラクターに引かれて地面の十数センチ上を移動するのだが、その下のスチール製プレートが地表に細い切り込みを入れる。そしてスチール製プレートの下の魚雷型「モール」が、粘土質の地層をくり抜き、トンネルの壁の表面を撫でるようにして固め、なめらかな中空管にする――こうして、何の設備も使わずに実質上の排水溝ができるのだ。クネップの近隣の農家は今でも、一〇年から二〇年に一度くらいモール・プラウを使い、水路と水路の間の、主要な排水管より浅いところを格子状に走る排水溝のメンテナンスを行っている。

これ以外にも、現代のイギリス農家は、ビクトリア朝時代の人々が設置した排水システムを、ときには改良を加えながら維持している。たとえば運河は商用の輸送システムとして使われることはなくなったが、複雑に張り巡らされた排水溝や地下の排水管によって土壌から流れ出る水の受け皿として今でも維持管理されている。そうして水は、運河や川から海へと流れ出すのだ。ビクトリア朝時代に設置された排水管が破損したり堆積物が詰まったりすれば、より耐久性のあるプラスチック製のものと取り替える。畑をぐるりと囲む開渠は毎年清掃し、小型の溝掘り機で掘り直す。ビクトリア朝時代の排出口も定期的に清掃する。チャーリーの祖母ジュディが、ほとんどの農家がそうしたように、冬の間週末になると排水溝に鋤を持って出かけ、排出口の詰まりを取り除いて水が流れるようにしたのはほんの五〇年前のことだ。今でも手作業でそうするのを好む人もいる。掘削機を操作する人が一度判断を誤っただけで排水管が外れ、流れ出る水の角度が変わってしまって、何百年もの間機能してきたシステムが壊れてしまうこともあるからだ。

余分な水をできる限り速やかに土壌から排出するというビクトリア朝時代の人々の執念は、私たちのDNAの中に組み込まれ、雨が極端に多くてありとあらゆる排出口や川にいっぺんに流れ込んだ水が辺りを水浸しにすると、私たちは本能的に、彼らと同じことを考える。もっと速やかに土地から水を排出する必要がある――あるいはそんな気がする、と。水が私たちの土地から海へと流れていくのが早ければ早いほど、家も農場も地所も家畜も土地も安全だと感じるのである。

## 堤防建設以外のやり方

だが、水への対応の仕方は他にもある。チャーリーと私が、何がなんでも排水する、という考え方に躊躇いがちに背いたのは、再野生化など思いつくずっと前のことだ。クネップの氾濫原の排水は、穀物栽培ができるほどうまくいったためしがなかった。何度、排水用の穴をくり抜こうが、土壌はびしゃびしゃのままで、地表には水が溜まりがちだった。夏の間はラッグ［訳注：湿地の辺縁部の、最も濡れているところ］で家畜を放牧することが可能だったが、肝吸虫が発生するリスクが付きものだった——水に棲む巻貝から家畜が感染する有害な寄生虫だ。フェンスを建てるのも大変だった。水路に沿ってできる湿地牧野はどうしても細長くなり、通常の長方形の野辺よりもフェンスを建てる距離が長くなる。一九九〇年代、クネップの作物と乳製品の生産量が最大だった頃には、お金をかけてフェンスを建てる価値のないラッグが一〇五ヘクタールもあった。ブルックハウス酪農場の近くにある三ヘクタールの湿地牧野を囲むフェンスが傷んで修理が必要になったとき、私たちは、修理をする代わりに排水管を壊し、辺りを少々掘って、水鳥が棲める場所を作ることに決めた。すると、水たまりができた途端にコガモ、マガモ、ヒドリガモ、バンが姿を見せるようになった。ガマやイグサなどの植物が水の辺縁部に育つと、今度はその茂みにヨーロッパヨシキリやエナガがやってきた。来訪した鳥類学者はキクイタダキを見つけた——通常は針葉樹林に棲むとされている鳥だ。このときのキクイタダキの出現は、生き物は必ずしも、現在使われている図鑑に書いてある通りの生息地にだけ棲んでいるわけではないということを知る最初の手がかりだった——もっともそのときは、私たちはそのことをきちんと理解したわけではなかったが。

自分たちの地所に池を再生させたという大きな満足感に励まされて、私たちはコイの養殖事業に着手した。

農場経営を多角化する努力の一環だ。クネップ湖には在来のフナがいたのだが、一九三〇年代に、生育が早いカガミゴイが、釣り堀に売るためにヨーロッパから導入されていた。このコイ養殖事業を拡大すれば、厄介な湿地牧野の問題を一部解決できるのではないかと私たちは期待した。製鉄業の衰退とともに荒廃してしまった、シプリーにあるハマー池の堰の護岸を修復する許可を得て、私たちは堰の後ろの、昔は二ヘクタールあったが今はその名残だけになってしまっている池を、掘削機を使って掘り起こす作業に着手した。

ビクトリア朝時代に設置された排水管を破壊するというのは、初めのうちは器物損壊をしているような気がしてドキドキした。それらの排水管は、私たちの農地の血が流れる動脈だと叩き込まれていたのである。だが、一八四九年を最後に地図に載らなくなっていた池が再び姿を現し、その水がラッグの縁にひたひたと打ち寄せるのを目にすると、私たちはこの上ない喜びを感じた。粘土質の地層がそこにある理由はこれだったのだ、という気がした。私たちは全部で一八の池・湖を修復した。その全部にコイを放したわけではない。遊び心で修復しただけのものもある――たとえば畑の角の、地下に排水管が走っているラインの上にできた古い水たまりや、舗装されていない小道に沿って、市場に売られていく長い道のりの途中で家畜の喉を潤わせたこともあったであろう古い池や、「ハニープール（蜜だまり）」という素敵な名前のついた池、そしてクネップ・パーク内に優雅に広がるスプリング・ウッド・ポンド（池）などだ。最終的に、コイ養殖事業はクネップの事業多角化の一環としてうまくいったのだが、地所内に池や湖が、そしてそこに集まるさまざまな野生動物が再びその姿を現したことは、また違った嬉しさだった。

けれども、私たちがクネップの地所内を流れる水についてより深く考えるようになったのは、再野生化プロジェクトを開始してからだ。二〇〇〇年の洪水後の夏、初期の諮問委員の一人だったハンス・カンプと、アドゥー川の運河化された部分に沿って歩きながら交わした会話をきっかけに、私たちは、雨が地表に落ちる瞬間から、排水管や排水溝に、そして川に流れ込み、海へと流れていく、その水の動きについて考えるようになった。

ハンスには色々な顔がある。彼は、アムステルダム空港から三キロのところにある干拓地で、航空管制官の息子として育った。秋、空港の隣にある森でキノコ狩りをしたり、近くの池で学校の先生が水槽で飼っている魚のためにミジンコを集めたりしているうちに、「自然をもっと自由にしてやりたい」という抑えがたい欲望に心を動かされたのだと言う。プロジェクトの初年にクネップの諮問委員になったとき、彼はオランダ農業・自然・食品安全省の上級政策顧問であり、間もなく、ユーラシア大陸で絶滅の危機に瀕する大型動物類の擁護団体「大型草食動物基金」の事務局長になろうとしていた。オーストファールテルスプラッセンで自然の現象を扱い、ヨーロッパで国境を超えた大規模な生態系のネットワークを構築した経験のおかげで、彼にはミクロの世界とマクロの世界を結びつける稀有な能力があった。そして何よりも、フラン・ヴェラ同様、彼は思考の人であると同時に行動の人であり、どこまでも楽観的だった。「今日は不可能なことも明日は可能になるかもしれないし、明日が無理でも来週ならできるかもしれない」と明るく彼は言う。また彼は、オランダ人環境保全活動家のほとんどがそうであるように、水がどのように行動するかを熟知していた。

人口一七七〇万人が四万二〇〇〇平方キロメートル（イギリスの面積の六分の一）の中にひしめき合うオランダは、ヨーロッパで最も人口密度が高い国である。また国土の半分は海抜ゼロメートルかそれより低いので、世界で最も洪水に弱い国の一つでもある。オランダの農民たちが最初の堤防を築いて以来一〇〇〇年にわたって、オランダは水の浸入を食い止めるために戦ってきた。国全体が、人間が築いた堤防、ダム、水門、排水路、運河、ポンプ場からなる複雑なシステムでできているのである。オランダの水道技師は世界一であり、彼らの専門知識は世界中に輸出されている。一六二〇年代にはイギリスがオランダ人技師コーネリアス・バーマイデンを招き、イースト・アングリアの「ザ・フェンズ」と呼ばれる低湿地帯を、農耕のために排水した。だが現在オランダ人が河川のために推進しているのは、過去何百年も続いてきた治水についての考え方を――彼ら自身の考え方も含めて――否定するものである。

一九九三年と一九九五年にオランダを襲い、二〇万人が避難し、多数の家畜が死んだ壊滅的な洪水は、現存する川と堤防による洪水防御システムに内在する脆弱性を露呈した。気候変動による降雨量の増加はオランダの主要な四河川に水を過供給し、洪水防御システムにはかつてないほどの負荷がかかった。今やオランダを脅かすのは海だけではない。深刻な川の氾濫の頻度が高まることが予想される今、オランダの技師たちは、こうした大洪水に耐えられるほど大きくて安定した堤防を建造することは不可能であることに気づいた。何か別のやり方が必要なのである。現在彼らは、水を陸からできる限り早く排出するのではなく、それを逆にして、より長い時間水を陸の上にとどめようとしている。ドイツや中国と同様に、オランダは苦労して手に入れた埋立地（干拓地）を川に戻し、曲がりくねった流れを氾濫原に戻し、古い沼地や湿地を復元しているのである。氾濫原に立つ家は撤去され、住民はもっと海抜の高い土地に移住している。少年は堤防の穴から指を引き抜いたのだ。やることはまだまだたくさんあるが、この「ルーム・フォー・ザ・リバー」プロジェクトによって、オランダにおける異常洪水のリスクはすでに、一〇〇年に一度から一二五〇年に一度に減少している。

## 二・五キロの川の再野生化

最大のところでも幅が七・五メートルしかないちっぽけな運河は、岸の斜面があまりにも急なものだから、犬は運河で泳いだ後、助けてやらなければ登ってくることができない。その運河に沿って歩くハンスと私の横の氾濫原には、くねくねと曲がったアドゥー川の昔の流れの跡がかすかに残っていて、別の選択肢を示してくれているかのようだ。前方に見える、草むした丘に立つオールド・クネップ・キャッスルの廃墟が、かつてその足元で川が自分の好きなように、自分のリズムに合わせて流れていた日の風景を思い起こさせる。運河を埋めればいい、とハンスが言う。川を氾濫原に返してやるんだ。そうすれば、湿地帯に棲む鳥や植物や無脊椎動物たちにとって素晴らしい環境ができるだけでなく、下流の洪水を防ぐことができる、と彼は言うのだ。ラッグは余分な水をスポンジのように吸い上げて、雨量が多いときでも全面的な洪水を防ぎ、ゆっくり安全に水を吐き出すと同時に、乾季のために水を蓄える。湿地の植物はフィルターの役割を果たして、近隣の集約農家の畑からクネップに流れ込む硝酸塩たっぷりの雨水を浄化してくれる。そして堰の撤去は再びサケ科の魚たちの回遊を促し、やがて魚たちは海から遡上してくるようになるだろう。

環境局はこの案に非常に乗り気だった。彼らは二一世紀になっても膨大な税金を使って運河を維持していたのだが、自分たちがそうしている理由はよくわからなかったのだ。環境局の誰一人として、クネップの地所内を流れるアドゥー川に維持費のかかる堰がなぜ五つもあるのか、その理由を思い出すことはできず、せいぜい、雑魚釣りをする人たちに都合の良い深い水たまりができるという、あまり説得力のない正当化の理由があるくらいだったのである。だが官公庁の意思決定プロセスはうんざりするほど面倒で、このプロジェクトが開始されるまでには九年間に及ぶお役所仕事と難解な採算性の調査が必要だった。ようやくのことで、二〇一一年九月、私たちは掘削機の操縦士レジーが氾濫原に最初のショベルを入れるのを見守った。

目標は、もっと自然で岸がなだらかな浅い河床を作り、昔のように、大雨が降ればすぐに水が溢れて流れ出るようにすることだった。だが、それが何であれ、何かを自然の状態に戻すというのは容易なことではなかった——仕事を始めてからずっとその正反対のことに専念してきた、環境局の掘削機操縦士の手にそれが委ねられているとあってはなおさらだ。「自然」という概念はレジーの物の考え方の中には存在しなかった。チャーリーが何度苛立ちながら彼の隣に立って作業の考え方を強調しても、レジーは頑として、無秩序で底が浅い川を造るなどという仕事を掘削機にさせようとはしないのだった。彼がその代わりに二年という時間と巨額の税金をかけて造ったものは、いわばもう一つ別の、曲がりくねって急な岸壁のある運河だった。その仕上がりに、レジーとしては大満足だったに違いないが、彼が仕事を終えた後、私たちは別の掘削作業員を私費で雇い、レジーが造った土手の一部を崩してもっとなだらかにした。草食動物たちが水に近づきやすくしてやれば、今度は彼らが土手を踏みつけ、踏みにじって、土手をさらになだらかにしてくれるだろうと期待しながら。ウーズ・アンド・アドゥー・リバー・トラストから来たボランティアのチームが、「倒木や落ちた枝が流れを堰き止めているところ」を人工的に作り、水の流れに強弱をつけて、川底に沈泥が溜まりやすいようにした。氾濫原の別のところに掘って作った浅い水たまりは、湿地の進化過程に奥行きを加えた。それでも何か所か残った乾いた草原は、昔作られた排水溝が掘削機に壊されずに残っていることを示していた。

とはいえ、プロジェクトの結果は見事なものだった。プロジェクト完遂の翌年、ぬかるんだ土手にはイソシギが姿を現し、コサギが水たまりを闊歩した。間もなくマガモがアシの間に巣を作り、オシドリは水が流れ込む湖の端にある木の上の巣から、餌を食べに水面に舞い降りた。ほどなくしてタゲリもやってきたし――クネップのスタッフで生態学者のペニーは、二〇一六年に二羽のヒナを確認している――小さな魚や両生類が棲みついた浅い水たまりでは、一度に最大一六羽のサギが歩き回っていた。二〇一二年、環境局は一番大きい堰を撤去し、残りの堰のうち、シプリーにあった自動制御型の予備の堰を含む三つの機能を停止し、それによって、堰が築かれて以来初めて魚がここを通れるようになった。二〇一三年以降は、たくさんのブラウントラウトが遡上した。ボランティアの一人は、わずか三〇分の間に、六匹のブラウントラウトがハマー堰の防壁の放水路をくねくねと登っていくのを目撃している。

アドゥー川がクネップに別れを告げるベイ・ブリッジに設置されたフローボックスからのデータを、環境局はまだ分析していない。だが何人かに訊く限り、アドゥー川がクネップの地所内を流れる流域を自然な形に戻したことで、周辺地域と川下の水の流れに影響が出ているらしいことが少なくともわかっている。テンチフォードとミル・ポンドにあるコテージは、これまでは浸水しやすいことで有名だったが、このプロジェクトが始まってからは一度も浸水していない。浸水して通行止めになることが多かった下流へンフィールド辺りのA281号線も、ひどい嵐の後でさえ通行可能である。

だが、私たちのプロジェクトがカバーするのは小さな河川の、わずか二・五キロという短い距離にすぎない。クネップから海までの二五キロに関しては、アドゥー川はなんの変哲もない、切り立った土手に囲まれた航行可能な水路である。そこには野生生物は皆無に等しい。ある年の春、チャーリーと子どもたちがインフレータブルカヌーを漕いでA24号線をくぐり、ショアハム＝バイ＝シーまで行ったときには、その二五キロの間に目にしたのはマガモ三羽、ハクチョウのつがい一組、一羽のヒバリだけだった。川を自然に戻すことに秘められた大きな可能性を理解するため、チャーリーと私は、クネップとほぼ同じ頃、二〇〇三年に始まった湖水地方高地の再野生化プロジェクトの現場を訪れた。この「ワイルド・エンナーデイル」プロジェクトは、ナチュラル・イングランドと土地を所有する三者——英国森林委員会、ナショナル・トラスト、ユナイテッド・ユーティリティーズ（イギリス北西部の水道と下水道を管轄する会社）——による共同プロジェクトである。「人々の利益のため、エンナーデイルが野生の谷として進化できるようにし、その景観や生態系の形成を自然過程に委ねる」ことを目的としている。一九二〇年代以降、材木の生産のため、外来種であるベイトウヒを含む針葉樹の人工林がこの四四平方キロメートルの谷を覆い、作家であり山野歩きの達人だったアルフレッド・ウェインライトの言葉を借りれば「暗く陰鬱なとばり」が木々を包んでいた。森林軌道が山を切り刻み、イギリスの高地のほとんどがそうであるように、それ以外の土地はヒツジが草を食べて丸裸にしてしまっていた。

今、かつて人工林があったところから六〇メートルほど上の斜面に立ってエンナーデイルを眺めたら、ウェインライトはそこがエンナーデイルだとはわからないかもしれない。高い岸壁はもちろん今も谷に影を落とし、グレート・ゲーブル、ヘイスタックス、ピラー・アンド・カークといった一〇〇〇メートル級の山々は雪や雨水を谷間に落とす。一一キロ下流で谷が終わるところには、農地に囲まれた長さ四キロの氷河湖、エンナーデイル・ウォーターが、永久に変わることがないかのように静かに水を湛えている。だがその中間にあたるエンナーデイルは、人間による管理の軛（くびき）から解き放たれようとしているのだ。事業のパートナーたちはあえて、人間の介入を少なくする経営方針を取る。森林軌道は使われなくなり、境界柵、橋、川の浅瀬に造られたコンクリートの歩道などは撤去されて、ホッキョクイワナやその他の魚が昔の産卵場に戻れるようにした。すでに営利目的ではなくなっているカラマツの人工林は、二〇〇五年の嵐によって損壊し、二〇一三～二〇一四年の胴枯れ病の流行でぼろぼろになった後、そのまま荒れるに任せ、広い範囲が、ハシバミ、ポプラ、セイヨウトネリコ、カバノキ、ヨーロッパアカマツといった在来種の木々――キタリスの大好物だ――によって再生した。ヒツジの数は大幅に減り、かつて草が食べ尽くされた谷間の平地や森は、今では古代種ギャロウェイ牛の小さな群れが軽く草をついばむ。彼らが地面を踏みつけ、草を蹴散らすことによって、植物がさらに復元する。

斜面では、ヒツジが草を食べてビリヤード台のようにつるつるだった地表に鬱蒼と草が茂って立体的な様相を見せている。若い芽を摘まれた半球状のヒイラギ、カバノキの若木やナナカマドが、球形をしたミズゴケやヘラハネジレゴケ、ヘザー、シダ、キノコや地衣類などの下生えにところどころ混じる――入り組んださまざまな緑色を背景に、郵便ポストみたいな赤やマスタード・イエローがほとばしるのだ。岩の上に落ちているツグミやライチョウの糞は濃い紫色で、野生のコケモモの実を貪っているのが私たちだけでないことがわかる。ところどころに固まって生えているジュニパーが、古代スカンジナビア語で「ジュニパーの谷」を意味するエンナーデイルという名前の由来を想起させる。このフワフワの斜面のカーペットの上を歩くと、まるで靴の中にバネが入っているような感じがする。

谷の両側に復活した自然な植生が、土を固定し、雨水を吸い上げて、川に流れ込む水の量を劇的に減少させた。だがエンナーデイルを流れる川そのものも、流れを抑える働きをしていた。谷底に降り、川に沿って歩くと、リバー・リザはまるでアラスカかヒマラヤの川のようだ。水は、砂利だらけでそこかしこに巨岩の突き出た谷底を、カバノキ、トウヒ、ヘザーその他の草が作る一時的な島から島へと細い筋状に流れている。砂利は形を変えながら積み上がって川岸を作るが、次に水が溢れればバラバラになって、また別の形になる。橋もなければ擁壁もなく、パイプも通っていないし方向の定まった水路になってもいないその川は、辺りを自由気ままに流れ、森に摑みかかり、新しい岸を作り、大雨が降るたびに新しく生まれ変わるのだ。倒れた木や木の残骸が、流れを堰き止め、迂回させ、水のエネルギーを吸収し、中和させて、怪物をおとなしくさせる。

再野生化されたエンナーデイルの目覚ましい対応力を明らかにしたのは、二〇〇九年に湖水地方の山々を猛烈な勢いで駆け下りた大水だった。一一月一八日と一九日、高山地帯に凄まじい大雨が降った(エンナーデイルから八キロのところにあるサーミアでは、三八時間で四〇五ミリという史上最多の降雨量を記録した)。数百年にわたって放牧されてきたたくさんのヒツジに食べ尽くされて短い草の広がる草原となり、ヒツジたちに踏み固められた山の斜面には、狭くて流れの速い排水路に姿を変えた川に流れ込む水を妨げるものは何一つなかった。ほんの数時間のうちに、洪水の水は川から溢れ、橋を、建物を破壊しながら道路を滝のように流れ落ちた。浸食された不安定な山肌から土が、砂利が流れ込み、谷底を削りながら流れて、下流の町や村をコンクリートミキサーの中身のような鉄砲水が襲ったのである。だがそれとは対照的に、やわらかくて吸収性のある土壌がスポンジの役割を果たしたエンナーデイルでは、大水はたちまちのうちに消散して、リバー・リザは大雨の翌日も水が澄んでおり、歩いて渡れるほどだった。二〇一五年、ストーム・デズモンドによる豪雨で再びカンブリア地方を恐ろしい洪水が襲い、アップルビー、ペンリス、カーライル、ケズウィック、ケンダル、コッカーマス、ワーキントンなどの町にまたしても甚大な被害をもたらしたときも、エンナーデイル・ブリッジとエグルモントを含むエンナーデイルの下流の町は一つも洪水に見舞われなかった。

## 渓谷に暮らす住民たちの選択

ヨークシャー・デールズのピカリングでは、「自然を活かした洪水管理」と同じ原理に基づいて町が主導したプロジェクトが同様の効果を示した。ノースヨークムーアズからの水のほとんどが流れ込む険しい渓谷の底に位置するピカリングは、一九九九年から二〇〇七年の間に四回の洪水に襲われ、その最後の洪水では七〇〇万ポンドの被害が出た。自治体政府は、この問題の解決策は二〇〇〇万ポンドを投じてコンクリートの壁を――いわばベルリンの壁のようなものを――美しい旧市街区の真ん中に造って川が溢れないようにすることだ、と主張した。当然のことながら、住民たちは誰一人としてこのアイデアが気に入らず、代わりに自分たちで山からの水の流れを遅くする方法を調べて、環境局、森林委員会、環境・食糧・農村地域省を説得して支援を取り付けた。森林委員会のスタッフが、町より高いところにある小川の一六七か所に、丸太と木の枝で、通常の水の流れは妨げず、水量が多いときはその流れを遅くする水漏れダムを造った。さらに、細い排水路や溝の一八七か所に、ヘザーで作った俵を置き、ちょっとした障害物を作った。その他、森林委員会の所有地ではない上流の二九ヘクタールの土地に植林し、さらに、面倒な事務手続きを経て、貯水池の一番低いところの近くに堤防を造って一二万立方メートルの鉄砲水を溜め、暗渠を経由してゆっくりと排水できるようにした。

防水プロジェクトが完成した三か月後、運命の二〇一五年一二月二六日、二四時間にわたって雨が降り続いた。ピカリング・アンド・ディストリクト・シビック・ソサエティの会長は堤防に登ってその様子をチェックし、うまく機能しているのを確かめると、帰宅してテレビをつけた。そこには、イギリス北部一帯に洪水によって壊滅的な被害がもたらされている様子が映っていた。助かったのはピカリングだけだったのだ。ピカリングの洪水対策にかかった費用の総額は二〇〇万ポンドで、自治体政府が提案したコンクリートの壁を造る費用の一〇分の一だった。住民のほとんどは、そんな壁を造ってもどうせ洪水を防ぐことはできなかっただろうと信じている。

一方ウェールズでは、ブレコン・ビーコンズ山地のポントブレンで行われた実験で、単にヒツジの放牧をやめて木を植えるだけで、地面に染み込む水の量は、ヒツジが草を食べ尽くして硬い蹄で踏み固めた土壌の六七倍になることが証明された。

平均すると、洪水がイギリス経済に与える被害額は年間一一億ポンドである。二〇一五年には、洪水による被害はその年だけで五〇億ポンドにのぼった。イギリスの不動産の六軒に一軒が洪水の被害に遭う可能性がある。だがこの状況は変えることができるのだ。イギリスにも海外にも動かぬ証拠がある――川を自然の状態に戻し、河川流域を再野生化することで洪水は防げるのである。これは洪水防御施設を建設するよりもはるかに費用が安く済み、安全で、しかも強靱なやり方だ。さらに、水の浄化、土壌の回復、干ばつに対する抵抗性、野生動物の復活という意味で、大きな経済的利益がある。それなのにイギリスでは、このことの理解がどうしようもなく遅い。オランダ、ドイツ、中国のような先見性のある国は、膨大な予算と土地を使って川や湿地の自然を回復しているというのに、イギリスではいまだに洪水対策のための助成金の大部分が、これまで通りの大規模な土木事業に充てられているのだ。

一方、川の再自然化計画は、地方自治体や国営宝くじからの助成金、そして企業からの寄付に頼らざるを得ない。ウッドランド・トラスト、サセックス・ワイルドライフ・トラスト、それに環境局が共同で、ウーズ川流域の「自然を活かした洪水管理」を促進するために二〇一四年に設立したサセックス・フロウ・イニシアチブは、ルイス議会とカナダロイヤル銀行から資金を援助されており、環境局をはじめいかなる政府機関からも資金援助を受けていない。本書を書いている二〇一七年、私たちが初めてクネップのプロジェクトの資金援助を申請してから一六年が経つが、いまだに、地主や農家が池や氾濫原に水を溜めることに対する政府からのインセンティブはほとんどない。むしろその逆だ。再自然化の意欲をそぎ、それをさせまいとする大きな要因がある――水塊は、それがどんなものであっても「永久不適格地物」に分類され、農業補助金の対象にならないのである。高地や川沿いに木を植えるための補助金はあるが、そのことを農家や土地所有者に周知させようとする積極的な取り組みはほとんど行われず、自然の再生を促進するための補助金は今も存在しない。アドゥー川の、クネップの地所内を流れるわずか二・五キロの流域の再自然化は、情けないことに、イギリスの私有地における川の復元としては最長区間の一つなのである。

# 第14章　戻ってきたビーバー

ビーバーは、人間が学習してようやく身に付けることを、本能的にするらしい。
エリック・コリアー『Three Against the Wilderness』一九五九年

デレク・ゴウはクネップの「再自然化」されたアドゥー川の岸辺でぐちゃぐちゃの泥の中に立ち、ハイマックの一〇トン掘削機が、作り込まれすぎた川の土手を削り、たくさんのボランティアが若木を水の中に引きずっていって水の流れを遮る障害物を作るのを、面白くて仕方ないという顔をして眺めていた。私たちの努力に水を差すほど野暮ではなかった（そういう人はすでにその場にたくさんいた）。だが彼から見ればこれは、水文学的な茶番劇だった。私たちがしようとしていたことを達成するための、もっとずっと簡単で効果的なやり方があることを彼は知っていたのだ。もっとずっと複雑で自然で効果的なシステムを作れるだけでなく、無料（ただ）に近い費用でできる方法を。その解決法とは、クネップに欠けているもう一つのキーストーン種の導入だった。

イギリスにはかつて、ビーバーが広く繁殖していた。そのことは、ヨークシャー州のビバリー（Beverley）とベワーリー（Bewerley）、グロスターシャー州のビバーストン（Beverston）、リッチモンド・パークを通ってテムズ川に流れ込むビバリー・ブルック（Beverley Brook）に至るまで、やはり地名に表れている。中世よりはるか以前から人間に利用されてきたビーバーは、一六世紀には絶滅の一歩手前まで乱獲された。密度が高くてなめらかな毛皮と、海狸香(かいりこう)――尾に近いところにある香嚢からの分泌物で、香水を作るのに使われる――が珍重されたためである。海狸香はまた、薬としても利用された。ビーバーはヤナギの樹皮や葉を食べるため、アスピリンの原料であるサリチル酸が高濃度で含まれており、抗炎症剤として、また鎮痛剤として効果があったのだ。またカトリック教徒はビーバーを魚として分類したため、聖日や受難節にも食べることが許されていたほか、一般には排水溝の邪魔になるので害獣とされていた。それでも若干のビーバーは田舎で生き残っていたかもしれない。イギリスで最後にビーバーの目撃が記録されたのは、一七八九年、ヨークシャー州のボルトン・パーシー村で教会の教区委員が「ビーバーの首一つにつき」二ペンスの賞金を出したときのことだった。

## ミズハタネズミとビーバーの深い関係

生態学者であり野生動物再導入の専門家でもあるデレクは、ビーバーをイギリスに連れ戻すことに人生の大半を捧げていたが、もともと環境保全の仕事を始めたのはミズハタネズミのためだった。「ミズハタネズミが俺をビーバーに紹介してくれたんだよ」と彼は言う。デレクにとってこの二つの動物の間にあるつながりは、現代の私たちの自然環境が失ってしまった、複雑な種間関係の一例なのである。

子どもの頃、生まれ育ったスコットランドの川で休みの日にトゲウオ釣りをしていたとき、二匹の雄のミズハタネズミが戦いながら彼のすぐ横の水の中に転がってきて涙が出るほどびっくりして以来、彼はミズハタネズミに夢中になった。一九九二年に行われた調査で、かつてはイギリス中の河川のどこにでもいたこの動物が九五パーセント減少したことがわかって激しいショックを受けたデレクは、維持可能なミズハタネズミのコロニーを再びイギリスに復元することに没頭した。「ちっぽけでふわふわの哺乳動物をキーストーン種と呼べることはめったにないが、ミズハタネズミは間違いなくキーストーン種の一つなんだ」

ミズハタネズミが川岸に掘って作る、深くて曲がりくねった巣穴は、ヨーロッパヤマカガシや両生類やその他の小さな哺乳動物にすみかを提供し、土壌を肥沃にしてさまざまな植物や無脊椎動物のコミュニティを活性化する。巣穴を掘りすぎて岸が崩れることさえも、ショウドウツバメやカワセミが巣をかける好機になる。成熟した雄は、ノネズミが三〇グラムなのに対し三三〇グラムほどあるので、ミズハタネズミがいなくなってしまえば、サギ、ヨーロッパノスリ、フクロウ、チョウゲンボウ、それにキツネなどの捕食動物にとっては大きな食料源の喪失になる。イギリス全体でその数は、二〇〇〇年代初頭の一二〇万匹から現在のおよそ三〇万匹にまで減り続けており、それがイギリスの生態系に与える影響は計り知れない、とデレクは考えている。

ミズハタネズミは、一九五〇年代から毛皮動物の飼育が禁じられた二〇〇〇年までの間に、イギリス中の毛皮動物飼育場からアメリカミンクが何度も――自分で逃げ出したものも動物愛護運動家が逃したものも含めて――自然界に放たれたことによって大きな被害を受けた。ミズハタネズミには生来備わっている防御メカニズムがあって、川岸からびっくりするほど大きなドボン！　という音を立てて水に飛び込むのを一、二世代前のカヌー乗りや釣り人は懐かしく覚えているし、あるいは水に潜ったかと思うと植物が密集したところで耳、鼻、目がかろうじて水面から出るか出ないかくらいまで浮かび上がったりする。こうした方法はイギリス在来の捕食動物にはある程度の効果があるが、ミンクのように外来種で、繁殖が早く、殺傷能力が高いことで有名な動物から身を護るにはほとんど役立たない。一九八〇年代にクネップ湖にミンクが初めて姿を現すと、まずいなくなったのがミズハタネズミだった。それから子ガモが、ニワトリのヒナが、ガチョウの子がいなくなった。チャーリーが祖父に連れられて手漕ぎボートに乗り、作物をだめにしてしまうカナダガンの卵に穴を開けに行ったのは過去のことになった。突如として、水鳥の卵が一切見つからなくなったのだ。ミンクの数を管理するための、国としての戦略がなかった（いまだにない）ために、ミンクの数を抑えるのは土地所有者や自治体の手に委ねられた。一九九〇年代を通じ、この付近のミンク狩りのための猟犬——やる気満々の雑種犬の寄せ集め——たちは、クネップの川や運河の周りを、興奮して大声で吠えながら獲物を探してうろうろしたものだ。ミンク狩りの日は誰もがそれを大いに楽しんだが、その効果のほどは疑わしかった。一度など、水を跳ね上げながら大騒ぎしている人々の間を誰にも気づかれずにミンクが滑るように通り過ぎるのを見たことがある。罠の方が効果はあって、ある年の冬には一か月で三五匹のミンクが捕獲されたほどだ。

とはいうものの、この外来種の殺しの達人がミズハタネズミ減少の一番大きな原因であるかどうかには疑問が残る。カワウソやケナガイタチやマツテンがイギリスの生態系において今でも繁殖していたならば、ミンクはこれほどコロニー作りに成功しただろうか、と考えてしまう。中でもカワウソはミンクの子どもを殺すし、成獣を殺すこともある。イギリスでまだカワウソが残っている地域では、ミンクの数は著しく少ないのである。もしかするとミンクも、他の「侵入種」の多くと同様に、私たちがわざわざ迎え入れてしまったのかもしれない。

ミズハタネズミの生存を根本的に脅かしているのは生息地の消失だとデレクは考えている。ミズハタネズミは「メタポピュレーション」を形成する種の一つで、鎖のようにつながり合った生息地の存在に依存している。夏になるとコロニーは拡大して近くの別のコロニーと近親交配し、冬になれば縮小する。一九九〇年代までにイギリス中の湿地帯が姿を消したことで、こうしたコロニーはバラバラに孤立し、鎖が切れてしまった。今、ミズハタネズミが交配相手を見つけるためには、彼らにとって厳しい環境の中、遠距離を移動しなくてはならず、繁殖の機会はどんどん減っている。デレクは、デヴォン州にある彼の農場で、捕獲したミズハタネズミの繁殖を始め（現在までに一万匹を育てている）、ミンクの数の制御が可能な、復元された湿地帯に放している。

これまでのところ、スコットランドのアバーフォイル、ハンプシャー州のリバー・メオン、クネップに近いアルン川など、イギリスの二五か所でミズハタネズミのコロニーを作ることに成功している。そしてその活動を通して彼は、ミズハタネズミともう一つのキーストーン種の関係について考えるようになったのである。

「日当たりのいい湿地帯で、堰を作ったり池の周りの木を伐り払ったりしてミズハタネズミの生息地を作ってやりながら思ったんだ――俺たちより先にこれをやっていた仕組みがあったはずだとね」とデレクは言う。「考えりゃすぐわかる。ビーバーだよ」

よく観察すると、この二つの動物の間にはもう一つ、さらに巧妙な関係があることがわかった。「ミズハタネズミは赤ん坊を洪水から護る。まさにそのために作られた別の巣に赤ん坊を運んでいくんだ。ほんのちょっとでも水位が上がる兆候があれば彼らがさっさとそうするってことは、すごく状態の変化が大きい河川に棲み慣れているということだと思ったんだ。雨に備えているだけじゃない。ビーバーはものの数時間でダムを作る。昨日は小さな小川だったところが一晩で池になったりもする。ミズハタネズミはそういうビーバーの土木工事に、素早く、そしてしょっちゅう対応できるように進化したんだよ」

## ビーバーの並外れた創造力

イギリスの景観がどれほど見事にビーバーによって形作られたのか、今では想像することさえ不可能だ。歴史を通じ、人間の命運と深くつながったビーバーの命運は、良いときもあれば悪いときもあった。中石器時代（紀元前一万年〜紀元前八〇〇〇年）にはすでに、人間が排水した土地があった痕跡がある。それ以降、イギリスの湿地帯を支配していたビーバーは徐々に人間から迫害されるようになった。ローマ帝国による統治時代には農地が拡大し、沼地は排水され、肉と皮を求めて野生動物は狩りの対象となったため、ビーバーの数は劇的に減少したが、アングロ・サクソン時代には回復し、一一世紀のノルマン朝時代の田舎にも残っていたことがわかる。だが遅くとも一二世紀になる頃には、ビーバーはすでにそれまでのような、自然の形を変化させる存在ではなくなっていた。そして一六世紀と一七世紀、イギリスがオランダから技師を招いて湿地帯を排水する時代になると、ヨーロッパ全域でビーバーは迫害され、あわや絶滅の危機に晒された。それでも、一五七七年、ウィンザーの律修司祭であったウィリアム・ハリソンは、制定に一役買った「穀物保全法」(またの名を「チューダー害獣法」)の中で、カヤネズミからスズメに至るイギリスのさまざまな生物を公衆の敵と宣言し、ビーバーについても「この巨大なネズミは、歯の力が非常に強いため、厚い板を齧って穴を開けたり、二重の丸太を一晩で噛み切ってしまう」と非難している。

だが、ビーバーが持つ素晴らしい創造力は、ヨーロッパが北米大陸を植民地化した頃のその地形を見てもわかる。アメリカビーバーはヨーロッパのそれとははっきりと異なった種で、ヨーロッパのビーバーの染色体が四八であるのに対しアメリカビーバーの染色体は四〇しかなく、この二つは、たとえ捕獲された状況でも決して交配しない。およそ七五〇〇年前、ベーリング地峡を通って北米大陸に渡ったビーバーが分岐してアメリカビーバーになったと考えられている。とはいえ、見た目も、行動も、環境に与える影響も、アメリカビーバーはヨーロッパのビーバーとほぼ見分けがつかない。

何千年もの間、ネイティブアメリカンはビーバーと共存し、その数に大きな影響を与えることもなかった。一六〇〇年代になってヨーロッパから毛皮商人が渡来する前には、北は北極圏のツンドラから南はメキシコ北部の砂漠地帯、大西洋岸から太平洋岸まで、ほとんどの川には一〇〇メートルかそこらに一つずつビーバーのダムがあり、どんなに少なく見積もっても六〇〇〇万匹のビーバーが北米大陸にいたと推測されている。その数はもっと多く、億単位だったと考える生態学者も多い。雨の少ない西側の州では、ビーバーのダムが川の水位を安定させ、川床の浸食を防いで、貯水のための重要なシステムを作った。山岳州では、春先の雪解けで急に増える水を溜めて洪水を防いだ。ネイティブアメリカンは彼らを土地の「神聖な中心」と考えていた。

「それと同じビーバーの密集度を、人間が農業を始める前のイギリスにあてはめれば、あらゆる谷間に池と小川の複雑な水系があったと想像できる。その光景は今とはまったく違っていただろう。そして、ビーバーがイギリスの湿地帯に起こした変化が野生動物に与えた影響はとにかく大きいものだったはずだ。ビーバーは、まさに、土地に生命を吹き込めるんだ」とデレクは言う。

彼は、再びイギリスのすべての川をビーバーが泳ぐ日が来ることを夢見ている。クネップはビーバーの再導入に適しているのではないだろうか、と私たちは考えた。チャーリーが二〇〇二年に環境・食糧・農村地域省に宛てて書いた趣意書にもそう書いていたのだが、バイソンと野生のイノシシと同様に、ビーバーの再導入は遠すぎる夢として計画から外されてしまったのである。ミル・ポンドを見渡し、急速に沈泥が積もっていく辺縁部や、低木や雑草でいっぱいになった湖の先端を見て、デレクの目が輝いた。「あいつらならあの辺に茂っているヤナギをあっという間に刈り取って湖をきれいにしてくれるよ。きっと気に入るさ」

イギリスにビーバーを復活させる可能性については、しばらく前から賛否両論ある。特に反対しているのは釣りをする人たちで、ビーバーは魚種資源に悪影響を与えると思っているのだ。カワウソと混同しているのかもしれないが、ビーバーが魚を食べると思っている人はびっくりするほど多く、C・S・ルイスまでが、『ナルニア国物語』に登場するビーバー夫妻がトラウトとジャガイモを食べているところを描いている。だが実際には、ビーバーの特徴的な出っ歯は魚を獲るのには役立たない。自己鋭利化の仕組みを持つ、剪定ばさみのような明るいオレンジ色の歯は、鉄分を含んで硬く、樹木、樹皮、木のように硬い草などを噛み切るようにできているのだ。ビーバーは草食だということを知っている人でさえ、ビーバーのダムはサーモンやトラウトが川を遡上する妨げになると主張する。また土地の管理者は、ビーバーが木や水路や排水溝や作物に損害を与えるのではないかと心配する。さらに、イギリス人はおしなべて、「制止できなくなること」に対して神経質である。何が起こるかわからないではないか？　ビーバーなしで生きてきた時代が長すぎて、今さら再導入などできない、と人々は言うのである。

だがジーニーはもう魔法のランプから出てしまっている。偶然であれ意図的なものであれ、ビーバーの再導入はすでに始まっているのだ。デレクによれば、そのきっかけとなったのは、一九八二年にイギリスが「ヨーロッパの野生生物と自然生息地の保全に関するベルヌ条約」を批准したことである。この条約を批准した国は、絶滅した在来種、特にキーストーン種について、それが実行可能な場面での再導入を検討しなければならない。一九九〇年までにヨーロッパで行われた再導入は、ビーバーを野生に戻すのがどれほど簡単かつ有益なことであるかを実証した。スコットランドでは、ジョン・ミューア・トラストとナショナル・トラスト・フォー・スコットランドの会長だったディック・バルハリーが、スコティッシュ・ナショナル・ヘリテージに再導入を提案したが、スコティッシュ・ナショナル・ヘリテージはこれに強く反対した。彼らの懸念には検疫の問題が含まれていた。それでも、スコットランドやイングランドに存在する小規模な民間運営の動物園や野生動物公園などが、デレクの協力のもと、ポーランドからビーバーを輸入し始め、検疫のための隔離期間を置いてもビーバーには何の問題もないことを示し、またイギリスの一般市民を、自然の風景の中にビーバーがいるということに徐々に慣れさせていった。デレクの言葉を借りれば、彼らは「暗闇にキャンドルを灯し」ていたのである。

ビーバーが放し飼いになっているという噂が広がり始めたのは二〇〇一年のことだった。ボーダーズ・フォレスト・トラストのヒュー・チャルマースが、テイ川の真ん中に浮かぶカヌーからデレクに電話をかけてきて、

「お前、ビーバー逃さなかった？　俺の横をたった今、ビーバーが泳いでったんだが」と言ったのだ。その数年前には、スコットランド高地の南部にあるオーキンガーリック・ワイルドライフ・パークで、職員の一人が電気柵を登って感電した後にその電気を切ったため、ビーバーが逃げ出したと言われていた。だが、脱出の達人として有名なビーバーが逃げ出した可能性のある場所は他にもいくつもあったし、その中には私有地に作られた囲みが二か所あって、そのどちらも、そこを流れる川はテイ川に流れ込んでいた。もちろん、現状に苛立ったビーバーの擁護者が自ら事にあたった――環境保全活動の世界ではそれを「隠密作戦」と呼ぶ――可能性もあった。どこからやってきたのであれ、二〇〇一年には、タグも付いていなければマイクロチップも埋め込まれていないビーバーたちのコロニーが、イギリス最大の河川流域であるテイサイドに生息していた。この近くのテイ湖の水没した森の中には、放射性炭素による年代測定でイギリス最古のもの（一五〇〇〜八〇〇〇年前）とされるビーバーの巣とダムの跡がある。個人に飼われていたビーバーが首尾よく逃げ出したことが、スコットランド政府の重い腰を上げさせた。二〇〇九年五月、エジンバラ動物園とスコティッシュ・ワイルドライフ・トラストは、アーガイルにあるクナップデイルの森林委員会の所有地で試験的にビーバーを放した。ノルウェーから輸入された一六匹から始まったクネップデイルのビーバーたちは、放されてから最初の四年間に少なくとも一四匹の子どもを産み、一万三〇四五平方メートル（オリンピックサイズのプール一〇個分）の淡水生息域を新たに作り、多数のダムや巣を作った。ダムの最も大きなものは、車二台を停められるガレージほどの大きさだ。今では、合計すると数百匹のビーバーがスコットランドの河川で自由に暮らしていると思われる――ただし、その数や、どこに広がっていったかを正確に知っている人はいない。すでに、自然の生息地にいるビーバーを見ようと観光客が押しかけていた。だがこの「移民」の立場は不透明で、最終的にスコットランド政府が彼らの移住を許すのか、それとも国外退去させるのかがはっきりしないことに、地元住民は反感を募らせていた。ビーバーダムで水浸しになった農地に対しては何の補償もなく、テイ川の周辺ではすでに農家が撃ち殺したビーバーも多数いた。

## イギリスでビーバーを放つ

二〇〇九年、クネップデイルでの試験的なビーバー再導入が始まって間もなく、初めてデレクに会ったとき、彼は、イングランドでのビーバー再導入支援を政府に働きかけるためにビーバーを試験的に放せる場所を探していた。調べてみると、上流は地層が多孔質だしクネップから下流は人の手が入りすぎているアドゥー川は、ビーバーの導入には適していなかった。もっと自然で独立しており、流域の土地の所有者に多様性があり、一般の人が川に下りられるところがあって、人々の反応を評価できる川の方が有益だろう。適切な場所を探し続ける一方でデレクは、イギリスでビーバーをどうするかについて話し合うための組織を作ろうと言い出した。さまざまな利益団体を一つにまとめて、スコットランドで起こっているような意見の対立を避けようというのである。

二〇一〇年七月、「イングランド・ビーバー諮問委員会」が結成された。私はもっと親しみやすい「ナイス・ビーバー」という名前を提案したのだが却下された。チャーリーが会長になり、デレク・ゴウと、エジンバラ動物園で保全プロジェクトのマネージャーを務め、スコットランドでの試験的再導入プロジェクトのマネージャーでもあるロイジン・キャンベル＝パーマーも役員として参加した。その後の数年間、全国農民組合、田園土地所有者協会、農場・野生動物諮問グループ、野生動物・湿地帯保護トラスト、野生動物保護トラスト、英国王立鳥類保護協会、環境局、ナショナル・トラスト、「地球の友」、それに森林委員会の代表がクネップに集まり、ビーバーをイングランドの河川に放すことについての希望や懸念について話し合った。

意外かもしれないが、森林委員会はずっと前から、森林工学のエキスパートとしてのビーバーに関心を持っており、慎重にではあったが、ビーバーの再導入を広い意味で支持していた。彼らの唯一の懸念は、暗渠や道路など、高価なインフラ設備に被害が出る可能性だった。だが彼らからすれば、移住や選抜除去を通じて非・感傷的な管理が行われることを前提とすれば、再導入による恩恵の方が懸念をはるかに上回るのだった。

スコットランドでの試験的再導入プロジェクトは科学的かつ綿密に記録されていたが、イングランドの利害関係者を説得させられるのはイングランドでのエビデンス以外にあり得ないということが間もなく明らかになった。だが環境・食糧・農村地域省は、イングランドの川に試験的にビーバーを放す許可を出し渋った。そのため二〇一一年、デヴォン州野生動物トラストが、デレクを顧問として、デヴォン州西部にある農地に二・八ヘクタールの土地を囲い込み、ビーバーを放してその影響を評価する試験場を作った。

車庫の扉にかかった看板には「大胆な試み」と書かれている。だがチャーリーと私が二〇一四年にデヴォン州のプロジェクトの現場を訪ねたときはまだ、その場所は極秘にされていた。ビーバーが逃げ出さないよう、あらゆる予防策が取られていた。齧歯類のコルディッツ［訳注：イギリスのテレビドラマに登場する監獄の名前］ともいえるその場所は、三万五〇〇〇ポンドをかけた、三本の電線で強化した高さ一・二五メートルのスチール製メッシュフェンスで囲まれていて、その下には溶接された二重の金網が地下九〇センチまで埋め込まれていた。

複雑に入り組んだ水路や奇妙な形をした窪みの上を、倒れた若木や齧られた木の切り株の間を縫うようにして歩いていると、かつてはここが、長さ二〇〇メートルにわたって川岸を固められた川沿いの、じめじめした、あまり重要性のない森であったとはとても信じられなかった。三年とちょっとの間に、ビーバーの成獣二匹とその子ども三匹が、水路とヤナギの茂み、それに十数個のダムに湛えられた広さ一〇〇平方メートル分に及ぶ開放水域からなる、網の目のような水域を作ったのである。そしてその真ん中に彼らは、泥と枝、コケでできた巣を作っていた。私たちがそこにいたのは昼間だったので、夜行性のビーバーは巣の中でじっとして、作業を再開する夜の訪れを待っていたはずだ。

野生生物への影響は驚くばかりだった。夏、このささやかなビーバー王国には、チョウ、アブ、イトトンボ、それにトンボが群れ飛んでいた。水辺には、ヌマハッカやテネラやランが生えた。さまざまなコケや着生植物に混じって、小さな海洋性のコケの一種（fingered cowlwort）の姿もあった。池にはアヒルが泳ぎ、ハシブトガラ、コガラ、ムナフタキ、ヤチセンニュウ、アカゲラ、キバシリ、ヒメベニヒワが木の中の虫をついばんでいる。アオサギやカワセミは魚を追って水に潜る。ヤマシギはここで越冬し、ミミズ、甲虫、クモ、ハエの幼虫、小型のカタツムリなどを食べる。水生無脊椎動物の種類は飛躍的に増え、二〇一一年には一四種類だったのが二〇一二年には四一種類になった。同様に甲虫の種類も、二〇一一年の八種類から二〇一五年には二六種類に増えている。希少なヨーロッパチチブコウモリとノレンコウモリを含む五種類のコウモリもここで目撃が記録されている。コモチカナヘビは枯れ木の下生えの中で餌を探す。両生類も急増した。最初の年、二〇一一年に記録されたカエルの卵嚢は一〇個だったのが、二〇一四年には三七〇個、そして二〇一六年には五八〇個になった。木の上から垂れ下がっている卵嚢さえある――卵を抱えた雌のカエルを食べたサギが残していったのだ。

デヴォン州野生動物トラストにとって何よりも喜ばしかったのは、ヨウシュヌマガヤとイグサ属の一種（sharp-flowered rush）を含む、クルム草原に特徴的な植物が再び姿を見せたことだった。クルム草原とは、イギリス西部と北アイルランドに多く見られたが、排水と開墾、過剰な放牧、人為的な燃焼、植林などによって、過去一〇〇年の間に九〇パーセントが失われた生息環境である。現在デヴォン州に残るクルム草原はわずか三五〇〇ヘクタールにすぎない。

だが、ビーバー擁護の理由として一番説得力があるのは彼らが水系に与える影響だろう。この試験場の水の流れをエクセター大学の水文学者が詳しく調べたところ、柵で囲まれた地区に隣接する農場からどろどろの排水が流れ込むと、ビーバーが作る濾過システムによって、ここから流れ出る水は汚染度が劇的に低くなっていることがわかった。この地区を囲む農地から流れ込む雨水に含まれる硝酸塩とリン酸塩も、ここから流れ出る際にはほとんどゼロになっている。流出した土壌もここに溜まる。嵐の間、ビーバーが手を入れた地区から流れ出る地表水には、ここに流れ込む水の三分の一の沈澱物しか含まれていない。かつてはわずか数百リットルの水しか流れていなかった小さな上流河川の流域三ヘクタールは、今では一〇〇万リットルの水を湛えている。流出する水の量を十数個の水漏れダムが調整して、洪水ピーク流量を減らし、雨の降らないときの基底流量を増やす。したがって、この地区から流れ出る水の量は、昔はジェットコースターのように増減が激しかったのが、今では穏やかな波を描いて推移する。全体として、地下水の水位は一〇センチ上がった。これこそまさに、ピカリングの住民と「ストラウドの維持可能な排水溝プロジェクト（サマーセット州を流れるリバー・フロームの流域二七三平方キロメートル全体をカバーするプロジェクト）」が、自らを洪水から守るために人間の手作業によって行ってきたことにほかならない。

デヴォン州のこの小さな実験場で行われたエクセター大学による研究は、これまでビーバーが作るダムについて水文学的な観点から行われた研究の中で最も詳細なものであり、私たちに、ビーバーが究極の洪水制御技師であることを理解させてくれることは間違いない。だが、ビーバーの生態系への復活を支持する理由という意味では、これはほんのおまけにすぎないのだ。すでに、ヨーロッパやアメリカにはそれを支持するエビデンスがたくさんあり、その規模もずっと大きい。

一九三〇年代、北米大陸では、三〇〇年にわたって罠や狩猟の餌食になったビーバーは、カナダの山奥にわずか一〇万匹が残るだけになっていた。一八五三年から一八七七年の間に、ハドソン湾会社［訳注：カナダで毛皮販売を独占したイギリスの会社］だけで三〇〇万匹分のビーバーの毛皮をイギリスに輸出したのである。だが現在、ビーバーの数は、北米大陸全体で六〇〇〇万匹から一二〇〇〇万匹の間といわれる。アメリカのマサチューセッツ州だけでその数は七万匹にのぼる。ビーバーの復活によって、数百の研究論文が出版された。ロードアイランド大学の科学者たちは、ビーバー池では水に含まれる窒素のうちの最大四五パーセントが、その淀んだ水に繁殖するバクテリアや水生植物に吸収され、堆積物の中に蓄えられて、窒素吸収装置の役割を果たすことを示した。この研究結果は、米国土壌学会によって立証された。コロラド州立大学での研究は、ビーバーダムによる炭素隔離効果に着目している。ビーバー池の堆積物が炭素を閉じ込める作用には、気候変動を大幅に軽減させる効果があるかもしれない、と地球科学者は言うのである。モンタナ州の野生生物保護学会の科学者らは、ビーバーダムが地下水の水位を上げ、給水量を増やして、耕作のために地下水を汲み上げる費用を大きく引き下げ、同時に鳴禽類やシカ、ワピチ、そして——これが重要なのだが——魚類の生育環境を改善する、ということを示した。ワイオミング州でも、ビーバーが棲む小川には、いない小川と比べて七五倍の水鳥がおり、水中に棲む生物の数も、ビーバー池ではそうでないところの二倍から五倍多い可能性が示された。他にも、ビーバー池に堆積物が溜まり、食べる植物がなくなって放棄されるというのが、新しい土壌が形成される過程として主要なものの一つであることを示す研究がある。

ヨーロッパでは、フランス、ドイツ、スイス、ルーマニア、オランダを含む二四か国の一六一か所で展開されるビーバー再導入プログラムによって、一九〇〇年には八つのコロニーに合計一二〇〇匹しか残っていなかったのが、一二〇万匹にまで増えている。今ではヨーロッパのほとんどすべての国の川にビーバーがいる。野生のビーバーについてヨーロッパで行われた研究の結果は、アメリカでの研究でわかったことと同じである。だが、頑固者のイギリス人にとっておそらくもっと大事なのは、人口密度の高いヨーロッパが、人間とビーバーの共存を実践して見せているということだろう。

## ドイツでの成功事例

ドイツのバイエルン州ほど人間が徹底的に管理している土地はおそらくほとんどない。ドナウ川の流域は、見渡す限り、一ミリ残さず耕作されている。穀物畑は生垣で区切られておらず広大で、道路脇はきちんと整えられ、野草も生えておらず、まるで滑走路のようだ。ウシ、ブタ、ヒツジは通常は夏でも屋内で飼育される。高地では林業が営まれ、毎年四八五万立方メートルの材木が生産されて、管理に三〇〇〇人、木材を伐り出すのに二三〇〇人が正規雇用されている。しかもこの、スコットランドよりかなり面積の小さいバイエルン州で、人々は一万八〇〇〇匹のビーバーと共存しているのだ。

ドイツ版デレク・ゴウともいえる、もじゃもじゃのあご髭に長い灰色の髪を腰まで伸ばした大男、ゲルハルト・シュワブが私たちを、ミュンヘン空港の到着ロビーからほんの数分のところにある森に棲む「空港ビーバー」のところに案内してくれた。三日間の慌ただしい視察で私たちは、標高一四五六メートルという最高地に棲むバイエルン州グローセル・アーバー湖のビーバーから、採石場、ドナウ川、都市の郊外の市民公園で自由に暮らすビーバーまで、ビーバーの生息地をいくつも見て回った。だが一番驚いたのは、ゲームフィッシング・クラブにビーバーが巣を作っていたことだ。中年の男たちが、酒の入ったフラスコ瓶とサンドイッチを持って腰を下ろし、ザンダーやニジマス釣りに勤しんでいる。池の反対側にぼんやりと見えている、丸太や木の枝の山のことは一向に気にしていないのが明らかだった。たしかに、釣り人たちに木陰を提供し、水温が上がらないようにするため、とても美しいヤナギの木の数本は金網のフェンスで囲まなければならなかった——マスは、コイやキタカワマスやナマズと違って水温の上昇に弱く、直射日光の当たる水には耐えられないからだ。だがバイエルン州の釣り人たちは、ビーバーのためならばこの程度の不都合には甘んじるのである。

「一九六〇年代にバイエルン州にビーバーを復活させた際、一番激しく反対したのが釣りをする人たちだった」とゲルハルトは言う。「だが実際にビーバーと暮らしてみると、彼らは考えが変わったんだ」。ビーバーのいる池では、彼らが作るダムや巣が、無脊椎動物や微生物に生息地を提供すると同時に稚魚が大きな魚やカワセミやサギなどに食べられるのを防ぎ、魚の数が八〇倍にまで増加した。他の場所では、ビーバーの作るダムは魚の遡上の障害にもならなかったが、サケ科の魚とビーバーが数千万年前から共存してきたことを思えばこれは驚くにはあたらないかもしれない。ゲームフィッシング・クラブに年間七日から一五日間の無償労働を提供するのがバイエルン州で釣りの許可証を得るための条件であり、釣り人はその労働時間を、木を護る柵を建てたり、池や小川の周辺にビーバーが掘った穴や溝をレンガで埋め立て、岸辺を人が歩いたりパラソルを立てられるようにしたりすることに充てる。「共生関係さ」とゲルハルトは言う。

バイエルン州の農家もビーバーと共存することを学んでいるが、それは非常に巧妙な、シンプルで安価な水量制御装置、「ビーバー騙し」のおかげだ。アメリカで開発されたこの装置は、ビーバーダムの水位が上がりすぎて穀物畑が洪水の危険に晒されると、暗渠を開けたままにして水位を調節するのである。

「ビーバーが農家に被害を及ぼすことは十中八九ないね」とゲルハルトは言う。「たまに問題が起きても、大抵は簡単に解決するよ」。バイエルン州の農家が安心している背後には、仮に何をやってもだめな場合はビーバーを罠にかけて殺せばいい、という重要な信条がある。「そのことを知っただけで、受容度がぐんと高まったよ」とゲルハルトが言う。「何が起ころうと、ビーバー保存命令が法的に施行されて自分の土地にビーバーを生かしておくよう強要されたりはしないということを、農家や土地所有者が理解していることが不可欠なんだ」

## 野生ビーバーの発見

私たちが作ったささやかな非営利団体、「イングランド・ビーバー諮問委員会」が、イギリスの人々に対して、ヨーロッパやカナダやアメリカの釣り愛好家や農家は何の問題もなくビーバーと共存しているということを説明しようとしていたその矢先、素晴らしい出来事が起きた。デヴォン州のリバー・オッターに、野生のビーバーの家族が棲んでいるのが発見されたのである。定年退職した環境科学者トム・バックリーが暗視カメラで二〇一四年の二月に撮影した白黒のビデオ映像に、水の中で、互いに身繕いをしたり木を齧ったりして遊んでいる三匹のビーバーが写っていたのである。当然、このビデオはインターネット上で盛大に拡散された。地元住民の多くは一〇年近く前からビーバーの存在に気づいていたのだが、マスコミの注目、それに何よりも行政機関がビーバーに不利な反応を示すのを恐れて黙っていたのだった。彼らは正しかった。このことが知れると間もなく、環境・食糧・農村地域省が、ビーバーの集団を捕獲して閉じ込める計画を発表した。ビーバーは侵略種であり、人間の健康に被害を及ぼす危険のある病気を持っているかもしれない、というのがその理由だった。

この場合も、ビーバーがどうやってそこにやってきたのかは謎だった。近くの自然保護区から逃げたのではないかと言う人もいたが、それよりは、どこかの過激派野生動物愛好家——マスコミは彼らを「ビーバー・ボンバーズ」と名付けた——が連れてきたという仮説の方が当たっている可能性が高かった。どこから来たにしろ、デヴォン州野生動物トラストや、ビーバーが撮影された土地の持ち主である農家をはじめとする近隣の町オタリー・セント・メアリーの住民たちは、政府の決定に反対し、署名を集め、店のウィンドウに「俺たちのビーバーを守れ」という貼り紙をした。一万人が環境相に手紙を書き、検査のためにビーバーを捕まえる必要があるならば、環境・食糧・農村地域省は検査後、結果に問題がなかったビーバーを速やかにリバー・オッターに戻すべきだ、と訴えた。

デヴォン州のみならずイギリス全国でビーバー支援の声が高まったことに励まされて、「地球の友」は、政府が取る立場は違法であると異議を申し立てた。イギリスはヨーロッパビーバーの「自然な分布地域」の一部であり、そこからビーバーを排除することは、保護種に関するEU法に抵触する、というのが彼らの主張だった。

批判が飛び交い始めると、デヴォン州野生動物トラストは何度も公聴会を開き、検査の終わったビーバーを川に戻すことを政府に強く求める方向で人々の意見をまとめようとした。デレク・ゴウに言わせれば、その前の五年間にイングランド・ビーバー諮問委員会がした地固めが、デヴォン州のビーバーたちの命運を決めるこれらの集会で重要な役割を果たした。「一〇年前なら、環境保全活動家と、全国農民組合のようなビーバー再導入に反対する圧力団体が話し合いを持つことはあり得なかっただろうよ。でも俺たちはクネップのおかげでお互い顔見知りだからね。仲が良かったし、そこには信頼感があった。それぞれの立場ってもんはあったが、正式に、実験的にビーバーを放すことには賛成だった。環境・食糧・農村地域省は孤立無援だったんだ」

二〇一五年三月二三日、リバー・オッターの上流では、夕闇が迫る中に木々のシルエットがくっきりと浮かび上がり、辺りは何かスパイ映画じみた雰囲気が漂っていた。BBCの番組『スプリングウォッチ』の撮影スタッフは、イメージショットを撮って時間を潰していた。デヴォン州野生動物トラストの職員や理事、この土地の所有者である若い農家の夫婦、それにチャーリーと私からなる限定された見物人は、言いようのない期待に胸を高まらせていた。倒れた木を避けながら――それまでもビーバーがそこでダムを作っていた証拠だ――砂州を行ったり来たりし、腕時計に目をやっては、直前になって何か問題が起きないかとヒヤヒヤしていた。デヴォン州野生動物トラストから電話があったのは解放予定時間のわずか二四時間前だった。彼らは、ロイジンとエジンバラ動物園の彼女の同僚たちが、捕獲されたビーバーに対してデレクの農場で行った検査の、「問題なし」という結果報告を待っていたのだ。健康のお墨付きをもらったビーバーたちの耳にははっきり目立つ標識が取り付けられ、解放する準備は整った。ついに政府が、リバー・オッターにビーバーを試験的に放すことに同意したのだ。デヴォン州野生動物トラストの勇気ある態度と、「大胆な試み」が報われた。この小さな団体にとって、それは大きな覚悟と責任を伴う仕事だった。非常に詳細な許可申請書を提出するだけでも大変だったのに、資金と組織運営の人材の提供まで請け負い、許可に必要な複雑な条件のすべてを遵守することを確約したのである。クリントン・デヴォン・エステート、デレク・ゴウ・コンサルタント会社、それにエクセター大学との提携のもと、デヴォン州野生動物トラストが先頭に立ってこのプロジェクトを向こう五年間、五〇万ポンドをかけて実施し、ビーバーが地元の環境、経済、地域社会、そして野生動物にどんな影響を及ぼすかを調べようというのだった。

二〇二〇年、五年が経過したところで、イギリスにおけるビーバーの運命を政府が決めることになっている。そして、イギリスのビーバーが世界各地のビーバーと同じように行動することを前提に、ここ以外の場所でもビーバーを放す許可が与えられることになっている。一方、二〇一六年一一月二四日にはスコットランド政府がとうとうスコットランドにいるヨーロッパビーバーに永住の許可を与え、イングランド政府が同様にすることへの圧力はさらに強まっている。

ついにエンジンの音が沈黙を破り、デレク・ゴウのピックアップトラックが川の脇に停まった。後ろの荷台から移動用の檻三個が降ろされ、出口を川に向ける形でそっと地面に置かれた。反対側の岸辺で緊張に身をこわばらせ、カメラを檻に向けて、私たちは黄昏の薄闇に目を凝らした。歴史的瞬間だ。イギリスで初めて、政府の許可のもと、絶滅した動物が再導入されるのである。一個ずつ、デレクが檻の出口の扉を開けると、三つの影が這うようにしてゆっくりと水に入り、泳ぎ始めた。他のビーバーたちも次の日に放されることになっていた。

三匹のうちの二匹はあっという間に泳いでいって見えなくなってしまったが、一番大きい、妊娠している雌ビーバーは、勝利を宣言するようにひと泳ぎした後、砂州の私たちの目の前に姿を現して身繕いを始めた。太ったスパニエル犬くらいの大きさのその雌ビーバーは、体を起こしてヒゲで辺りの空気をチェックしたかと思うと、平たくて鱗に覆われた尻尾を地面に置いてバランスを取りながら、後ろ肢の爪でなめらかな長毛を梳き始めた。クネップにビーバーを放すという夢も手の届かないものではないかもしれない。その雌ビーバーがクネップ湖のサルヤナギの茂みにいるところ、あるいはハマー池で働き者の子どもたちと一緒にせっせとダムを作っている様子が——一番小さい子ビーバーがこっそり母親の尻尾に乗っかっている——目に浮かんだ。コンクリートで固めたダムや、レゴのブロックで造ったみたいな船台は過去のものになるだろう。氾濫原のあちらこちらに木の破片を寄せ集めた堰ができているだろう——人間が造る、不器用な人工の水たまりにつながる階段ではなくて。スプリング・ウッドでは萌芽更新がまた始まるだろう。水の流れがこうやって改良されることで、生息地全体が息を吹き返し、中世前期以降クネップで見たことのない水の王国ができる——複雑な植生のあるそこでは、ミズハタネズミがミンクを出し抜くことだって可能に違いない。

# 第15章　自然保護と経済

肉食について、各人がもっとうまく対話する方法が必要なのだと思う。皿の上にのれば肉はいつも主役なのだから、それと同じように、肉にまつわる問題を主目的にして、公（おおやけ）に、だれもが語りあえるような方法が必要なのだろう。

ジョナサン・サフラン・フォア『イーティング・アニマル』二〇一一年
（東洋書林　黒川由美　訳）

クネップにとって、ロングホーン牛を選んだのは幸運だったが、それは単に彼らがおとなしいウシだからではない。「フィンチング」と呼ばれる、背中を走る白い線があるおかげで、どんどん野生化していくクネップの敷地の中で彼らがどこにいるかがわかりやすかったからだ。冬も元気に越してくれた。頑健でしなやかな体を持つ彼らは、寝場所に使える空の納屋もほとんど使うことはなく、嵐や寒波のときも、森や木立、あるいはサルヤナギの茂みの中に身を潜めてやり過ごすのを好んだ。

だが経済的な観点から言って何よりも重要だったのは、ロングホーンは見事な食肉になるということだった。著名シェフ、ヘストン・ブルメンタールは、二〇一三年、彼の料理番組『パーフェクションを求めて』シリーズの中で、世界で一番美味しい牛肉として、アバディーン・アンガスや日本の神戸牛を含むあらゆる伝統的な牛肉よりもロングホーンを選んだのである。

## 意外な副産物

二〇一〇年には、三つある群れを合わせるとロングホーンの数は二八三頭（出産経験のある雌ウシが六九頭、ないものが三六頭、雄ウシが九頭、残りは生後六か月から二〇か月のウシたち）になり、クネップのプロジェクトが許容できる最大頭数に達したので、選抜除去を始める必要があると思われた。突如として、かなりの収入になる可能性がある再野生化の副産物が出現した。私たちは事実上、高品質でオーガニックなロングホーン牛肉を、飼料や設備費はゼロ、獣医にかかる費用もほとんどなしで生産していたのである。「環境保全グレード」の肉を専門に扱う家族経営の小さな食肉処理会社から、使われていないクネップの農舎の一つを借りたいという申し入れがあり、私たちには完璧なビジネスパートナーができた。私たちは食肉処理室と、肉を熟成させるための低温貯蔵室を作った。私たちの牛肉はそこで五週間吊して成熟させる――ファストフード全盛時代の現在ではほとんど忘れ去られたやり方である。今では、私たちの最高級肉を買うための予約リストがあるし、周辺地域のレストラン、パブ、高級食肉店にも卸している。

肉の味ややわらかさ、あるいはそれがオーガニックであること以上に、私たちの肉の一番のセールスポイントは、それが「パスチャーフェッド」であるということだ。これは今のところ、イギリス政府にも、食品業界や農業界にも認められていない差別化ポイントだが、実はこのことは、人間の健康にとっても動物の健康にとっても大きな影響を持っている。一九九〇年代、アメリカの科学者によって、放牧によって飼育されたウシと、集約農業システムの中で穀物飼料を食べて育ったウシの脂肪の違いが明らかになった。その研究結果と動物福祉の考え方が一緒になって、アメリカでは「グラスフェッドビーフ」を求める動きが生まれた。現在ではアメリカのスーパーマーケットのほとんどで、牛肉売り場や乳製品売り場の一角が、一〇〇パーセント牧草を食べて育ったウシの製品に充てられている。例によってイギリス人は、海外で行われた研究には懐疑的だった。だが二〇〇九年、イギリスの独立行政機関である経済社会研究会議がイギリス国内で行った研究は、アメリカでの研究結果を裏付けていたのである。

牧草を食べて育ったウシの肉を化学的に分析すると、ビタミンAとビタミンEの含有量がはるかに多く、ベータカロチン（ビタミンAの前駆体）とセレンの含有量は通常二倍である。これらはみな非常に強力な抗酸化物質だ。また、長鎖脂肪酸であるオメガ3系脂肪酸の一つで、心臓病を防ぎ、脳の発達と機能に重要な役割を果たすドコサヘキサエン酸（DHA）を含む、健康的な脂肪酸の含有量も多い。人間の脳の半分は脂肪であり、その脂肪の四分の一はオメガ3である。人間の体はオメガ3を産生できないので私たちはそれを食物から摂らざるを得ないのだが、オメガ3を含む食物はわずかしかない。マグロ、サバ、サーモンといった脂の乗った魚にはDHAが豊富に含まれている。だが魚種資源は地球規模で激減しており、養殖されたサーモンは、たとえそれがオーガニックであっても、通常は持続不可能な形で捕獲された野生魚が餌である。さらに環境汚染の原因にもなる――大量の魚糞と食べ残しが海洋生物に影響を与え、野生の魚に病気を広げるのである。オメガ3サプリメントの製造業者は、徐々にその原料をオキアミ（世界中の海洋にいる小さな甲殻類）に移行させつつあり、環境保全活動家は、食物連鎖の底辺にいる、このなくてはならない資源の保護を行政に求めている。それとは対照的に、パスチャーフェッドの食肉は地球に優しく、またここが重要なのだが、オメガ6系脂肪酸とのバランスが極めて良い。最新の研究では、現代人の食事はオメガ6――主に植物油に含まれている――が多すぎる。栄養学者によれば、オメガ6対オメガ3の比率が六：一以下の食事が健康の秘訣である。パスチャーフェッド・ビーフはその比率が常に四：一以下であるのに対し、穀物飼料で育ったウシの肉は通常六：一以上の比率を示し、ときには一三：一ということすらある。

だがおそらく何よりも重要なのは、放牧で育った家畜の肉は共役リノール酸の含有量がかなり多いということだろう。共役リノール酸は、免疫力を高め、炎症を抑え、また骨量を増やす効果があることが証明されている。自然界に存在する最も強力な抗発がん物質の一つとされる共役リノール酸はまた、体脂肪と心臓発作のリスクを軽減させることもわかっている。しかも、放牧で育ったウシの肉は通常の牛肉と比べてバクセン酸の含有量が多い。バクセン酸は人間の消化管内細菌によって共役リノール酸に変換されるので、牧草だけで育ったビーフを食べることで摂り入れられる共役リノール酸の量はさらに増える。

これとは対照的に、穀物飼料で育てる現代の集約的な飼育法では、健康的な脂肪、ビタミン、その他の重要な化合物の産生が阻害される。市場に出す前に最後に穀物を食べさせて太らせる、標準的な「仕上げ」を行うだけでも、それまでずっと放牧で育ててきたことによる利点が帳消しになってしまうことがあるのだ。これは理論的に説明がつく。草を食べるように進化してきた動物にとって、穀物の代謝は容易ではない。オーガニックな穀物であろうと同じことだ。集約的畜産で使用される、大麦、小麦、大豆、セイヨウアブラナ、糖蜜にタンパク質とビタミンを補強した「高性能飼料」は、家畜の体重を増やしはするが、さまざまな健康上の問題を引き起こし、本来の免疫力を弱めて、家畜の有病率を高める。その結果、抗生物質、アベルメクチンその他の高価な薬の投与が必要になるのである。また人間も、穀物飼料で育つウシの体についた脂肪は代謝しにくい。今では、穀物で育った家畜の脂肪の摂取は人間の健康にとって有害であることが明らかになっており、肥満、心臓血管疾患、糖尿病、喘息、自己免疫疾患、うつ病、ＡＤＨＤ、それにアルツハイマー病につながるというエビデンスが増えている。

こうした研究結果が意味するものは非常に大きい。最近の医学的なアドバイスは、動物性脂肪を摂らないよう勧めるものがほとんどだが、これは間違いだ。正しい動物性脂肪を摂りさえすればよいのである。そしてこれは肉以外にもあてはまる。アメリカでは、牧草だけで育ったウシの乳は、共役リノール酸を五倍、オメガ3系脂肪酸を三〇パーセント多く含むことがわかった。市販の殺菌牛乳をやめて、牧草を食べて育ったウシの牛乳を生で飲むようになった子どもたちは、喘息とアレルギーが劇的に改善した。自分はラクトース不耐症であると思っている人は、すべての牛乳に対してではなく、穀物飼料で育ったウシの乳に対してのみアレルギーがある可能性がある。ここで重要なのは、野草、ハーブ、多様な植物が放牧地にたくさん生えていればいるほど、牛乳に含まれる健康的な脂肪酸の量が多いということである。

## 穀物飼料不使用へ

イギリスで食肉生産者が「グラスフェッド」という言葉を使うとき、そのウシは、牧草地の草も食べたけれど、仕上げの過程で穀物や製造された飼料、あるいは食品製造の副産物を食べている可能性もある。環境・食糧・農村地域省によれば、「グラスフェッド」という名目で販売するためには、餌の五一パーセントが牧草でありさえすればよく、また「グラスフェッド」として販売されている製品が調査や取り締まりを受けたことが一度でもあったか疑わしい。そこで最近イギリスで始まったばかりの、ウシに自然の餌を食べさせようという運動は、「グラスフェッド」の代わりに「パスチャーフェッド」という言葉を採用した。二〇〇一年に設立された「パスチャーフェッド・ライブストック・アソシエーション」という組織による「パスチャー・フォー・

ライフ」認定証は、牧草以外の餌は一切食べたことがないウシであることを保証するものだ。しかもその牧草が育つ牧草地は、除草剤や化学肥料の使用を最低限——できればゼロ——にして、自然の野草やハーブの複雑な植生と、草食動物が餌から摂る必要のあるミネラルが失われないような形で管理されていなければならない。ウシが消化不良を起こす原因は穀物だけとは限らない。牧畜用に、完全に農作物として栽培された高栄養の牧草もまた、穀物に劣らず問題であることは、私たちのウシが忘れようのない形で証明してくれた。

二つ目のロングホーンの群れを北区画に放した後、チャーリーはウシがどんな行動を取るかに興味を持ち、監視の目を光らせていた。私たちは、カントリーサイド・スチュワードシップ事業認定期間が延長された二三五ヘクタールの北区画のほとんどに、在来の野草八種類からなる標準的な「カントリーサイド・スチュワードシップ事業用ミックス」の種を蒔いていた。ただし一か所だけ、サイレージを作るのに使われていた高栄養のイタリアン・ライグラスの畑だったところだけは種を蒔いていなかった。化学肥料を撒かなくなれば放っておいても天然の野草が生えてくるとわかっていたからだ。中央区画に放した群れと同じように、ウシたちは土地の中央部を探索する前にまず、外側の境界線を把握しようとした。チャーリーがオークの木の下に座ってサンドイッチを食べていると、ウシたちが、美味しそうなエメラルドグリーンのライグラスの草原を発見するのが見えた。ウシたちは嬉しそうにモーと鳴き、まるでチョコレート工場に連れてこられた子どもたちのように夢中でライグラスを食べ始めた。ところが二〇分も経つと、彼らは不満の声をあげながらその草原を後にし、一番硬い草の生えているところに移っていったのである。それからお腹の調子が元どおりになるまでの数週間、彼らは氾濫原のゴワゴワした茅の草原にとどまった。夏の間中、彼らはイタリアン・ライグラスの草原には決して近づこうとはせず、在来の野草が十分に生えてきてからやっとそこに戻った。このことがはっきりと示していたのは、私たちの現代的な農法において、屋内飼育のウシに食べさせているものは言うまでもなく、タンパク質と糖分が豊富な牧草を強制的にウシたちに食べさせるのは、私たち人間が、フォアグラとクリスマス・プディングを一年中、毎日食べさせられているようなものだ、ということだった。

消化不良だけではなかった。化学肥料を使って単一栽培で育てられたライグラスは、ウシが食べ物を消化する過程で、気候変動をもたらす最も有害な温室化ガスの一つであるメタンガスができる一因にもなるようなのだ。生物種が多様な牧草地でメタンガスの排出量が少ないのは、主にフマル酸の存在によるものだ。アバディーンにあるロウェット研究所は、フマル酸をヒツジの餌に加えるとヒツジの成長が早まり、メタンガスの排出量が七〇パーセント減ることを突き止めている。フマル酸は、アンゼリカ、カラクサケマン、ナズナ、セイヨウミヤコグサを含む、草原や生垣に生えるさまざまな野草に含まれている。

パスチャーフェッドの家畜の脂肪が人間の健康に良い——ラード、クリーム、バターを食べていた祖父母の世代の人なら誰だってそう言うだろうが——こと、マーガリンや植物油など「よりヘルシー」とされる代替品が実はその正反対かもしれないことを裏付ける科学的なエビデンスは、イギリスではまだまだ知られていない。集約農業の普及とともに、第二次世界大戦後、放牧を中心にした牧畜業からの方向転換が起こり（これには当時の畜産農家や環境保全活動家が大いに反対した）、私たちは穀物栽培にしがみつくようになった。かつては頑健なウシやヒツジの品種を豊かな野草の茂る牧草地で飼っていた（冬の間、屋内で飼育する場合は干草やサイレージを与えた）、小規模な食肉・乳製品の生産者たちは、加工食品や畜牛の飼料とするための穀物を栽培する大規模農家に、組織的に取って代わられていった。イギリスの土地の多くは牧草地に適しており、イギリスでは歴史的に、野菜と肉と果物からなる食事に依存してきたにもかかわらず、現在では多くの土地で、耕作、灌漑、化学肥料の投与が行われて穀物が栽培されている。そしてその半分は家畜の飼料になるのである。

世界中で広大な土地が穀物の栽培に充てられている（世界中で生産される穀物の三分の一は家畜の飼料にな

る）が、同時に私たちは、かつてなかったほど肉を食べることを奨励されており、イギリスの牛肉の消費量は年間一〇〇万トンに及ぶ。だが家畜に穀物を食べさせるのは、金がかかるし二酸化炭素排出量も多く、非効率的なことばかりだ。一キロの牛肉を生産するためには七キロから八キロの穀物を必要とする。過去一五年間に、ヨーロッパでは五五〇万ヘクタールの牧草地が耕運された——そしてその過程で、主に家畜の餌にするための穀物の栽培によって、イギリスで一年間に排出される温室効果ガスの二倍にあたる量が排出された。発展途上国での肉の消費が増えるとともに、アグリビジネスや食品製造産業は、穀物飼料を与えて集約的に肥育される食肉の生産を拡大している。健康面から見ても環境面から見ても、これは深刻な問題だ。ハイテク技術を駆使した人工肉から完全な菜食まで、こうした食肉生産に代わるやり方が提示されているが、実はもっとずっと簡単な解決法がある。人間の未来を設計し直す代わりに、昔から積み重ねられてきた知恵に耳を傾ければいいのである。つまり、今より食べる肉の量を減らして、伝統的な家畜の飼育法に立ち戻るのだ。

## ウシとウマの共存関係

健康な家畜を育てる維持可能なシステムにおいては野草が豊富な牧草地が重要であることについて、チャーリーと私は、野生により近い状況で暮らしているクネップの動物たちを見ていて思うこととして、動物が木の葉を食べることがもたらす恩恵も付け加えたいと思う。初め私たちは、南区画で低木やヒメジョオンのような先駆植物が大きく広がり始めると、ウシたちが食べる草が足りなくなってしまうのではないかと心配した。だが実際には、南区画のウシたちは、中央区画と北区画の草原で草を食べているウシよりも健康で大きくなることが多かった。小枝や樹皮や木の葉を食べることで、ウシ、シカ、ウマはいずれも、草だけ食べていたのでは摂れない栄養素やミネラルを摂取できるのだ。昔の農民にとってはこんなことは言わずもがなだっただろう。動物が届かない高さまで木の枝を刈り込んでそれを飼料にするというやり方は、干し草が作られるようになる何千年も前に始まり、かつてはイギリス全土でごく普通に行われていた。この二層構造になった餌のやり方は今もヨーロッパの一部や、アフリカやアジアの自給自足地帯で使われている。葉のついたままの枝を伐り落として保存し、冬期や乾季の家畜飼料とすることで、木の寿命も延びるし、干ばつや牧草の生育が悪いときのための大切な保険になるのである。

草原に生える野草と同様に、多くの樹木や低木の葉には薬効がある。少し前までは、放牧地と放牧地の境界線にさまざまな種類の木や低木を交ぜて生垣として植えるのは、栄養の供給源を増やし、家畜が自分で自分を癒やせるようにする、という目的もあったのだ。

二〇一〇年の一月、それから二〇一一年の一二月に大雪が降ったときだけは、クネップ・プロジェクトの敷地外の草原で刈り取られたオーガニックの干し草を買う必要があった。クネップ・パーク内のポニーやシカは地面が長い間雪で覆われても死ななかったが、ロングホーンは雪を掘って草を見つける方法を忘れてしまっていたし、中央区画と北区画ではシカのブラウジングラインが高いところにあるのでロングホーンが食べられる葉が少ないのである。それ以外で私たちが餌を補足したのは、二〇一三年の春、何か月も雨が降り続いて地面がぐちゃぐちゃになり、新しい草が生えるのが遅れたときだけだ。

どんな草食動物も冬は痩せるものだが、研究によれば、体重が減ったり増えたりというサイクルは実は彼らの健康にとって良いことである可能性がある。何千年にもわたって、季節による食べ物の増減に対応できるように徐々に進化してきた草食動物の代謝機能は、一年中高カロリーの餌を食べることには向かないのかもしれない。問題は、冬の終わりに動物がどれくらい健康か、そして春、最初に新しい草や木の葉が芽吹いたとき、どれくらい迅速に体重を増やせるかである。

自然のままに草を食べさせるのは、動物にとっては何の問題でもないことがわかったが、現代的なイギリスの家畜飼育に関する規制とは相容れない問題があった。たとえば、複数の雄ウシが群れにいると生まれた子ウシの父親が特定できないため、クネップのロングホーンは純血種というステータスを失っている。また純血種規定によれば、雄のロングホーンは生後三〇〇日で体重三一〇キロに達しなければならないが、これは集中的に穀物を食べさせなければ不可能である。だから事情に通じている人にとっては、「スロー・グロウン（ゆっくり生育させた）」という条件は、味と家畜の健康の両面から重要なのである。

自然に任せて草を食べさせるというのは基本的にはほとんど手がかからないのだが、中には集約的な牧畜よりもずっと時間がかかってしまう作業がある。たとえば、家畜に耳標を付けるという規則がある。この対象にならないのは、ノーサンバーランドにいる古代種で、中世からここを自由に歩き回っているチリンガム牛だけだ。クネップの中央区画のウシたちは、自然の生活サイクルを取り戻して春にいっせいに子どもを産むようになるまでの八年間、生まれて数日のうちに子ウシを見つけて耳標を付ける作業はまるでかくれんぼのようでイライラした。ある雌ウシのお気に入りの出産場所がわかっていたとしても、一年中バラバラに子どもが生まれていたのでは、その雌ウシがいつ産むかがわからないのである。

家畜のために作られた規制を守るために、私たちは結局、非介入主義から逸脱しなければならなかった。ロングホーンの群れを何もせず放っておけば、ときには生後六か月、七か月の若い雌ウシが種牛と交配することになる。その場合、仮に妊娠した子ウシが比較的大きければ、成熟しきっていない雌ウシの出産に問題が起きる危険性がある。その危険性がどの程度のものであるかは測りようがない。クネップでは、五〇頭の雌ウシからなる群れで、八年間に二度そうした出産時の問題が起きている。数でいえば非常に少ないが、問題は、ただの一度でもそれを許していいのか、ということだった。二〇〇七年五月、私たちは、環境・食糧・農村地域省、王立動物虐待防止協会、ナチュラル・イングランド、それにいくつかの環境保全型牧畜プロジェクトから獣医を招いて、自然主義的なクネップのシステムの実際を視察してもらったが、彼らの懸念もこの一点だった。私たちは彼らの提言に従うことにした。雄ウシは群れから引き離し、繁殖期がやってくるまでは、クネップのプロジェクトからは村一つ隔てた一六一ヘクタールの有機認定された土地で過ごさせる。六月か七月に雄ウシを群れに合流させるときは、若い雌ウシは群れから離し、九月になったら戻すのである。ただし、群れをこのように分断すると、どうしてもウシたちの関係性に影響が出る。群れから引き離される若い雌ウシは生後六か月から一二か月で、ほぼ草しか食べなくなってはいるものの、中にはまだ母親の乳を飲んでいることもある。一〇週間後に群れに戻った子ウシと母親が互いに相手に気づかないのを見るのは悲しい。

地所内を自由に歩き回るウシたちを、四年に一度の結核検査や、気腫疽のような一般的なウシの病気の予防ワクチン接種、あるいは総合的な健康状態の検査のために集めるのも骨の折れる仕事だ。しかも、低木の茂みや湿地帯の面積が大きくなっていくにつれてそれはますます難しくなっている。だが、フランス南部のカマルグにある、世界自然保護基金の共同創設者リュック・ホフマンが創始した湿地帯保全プロジェクト「ラ・トゥール・ドゥ・ヴァラ」を訪れた私たちは、カマルグ馬という素晴らしいウマに出合った。カマルグ馬というのは、ローヌ川河口に広がる湿地帯の厳しい環境の中で闘牛をまとめるのに使われてきた古い馬種で、水にも生い茂る低木にも動じることがなく、ウシの扱い方を本能的に知っており、野生のイノシシに慣れているので通常はブタを恐れることもない。

ウシたちはカマルグ馬に夢のようにおとなしく従う。残念ながらクネップの牧夫のパット・トゥと、彼が信頼するアシスタント、クレイグ・ラインはどちらもウマには乗れないので、ウシたちを大々的に集めなければならないときはクネップのカウボーイたち――チャーリー、アシスタントのヤスミン・ニューマン、それに私たちの息子ネッド――が三頭のカマルグ馬に乗るのだが、普段のウシたちの管理業務には四輪バギーと四輪バイクを使う。そもそも車両を使ってウシたちを集めるのは、ウシにはパニックと恐怖感を与えるし、牛追いにも同じだけのアドレナリンを放出させずにはおかない殺気立った作業だったが、それを大きく変化させたのがバッド・ウィリアムスの叡智だった。バッドはオレゴン州の牧場主で、二〇一二年に五六歳で亡くなったが、生前、西部劇でカウボーイが掛け声とともに土埃をあげる大騒ぎとは似ても似つかぬやり方でウシたちを動かす方法を教えていた。彼は、ウシたちの群れの気質に関する共感的理解に基づいて、ウシ、ヒツジ、ブタ、トナカイ、エルクやバイソンに至るまで、どんな動物でも、またそれがどんな土地でも、徒歩で集めることができた。自分のウシたちは定期的に場所を変えて放牧し、フェンスで囲むこともしなかった。

バッド・ウィリアムスの妻ユーニスが手持ちカメラで撮影した何時間分もの、未編集でおかしな雑音交じりのビデオを見ると、家畜を集めるのを仕事にしている人にとっては非常に参考になると思う。正しい角度から、必ず家畜から見えるように近づき、決して家畜の真後ろには立たないことで、バッドは家畜の群れを、速すぎもせず遅すぎもしないちょうどいい速度を計算しながら穏やかな動きに導いて、磁石のように引きつけるのだ。群れからはぐれた個体も、群れが歩いていく方向に、水銀の滴が集まるかのように吸い込まれていく。「どこに行くのか、どうして歩いているのかもウシたちは知らない」と、決して言葉を飾ろうとはしないバッドが言う――「だが仲間外れはいやなんだ」。彼らのDNAに刻み込まれた本能的な移動衝動が働くのである。

それはまた、遊牧民たちの体にも染み込んでいる。ルーマニアの遊牧民が、トランシルバニアの森林牧草地でウシや水牛を追っているのを見ると、ウサギとの競走に勝ったカメと同じような、何ものにも動じない安心感がある。私たちにバッド・ウィリアムスのことを教えてくれた見識ある牧場主は、現在の牧畜システムに蔓延する、棒を振り回しアドレナリン全開の、男臭いやり方を嫌悪している。「牛飼いがウシのことを理解できなくなっているってことですよ。大声を出して鞭を振り回す人ほど、ウシが怖いんだと思いますね」

## 自閉症の動物学者とウシ

現代的な畜産業がこうした暴力的なシステムによってウシにストレスを与えているのは言うまでもなく、どれだけの時間と労力を無駄にしているかということを痛感させてくれたのは、テンプル・グランディンだった。畜牛の扱い方にかけては世界で最も有名な人の一人で、二〇一一年七月にクネップに来訪したのである。テンプルは、一九四七年にマサチューセッツ州で、重度の自閉症を持って生まれた。三歳半になるまで口をきけず、身体に触れられることに耐えられない彼女の持つ驚くべき洞察力は、施設に隔離するようにという医師の忠告を母親が拒否して普通の教育を受けさせなければ日の目を見ることはなかったかもしれない。まだ若かったテンプルに閃きの瞬間が訪れたのは、叔母の農場で、家畜用固定ケージに入るウシを見たときだった。これは、焼印を押したり角を切ったり獣医による治療を受けたりする間、ウシをじっとさせておくための檻のことだが、窮屈な檻が体にぴったりと押し付けられ、首と頭をしっかり挟まれて身動きできない状態が、ウシたちを落ち着かせることに彼女は気づいたのである。テンプルは自分のための「スクイーズ・マシン」を開発した――耐えがたいほどのストレスやパニックを感じたときにその中に潜り込んで、フレームを支えているレバーを解除すると、体に両脇からぎゅっと圧力がかかる仕組みになっている装置である。テンプルにとってそれは、人間の抱擁の代わりになる、安心できる方法だった。

テンプルと動物の共通点は、彼女の不安感となって最もよく表れた。周囲の環境に怯え、光や突然の閃光に強く反応し、音や触覚や視覚的なディテールの変化などに対して過敏な彼女は、本能的に、何が家畜を動揺させ怖がらせるのかを知っていた。彼女が設計した非虐待的な家畜施設は、全米で半数以上の家畜飼育と屠殺のシステムに革命をもたらし、危険でストレスの多い作業を、効率的で人道的、そして最終的には経費削減にも役立つものに変容させた。

イギリスでの講演ツアーの後にクネップを視察したいというのがテンプルの希望だった。彼女の握手は力強かった——努力してできるようになった社会的な儀式の一つだ——が、自己紹介しながらも目を合わそうとはしなかった。「テンプル・グランディンです。テンプル・グランディンです。初めまして。初めまして」。同じことを繰り返して言う癖があるので、学校ではあだ名が「テープレコーダー」だった。言葉は自分にとっては第二言語なのだ、とテンプルは言う。動物と同じく、彼女は主にイメージでものを考えるのだ。テンプルは、襟にテキサスロングホーンの刺繍があるカウボーイシャツを着て、ループタイと、ロングホーンの頭が彫られた大きな真鍮のバックル付きのベルトを身に着けていた。彼女の同伴者から、アメリカへの便に間に合うよう午後七時きっかりにはガトウィック空港にいなければならないとテンプルが気にしていると聞いていたので、私は時計から目を離さなかった。彼女の慎重さは度を越している——帰国の便の出発は翌日だったのだ。

私たちはテンプルと同伴者に再野生化プロジェクトを見せて回ったが、彼女がそれをどう評価しているかは判断が難しかった。彼女には新しく夢中になっていることがあった——ウシの額にあるつむじについて立てている仮説だ。つむじが額の高い位置にあればあるほど、ウシは気が荒く神経質だというのが彼女の主張である。突飛な理論のように聞こえるが、胎児の体毛の生え方は脳の発達と同じ時期に起きることを考えれば実はそうでもない。人間の子どもでも、髪の生える方向や逆毛は、脳の基底構造に対応していることが研究でわかっている。ウシの場合、つむじの巻きの方向はまた、そのウシが右利きか左利きかを示し、それによってそのウシがどちら側から向きを変えるのを好むかだけでなく、大脳半球の左右どちら側が優勢であるか——左脳は社交性と食べ物を見つける能力、右脳は危険の察知や忌避行動を司る——がわかる可能性もある。テンプルはこの仮説を何千頭もの動物で検証しており、クネップのロングホーンのつむじがどういう位置にあるかをしきりに見たがった。

夏の日差しの中、おとなしく寝そべっているロングホーンの群れの中を歩きながら観察すると、彼らのつむじは目と目の間か、それよりもっと低い位置にあるように見えた。ただし例外が一頭だけいた。上向きの弧を描く角のある、濃い灰色のその雌ウシは、私たちが近づくと警戒したように体を起こした。ブラック・ビッチという名のその雌ウシは性格の悪さで有名で、子ウシに近づく者には誰だろうと襲いかかった。私たちがそのウシを排除しなかったのは、彼女が素晴らしい母親だったからだ。思わず感心せずにはいられない気迫が彼女にはある。だがこの再野生化プロジェクトが起きているのは現代で、歩道を歩いたり犬を散歩させたりする人たちのことも考えなければならない。インド人のビンディのように、額の真ん中の、目より高いところにあるそのウシのつむじは、私たちがすでに本能的に知っていることを裏付けている。このウシは処分しないと、とテンプルが言った。そして、過保護な遺伝子が受け継がれないように、彼女の産んだ子ウシもすべて処分しなくては、と言うのだ。テンプルのアドバイスは極めて実用的ではあるが、ある動物のある特定の特徴だけを選んでそういう個体ばかりの群れを作り、他を排除すること——たとえその特徴というのが従順さであったとしても——の危険性は彼女も承知している。そうすることでそれ以外の、重要で有益で健康的な特徴が失われはしないのか？　集約的な畜産で行われる選抜育種ではすごいスピードで遺伝子操作が行われ、長期的にその種から何が失われるか、あるいは肉体的な副作用についてはほとんど考慮しない。これは現代の家畜にとっては、疼痛、体調不良、神経障害の最も大きな原因である。

テンプルの関心をウシのつむじから引き離すことにようやく成功した私たちは、彼女の著作『Livestock Handling and Transport（家畜の扱い方と輸送）』に従って設計したウシ用のハンドリング設備を見せに連れていった。テンプルはたちまち問題点を見つけた。入り口は彼女の言う通り、ウシが入る気になりやすいように三〇度の角度がついている。でも、と彼女は言う——クネップの場合、ウシの通り道の両側に壁を立てる必要はないし、ロングホーンは背が高いので壁を立ててもどうせその上から外が見えてしまう。ウシの通り道が大きな納屋の壁に沿ってできていれば、ウシの気が散らないようにするにはそれで十分だというのだ。さらに、通り道を壁で囲まずにおけば、ウシは、他のウシたちがカーブを回って、平行に並んでいる隣の通り道を自分に向かって歩いてくるのを見て安心する。自分たちはもと来たところに戻っていると思うのだ。

テンプルを送り出したとき（もう一度気まずい握手をするとテンプルは、あからさまにホッとした様子で車へと走っていった）、私たちは、彼女がくれた単純なアドバイスがどれほど大きな影響を与えることになるかを知らなかった。彼女に指示されたわずかな修正のおかげで、最終的にはウシたちの世話をするための作業時間がさらに三〇分短縮されたのである。

このシステム全体が作業にもたらす違いは驚くべきものだ。テンプルのやり方を採り入れる前は、群れの全頭に対してある処置を施すには、五人がかりで丸一日、ストレスと戦わなければならなかった。今では二、三人いれば、一〇〇頭のロングホーンを二時間以下で扱える。ウシたちが緊張することもないし、作業する人間が危険な目に遭う可能性もずっと低くなった。

他の動物たちも元気そのものだ。薄オレンジ色の子ブタが巣の中で日差しを浴びながらうつらうつらしていたり、真剣な面持ちで巨大なタムワース・ピッグの母ブタを小走りで追いかける子ブタを励ますようにその母ブタが低い声で鳴いているところを見かけたりすると、いつもついホロリとしてしまう。雌ブタは母親としてはあまり子ブタの面倒を見ない。それはもしかすると、一度に四匹から六匹の子どもを産むからかもしれないが、一匹くらいいなくなっても気にならないらしい。落伍せずについていくのは子ブタの責任なのだ。だが雌ブタたちは意外なほど仲間意識が強く、互いの子ブタに乳を飲ませることも多い。彼女たちはたしかに、再野生化が気に入ったようである。ある日、チャーリーと私が池の脇を歩いていると、水の中に、ジャグジーのようにぶくぶくと泡が湧いてきてびっくりした。続いてカバのように鼻で息をしながら、年長の雌ブタの一匹が、大きな淡水シラトリドブガイを咥えて水面から顔を出した。岸まで泳ぎ着くと、その雌ブタは器用に爪先で貝をこじ開け、歯で中身を剝がして食べた。その横に顔を出した別のブタはもっと鷹揚で、そのごちそうを殻ごと嚙み砕いて食べてしまった。池の底の沈泥に隠れている貝をどうやって見つけたのかは謎だが、今ではそれは彼らのお気に入りの餌である。ブタは最大二〇秒間水の中で息を止めていられる。もしかしたら、進化の過程で水生動物だった頃に立ち戻っているのかもしれない。

私たちは、「野放し」で育ったオーガニックの豚肉を販売したいと思っていたのだが、間もなく、タムワース・ピッグは土壌の攪乱には欠かせないが、クネップが一時に維持できるこの生きた耕作機の数には限界があることが明らかになった——そしてそれは成獣六匹程度にすぎなかった。これにはがっかりした。なぜなら以前、試しに自然乾燥のスペイン風生ハムを作ってみたことがあったからだ。ワインの箱の中で塩漬けにし、それからハエが入らないようにした籠の中に吊して庭のオークの下で一夏乾燥させた生ハムは、クネップのキッチンでブラインド・テイスティングをすれば常にスペイン製の生ハムよりも人気があったのである。サセックスのドングリをたっぷり食べて育ったブタの、オークの香りがする脂肪は、スライスするそばから溶けるようだった。ロース肉やポークチョップにすれば、木の実の香りがする深い味わいがあって、スーパーマーケットで売られている生白い豚肉とは大違いだ。今、私たちは、家族が食べるため、そしてクネップのキャンプ場にある店に来る客のためにだけ、タムワース・ピッグのソーセージとベーコンを作っている。またパスチャーフェッドのブタから採れるラードや牛肉の肉汁をふんだんに料理に使うようにしている。フィッシュオイルよりも安価だし、維持可能なオメガ3、オメガ6、オメガ9の供給源なのである。

エクスムーア・ポニーもびっくりするほど堂々と落ち着いている。子ウマが生まれるようになると、肥満や蹄葉炎の心配もさらに減った。突如として彼らは非常に活動的になった——雌ウマは群れの女性リーダーの座を争って戦い、子ウマは格闘ごっこで遊び、群れを率いる雄ウマは次に自分に挑戦してくる雄ウマに目を光らせる。自然のストレスとウマ同士の関わり合い——それこそが生き生きと活力に満ちた群れの本質だ。そしてこれは人間にもあてはまる。最近行われた研究では、ときおり味わう短期間のストレスは、脳の細胞を刺激性の化学物質で満たしてアルツハイマー病の予防、またエストロゲンの分泌を抑制して乳がんの予防にも役立つことが示されている。人間も動物も、肉体に問題が起こるのは、体内のストレスホルモンのレベルが慢性的に非常に低い、あるいは非常に高い状態が継続した場合なのだ。

だが、二〇一〇年までにはクネップのエクスムーア・ポニーは三〇頭を超え、それがクネップで維持できる最大頭数だと思われた。野生のウマがいる野生動物保護区はどこもそうなのだが、私たちはそれを超えるウマをどうするかという問題に直面した。半分野生の、人を乗せるように調教されていないウマの需要は少なく、生きたエクスムーア・ポニーを売ってもたった二五ポンドにしかならない。市場で売る許可を取るのにかかる費用と同じくらいだ。たとえばニュー・フォレストやダートムーアがそうだが、野生のエクスムーア・ポニーの死骸は通常、動物園に送られるか、猟犬の餌になるか、あるいはフランスに送られる。輸送にかかる時間や見知らぬ食肉処理場に対する不安もあり、クネップの動物にとってそれはあまりにも悲しくもったいない最期であるように思えた。となれば、群れを維持可能な頭数に保つために他に考えられる手段はただ一つ、去勢だと私たちは考えた。

ウマを去勢するのは、ウマにとっても去勢する人にとってもストレスになる経験だし、費用がかかる――雄ウマ一頭を捕まえて去勢手術するのに二〇〇ポンドかかるのだ。だが、少なくともそれは一度行えば終わりである。獣医を驚かせたのは、クネップの雄ウマを眠らせるには通常の、飼育されたウマに投与する麻酔薬の二倍の量が必要で、解毒剤は半分しか必要ないということだった。雄ウマは、押さえつけている青い顔をした男たちよりもさっさと元気を取り戻すように見えたが、それはやはり残念な転換点となった。私たちはもう、子ウマが生まれるのを間近に目にする喜びも味わえない。だが私たちを何よりもがっかりさせたのは、群れの生き生きした活力が失われたことだった。事実上ストレスがゼロになった群れは、自然なウマ同士の関わり合いや身に付けた知恵がそこで止まってしまった――「野生」の動物が行き場を失ったのだ。

しかし、やり方は他にもある。二〇一五年、デヴォン州タヴィストック近郊の農園に住むウマの愛好家シャーロット・フォークナーが、半分野生のウマたちの未来を守るべく大胆な行動に出た。彼女は長年、「ダートムーア・ヒル・ポニー・アソシエーション」という団体を運営し、飼い主が荒野に放ったらかしにしているポニーを助けたり、飼い主が望まない子ウマのもらい手を探すなどして、ダートムーアの野生のポニーを援助する方法を模索してきた。六〇年前までは、ダートムーアには何千頭もの野生のポニーがいた。一九三〇年代、花崗岩と石炭の掘削が盛んだった頃は、ポニーは坑内で運搬用に、また人が乗ったり荷車を引いたりするのに使われた。だが今やその数は八〇〇頭に減り、毎年四〇〇頭の子ウマが農家によって撃ち殺されている。ダートムーア・ポニーという種は絶滅の危機に瀕しており、そして彼らが草を食べなければ、ダートムーアの荒野は硬い草にのみ込まれ、重要な生息地と生物多様性を失うことになりかねない。

個人的な感情を乗り越えて、シャーロットは唯一の解決策を受け入れた——つまり、ポニーを食べるということだ。「他の手段があると思ったなら、もちろんそうしました」。初めてポニーのステーキを口に入れる前には、ビールを二杯飲まなければならなかった、と彼女は認めるが、問題解決に向けたその取り組みは報われた。ダートムーア中のレストラン、パブ、ファーマーズマーケットにはポニーの肉のソーセージやロースト肉を求める熱い市場が生まれ、畜農家にはポニーから収入を得る道ができたし、野生のポニーたちは活気を取り戻したのである。だが、ウマの愛好家たちからの批判はときとして激しいものだった。シャーロットはときどき、失礼な電話をかけてくる人に自分から電話をかけ、彼女の行動の理由を理解するために彼女の農園に来てみてはどうか、と提案するが、「招待に応じる人は一人もいないわ」と言う。

イギリスにおける馬肉に対するタブー意識は説明が難しい。ヨーロッパでも、南アメリカでも、アジアでも、ウマを食べる国は多い。中国、メキシコ、イタリア、アルゼンチンを含む、世界で最も多くウマを食べる八か国を合計すると、年間四七〇万頭のウマが消費される。イギリスでも他のヨーロッパの国々と同様、中世まではウマを食べる習慣があった。七三二年に法王がウマを食べることを禁じ（これはゲルマン民族の多神教カルトとの関連だった）、さらに遊牧民のロマ人やユダヤ人の間に非常に強いタブーが存在していたにもかかわらずである。フランスでは、革命によって貴族の厩舎が飢えた人々に解放され、ウマを食べる人が増えた。ナポレオンの遠征では追い詰められた軍隊が軍馬を食べたし、一八七〇〜一八七一年の普仏戦争中、民衆はポニーを食べた。現在でも肉屋は、走るウマの姿やウマの頭が描かれた看板で馬肉を宣伝している。イギリスから英仏海峡を越えれば、ウマを食べることに対する感傷はなく、毎年一〇万頭の生きたウマが、欧州連合に運び込まれ、あるいは欧州連合内で人間が食べるために輸送されているのである。

とはいえ、イギリス国民は思ったほど繊細でもないのかもしれない。二〇〇七年に雑誌『タイムアウト』が行った読者調査によれば、回答者の八二パーセントが、ゴードン・ラムゼイ［訳注：イギリスの著名シェフ］が自分のレストランで馬肉を供すると決めたことを支持している。「ノーズ・トゥ・テイル」という料理スタイルが、イギリス人の味の好みや感覚に変化を起こしているのかもしれない。二〇一三年に一連の食品スキャンダルが起こり、イギリスのスーパーマーケットで売られている牛肉やその他の食品に馬肉が混ざっていることが露見したとき、消費者が懸念したのは、出処のわからない、危険な化学薬品で処理された、病気や死にかけの動物の肉を食べさせられた可能性が高い、ということであって、馬肉を食べるということ自体ではないようだった――馬肉を供するイギリスのレストランはそれでも予約でいっぱいだったのだ。

この騒動は、私たちの耳には心地良く響いた。おかげで大きなタブーが崩れ、「質の良い」馬肉が無駄にされているのに「質の悪い」馬肉が怪しげなハンバーガーやミートパイに使われているという皮肉な事実が露わになったし、最高級でトレーサビリティのある、環境保全に留意した国産馬肉を食べてもいいとイギリス人が思うようになるかもしれないこと、そしていつの日か再びクネップでエクスムーア・ポニーの群れを繁殖させられるかもしれないことを示唆していたからだ。

# 草食動物と植生遷移

二〇一〇年、私たちはアカシカをレプトン・パークに放した。諮問委員会が、植物が十分に育ったので重要な動物をもう一種類放しても大丈夫と判断したからだ。否定的な意見は克服できるという自信があった。アカシカは、クネップにいる他のどんな動物と比べても危険な動物とはいえないのだが、いつも通り、馴染みの薄いものに対して人々は極端な恐れを抱いた。けれど私たちはまた、その逆もまた真であることを理解し始めていた。人々の恐れを取り除くのに、実際の体験ほど効果的なものはない。ハンス・カンプの言葉を借りれば、人は「行動することで思考する」のである。

だがアカシカには私たちを驚かせることが一つあった。トレーラーから解放されるや否や、一番近くにあった水に飛び込んだのだ。クネップにすっかり慣れた今でも、彼らは湖や池で腰まで水に浸かって過ごす。スコットランドのゴツゴツした岩山にいるアカシカを見慣れた目には奇異に映るが、クネップや、他の低地にいる彼らを観察していると、アカシカは本当は川辺に棲む動物である――だった――のに、人間がその生息地を奪ったために高地に追いやられたのではないかという疑惑を実証しているように見える。ユーラシア大陸ではアカシカは今でも、東南アジアのサンバー、中国のシフゾウ、中央アフリカのシタツンガと同様、葦原や沼地で生活する主要な草食動物である。

低地の環境下でアカシカが驚くほど大きく育つことも、この仮説に説得力を与えている。クネップにいる雄ジカはスコットランドにいる雄ジカと比べて体重が二倍あり、角の重さは三倍もある。高地での森林伐採や慢性的な過放牧に、中には冬の間飼料を補充するところもあるなどして人為的に保護されている頭数の多さが加わって、スコットランドのアカシカはあまり大きく育たない。高地に住むほとんどの人はそのことを知らず、高地にいるアカシカの数や大きさが普通だと思ってしまっているのである。

だがノルウェー人の見方は違う。ノルウェー人のものの見方は色々な意味で変わっているのだ。私たちはノルウェーで、過去二〇年にわたってノルウェー自然研究所に勤めているダンカン・ハレーというスコットランド人の案内で高地を歩いたことがある。一九世紀半ばまでヒツジが放牧され、風に吹かれて奇妙な形をした木がところどころに立っているほかは、人を寄せ付けない小峡谷や谷底に低木の茂みが張り付いているだけの土地だ。スコットランドと同緯度にあり、地質学的にもスコットランドと同様に火山によって形成された酸性の泥炭層で、季節による気温の変化も似ており、場所によってはスコットランドよりも降雨量が多く風も強い、ノルウェー南西部にあるその一帯は、かつてはスコットランドのハイランド地方とそっくりの様相をしていた。ところが一九世紀の半ば、農業恐慌によって多数の農家がアメリカに移住し、大規模な土地放棄が起きた。ノルウェーには貴族がシカを狩るという文化がなかったため（基本的にノルウェーは自作農の国である）、シカはほぼ狩り尽くされていたし、ヒツジがいなくなると、この一帯の草を食べる動物がほとんどいなくなってしまった。一九五〇年代以降に起きた社会的・経済的な状況の変化が、農村から都市部への人口移動にとどめを刺した。そしてその結果起きた植生の繁栄ぶりは、科学者、歴史学者、森林学者を一様に驚嘆させたのである。

スコットランドでは一般的に、ハイランドの土地には木は生えないものと考えられ、画家ランドシーアが描いた風景画は私たちの潜在意識の一部となっている。カレドニアの森が消滅したのはあまりにも遠い昔のことで、現在のスコットランドとは何の関係もないし、仮にスコットランドの土地に種子源が存在していたことがかつてあったとしても、それはとっくに失われ、土壌はさんざん入れ替わっているためその種子が継承されることなどあり得ない、と人々は思っているのである。標高六五〇メートルを超えるところに木が生えていたことはない、というのが一般通念だ。

だがノルウェーは、それが間違っていることを証明している。草を食べる動物がいなくなって一〇〇年あまり経った今、海抜ゼロメートル地帯から標高一二〇〇メートルまで、ありとあらゆる土地に木が生えているのである。木はなだらかな丘の斜面にも、急斜面にも、がれ場にも、風が吹き付ける断崖にも、波しぶきがかかる海岸線にも生えている――植生遷移の勝利である。こうした木々の種子がどこから来たのであれ、種子源に事欠かなかったのは明らかだ。私たちは、カバノキ、ヨーロッパアカマツ、ナナカマドやポプラが生え、林床はフワフワしたコケと地衣類で覆われた森を歩いた。花崗岩の巨礫のてっぺんにさえ木は生えていた。人間の背丈よりも高い蟻塚に吐き出されたペリットを見れば、ここがヨーロッパオオライチョウのレックであることがわかった。もっと高度が高く、六月でもところどころ雪が残っている高木限界線に近いところでは、矮小のヤナギ類、いじけたカンバ類、ジュニパーの茂みにいたオガワコマドリ、アトリ、シロビタイジョウビタキ、ハシグロヒタキ、ノハラツグミ、それにライチョウをびっくりさせてしまった。この一帯の下生えはヘザーで、イギリスのライチョウのいる荒野とはまるで違っていた。ここのライチョウはおそらく、ヘザーよりもタンパク質が豊富なヤナギの芽を食べているのだろう。これらのライチョウは、以前はイギリスのライチョウとは違う鳥だと思われていた。ノルウェー人はそれを「ヤナギライチョウ」と呼ぶのだが、現在は亜種であると考えられている。ライチョウは単に、ノルウェーでは環境が違うためにイギリスとは異なった行動を取るのである。

ノルウェーで起こったことは、生態系がスペクトラムの一端から逆の端にひっくり返ることがあることを示している。草食動物に完全に支配され、いかなる植生遷移も起こり得ない環境が、草食動物が排除されて十分な時間が経つと、閉鎖林冠の森に変化した。かつては一卵性双生児のようだったスコットランドとノルウェーが、今では正反対なのである。そしてどちらも、自分たちの景観こそ自然だと思っている。

スコットランドでどんな植生が可能なのか、それを目にするのは興味深いことではあるが、ノルウェーは現在、それとは真逆の問題に直面している。最後に残った開けた土地が木に占領され、低木の茂みが閉鎖林に逆戻りすれば、活力に満ちた生態系ができる可能性は低くなる。ノルウェーで現在起きている動物による攪乱は、森林の拡大を止め、開けた土地を作り、生態系の複雑化を促し、自然な植生遷移のバランスを是正するには不十分である。ノルウェーの自然は、バイソンや野生のイノシシを求めているのだ。

中には戻ってきた動物もいる。ビーバーはスウェーデンから北上しつつあるし、アカシカとノロジカも新しい森に棲みついている。ノルウェーの人口の九・五パーセントにあたる五〇万人の人々は猟師として登録されている。だがノルウェーの狩猟文化とスコットランドのそれは、片や密集した森の中での狩り、もう一方は開けた土地での狩りであり、狩猟のテクニックや発生する問題が違うのはさておき、非常に異なっている。たとえばノルウェーでは、狩猟が許されるアカシカの数は体重で決まる。撃ち殺されたアカシカの体重が軽いと、それは食べ物の奪い合いが過剰であることを意味するので、アカシカの数が減って適正な体重に戻るまで、狩猟が許可される頭数が増える。またノルウェーでは、二歳半の雄ジカの枝肉の重さは少なくとも八〇キロはあるべきとされていて、これは、スコットランドで同じように処理された同じ年齢の雄ジカの枝肉より約二〇キロ重い。スコットランドの鹿狩り庭園の中には、自然の植生を復元しようとシカの数を大幅に減らした結果、シカの体重がそれに応じて増えたところもある。だがほとんどの場合ハイランド地方では、ビクトリア朝時代からの風習は変わっておらず、スコットランドのアカシカは人為的に高い頭数を保つことが推奨されているので、植生が復元される可能性は皆無に近い。

一方ノルウェーのやり方は、閉鎖林に覆われた景観に向かうカタストロフィックシフトを引き起こしている。最適な体重のシカの群れを維持することで、頭数が増えたり減ったりする自然のリズムはなくなり、しかも頭数が非常に少ないので、アカシカが森に与える影響は取るに足らない。ノルウェーのやり方も、スコットランドのやり方も、基本的に、植生遷移と動物による攪乱の間にあるべき対等な闘いが欠落しているのだ——本来ならそれによって、自然の動力学と個体数の増減が自由に起こり、長期的な生物多様性を刺激し、維持するはずなのである。

イギリスでは、奇妙なことに北部と南部でやり方が異なるのだが、いずれのやり方も結果としてシカの数が増えすぎる。ハイランド地方でアカシカの数を人為的に多く保つのは狩りのためだが、それ以外の地域でアカシカ以外の種類のシカが急増しているところでは、その数を制御したがらない。第二次世界大戦中はイギリスにいるノロジカはごくわずかだったが、一九六〇年代以降、在来のノロジカと、飼われていたのが逃げ出した外来種のシカの数は爆発的に伸びた。現在イギリスにいるシカの数は過去一〇〇〇年で最高で、アカシカ、ノロジカ、ダマジカ、ニホンジカ、インドキョン、キバノロを合わせると一五〇万頭のシカがイギリスの田園地帯に棲んでいると考えられている。イギリスに残された自然生息地はごくわずかなので、シカがそうしたところどころ残った貴重な自然に与える影響は非常に大きい。在来のヤマシギやナイチンゲールなど、鬱蒼とした茂みが必要で、些細なことで生活が乱されてしまう地上営巣鳥類が減少しているのも、シカの存在が一因かもしれない。イギリス以外のヨーロッパの国々とは違い、(鹿狩り庭園を除く)一般のイギリス人は、捕獲したものを食べるのには飽きてしまって、その辺を自由に歩き回っているこの健康的なタンパク源はまるで無視されている。効果的な選抜除去の方法もなく、彼らを襲う捕食者もいないものだから、シカたちは田舎に自由に棲みついて、植生はやはり回復させてもらえない。こうした土地に何よりもまず必要とされているのは、ノロジカの天敵であるオオヤマネコだ。

クネップには、大型捕食動物の存在、という再野生化の一面が明らかに欠落している。クネップの一四平方キロメートルの土地は、ここにいる草食動物にとっては恐れるもののいない場所だ。彼らが群れをなすのは、生存のためというより社交的な行為としてである。彼らは漫然と歩き回り、自由に草を食べ、好きなところに行く。邪魔者といえば子ブタや子ジカに手を出そうとするキツネくらいだ。そこにはどんな影響が欠落しているのだろう。もしもこのジグソーパズルの一ピースをクネップに加えることができたら——クネップが再び、捕食者が豊富に存在する、本当に生きた自然と結びつくことができたらどんなことが起こるのか、それは誰にもわからない。

# 第16章　土は生命

この一握りの土に我らの生き残りがかかっている。大切に管理をすれば土は我らの食べ物を、燃料を、すまいを育て、我らを美で包み込むだろう。誤った使い方をすれば土は崩れて息絶え、人間を道連れにするだろう。

『アタルダ・ヴェーダ』サンスクリットの聖典、紀元前一二世紀頃

国土を破壊する国家は、自らを破壊する。

フランクリン・D・ルーズベルト、アメリカ大統領
『Uniform Soil Conservation Law』（一九三七年）について全州知事宛に書いた手紙

再野生化に着手した当初、私たちの関心は、初めてクネップを訪れる人々のほとんどがそうであるように、大型哺乳動物に――のしのしと気の向くままに風景の中を歩き回り、不意に自然とのつながりを思い出させてくれるその存在感に――自然と引き寄せられた。
その次が鳥だった。一列に並んで飛ぶガン、秋になるとやってくるカモの一群、頭上高く上昇温暖気流に乗

って荒々しい鳴き声をあげるたくさんの猛禽類、低木の茂みに群がる小鳥たち。びっくりするような訪問者もいた――ヒメハイイロチュウヒ（イギリスで最も希少な猛禽類）、大きなダイサギのつがい、ハシグロクロハラアジサシ、渡りの途中のコウノトリ。二〇一六年、さらに二〇一八年にはなんと、西ヨーロッパで最も希少な鳥の一種、ナベコウもやってきたし、二〇一四年には初めて、トラフズクとコミミズクも見た。今やクネップには、イギリスに生息する五種類のフクロウが全種いるし、コアカゲラのつがいが二組、それにオークの木にはハヤブサが巣をつくっている（イギリスにごくわずかしかいない、木に営巣しているハヤブサの一部）。二〇一七年の春には、いわゆる「故郷の鳥」ヨタカの鳴き声がナイチンゲールの夜の歌声に交じるようになり、その年の夏には数週間にわたって、虫を木の棘に突き刺す習慣から「殺し屋」と呼ばれるセアカモズがイバラの茂みを縄張りにしていた。セアカモズは、昔はイギリスのいたるところにいたが、一九八〇年代後半には絶滅に近いところまで減少し、それ以降イギリスではわずかに四組のつがいの繁殖が知られているのみである。あまりにも希少な鳥なものだから、英国王立鳥類保護協会は私たちに、彼らの生息地を見張って、卵を集めに来たりあまりにも熱心に写真を撮ろうとする人から巣を守るように、と勧告した。私たちは、十分離れたところから双眼鏡越しに、飛んでいるコウテイギンヤンマをセアカモズが手際良く捕まえてイバラの棘に突き刺すのを観察した。来年もこのセアカモズが同じところに戻ってきてくれること、バードウォッチャーが（もしもセアカモズを見つけたら）節度ある反応をしてくれること、そしていつの日か雌とつがいになってくれることを祈っている。

## 小型哺乳類の増加

だが、私たちの関心は徐々に、それ以外の生き物たちにも注がれるようになった。たとえば、オコジョやイタチ、ケナガイタチなどの小型捕食動物がたくさんいることがわかったし、クネップの小川や池でその数を回復させているミズトガリネズミは、ふわふわの可愛らしい鼻先に似合わず嚙まれれば毒があってカエルを失神させる。その他、ものすごく小さくて体重一〇グラムにも満たない淡いベージュ色のカヤネズミ（*Micromys minutus*）——ヨーロッパで一番小さいネズミで、UK生物多様性行動計画で優先保護種に指定されている——もいる。調査の結果を見ると、クネップではカヤネズミの数が急増している。二〇一六年二月、クネップの生態学者ペニー・グリーンと四人のボランティアは、ミル・ポンドとハマー池周辺のアシの茂みを調査し、たった五時間で、ヒナを育てるための巣が五九か所と寝る場所としての巣が二九か所見つかった。カヤネズミは驚くほど器用に、直径七センチほどの巣を、生きているアシの揺れる茎の上に作る。中を覗くと、アザミの冠毛あるいは細く嚙み砕いたやわらかな葉が敷き詰められている。

南区画は小型哺乳類が他の区画と比べて圧倒的に多い。回復した植生が彼らに食べ物や営巣場所を提供し、捕食動物から護っているのだ。民間の環境コンサルタントが作った航空地図を見ると、クネップの、森と低木の茂みで覆われた土地は、再野生化プロジェクトが始まる前には一〇パーセントだったのが、二〇一二年には三五パーセント、二〇一六年には四二パーセントになったことがわかる。ただし、「森と低木の茂み」という漠然とした土地の定義に騙されてはいけない。この区画の植生はもっとずっと複雑だ。南区画の植生構造では、林の奥深く、あるいは低木の茂みの下にも、動物が日常的に草を食べている場所がある。私たちにとって、それはまさに「森林牧草地」なのである。二〇一六～二〇一七年頃には、低木や森林の拡大が横ばいになったことに私たちは気づいた。植生の多様性そのものが、初期の先駆植物の拡大にブレーキをかけたのだ。

南区画に比べると、中央区画と北区画で種を蒔いた草原は、比較的変化が少ない。二〇一六年の夏に行われた小型哺乳類の調査は、南区画の発達した植生構造が与えた効果がどれほど劇的なものであったかを示している。私たちは三つの区画のそれぞれに、アレチネズミの餌、クロバエの蛹、干し草、細かく切ったリンゴやニンジンなどの餌をつけたロングワース・トラップを四〇個ずつ、七日間にわたって仕掛けた。その間、罠を五回チェックしたが、南区画では四〇個の罠のうち一七個から三二個に、モリアカネズミ、キクビアカネズミ、ヨーロッパヤチネズミ、キタハタネズミ、トガリネズミなどがかかっていた。それに対して北区画と中央区画では、動物がかかっていたのは四〇個のうちの二個から五個にすぎなかったのだ。

ハリネズミはかつてはクネップにたくさんいて、私たちが一九八〇年代にここに移ってきた頃は、飼っていたラブラドール犬がそっと、自分もハリネズミも傷つけないようにして家の中に運んできたものだったが、私たちが農業をやめる直前には完全に姿を消してしまっていた。ところが二〇一六年、ハリネズミ観察用のトンネルで最初の足跡が見つかった——本体は見えなかったが。ヒメアシナシトカゲとヨーロッパヤマカガシが日なたぼっこをしているのもしょっちゅう見かける。ときには十数匹が固まって、レフュージア——記録を取りやすくするために各所に設置された小さな波型の鉄板——の下にいる。カエルやヒキガエル、スベイモリやヒラユビイモリもたくさんいるし、一九八七年に森の真ん中の池で一匹だけ記録された希少なホクオウクシイモリも、今では集団が二つあって、以前は目撃されたことのない池に棲んでいる。

植物学者たちからは、シダ類の一種（adder's tongue fern）、クワガタソウ属の花の一種（marsh speedwell）、ウォーターバイオレット、それに、サセックス州全体で減っているらしいセリ科の花の一種（lesser water parsnip）などの希少植物があると知らされた。識別された蘚苔（せんたい）類は八九種類あり、その中には希少種もいくつかあって、結局のところ、クネップはサセックス中で一番蘚苔類が豊富な場所の一つかもしれない。

## あっという間に増えたチョウとガとハチ

クネップを訪れる昆虫学者が増えるにつれて、私たちの関心も食物連鎖を下降していき、無脊椎動物や、次第に長くなっていく希少昆虫のリストに向けられるようになった。殺虫剤とアベルメクチンを使うのをやめ、枯れ木をそのままにしておいたことがきっかけで、珍しい甲虫が増加した。サセックス州では五〇年ぶりに、センチコガネ科の甲虫の一種（*Geotrupes mutator*）の目撃が（クネップの地所内の三か所で）記録されたり、枯れたオークの枝の剝がれかけた樹皮の下に幼虫が棲む珍しいコメツキ類の甲虫の一種（*Calambus bipustulatus*）や、木に棲む虫の幼虫を捕食する暗青灰色の*Korynetes caeruleus*（ニセルリホシカムシ）も目撃されている。無脊椎動物の世界は、コガネグモ科のクモ、カニグモ類、ヨコバイ、ジョウカイボン、アワフキムシ、ザトウムシ、キリギリス科の虫、それに鳥の糞に擬態するヒゲナガゾウムシの一種（*Platystomos albinus*）や、頭の真ん中に穴の開いている、赤と暗藍色が印象的なサクラグモ科の一種（*Trematocephalus cristatus*）など、奇天烈な生き物もいてとても魅惑的だ。

水がきれいになって活力を取り戻したクネップの湖や池を縁取る雑然とした草むらには、カゲロウやトンボがたくさんいる。ことのほか公害に弱い二種類のイトトンボ、アオハダトンボとヨーロッパアオハダトンボは、小川やアドゥー川に何百匹も群れ飛んでいる。もっと珍しい青い目をしたトンボで、イギリスのわずか六か所でしか目撃されたことのないヨツボシトンボ属の一種（scarce chaser）もまたどこからともなく現れ、一日で一八匹が目撃されている。

突然、チョウの数も種類も増えだした。二〇〇五年に初めて北区画と中央区画で調査が行われた際に記録されたチョウは一三種類だったのが、二〇一四年には二三種類になった。二〇一二年に南区画の調査が始まると、クネップ全体で見られるチョウの種類は三四種類になった。その中には、ヨーロッパシロジャノメ（二〇〇五年に初めて記録）、ヒメヒカゲ属のチョウの一種（small heathある特定の生息地のもの、と間違って認識されている）、ギンボシヒョウモン（二〇一五年に初めて記録）、ジャノメチョウ亜科のチョウの一種（wall brown二〇一七年に初めて記録）など、他所からここに来たものもいるし、エゾスジグロシロチョウ、カラフトセセリ、そしてもちろんイリスコムラサキは数が激増した。ニール・ハルムは二〇一五年に、セセリチョウ科の一種（small skipper）を七九〇匹見つけた。やはりチョウが多かったその前年には六二匹だったのだから、大変な増え方だ。二〇一七年になる頃には、スピノサスモモの茂みに棲むミドリシジミ亜科のチョウ（brown hairstreak）も急増して、クネップには現在おそらく、イギリス中で最もたくさんの数が棲んでいる。ミドリシジミ属のチョウ（purple hairstreak）も増えて、二〇一七年には一日で五〇〇匹が観察された。この美しい青紫色のチョウは、イリスコムラサキの半分くらいの大きさで、通常はオークの樹冠の周りで蜜を吸うのがちらほら見かけられるだけなのだが、クネップではしょっちゅう地上に近いところまで降りてきて訪問者を喜ばせる。

クネップにいるガの種類も増えて二〇一六年には四四一種となり、その中には、エダシャク亜科のガ（dusky thorn）、ヤガ科のガの一種（figure of eight）、ヒトリガ科の昼行性のガ（cinnabarラグワートにのみ生息）、コウモリガなど、イギリス全国で急減しているものもいた。夏の夜ともなれば、コウモリガの白い雄がハマー池の上を飛び回り、草の中にじっと座っている雌に求愛するのだった。二〇一七年、非常に希少で絶滅危惧種に指定されているヤガ科のガの別の一種（rush wainscot）を見つけた私たちは大いに興奮した。オオフトイ、キショウブ、ガマの茎の中で幼虫が育つガである。チョウの名前はがっかりするほど退屈なものが多いが、ガの名前は想像を掻き立てるものが多い。「swallow prominent（有名なツバメ）」「coxcomb prominent（有名な気取り屋）」「beautiful china-mark（美しい中国の印）」「canary-shouldered thorn（カナリアの肩をしたシャクガ）」「maiden's blush（乙女の恥じらい）」、そして、腐った木の周りに生えるキノコを餌にして幼虫が育つ「waved black moth（波打つ黒いガ）」。私のお気に入りの「setaceous Hebrew character（剛毛のヘブライ文字）［訳注：日本名シロモンヤガ］」は、前翅にある黒い模様がヘブライ文字の「ヌン」に似ているところから来ている。

環境保全活動家と農家の両方が特に関心を示したのが、受粉を媒介する虫だった。サセックス大学の生物学教授であり、『A Sting in the Tale（最後のひと刺し）』『Bee Quest（ミツバチを求めて）』の著者であるデイブ・ゴールソンは、二〇一五年と二〇一六年に数日にわたって南区画の九か所で調査を行い、六二種類のハナバチと三〇種類のカリバチを記録した。そのうち七種のハナバチと四種のカリバチは、イギリス全土で保護の重要性が高いものだ。彼に言わせると、集約農業をやめてまだ一〇年ちょっとであることを考えればこれは驚くような数字だった。棲みついたハチのうちでも希少な種類のものの中には、ずいぶん遠くから来たものもあるはずだった。クネップに適切な生息地を見つけるとハチはあっという間に繁殖した。中にはケアシハナバチ属のハナバチの一種（red bartsia bee）のように、今クネップにある特定の花の蜜だけを集めるものもいるし、コハナバチ属のハナバチの一種（ridge-cheeked furrow bee）は土の中に乾燥亀裂がないと巣が作れないが、クネップの粘土質の土壌には夏になるとそれがたっぷりできる。ある非常に珍しい単独生活性のハチ（学名を*Melitta europaea*というが、あまりにも珍しいので英語名がない。ケアシハナバチ属のハナバチの一種）は、湿った、あるいは一部水に浸かった土壌に巣を作るのを好む。もっぱらリシマキア・プンクタータにばかり飛んでいっては花粉を集めるが、花の精油を使って巣に防水機能を持たせたりもする。それから、イギリスだけでなくヨーロッパ中で非常に希少なヤドリコハナバチ属のハナバチの一種（*Sphecodes scabricollis*）もいる。黒い腹部に巻かれた鮮やかな赤の帯が目印で、体長わずか六ミリの雌バチは、他のハチ、特にコハナバチ属のハナバチの一種（bull-headed furrow bee）の巣に入り込んで宿主の幼虫を殺してから自分の卵を産み付ける。土壌が粘土質のクネップで見つかったのが意外なハチもいる。たとえば英国南部特産のハチの一種（*Crabro scutellatus*）は通常は湿った荒野に、非常に希少なコウライアワフキバチ（*Gorytes laticinctus*）は軽量土壌にいると考えられているハチだ。どうやら「専門性の高い」カリバチやハナバチでさえ、科学が彼らに押し付けたきっちりした分類から外れることが可能らしい。

花に群がり、水滴の表面張力の上を滑るようにして歩いたり、下生えの草の中をチョロチョロ動き回ったり、あるいは崩れかけた枯れ木の重なった樹皮の間を這い回ったりしているさまざまな昆虫の世界は、辺りを歩く私たちのほとんどが見逃しているが、肉眼で見える範疇にある。だが無脊椎動物の世界にはさらに、私たちの目にはまったく触れることのない領域がある。それについては私たちはさらに無知なのだが、実はそれこそが、他の何にも増して自然過程の根底をなすものだ――つまり、土壌そのものである。

## 働き者のミミズ

フンコロガシがウシの糞にトンネルを掘ってその栄養分を地下室の幼虫に運ぶところや、アリが土で蟻塚を作る様子は早くから目にしていたが、農業をやめた後の生気のなくなった土壌に肥沃さが戻ったことを示すのは、私たちの足の下の土の中で陰謀を企んでいるミミズの存在だった。プロジェクトを開始して数年後、私たちはミミズの糞を目にするようになった。まるでチューブから絞り出した栗のクリームのような、ミミズの糞でできた小さなピラミッドが地面にできている。南区画の一番水の多い場所のいくつかは、何十年にもわたる耕作で地面が固くなり酸素が少ないままなのでミミズも穴を掘れないのだが、それ以外のところのほとんどにミミズがいるのにはびっくりする。インペリアル・カレッジ・ロンドンの修士課程の学生が二〇一三年に行った研究では、土壌の質がクネップと同じで、以前クネップで行われていたのと同様の従来型農業を行っている近隣の農場をベースラインとしてクネップと比較したところ、クネップの三つの区画のいずれにおいても、三種類のミミズ――表層性（落ち葉や腐った木など、地表に棲むもの）、表層採食地中性（地中に横穴を掘って棲み、めったに地表に出てこないもの）、地中性（地中深くまで縦穴を掘り、地表に排泄物を残すもの）――はどれも、その数と種類が大幅に増えていた。合算するとクネップには一九種類のミミズがいる。土壌学者によれば、これは非常に多様性に富んでいるといえる数字だ。

ミミズは集約農業が行われている土地では生存が困難である。地表に堆肥がないので、農場では、表層性のミミズは事実上皆無といっていいし、毎年行われる耕運作業は地中性のミミズを切り刻み、表層採食地中性のミミズを捕食動物の届くところに引っ張り出す。単に鋤やレーキで庭の土を、あるいは発土板プラウ、トラクター、チゼルプラウなどを使って畑の土壌を掻き回すだけでも、土の中に棲むミミズが食べる有機物はバラバラになってしまうのだ。また、農業機械によって地面が固められてしまうのもミミズにとっては問題だ。さらに、化学肥料や殺虫剤を撒くことで有益なバクテリア、菌根菌、原生動物、線形動物ほか、ミミズを含む土壌中の生物の多くが死んでしまうことによる害はもっと大きい。高窒素肥料がゴルフ場で重宝するのは、輝くようになめらかな芝生を生やすだけではなくて、糞があるとパターの邪魔になるミミズを一番確実に殺せるからである。

長年にわたる現代的農業は、土を、世界的に著名な微生物学者エレイン・インガムが「塵」と呼ぶもの——つまり、人工肥料がなければ植物が育たない不毛な環境——に変えてしまった。それは永遠に続く破壊と化学薬品依存の悪循環だ。土壌生物とそれを支える土壌構造がなければ、水や栄養分は滲出し、土は固くなって浸食されやすくなる。河口から海へ、濁った流出液がインキの染みのように広がっている様子は、世界中で飛行機の乗客が目にしている風景だ。国連食糧農業機関が二〇一五年に作成した報告書『世界土壌資源白書』によれば、地球上の土地の三分の一は、浸食、塩類化、圧密、酸性化、化学薬品による汚染などによって、ある程度、または極めて劣化しており、毎年二五〇億〜四〇〇億トンの表土が浸食によって失われている。土地の劣化による被害額は年間一〇兆六〇〇〇億ドルにのぼり、全世界の国内総生産合計額の一七パーセントにあたる。イギリスだけを見ればその金額は年間九億ポンドから一四億ポンドになる——そのうちの半分は土中の有機物質が失われたことが原因で、三分の一以上は圧密によるもの、そして約一三パーセントが土壌の浸食によるものだ。近頃イギリスでは、たった一度の暴風雨によって推定二〇〇〇トンの表土がワイ川に流れ込むという出来事があった。その表土は永遠に陸地から失われ、海に流れていってしまったのだ。イギリスにおける表土の喪失は非常に深刻で、二〇一四年には『ファーマーズ・ウィークリー』誌が、イギリスで農作物が収穫できるのはあと一〇〇年だと宣告した。

ちっぽけなミミズは救世主には見えないかもしれないが、彼らがこの危機を救う可能性は大いにある。古代文明は、健康な土壌を護るものとしてミミズを大切にした。アリストテレスは紀元前四世紀にミミズを「地球の内臓」と呼んでいる。紀元前一世紀にエジプトを統治したクレオパトラは、ナイル川流域の農業にミミズが果たす役割を理解し、ミミズを神聖なものとして、ミミズに危害を与えた者は死刑に処した。一九世紀後半、晩年の日々の多くをミミズの研究に没頭して過ごしたチャールズ・ダーウィンは、事実上ミミズが生態系を操っていると考えた。「この世界の歴史において、この卑しい生き物ほどに重要な役割を果たした生き物が他にたくさんいるかどうかは疑わしい」と彼は言っている。ケント州にあった自宅「ダウン・ハウス」の庭で行った野心的な実験に基づいて、彼は、植物の残骸を食べるというミミズの役割は、土を作り、またその土が肥沃で砕けやすいものであるためには必須であると主張した。「イギリス全土の腐植土は、これまでに何度もミミズの腸管を通過しており、今後も何度もミミズの腸管を通過するだろう」。彼の計算によれば、一エーカーの土地には最大五万匹のミミズがおり、それらは一年に二〇トン近い土壌に影響を与えるのである。

ダーウィンが推定したミミズの数は、当時はあり得ない数字であるように思われたが、二〇世紀になってある地域で明らかになったことと比べれば控えめだ。科学者が調査したところによれば、マレーシアの熱帯雨林の一エーカー分の表土には六七万匹のミミズがいたし、ニュージーランドの牧草地一エーカーにはなんと八〇〇万匹ものミミズがいたのである。ナイル川流域では、一エーカーあたりにいるミミズは年間一〇〇〇トンの糞をする——このことは、エジプトの耕地の凄まじい肥沃度をある程度説明しているかもしれない。

だが、一九五〇年代以降、世界中で行われるようになった工業型農業では、ミミズをはじめとする、もともと土に棲んでいたどんな生物の力も借りずに農業ができると考えた。表土が減少し、土壌の肥沃度が落ち、肥料が値上がりしている今になってやっと、土壌の分析家は現代農業のやり方について再考を始め、ミミズやその他の自然の生物を使って土壌を改善する、よりサスティナブルな農業の方法を模索しているのである。

ダーウィンの死後、科学はミミズを徹底的に無視してきた。ミミズが土に空気を含ませ、地下でプラウやロータリー式耕運機のような役割を果たすということは、庭いじりをする人なら誰でも知っている。ミミズが掘る筒状の通り道はまた、水の移動と保管にも役立つので、土壌の排水と水分保全も改善される。さらに、植物の根が下に伸びるのも助ける。ミミズがトンネルを掘るという行為はそれだけで、洪水や表土の浸食から土壌を護っているのだ。

だが、貧毛類学者、つまりミミズを研究する科学者が、ミミズの生態と彼らが起こす奇跡について理解するようになったのは、ここ二〇年ほどのことにすぎない。ミミズは土中を進みながら体腔液を分泌する——ミミズが動き、消化し、呼吸し、水分を補給し、毒を排出するのを助ける粘液だ。糖タンパク質を豊富に含むこの粘液がミミズの掘る穴の壁を覆い、バクテリアや真菌の繁殖を促す。バクテリアはまたミミズの腸管内でも繁殖する。一匹のミミズ（*Lumbricus terrestris*）の中に、五〇種類ものバクテリアが発見されている。

バクテリアをはじめとする土壌微生物は植物の成長を助ける。土中の養分を鉱化して、溶性・不溶性の有機物を植物が利用できる無機物に変えるのである。アミノ酸のような有機化合物をアンモニウムと硝酸塩（植物がタンパク質を形成するのに使う窒素の形状）に変換するバクテリアもいるし、窒素を植物の根に固定するものもいる。炭素、硫黄、水素その他の化合物を植物が吸収できる形に分解すると同時に、こうした栄養分を安定化させて長期間土の中に温存させるものもいる。土壌微生物はまた、植物の成長に非常に重要なもう一つの養分であるリンの鉱化を引き起こす酵素を作る。温度や湿度の変化に反応して異なった土壌微生物が働くので、年によって、日によって、時間によって刻々と自然環境が変化する中で、土壌や植物により高い回復力を与える。健康な土壌に存在する微生物は驚くほど多様であり、その数は天文学的だ。片手ですくった土の中には、バクテリアが数十億、微小な線形動物や原生動物が数百万匹、ダニ、トビムシ、ヒメミミズが数千匹、数百種類の糸状菌類や藻類、さらに無数の小さなクモ、アリ、シロアリ、甲虫、ムカデやヤスデが蠢いているかもしれない——科学者が「土壌内の食物連鎖」と呼ぶありとあらゆる生命だ。片手に掴んだその土の中には、これまで地球上に生きたすべての人間の数を上回るほどの生命体が存在するのである。

土壌微生物は有益なものばかりではない。中には植物を枯らして倒壊させる病原菌をばら撒くものもいる。

ある状況下、特に嫌気性の、水浸しの土壌――通常ミミズがいない土壌だ――では、脱窒細菌が硝酸塩を分解して窒素を大気中に放出する。人間の疾患の多くは、土壌、糸状菌類、ウイルス、原生動物、そしてとりわけ、生活環の一部を土壌中で過ごすバクテリアから発生する。

だがミミズは、土の中に蔓延するバクテリアに対して選択的な効果を及ぼすらしい。どんなバクテリアでもミミズの消化能力に耐えられるわけではなく、ミミズにとって有害なバクテリアはミミズの消化管内で死んでしまう傾向がある一方でミミズに有益なバクテリアは急速に増殖するので、ミミズの糞には、ミミズが食べたものよりもこうした有益なバクテリアがたくさん含まれている。そしてその差が土壌の性質そのものを変化させる。汚水処理施設でミミズを使って行われた実験では、大腸菌やサルモネラ菌を除去し、未処理の下水を、養分が豊富で農地に撒いても安全な有機物質に変える力がミミズにあることが証明された。

ミミズの種類によって存在するバクテリアも異なるため、特定の種類のミミズを土中に棲まわせることによって、特定の作物に有益な特定のバクテリアを利用できるようになるのではないかと農学者たちは考えている。この研究はまだ初期段階だが、その他にも、ミミズが農業に与えるもっと基本的な恩恵を定量化させた実験がある。たとえばオランダのワーヘニンゲン大学からは、二〇一四年、アメリカやブラジルの科学者を含む土壌生物学の研究チームが行った実験の結果が報告されたが、それによれば、土中にミミズがいると作物の収穫高が平均二五パーセント、地上バイオマスが二三パーセント増加した。

ミミズの糞はそれだけで一種のスーパー肥料になる――周囲の表土と比べ、窒素を五倍、可溶性リン酸塩を七倍、マグネシウムを三倍、カルシウムを一・五倍、そしてカリウムを一一倍多く含むのである。二〇一五年一月のある風の強い日、私たちはオックスフォード・リアル・ファーミング・カンファレンスで、ジャージー州のジャガイモ栽培農家にアドバイスをしに行く途中だった「ミミズ堆肥の女王」ことエレイン・インガムの基調講演を聞いた。エレインは、「コンポスト・ティー」、つまりミミズの糞を溶かして薄めた液体を、消耗した土壌に撒き、土壌微生物を回復させることを提唱している。彼女には、従来型農業がいまだに高価な化学肥料を推奨し、土壌が持つ自然の可能性を無視して、作物を育てるのに必要なのは窒素、リン、カリウムという三つの成分だけだと考えるのがどうしても理解できないのだ。

## 人工肥料による環境破壊

人工肥料は高価で、世界中のお金のない農家たちにとっては大変な負担であるだけでなく、非常に効率が悪い。従来型農業では毎年一億五〇〇〇万トンの化学肥料を使う（そのほとんどが窒素、リン、カリウム）が、その多くは無駄になるだけだ。使う時期を間違え、植物が養分を吸収していないときに肥料が使われることも多いし、必要以上に使われることも多い。だがこれは、生物学的な問題でもある。化学肥料に含まれるリンの大部分は、撒くとすぐに土壌中の鉱物と結合して、植物には利用できなくなってしまう――その土壌中に微生物がいて植物が利用できる形に変換すれば別だが。土壌生物が健全な状態になければ、投入した窒素のうち、多ければ半分が無駄になる――河川や海に流れ込んでアオコを発生させ、それが水から酸素を奪い、他の生物を窒息させるのである。毎年春になると、メキシコ湾のおよそ一万六八〇〇平方キロメートルの範囲が、ミシシッピ川から流れ出る化学肥料によって無酸素の「デッドゾーン」になる。こうしたデッドゾーンは世界中の沿岸地域に四〇〇か所以上あり、黒海では、一九七〇年代に流出した膨大な量の農業排水が「赤潮」と呼ばれる壊滅的なアオコの被害を広範囲に引き起こし、完全には回復できないかもしれないと言われている。

また硝酸塩も、ガスとなって土壌から消失する。水分が飽和している土壌では、バクテリアの一部が硝酸塩肥料を亜酸化窒素に——二酸化炭素の三〇〇倍近い地球温暖化効果を持つ粒子に——変換するのである。窒素も、そして多くの農家が肥料として好んで使う尿素が揮発してできるアンモニアガスも、土壌から失われる。人間の肺への影響、オゾン層の破壊、沿岸海域のデッドゾーン、飲料水の汚染、そして土壌に与えるダメージまで、世界に及ぼす被害は甚大だ。二〇一一年に出版された『欧州窒素アセスメント』によれば、窒素化合物による汚染の被害額は、欧州連合全体で年間七〇〇億〜三二〇〇億ポンドにのぼる。地球全体では一兆ポンドを超えるかもしれない。

合成肥料は環境を破壊するだけでなく、作物に提供できる養分も限られる。窒素やリンのような主要栄養素は補給できるが、マグネシウム、カルシウム、亜鉛、硫黄、セレンなど、やはり植物が吸収する微量栄養素は補給できない。集約農業では、同じ作物の収穫を繰り返すことでこうした微量栄養素が枯渇し、やがては作物の収穫高が減っていく。エレイン・インガムは、多くの微生物が存在する健康な土壌に含まれる、植物が利用可能な多様な微量栄養素を挙げる。それらはいずれも、何らかの形で人間の健康にとっても重要である可能性が高い。「知れば知るほど、すべてのものが重要であることに気がつくの」とエレインは言う。「土壌の健康を測るために計測する元素のリストはどんどん長くなって、そのうち周期表全部を含むようになるわ。地球にはイットリウムを必要とする理由があるのよ。たくさんは必要ないけど、いくらかは必要なんだわ」

第二次世界大戦後、それまで軍需工場だったところが農薬の製造に転換し始めたときにも、科学者たちは、人工肥料で栽培した食物の栄養価が低下するという懸念を訴えた。これは現代農業が一貫して見落としてきたことの一つだ。テキサス大学の化学科と生物化学科が共同で二〇〇四年に行った画期的な研究では、米国農務省による一九五〇年から一九九九年までの四三種類の野菜と果物の栄養素データを分析し、タンパク質、カルシウム、リン、鉄、リボフラビン（ビタミンB2）、ビタミンCの量が五〇年間で「確実に減少している」ことがわかった。一九三〇年から一九八〇年までの栄養素のデータを使ってイギリスで行われた、これと似た研究では、二〇種類の野菜で平均すると、カルシウムの含有量が一九パーセント、鉄分が二二パーセント、カリウムが一四パーセント減少していた。また別の研究では、イギリス政府の生化学者が数年ごとに出版する参考資料『The Composition of Foods（食品の構成）』のデータを分析した結果、一九四〇年から一九九一年の間に、ジャガイモに含まれる銅の四七パーセント、鉄の四五パーセント、カルシウムの三五パーセントが失われていることがわかった。ニンジンはもっとひどかった。微量栄養素と抗酸化物質が豊富でスーパーフードと言われているブロッコリーに至っては、銅の含有量が八〇パーセント減少し、カルシウムの量は一九四〇年当時の四分の一になっていた。トマトも同様だった。一九四〇年にトマト一個から摂れたのと同量の銅を一九九一年に摂るためには、一〇個以上のトマトを食べなければならないのだ。さらに別の研究の計算によれば、私たちの祖父母の世代がオレンジ一個から摂れたのと同量のビタミンAを私たちが摂るには、オレンジが八個必要である。二〇世紀半ばを過ぎるまでは測定されていなかった、マグネシウム、亜鉛、ビタミンB6、ビタミンEなども、大きく減少した可能性が高い。

バクテリアや菌根菌、その他土中に自然に発生するさまざまな生き物——ミミズ、原生動物、線形動物、ダニ、トビムシほか——の助けがなければ、植物がこうした必須栄養素を吸収する力は弱まる。そしてそのことが人間の健康にもたらす影響について考慮されるようになったのはごく最近だ。アメリカ政府による数字は、アメリカ人が食べるホウレンソウ、キャベツ、トマト、レタスなどの食品のマグネシウム含有量の減少と、喘息、循環器疾患、気管や整形外科的な変形の増加に相関関係があることを示唆している。同時に、食品に含まれている残留殺虫剤、特定のがんの発生リスクを上昇させることがわかっている窒素濃度、それにカドミウムのような有毒な重金属もまた、おそらくは私たちの健康に悪影響を及ぼしていることだろう。同様に、集約農業で栽培された飼料を食べる家畜にも影響がある。

バクテリアや真菌を豊富に含むミミズ堆肥を土壌に混ぜ込むというのは、もともとは園芸家が始めたことだが、現在ではアメリカ、カナダ、イタリア、日本、マレーシア、そしてフィリピンの大規模農業に採り入れられている。その結果、無農薬栽培の作物収穫高は飛躍的に伸び、作物による栄養素の吸収率が高まったほか、害虫コントロールにも効果があることが示唆されている――とりわけ、樹液を吸う昆虫は、ミミズ堆肥で育った植物を嫌うようである。カリフォルニアのブドウ園にブドウネアブラムシを拡散させた、グラッシー・ウィング・シャープシューターと呼ばれるヨコバイの一種がブドウにつくのを、ミミズ堆肥を与えて栽培することで防げるかどうかの実験が現在進行中だ。

植物栄養素の循環にミミズが与える影響もだが、それよりさらに驚異的なのは、ミミズやミミズに関連したさまざまなバクテリアに、土壌に含まれる有害汚染物質を浄化する力があるという、オックスフォード大学が最近明らかにした事実だろう。イギリスは二〇〇〇年に、ペンキ、染料、プラスチックや電気機器によく使われている危険な合成化学物質、ポリ塩化ビフェニル（ＰＣＢ）の使用を段階的にやめると宣言した。ＰＣＢは動物や人間の脂肪組織に蓄積され、神経系や脳の機能に影響を及ぼし、遺伝子異常やがんを引き起こす。だが、土壌からＰＣＢを除去するのは非常に困難だ。汚染された土壌を掘り起こし、巨大な容器に保管して、最終的には埋立地に運んだり焼却したりするのがこれまでのやり方だった。だが、ＰＣＢやジクロロジフェニルトリクロロエタン（ＤＤＴ。もともとは殺虫剤として使われたがイギリスでは一九八九年に禁止）、それにディルドリンなどの有機塩化物をミミズが代謝できるという発見によって、土壌の浄化について、シンプルでお金のかからない解決策が見つかったのである。ミミズは現在、露天掘りの鉱山や工業用地の環境復元のプロセスの中で、土壌を作り、また汚染物質を除去するために使われている。生態系を操る者としてのミミズの面目躍如である。

そういうわけで、私たちはミミズに対する深い感謝の念とともに、彼らがクネップに戻ってきて仕事をしてくれるのを歓迎した。耳も聞こえず目も見えず、背骨もなく歯もないこの不思議な生き物こそ、もう一つの——そしておそらくは最もかけがえのない——キーストーン種なのであり、顕微鏡レベルで変化を起こすことで地上の生命を完全に変容させるのだ。

## ミミズによるクネップの土壌改善

ミミズは大きく三種類に分けられるが、クネップで驚くような働きを見せているのは、縦穴を掘る地中性のミミズのようだった。ダーウィンが実験に使った種類だ。クネップのプロジェクトが始まった当初、科学者たちは、農業で劣化したクネップの土壌を地中性のミミズが一メートル掘り進むには一年かかるだろうと予想していた。そのスピードでは、ミミズが生き残れたとして、古い生垣から一〇〇メートル離れたところに到達するには一〇〇年以上かかるはずだった。ところが、プロジェクト開始後ほんの一〇年あまりしか経っていない今、かつて畑だったところの真ん中、生垣のラインからゆうに五〇メートルは離れたところにもミミズの糞がある。

私たちは、クネップでしっかりした土壌分析と追跡調査を実施したくてたまらない——なぜなら、私たちが発見したこの事実が意味するところは非常に大きいからだ。もしも数十年間の再野生化によって、無料同然で土壌を回復させられるなら、農業にとっての恩恵は多大である。元ナチュラル・イングランドの上級顧問グウィル・レンは、「ポップアップ・クネップ」というアイデアを提案した。土地が劣化した地域を、二〇年、三〇年、四〇年、あるいは五〇年以上――つまり土壌が再生し、鳥その他の野生生物の生息地となる低木の茂みが生えるまで――再野生化して、それからまた耕作地に戻すのである。この再野生化は、川の流域など広い範囲を対象として、自然界に再び連続性を取り戻すためのステッピングストーンあるいは緑の回廊となれるような場所を、戦略的に選択して行う。一か所の再野生化をやめて耕作地に戻したら、その近くの土地の再野生化を始める――そうやって、常に同じ広さの土地が再野生化され、農耕地とのバランスを保つようにするのである。伝統的に農業で行われてきた、特定の農地を休ませる輪作システムを、もっと徹底的に、長い時間軸で行うようなものだ。低木の茂みを農耕のできる状態に戻すのは、現代的な農機具があれば驚くほど簡単である。二〇一一年には、森林委員会と共同で試験的にバイオマス栽培を行うための準備の一環として、たった一台の巨大な林業用マルチャーが、クネップの一五ヘクタールの低木の茂み（再野生化プロジェクト用の土地とは別の場所にあるが、同時に農業をやめた土地）をものの数時間で耕作可能な土壌に変えた。マルチャーは粉砕したマルチング材を深さ三〇～五〇ミリの表土にしか混ぜ込まないので、土中に棲んでいるミミズにも、目には見えないその仲間たちにも影響は与えない。ユーカリの植林地の中で無脊椎動物をついばむシギやヤマシギの数がその証拠である。

土壌生物の世界がどうなっているか、土壌生物がどのような役割を果たし、互いに作用し合いながら地上の植物にどんな影響を与えるのかについて、科学はようやく今、少し理解し始めたところだ。環境保全活動家トニー・ジュニパーによれば「地球というシステムの中で最も軽視されてきた要素の一つ」である土壌生物学の研究は、もっと単純な自然科学や、宇宙工学のような見栄えのするプロジェクトによって脇に追いやられ、農業関連産業は人工的な農業システムの研究にばかり資金を提供してきたので、何十年もの間、ひどい資金不足に悩まされてきたのである。だが最近ようやく、実験室という限られた状況の中ではなく、それが存在する自然な環境の中で土壌生物を観察できる技術が開発された。微生物の九九パーセントは、実験室という状況の中では成長しないのである。二〇一五年、学術誌『ネイチャー』は、三〇年ぶりに土壌の中から新しい抗生物質「テイクソバクチン」が発見されたと報告した。これは、結核菌（*Mycobacterium tuberculosis*）、クロストリジウム・ディフィシル（*Clostridium difficile*）、黄色ブドウ球菌（*Staphylococcus aureus*）を殺すことができる。そもそも抗生物質のほとんどは土壌微生物由来であり、今後このように、まだ知られていない数々の抗生物質が土壌から発見されることが大いに期待できる。

ようやく状況が変化し始めたようだ。国際連合が定めた、二〇一六年から二〇三〇年までの「持続可能な開発目標」は土壌に言及しているし、国際連合の「土壌に関する政府間技術パネル」による報告書には、全世界的に土壌がどのように変化し、それが人類にどのような影響を及ぼしているかが述べられている。二〇一五年九月に「土壌劣化の経済学」イニシアチブが発表した報告書によれば、維持可能な形での土地管理を世界的に実施すれば、雇用と農業生産高の増加によって、世界経済に年間七五兆六〇〇〇億ドルの増大が見込める。イギリスでは、英国自然環境研究会議の「土壌保障制度」や、英国バイオテクノロジー・生物科学研究会議の「維持可能な農業生態系のための土壌と根圏の相互作用」プログラムといった大手の資金提供制度が、土壌生物学と、そこから得られた知見をどのように農業に応用するかについての研究に重点を置いている。

テッド・グリーンにとって、クネップの土壌が回復していることの何より嬉しい証拠は、菌類の子実体（キノコ）が生えてきたことだ。南区画にあるハマー池の岸をテッドと一緒に歩きながら、私たちは珍しいヤマドリタケ属のキノコの一種（*Boletus mendax*）を見つけた。古いオークに生えるキノコで、テッドによればそれは、木の根の間で何十年もの間、菌糸体のまま、地上と地中ともに成長のための条件が整うのを待っていたのかもしれなかった。樹齢一〇年のサルヤナギの木立の中では、半円形に生えているチチタケやベニテングタケ――お伽話に出てくる、毒々しい赤い色をした、幻覚の原因となるキノコ――の群生を見つけて驚いた。テッドはこれらを、腐食を進めるもの、という意味で「リサイクル屋」と呼ぶ。リグニンやセルロースといった植物繊維、昆虫の硬い殻、動物の骨、それに土の中にある岩のかけらまで、自然界で最も耐久性の高い物質のいくつかでさえ分解できる酵素を分泌するのである。

## グロマリンは二酸化炭素を減らせるか

ハクサンチドリ属のランの一種（southern marsh orchid）、オルキス属のランの一種（early purple orchid）、野生ランの一種（common spotted orchid）、そしてもっとずっと希少なサカネランやプラタンテラ・クロランタなど、野生ランの花が咲いたのも良い兆しだった。これらのランは、菌根菌との独占的な共生関係に依存する植物である。ラン科の植物の種には、発芽に必要な栄養分が含まれていない。そのため一グラムの数百万分の一の重さしかない極小の種子は、風に乗って遠くまで広範囲に散布されるという利点がある。種子が発芽するかどうかは、菌根菌が種子に棲みついて必要な栄養を提供できるか否かにかかっている。つまりランの花が咲いたのは、地下に潜む菌根菌――テッドの言う「食物採取係」――が、クネップの地所の地中に網の目のように広がっている証拠なのである。土壌中のバクテリアと同じように、菌根菌もまた、土壌に含まれるリン、銅、カルシウム、マグネシウム、亜鉛、鉄などの必須成分を、植物が吸収できる形に変換する。

同時に菌根菌は、土壌を再野生化することの大切さについて、決定的に説得力のある根拠を提供している。炭素隔離である。グラハム・ハーヴェイが著書『The Carbon Fields』（二〇〇八年）の中で説明しているように、その秘密の一つは「グロマリン」と呼ばれる特殊な物質である。非常に画期的な物質であるにもかかわらず、グロマリンについてはいまだにほとんど議論がなされていないが、これは一九九六年、米国農務省農業研究局の土壌科学者サラ・ライトに発見された。植物の根から吸収された炭素を用いて菌根菌が産生する、ネバネバした糖タンパク質である。この粘り気のあるタンパク質が菌根菌の菌糸を包み、腐敗や微生物の攻撃から護るのだ。菌糸はまるで微小な地下水路のように働いて、植物の根が栄養を吸い上げる範囲を、根だけでは届かないところまで拡大する。グロマリンはこの菌糸をしっかり密封して漏れがないようにし、遠いところから水分や栄養分を効率良く植物に運べるようにするのである。

グロマリンは、土壌そのものにも素晴らしい影響をもたらす。植物の成長とともに、菌根菌の菌糸は根を伝い降りて、新しく伸びた根の先端近くに新しいネットワークを形成する。根の上の方では、死んだ菌糸からグロマリンが剝がれ落ちて土壌の中に戻り、砂、沈泥、粘土の粒子や有機物質にくっついて、土の塊「団粒」を作り、その隙間に水や空気や栄養分が浸透できるようにするのである。グロマリンの頑丈ですべすべしたコーティングに護られて、こうした団粒が土壌の状態を整える――農家や園芸家が指の間で嬉しそうに砕いてみせる、さらさらした土壌がこれだ。

グロマリンには並外れた耐久性があり、四〇年以上にわたって土中で生き続けたという実験結果がある。実はこの耐久性こそが、これほど長い間グロマリンが科学の研究対象にならなかった原因であるように思える。ライトがメリーランド州ベルツヴィルにある自身の研究所で行った実験では、グロマリンを土壌から分離するためには、土をクエン酸塩溶液に浸し、それから一時間あまり高温で熱しなければならないことがわかったのだ。

グロマリンは、タンパク質と炭水化物の亜粒子からできており、その両方に炭素が含まれていて、二つを合計するとグロマリン粒子の二〇～四〇パーセントを炭素が占める。かつては土壌炭素を最も多く貯留する物質と考えられていたフミン酸の炭素含有量が八パーセントであるのに比べてかなりの割合だ。「土壌の強力瞬間接着剤」であるグロマリンの助けを借りてできた団粒は、有機炭素を土壌微生物による腐敗から護る。土中に菌根菌が多ければ多いほど安定した団粒が増え、団粒が増えれば土中に蓄えられる炭素も増える。驚くべきことに、地球全体の土壌には、熱帯雨林を含む地球上のすべての植物よりも多くの炭素が有機物として蓄えられている。陸上生物圏（地球上の陸地と、そこに接する、生物が存在する大気圏）に存在する炭素の八二パーセントは土の中にあるのである。

菌根菌の持つ優れた性質の一つは、大気中の二酸化炭素量が増えるとそれに反応してグロマリンの生成量を増やすということだ。カリフォルニア州立大学で三年をかけて行われた実験では、自然の草原の一区画を囲み、その中の二酸化炭素量を制御した。すると、大気中の二酸化炭素濃度が六七〇ｐｐｍ——今世紀末にはそうなると予想されている数字である——を超えると、菌根菌の菌糸体の長さは三倍になり、生成されるグロマリンの量は、現在の大気中の二酸化炭素量に対して菌根菌が生成する量の五倍になったのである。

土壌を改良し、不毛な農地を永年放牧地に戻すことが、上昇し続ける二酸化炭素との戦いにおける重要な武器になるかもしれない。ロイヤル・ソサエティー［訳注：英国最古の自然科学の学会］によれば、世界中の農地による炭素捕捉を今よりうまく行えば、年間一〇〇億トンもの二酸化炭素を捕捉できるはずだという。現在、一年で大気中に放出される二酸化炭素を上回る量である。気候温暖化を逆転させることに関心のある顧客に「カーボンシンク［訳注：二酸化炭素などの温室効果ガスを吸収する資源のこと］」を販売するカーボン・ファーマーズ・オブ・アメリカという会社もそう言っている。彼らの推定によれば、世界中の耕作地の土壌中に含まれる有機物がわずか一・六パーセント増加すれば、気候変動の問題は解決するという。ジンバブエの環境保全活動家アラン・セイボリーは、包括的な土地管理、とりわけ輪換式の自然放牧（このやり方は「モブ・グレージング」と呼ばれるようになっている）は、砂漠化した、あるいはその危険性のある土地を、肥沃な緑地に戻すことができると提唱する。それだけではなく、世界中の劣化した草地五〇億ヘクタールをきちんとした生態系に復元できれば、大気中の余剰二酸化炭素を年間一〇ギガトン以上地上のカーボンシンクに戻せるという。そうすれば、ほんの数十年で、温室効果ガスの濃度を産業革命以前のレベルにまで下げられると彼は言うのである。

二〇一五年にパリ協定が結ばれた後、フランスは「一〇〇〇分の四イニシアチブ」を立ち上げた。一・六パーセントの増加を目指すほど意欲的ではないが、その論拠は同じだ。大気中の二酸化炭素量は年間四三億トンずつ増加している。世界中の土壌には、一兆五〇〇〇億トンの炭素が有機物という形で含まれている。つまり土壌中に含まれる炭素の量を、劣化した農地を復元・改善することによって年間わずか〇・四パーセント増やせば、一年に増加する大気中の二酸化炭素を吸収できるのである。これは、パリ協定が定めた、世界の気温上昇を一・五℃から二℃に抑えるという目標の達成に大きく貢献すると同時に、土壌の肥沃度と安定性を改善して世界的な食料の安全保障にもつながる。

二〇三〇年までに二酸化炭素排出量を一九九〇年当時の五七パーセントまで低減する、という大胆な目標を達成するよう迫られているイギリス政府は、クネップのような再野生化プロジェクトが炭素隔離に貢献できる可能性への関心を高めている。二〇一二年には、ボーンマス大学と生態・水文学センター（ＣＥＨ）が共同で、環境・食糧・農村地域省のために、エンナーデイル、グレート・フェン、リバー・フローム流域、ウェールズのパムラモン、それにクネップといった大規模な自然復元プロジェクトに関する報告書をまとめた。彼らはその中で、炭素隔離、レクリエーション、美観、洪水防止、食料の供給、エネルギー／燃料、原材料／繊維、淡水という八つの重要な「生態系サービス」について、こうしたプロジェクトの貢献度を数値化し、その結果を〇（貢献なし）から五（極めて貢献大）で採点した。

集約農業が行われていたときのクネップの点数は、炭素隔離が一、レクリエーションが三、美観が五、洪水防止が一、食料の供給が五、エネルギー／燃料が二、原材料／繊維が三、淡水が二だった。再野生化後、これらの点数のほとんどは大幅に上昇し、炭素隔離は五、レクリエーションは五（しかもこれは私たちがエコツーリズム事業を始める前の評価である）、洪水防止は四、エネルギー／燃料は五、原材料／繊維は四になった。食料の供給は最高点である五のままで、興味深いことに美観も五のままだった。淡水の点数だけは二のままで上がらなかったが、これはクネップに貯水池がなく、人間の飲料水の水源についての懸念があったためだ。だが私たちは、クネップの再野生化によって水質が改善されたことを証明することができる——そしてそれは生態学的に非常に重要な点だ。クネップに流れ込む水の多くは、隣接する農場や市街地からのもので、相当に汚染されている。二〇一六年に行われた検査では、クネップの地所内にある静水のすべてが最も水質が優れているという結果だった。つまり、クネップの土地は現在、水の濾過と浄化に効果的なシステムを提供しているのである。

環境・食糧・農村地域省による評価で最も大きく変化したのは炭素固定の量だ。「再野生化された、中性に近い草地と広葉樹林による炭素固定能力の増大」の結果として、炭素固定量が推定五一パーセント増加したのである。今後五〇年間で、クネップ・ワイルドランドはさらに一四〇〇万ポンド相当の炭素を固定するだろう、と報告書は述べている。

私たちが現在直面している課題——気候変動、天然資源の枯渇、食料生産、水の管理と保存、そして人間の健康——はどれも、つまるところ土壌の状態に帰結する。そして私たちはやっと、地球の生態にとって必要不可欠なこの、薄い、生きた表皮の価値を再評価し始めたように見える。傲慢にも人間が、自分たちだけでできると思ったことの多くを土壌が行えるという可能性を、私たちは理解し始めた。何百年にも及ぶ搾取とテクノロジー信仰の後で、土が持つ可能性に立ち返ることによって私たちはようやく、人類が、この先数十年でなく何千年もこの世界で生き延びるにはどうすればいいか、どうすれば人間が持つ創造的な叡智や知識と、何百万年もかかって培われた自然というシステムとを融合させられるのか、それを理解しようとし始めているのだ。ラテン語で土を意味する「humus」という言葉から「human（人間）」や「humility（謙虚さ）」が生まれたのは驚くにあたらないかもしれない。土とはまさに、私たち人間を地球に根付かせてくれるものなのだ。

チャーリーと私にとって、土は出発地点であり、到達地点でもある。そもそも私たちが再野生化を考えるきっかけになったのが菌根菌だったのだ。それから二〇年近く経った今、再野生化は、足元の土に対するより深い理解と感謝に私たちを立ち戻らせてくれた。土は、私たちの目の前で生まれるあらゆるものの、目に見えない基盤であり、資源を生まれ変わらせ、すべてをつなぐものである――土は生命の鍵そのものなのだ。

# 第17章　ヒトと自然

誰れ一人として、自己充足的な孤島ではない。全ての人間は大陸の一部であり、本土の一部である。

ジョン・ダン、瞑想一七番『不意に発生する事態に関する瞑想』一六二四年
（梅光女学院大学英米文学会『英米文学研究』三五　試訳（Ⅳ）湯浅信之 訳）

私たち人間は、私たちこそが地球の支配者であり、意のままに略奪できると思うようになってしまいました。土壌、水、大気、そしてあらゆる生き物に見られる病は、私たちの心のうちにすまう暴力を映し出す症状です。私たち自身が地の塵であり、母なる地球の大気を呼吸し、その水を飲んでいるということを、私たちは忘れてしまいました。

教皇フランシスコの回勅、二〇一五年

再野生化に着手して一〇年経ち、人々がその存在に慣れ、より複雑な植生が根付くにつれて、クネップ・ワイルドランドに対する地元住民の批判は落ち着きを見せ始めた。生態系サービスに関する環境・食糧・農村地

域省の報告書が示したように、人々の美意識は変化し、南区画の非常に野性的な景観さえ、もはや以前のように侮辱的なこととは捉えられなくなっていた。私たちは二〇〇九年に、クネップの地所の中を人々が自由に通れる二五キロ分の歩道に六・五キロほどを付け足してそれらをつなげ、さらに七・五キロを「トールライズ・オフロード・トラスト」の指定地としてウマで通れるようにした。今では、再野生化プロジェクトを訪れる人の多くが、この野性的な景観にはレプトン・パークや以前の農地に引けを取らない独特の魅力があると言ってくれる。

## 自然への関心を育む

そのことは嬉しいが、クネップはまだ野生化が十分でないと私たちは感じている。クネップにできることはまだまだたくさんあるし、するべきなのだ。いつの日か野生のイノシシやビーバーを放したいし、ひょっとしたらバイソンやエルクも放せるかもしれない。死骸を放置し、なおざりにされている腐食動物たちの餌にできれば、土壌にミネラルを返還することにもなる。できればウシやブタはクネップの地所内で撃ち殺し、屠殺場に運ぶ際のストレスを味わわなくて済むようにしてやりたい。そして、エクスムーア・ポニーたちに子どもを産ませ、素晴らしい馬肉店を作りたい。三つの区域を陸橋でつなぐという希望も、隣人たちがプロジェクトに参加してくれることへの希望も捨ててはいない。私たちの夢は、クネップから海までずっと、再野生化された土地を通って動物観察ができるようにすることだ。粘土質の土壌からチョーク層を通って砂利浜へ。ロングホーン牛たちは、今週はサルヤナギの茂みで草を食べていたかと思うと翌週はショアハムの浜辺で海藻を食べる。そして、自力ではおそらく復活できない生物種を復活させてやりたい。いつの日か、ミサゴが湖で魚を捕まえ、コウノトリがクネップ・キャッスルの塔やシプリーの教会の塔の上に巣をかけるかもしれない。プロジェクトはまだ始まったばかりなのだ。

私たちのプロジェクトの成功が、人々の気持ちに変化をもたらした大きな要因であることは間違いない。動物・植物学者にとって喜ぶべき材料がたっぷりあるのはもちろんのこと、マスコミの関心を捉え、この狂気に見える行動には目的があるのだということを一般人に納得させたのは、ナイチンゲールやイリスコムラサキやコキジバトといった、ことのほか希少で魅力的な生き物が戻ってきたことだった。

ただし、あまりに熱狂的で歓迎できない反応も中にはあった。再野生化とはつまり、好き勝手な行動が許されるということだと考える人もいるらしいのだ。犬に散歩をさせる人たちは、自由で自然なクネップの景観に浮き足立ち、飼い犬に歩道から外れて辺りを勝手に走り回らせることが多い。犬は自由に歩き回る動物の群れを追い回し、地上営巣の鳥や水鳥を追い立てる。私たちがよく知る人も含め、そういうことをする人がいかに多いか、そして彼らは自分たちが悪いことをしているとは決して考えないということに、私たちは常に驚かされる。自分の愛するペットがストレスを解消することと、それが野生動物に与える影響を結びつけようとはしないのだ。公害に汚染され、分断され、気候変動に悩まされて消耗した自然環境で犬を野放しにすれば、辺りを自由に歩き回る家猫が小動物を捕獲するのに加えて環境に負担がかかり、野生動物に不当なプレッシャーがかかる。

大型動物が標的になることもある。比較的年長の雌ブタの一匹が、繰り返し嫌がらせをする二匹の犬から子ブタを護ろうとしたときは、母ブタが犬の飼い主に襲いかかり、飼い主は「死ぬかと思った」と言うのである。犬の飼い主の言い分が間違っていることを目撃した人は何人もいたが、騒ぎが大きくなるのを防ぎ、長い目で見て再野生化プロジェクトに得策となるよう、私たちは飼い主の主張には反論しないことにし、雌ブタを屠殺場に送った。一度など、ウマにまたがって憧れのカウボーイごっこをしている親子が、南区画でウシたちを猛烈なスピードで追い回し、彼らの犬が今にも子ウシに襲いかかろうとしているのを目撃したこともある。密猟にも悩まされる。南区画に仕掛けられた罠を見つけたこともあるし、22口径のライフル銃でダマジカが撃たれ、大怪我をすることもよくある。地元の屠殺場のスタッフによれば、クネップのタムワース・ピッグの数匹にはエア・ライフルの弾が埋まっていた。ある年には、奇妙なことだが動物を盗む代わりに、栄養不良のヒツジが六匹、南区画に置き去りにされていた。

こうした行動の根底には、共感力と自然に関する知識の不足があるように思われる。前にも述べたように、それが私たちと、祖父母、曽祖父母の時代の人たちとの違いだ。今、一般の人は、何種類の木を、花を、鳥を、虫を、識別できるだろう。まして、地面の上に巣を作る鳥の繁殖期はいつだとか、ヒメアシナシトカゲを傷つけずに持ち上げる方法を、彼らは知っているだろうか？　二〇〇七年、七歳児向けの『ジュニア向けオックスフォード辞典』は、「アーモンド」「ブラックベリー」「クロッカス」という項目を削除して代わりに「アナログ」「棒グラフ」「セレブリティ」という項目を加えた。二〇一二年版でも、子どもたちの頭の中から自然を消し去ろうとする傾向は続き、「ドングリ」「キンポウゲ」「トチの実」という項目が「添付ファイル」「ブログ」「チャットルーム」に取って代わられた。「キャットキン（尾状花序）」「カリフラワー」「栗」「クローバー」という項目はないが、「カット・アンド・ペースト」「ブロードバンド」「アナログ」はあるのである。サギ、ニシン、カワセミ、ヒバリ、ヒョウ、ロブスター、カササギ、ミノウ、イガイ、イモリ、カワウソ、雄ウシ、牡蠣、クロヒョウはみな削除されてしまった。

『ジュニア向けオックスフォード辞典』の編集方針は、過去数十年間に子どもたちの知覚や行動にどんな変化が起こったかを映し出している。一九五〇年代以降、イギリスの人口の八〇パーセントは町や大都市に住んでいるが、ほんの一世代前までは、四〇パーセントの子どもたちは日常的に自然の中で遊んでいた。この数字は今では一〇パーセントに減り、まったく屋外で遊ばない子どもが四〇パーセントにのぼる。私が子どもだったときは、家から何キロも自転車を漕いで友だちに会いに行くのは普通のことだった。週末には、空き地や砂利採取場で掘り出し物を探したり、小川を堰き止めたり、隠れ家を作ったり、焚き火をしたり、川や池で泳いだりして遊んだ——どれも、大人の見ていないところで。今の子どもたちは、たとえ田舎に住んでいても、常に誰かに監視され、冒険と独立がもたらす危険から保護されている。五〇年前と比べて今の社会の方が子どもたちにとって危険であることを示す証拠はないが、私たちの生活には恐れという要素が入り込んだ。一九七一年には八歳と九歳の子どもの八〇パーセントが一人で歩いて学校に通っていたが、一九九〇年までにこの数字は九パーセントまで落ち、現在はもっと低い。

こうした子ども時代における「経験の欠落」は、後年の環境に対する態度に直接の影響がある。研究によれば、七歳から一二歳の間に緑のある場所で過ごした経験のある子どもは、自然を魔法に満ちたものだと考える傾向にある。そういう子どもが成長すると、自然が保護されないことに憤りを感じる可能性が高いが、同様の経験を持たなかった人は、自然は人間に敵対するもの、あるいは重要でないものと考え、自然が失われることを何とも思わない。子どもたちの生活から自然を排除することによって私たちは、自然環境から未来の擁護者を奪っているのだ。

## 心身に効く「自然」

だが私たちはまた人間社会そのものに対しても、壊滅的で大きな被害を与えているのである。たとえば健康一つとってみても、自然は私たちが無視することのできない恩恵を与えてくれる。田舎や公園や庭園に行く機会のある人たちの方が健康で、体力があり、周囲にうまく適応しており、子どもは素行や学校の成績が改善される、という調査結果がある。英国公衆衛生庁によれば、都市部の大気汚染が、毎年イギリスで起きる二万九〇〇〇件の早死にの一因であるという。近頃『ランセット』誌に掲載された論文は、交通量の多い道路の騒音や大気汚染とアルツハイマー病の関連を指摘している。昔から新鮮な空気は体に良いとされるが、それは単に汚染されていないという意味ではない。毒性学者は、自然が生み出す大気には、植物が産生する微生物や、人間の健康に役立ち免疫力を高める菌類やバクテリアが満ち満ちていているということを理解しつつある。また、遠くに自然が見えるだけでも癒やしの効果がある。医療機関では、入院患者が手術後、自然の風景が見えるベッドで過ごすと、使用する鎮痛薬の量が減り、回復もずっと早くなることがわかっている。二〇〇七年、ナチュラル・イングランドと英国王立鳥類保護協会は共同で、イギリス、アメリカ、ヨーロッパで行われた研究を「自然思考」という報告書にまとめ、自然が精神衛生に与える影響に光を当てた。イギリスでは国民の六人に一人が、うつ病、不安神経症、ストレス、恐怖症、自殺衝動、強迫神経症、パニック発作などに苦しんでいる。ときにはそのいくつかが組み合わさって命取りになることもある。これによる経済的損失は、国民保険サービスの出費が一二五億ポンド、イギリス経済にとっては、生産性の低下による損失が二三一億ポンド、クオリティ・オブ・ライフの低下と人命の喪失による人的損失が四一八億ポンドである。報告書の対象となった研究によれば、こうした精神性疾患の症状はいずれも、自然の中で時を過ごすことで緩和することができる。若い成人の血圧、脈拍、コルチゾール値を計測した結果は、自然保護区を散歩すると怒りが軽減されて前向きな気持ちになる一方、都会を歩くのは逆の効果があることを示している。若者に見られる自制心の低さ、衝動的な行動、攻撃性、多動、不注意はどれも、自然と触れ合うことで改善を見せる。いじめ、懲罰、引っ越し、あるいは家庭内不和を体験した子どもを対象にした研究はいずれも、自然との触れ合いが、ストレスのレベルと自尊心の両面で彼らの役に立ったことを示している。

クネップと縁のある自然主義者や環境ジャーナリストの多くが、不幸な、あるいは不安定だった子ども時代に、または成人後、人生の危機に直面したことがきっかけで自然に目覚めた、という経験を持つのは驚くにあたらないのかもしれない。映画監督から俳優、ジャーナリスト、動物学者の面々など、つながりを取り戻し心の均衡を導く自然の力について感動的な文章を書いている人は多いし、自然という医療機関にアクセスできる人たちが、ストレスを感じたときに自然を自己処方するというのは本能的な行為なのだ。二〇一〇年七月の終わり、私の母が亡くなるほんの一週間ほど前のことだが、その緊張した状況に耐えきれず、ドーセットの母の病床を二日ほど離れて家に戻ったことがある。気分転換にとチャーリーは私をレプトン・パークの中央にあるスプリング・ウッドに連れていってくれたのだが、そこでは目を見張るような光景が繰り広げられていた。樹齢一四〇年のオークの向こう側から斜めに差し込む陽の光の中を、数十匹のミドリヒョウモンが舞い飛び、求愛誇示行動を繰り返していたのだ。

イギリスにいるヒョウモンチョウ属のチョウの中で一番大きいミドリヒョウモンは、かつては北はスコットランドにまで分布し、数も非常に多くてイバラの茂み一か所に四〇匹くらいいるというのもよくあることだったが、最近では、マージー川とザ・ウォッシュ湾を結ぶ線より北で見かけることはなくなっていた。その数が急減したのは、イチモンジチョウやヒメヒョウモン属のチョウと同様、やはり萌芽更新が行われなくなったことが原因だった。幸いなことに現在はその数が増加しつつあり、近年はイースト・アングリア地方の大部分にコロニーを作るなど、生息域も再び北に移動している。そしてクネップにもミドリヒョウモンが戻ってきた。何世代にもわたって萌芽更新が行われていないスプリング・ウッドは、二〇世紀のほとんどは閉鎖林冠を持つオークの植林地だったが、レプトン・パークの復元を始める際にレプトンの信念に基づいて間引きを行ったので、チョウたちに必要なものが揃っていた。たっぷり間隔を置いて生えているオークの樹皮の深い溝に卵を産みつけることができたし、背の低いイバラの茂みに護られた木漏れ日の差し込む日陰は、幼虫の餌になるスミレに覆われていたのである。

ミドリヒョウモンは渋めの濃いオレンジ色に黒の斑模様があり、羽ばたくとときどき羽の下側の緑色と真珠色が見える。雌はまっすぐ、水平に飛ぶ――ゆっくりした手旗信号のようなその羽ばたきと腹部の先端から出る匂いで魅力を撒き散らしながら。雄は雌の目の前を、小さな円を描いて下降したり上昇したりしながら、自分の前翅から落ちる陶酔作用のある発香鱗のシャワーの中を雌が通るように仕向ける。そのときの私は、チョウたちが舞い踊る陽の光以上に私を元気づけられるものは何もないような気がした。

## 生き物がもたらす喜び

ハーバード大学の生物学者、E・O・ウィルソンによれば、人間と自然のつながり――彼はそれを、「生き物に囲まれることから来る、豊かで当たり前の喜び」という意味で「バイオフィリア」と呼ぶ――は、私たちの進化の過程に根ざしている。人間は、誕生以来九九パーセントの歴史を狩猟採集者として、自然界と非常に深く関わり合いながら生きてきた。一〇〇万年の間、私たちが生き残れるかどうかは、天候を、星を、私たちの周りにいる生き物を読み解き、周囲の環境をうまく利用し、共感し、協調する能力にかかっていた。周囲の土地と、そして他の生き物たちと関係を築く必要性は、その衝動を美的と呼ぼうが、感情的、知性的、認知的、あるいは精神的と呼ぼうが、私たちの遺伝子に組み込まれているのだ。そのつながりを断ち切ってしまえば私たちは、一番深い意味での自己認識が失われた世界でふわふわと漂うことになる。

このように本来の立ち位置を失ってしまうことの心理学的な意味について、より深い考察を行ったのが、ステファン・カプランとレイチェル・カプランだ。一九八〇年代に始まった彼らの研究は、自然界の外で暮らすことが人間の脳に与える負担に焦点を当てている。敏捷な処理と選択が必要とされるさまざまな形のコミュニケーション、情報、刺激に溢れた現代生活は、脳の右前頭葉の「選択的注意」を必要とする。何かに集中的に注意を向けるのは疲れることであり、気を散らすものを遮断するためには大変な努力が必要で、結果としてイライラしたり、計画を立てることができなくなったり、優柔不断になったり、怒りやすくなったりする。一方で自然に満ちた環境は、私たちの注意を間接的に捉え、カプラン夫妻が「穏やかな魅惑」と呼ぶものを提供してくれる――なんの努力も必要とせず、内省と精神的な回復のためのスペースをたっぷりと与えてくれる状況に私たちは悠々と浸かるのだ。カプラン夫妻の研究によれば、音楽を聴いたりテレビを観るといったような、比較的努力を要しない娯楽でさえ、頭をすっきりさせ、選択的注意を注ぐ力を回復させるのに自然ほどの効果はない。これには進化の観点からも理由がある。何か一つのものや活動をあまりにも注視したり、その状態が長く続きすぎたりすれば、初期の人類は攻撃に対して無防備だったことだろう。もっと大まかでやんわりとした「間接的注意」をはらって食べ物を集めたり家畜の世話をしたり物を作ったりする方が、脳のエネルギーという意味でいえばずっと効率的だったはずだ。こうした行動はいずれも、同時に、常に危険に目を光らせておくことができる――仏教で言うところの、動きながらの瞑想とか気づきに近い、リラックスしつつ目覚めた状態である。

エビデンスに基づくヘルスケアデザインの草分けであるロジャー・ウルリッヒは、自然に対する私たちの反応、とりわけ、ある特定の自然環境や景観を見ると落ち着き、安心できるという性質は、脳の中の、もっとずっと深いところ——生き残るための反射的行動を生む辺縁系にあると言う。初期の人類の進化の過程においては、「特定の地勢に対する生理的反応によって、ストレスが大きくエネルギーを浪費する闘争・逃走反応から迅速に回復できる人」の方が生き残りに有利であり、そういう人たちは、食べ物がある安全な場所を離れまいとしたはずだ。

この、心を回復させ、落ち着かせ、安心させるのに役立つ自然環境としてウルリッヒが特定している風景には、豊かな緑と、静止した、あるいはゆっくりと流れる水域があり、広々と開けていて、ぽつんと立っている木があり、危険でない野生動物がいる。どれも、現代的なストレステストで最良の回復反応を引き出す特徴だ。そのような景観はE・O・ウィルソンの「バイオフィリア」仮説に登場し、またカプラン夫妻も、私たちを最も安心させてくれるものとして挙げている。進化生物学者ゴードン・オリアンズとジュディ・ヒーアワーゲンは、これは私たちの頭の中に残るサバンナの亡霊が、アフリカの狩猟採集民だった祖先を思い出させているのだと言う。私たちは都会の公園や庭園の中で無意識にその環境を模倣し、古典的名画に描かれたその風景を愛で、アルカディアと名付けて理想化し、造園家ハンフリー・レプトンもそうとは知らぬまま自らのDNAに刻まれた青写真に従って顧客のためにそれを再現した。だがそれはまた、人間の介入なしに今、クネップの南区画で姿を現しつつある光景でもある。つまりそれは、初期の人類がヨーロッパに——アフリカと同様に草食動物の巨大な群れに溢れていた大陸に——辿り着いたときに彼らを待っていた、開けた森林牧草地の光景であり、王室の鹿狩り用の「森」として、また村人が牧草地として共用したわずかな「荒れ地」として、中世の終わりまで守ってきた生態系である。なぜならそうした土地は資源として豊かであっただけでなく、人間は本能的に、そうした場所にいるとホッとするからなのだ。

## 自然な姿とは何か

ここ数年、再野生化が評価されるようになるにつれて、「文化景観」を擁護し、野放図の自然は人間のこれまでの歴史を否定しかねないと考える人々から批判の声が湧き上がった。だが、そういう人たちの言う「文化景観」とは、どんな景観を、どんな文化を指しているのか、一考すべきである。ランドシーアが描いたハイランドのシカのいる風景、ウールの流行が生んだ石垣で区切られた牧草地、「囲い込み法」でできた生垣や畑、ライチョウのいる荒野、船が行き来する川、さらには成熟した植樹林。イギリスに受け継がれてきた、私たちとは切っても切れない自然の特徴として彼らが擁護する景観は、必ずと言っていいほどビクトリア朝時代のものだ。だが、実は私たちが思い出すべき文化景観がもう一つある——産業革命の陰に隠れ、ジョン・クレアやジェラード・マンリ・ホプキンスなどの詩人たちが、時代の変化の最中にそれが失われていくのを嘆き悲しんだ景観である。中世の森林牧草地——本当の意味でのイギリスの「森」——をベースラインとするならば、再野生化は決して破壊的行為などではない。むしろ再野生化は、何千年もの間私たちとともにあった、より豊かで深い田園の風景を取り戻してくれるのだ。

そしてこの、より深い自然こそが、精神的・心理的な健康のみならず、人類の長期的な生存と繁栄に欠かせないサービス——川の流域を護り、水と大気の汚染を取り除き、洪水を防ぎ、土壌を回復し、花粉媒介昆虫を供給し、生物多様性を護り、炭素を固定する——を提供してくれるという意味で、私たちの未来の鍵を握っているのである。イギリスが欧州連合の規制から離脱し、農業補助制度に要する費用について再考を始めようとしている今、私たちはいくつかの大きな決断に迫られている。その一つは、どこまで環境保護を推進するか、ということだ。これまでのイギリスの政策は、この点であまり成功してきたとは言えない。「ヨーロッパの汚い男（dirty man of Europe）」の河川、海岸、海水浴場をきれいにするには、欧州連合の法律が必要だったのである。イギリスの汚水処理と硝酸塩の放出のやり方を変えさせたのは欧州連合だし、欧州連合の大気質指令は、イギリスの二酸化硫黄と亜酸化窒素の排出量を減少させ、イギリス政府がロンドンをはじめとする大都市の大気汚染基準を守れなかったことに対して二〇一五年に罰金を科している。二〇一七年には、環境に関する法を扱う法律事務所クライアント・アースが、大気汚染を改善できないイギリス政府を相手取って三度目の訴訟を起こした。またイギリス政府に自然保護区を作らせ、ビーバーの再導入を推奨したのは「ネイチャー2000」とEUの「生息地指令」である。気候変動に関する法律を例外として、イギリスは一貫してヨーロッパの環境保護政策を先導できずにいる。ドイツ、オランダ、デンマーク、スウェーデン、そしてフィンランドなど、ヨーロッパにおける環境保護の先進国が常にグリーンビジネスの水準を押し上げ、大々的な成長を推進してきたのに対し、イギリスは、EUエネルギー効率化指令を骨抜きにし、タールサンドに含まれる炭素排出量の多い原油の輸入禁止令を解き、また長年にわたって欧州連合の、受粉を行うハチを護るための殺虫剤使用禁止令を阻止しようとしてきた。最近になって政府はこの方針を覆し、環境相マイケル・ゴーヴは、ハチを殺す殺虫剤ネオニコチノイドに対する欧州連合の大々的な禁止をイギリス政府は支持する、と宣言して環境保全活動家に歓迎された。ただし、二〇一七年に欧州連合が提案した除草剤グリホサートの使用禁止については、イギリス政府は断固として反対している。

そうはいうものの、欧州連合からの離脱は、「共通農業政策」の農業補助金制度や、環境破壊につながる間違ったインセンティブからイギリスを解放してくれる可能性がある。これは、私たちが地方についてどんな見方をし、そこから何を求めるのかを考え直す機会だ。農業と環境保護を一緒に、利害を共にするパートナー同士として見つめ直すチャンスなのだ。

イギリスの欧州連合離脱決定後のこれまでの議論を見ていると、農業と環境保護を互いに対抗させ、戦ってどちらかがそのための資源を勝ち取らなければならないかのようだ。だがクネップやその他のプロジェクトが実証しているように、農業と環境保護は対立する必要はないし、対立すべきではないのである。農業に最適な一等地ではない土地を自然に返すのは――このことを専門用語で「ランド・スペアリング（棲み分け）」と呼ぶ――農業に非常に役立つ行為だ。土地の劣化を止め、逆転させて、水源を確保し、作物を受粉させる虫を増やすことによって、再野生化は、長期的な意味での農業の維持と食料生産に欠かせない生態系サービスを提供するのである。農業をやめたクネップの土地で目にしたように、自由に歩き回る草食動物の存在がもたらす多様な生息地を複雑なモザイクのように共存させるのは、驚くほど簡単にできることだし、それだけではない。従来型の環境保護と比べ、明らかに費用が安いのだ。また、私たちにとって必要だが現在の自然界に欠落しているもの――すなわち、生物多様性、気候変動や異常気象からの回復力、そして天然資源――をたっぷり提供してくれる。さらに、パスチャーフェッドの食肉のように、品質の高い食べ物を生産することもできる。

## 再野生化とビジネス

だが、一般大衆にとっての恩恵がどれほど重要であろうと、単に人のためになるからといって自分の土地を自然に引き渡す農家や地主がいるはずがない。経済的な見返りがなければだめなのだ。ある地主が私たちに言った通り、自分が赤字では緑を増やす活動はできないのである。けれども私たちは、経営が赤字であることこそ、環境に優しいやり方に切り替えるインセンティブであるべきだし、インセンティブとなり得ると思っている。だが、私たちと似た境遇にある地主――つまり、耕作限界地の土地と増えていく負債を抱えた地主のうち、その論理の飛躍を理解できる人が実に少ないことに、私たちは常々驚かされる。もちろん、そういうふうに考える余裕がないのも一因としてあるだろう――追い詰められた状況では、そういう貴重な、創造的な思考を持つ時間は取れないものだ。変化や未知のものに対する恐れもある。「野生」とは危険なものだという認識。見た目に美しくしっかりと管理された、伝統的な田園風景とされるものをそのまま残したいと思う気持ち。再野生化とはつまりその土地を「放棄」することだという考え方。さらに、コントロールが利かなくなることへの恐れもある――特に、一般人の立ち入り、狩猟権、それにたとえばビーバーのような、地主の利益や収入の妨げになるかもしれない特定の生物種の個体数をコントロールできなくなるのが恐ろしいのである。

私有地の管理をめぐる意思決定に行政が首を突っ込んでくることを恐れる気持ちは、政治家や環境保全活動家が考えているよりもずっと強く、地主や農家にとっては、所有している土地の自然に対する思いやりの気持ちを上回ることも多い。未発表だが、ナチュラル・イングランドが行ったある調査によれば、第二次世界大戦後に残された、イギリス全土の三パーセントしかない牧草地は、現在さらに失われつつあり、そのスピードは、欧州連合が二〇一四年に「牧草地保護計画」を発表した後に倍増している。適切な報酬を受け取れるあてもないまま、自分の土地が自分の管理下から永遠に奪われるのを目前にした農家の多くが、厳しい規制が導入される前に牧草地を耕したためだ。二〇〇〇年に公布され、山地、沼地、荒野、丘陵を「公共地」とした「The Countryside and Rights of Way Act 2000（カントリーサイド及び優先通行権に関する法律）」も同様のネガティブな影響を及ぼした。クネップの隣人の中には、サセックス州の低地に最後に残されたヒースの原野の一つであった土地を耕してしまった人もいるし、サウスダウンズの土地を耕した人もいる。そこが公共地に指定され、一般人の立ち入りを許すための労力や費用が発生するのを避けるためだ。

チャーリーと私が幸運だったのは、最終的に政府が私たちのプロジェクトを無期限の実験として支援してくれたことである。これまでのところ、行政から何か制限を押し付けられたことはほとんどないが、私たちがずっと心配しているのは、クネップが特別自然環境保護区に指定されはしないかということだ。そうなれば私たちには、たとえばナイチンゲールやコキジバトといった特定の生物種に生息地を提供し続けることが法律で義務付けられることになる。成功が仇になるということだ。クネップにいるナイチンゲールの数を保証するのは困難だ——なぜならナイチンゲールは移行期の植生を好むということが今ではわかっているからだ。生えてきたばかりの低木の茂みをその状態で固定しようとすればおそらく、これまでのような、ある特定の目的を持って行われてきた環境保護対策と同様に、機械・重機による介入が必要になり、その費用は私たちが持つことになるだろう。それに、ナイチンゲールやコキジバトのような渡り鳥に、アフリカからの渡りの途中で何が起こっても、私たちは責任が持てない。それだけではない。何か特定の環境保護目標をクネップに押し付けるのは、今日までこれほど素晴らしい、予想もしなかったような結果をもたらしてくれたクネップのダイナミズムに足枷をし、この先このプロジェクトから他の生物種が姿を現す可能性を妨害することになる。

　環境保護の名のもとに政府が介入し、お役所仕事が増えることへの恐れもだが、農家が自分の土地を手放す気になれない大きな理由は他にもある。耕作地を低木の茂みや森林に戻せば、その地価が半減するのだ。クネップの場合はたまたま、土地を売るという発想がない家風を継いでいる。だが先のことはわからない。状況が変化して、私たちの子孫は違った考え方をするかもしれない。再野生化は事実上、私たちが次の世代に引き継ぐ土地の価値を半減させた。税の優遇措置が受けられるかどうかという問題もある。農地は農業用財産軽減制度によって資本課税を免除されているし、農業用の軽油は燃料税の対象にならない。さらに農家はビジネスレートが全額免除される。これほどの優遇措置を受けている産業は他にない。

　だが、ヘファランプの罠［訳注：『くまのプーさん』に登場する、ヘファランプという架空の動物を捕まえようとしてかけた罠のこと」から這い出す気があるならば、そこには経済的に有利な点もあるということも私たちは知っている。たとえば経済的に豊かなイギリス南東部にあるクネップでは、農舎を利用して利益を上げている。以前は維持にお金がかかるばかりだったが、現在ではそうした農舎を、ちょっとした工場として、あるいは倉庫やオフィスに転用しているのだ。これらのビジネスによる雇用者は一九八人にのぼり、田舎に仕事と活力が戻ってきている。もちろんそれには最初に改築費用が必要だった。だが長期的には、成長中の観光ビジネス、農産物やクネップの土産物などの店、「放し飼い」動物のオーガニックな食肉と並んで収入をもたらし、それによって、補助金の有無にかかわらずクネップの再野生化プロジェクトが継続できるようになればいいと思っている。

再野生化がもたらすビジネスの可能性の一つが観光であることは間違いない。都市化現象が進むとともに、自然を求めて余暇を過ごす人はどんどん増えている。イングランドの農村観光は年間一四〇億ポンド市場と言われている。ウェールズでは、「野生動物関連アクティビティ」が年間一九億ポンドの収入を上げ、ウォーキングだけで五億ポンドの経済効果がある――これは助成金を受けている農家の収益より一億ポンド多い金額だ。「マイクロアドベンチャー」は最新のバズワードだし、野生動物ウォッチングも話題の的である。スコットランドでは、野生動物観察ツアーだけで一〇億ポンドの売上げがあり、七〇〇〇人以上を雇用している。クジラやイルカを見に行くツアーには年間二四万五〇〇〇人が参加するのである。

非常に魅力的な生物種が一ついるだけで局面は変わる。一九五九年にイギリスで二〇〇年ぶりにミサゴが繁殖したロックサイド・ガーデン・オン・スペイサイドには、これまで二〇〇万人を超える観光客が訪れ、その数は一夏で九万人にのぼることもある。歴史上これほど多くの人に見守られている鳥の巣は、地球上どこを探しても他にない。二〇〇一年、口蹄疫の取り締まりが最高潮だった頃に湖水地方に初めて巣をかけたミサゴがもたらした一〇〇万ポンドの収入は、その年カンブリア地方の経済にとっては喉から手が出るほど欲しいものだったし、それ以降も毎年その貢献は続いている。イギリス全体では、毎年二九万人が九か所のミサゴ観察ポイントを訪れる。そのうちの一つはラトランド・ウォーターにあり、三五〇万ポンドを地元経済に落としている。一九一〇年以降はイギリスから姿を消していたが一九八五年に再導入プログラムによってスコットランドのマル島に棲みついたオジロワシは、今では年間推定五〇〇万ポンドを島の経済にもたらし、一一〇人の正規雇用を生み出している。もしもイギリスに、オオヤマネコやオオカミといった捕食動物を再導入する勇気があるならば、観光産業に与える恩恵はそれ以上になるだろう。フィンランドでは、ヒグマとクズリが再導入された二〇〇五年から二〇〇八年まで、野生動物ウォッチングをしに訪れる人の数が九〇パーセント増加した。かつては物議を醸したスコットランドにおけるビーバーの再導入も、今ではホテル、レストラン、パブなどを繁盛させ、デヴォン州でも同じことが起こりそうだ。私たちがビーバーが放されるところを目撃した、リバー・オッターの源流の農場の持ち主である若い夫婦は、ビーバーを見に来る人たちに宿を貸して、農業で得る収入を補完している。クネップでは、新しく環境事業を始めて四年目の二〇一七年、野生動物見学ツアーに一三〇〇人が参加し、キャンプ場には二五〇〇人が宿泊し、特定利益集団、非営利団体、また政府高官や公務員を含む個人を合わせ、クネップのプロジェクトを視察した人の数は八〇〇人にのぼった。

だが、観光客がそれを見に殺到するような、カリスマ的人気があって呼び物になる生物種が、再野生化された土地のすべてにいるわけではないし、再野生化された土地ならば当然、生息地の状況は変化し、生息する生物種は移り変わる。農家や地主が所有地を自然に委ねるのを奨励する際には、自然の移り変わりを尊重し、そうした動的な、主体的な自然のプロセスが私たちみんなに提供してくれる生態系サービスに感謝できるようなやり方でなければならないのである。そのためには、生産性、豊かさ、維持可能性、利益と損失といったものを測ってきたこれまでの方法を――つまり、自然が与えてくれるものには限りがないと思われていた頃にできたビジネスモデルを――変えなければならないのである。現在、生態系サービスに対する支払い、自然資本会計、生物多様性に配慮したビジネス、そして生物多様性オフセットといった概念が、自然の価値を具体的な経済価値として計測する方法として検討され、土壌、水、空気、植生、生物多様性、美しい景色の費用対効果分析を可能にしている。

だがこれは意見の分かれる問題だ。自然――ほとんどの人にとっては経済という枠を超えたところにあり、人間であるということの本質に触れ、人間が現れる前から存在していた自然というもの――に値段をつけるのは、道義に外れるばかりでなく技術的に不可能だ、と言う人もいる。意識の高い環境保全活動家は、自然を換金すれば、私たちが一番護りたいと思っているものを、金融市場の予測不可能な変動と利己心、恣意的な価格設定や取引が渦巻く商業主義という危険な場所に放り込むことになり、自然は、骨抜きにされた自然の亡霊に取って代わられてしまう、と主張する。美、澄んだ空気、調和という感覚、そして幸福に値段などつけられないではないか？　これらのものは取引されるべきなのか？　あなたは自分の子どもや親の健康を売ったり買ったりするのか？　というわけだ。

## 自然保護の光と影

だが、自然は美しく、重要で、私たちにはそれを破壊する権利などないというただそれだけの理由で自然を護る、という高潔な考え方――過去五〇年以上かそれ以上にわたって活動家が行ってきたやり方――が失敗であったことは明らかだ。自然に値段がついておらず、私たちの暮らしを支配する経済制度の中で可視化されていなければ、制度は間違いなくそれを無視するのである。再野生化以前のクネップで起こったことは、過去七〇年にわたってイギリス全土で起きた情け容赦ない自然の崩壊をそのまま映し出している。けれどもチャーリーと私はそもそも意図して自然を破壊したわけではない。私たちには自然について考える動機がなかった——自然がどこにあって、どれほど深く、どれほど広いものか、自然がどんな恩恵を与えてくれるのか、それを知る手段を持っていなかっただけなのだ。自分たちの目の前に何があるのか、あるいは、やり方を変えさえしたら何が手に入るのか、私たちにはまったくわかっていなかった。ニンビー主義［訳注：NIMBY主義。Not In My Back Yard（我が家の裏には御免）の頭文字をとった言葉で、公共のために必要な事業であることは理解しているが、自分の居住地域内で行われることには反対、という態度のこと］の最悪の形と言えるだろう。私たちは、ほとんどの農家がそうであるように、自分たちを土地の管理人であると思っていたのだが、一方で心の奥では、自然と農業は違うと感じていた。自然というのはどこか、農業をめぐる現実的な金銭勘定から遠く離れた他所にあるものだったのだ。私たちは野生動物を見るために世界中を旅した。熱帯雨林の伐採やダム建設に反対する運動にも参加した。それなのに私たちは、自分の家の裏庭で自分たちがしていることが見えていなかったのである。もしも集約農業で儲かっていたら、私たちは今でもそれを続けていたに違いない。

ここから先に進むためには、正しく評価されるべきものを正しく評価しなければならない。自然とは結局のところお金で買えないほどの価値があるものである、という一番重要な認識を弱めることなく、自然の神秘や魅力を損なわないまま、自然を無視してきたことによって生じた損失を計算することは可能である。この惑星の自然が私たちに与えてくれているもののすべてを知ることなどおそらくできはしない、と認めつつ、同時に、今私たちの目の前にある恩恵の価値を見定めることはできるのだ。病院や保健サービス機関はすでに、澄んだ空気と緑のある場所にアクセスできることで、医療費が削減できると推定している。地方議会や保険会社は、川を自然な状態に戻し川の流域と氾濫原を復元することで、洪水被害による損害額をどれくらい減らせるかを計算している。水道事業者は、川の上流地帯の自然を復元することで、沈泥、殺虫剤、人工肥料を飲料用水から濾過する費用がどれくらい削減できるかを知っている。自然資本委員会は、イギリスの大都市周辺の二五万ヘクタールに木を植えて緑地化すれば、レクリエーションと炭素固定で五億五五〇〇万ポンドの経済的利益があると示唆している。

イギリスには今、考え直す機会が与えられているのだから、二〇〇七年に「生態系と生物多様性の経済学」イニシアチブが欧州連合に奨励した通り、農業と漁業から補助金制度を一切なくすことを私たちは検討すべきである。土地を所有しているという以外に何もしていない人に報酬を与える基礎支払い制度に疑問を投げかけるべきだ。独立心旺盛なイギリスなら、農業改革を先導できるはずだ。他の産業がみなそうであるように、自然を汚染した農家にはその代価を請求し、逆に一般の人々の益となるような環境サービスを提供すれば対価を支払えばいい。

何よりも重要なのは、具体的に的を絞った成果を求めることから、もっと広い意味の生態プロセスへと焦点を移すことだ——土地がどれほどしっかり機能しているか（あるいはしていないか）に目を向けるのである。ある一つの生態系サービス——これまでそれは常に食料生産だったわけだが——を計測するのではなく、複数のサービスを通してその機能を評価する。つまり、食料の生産には優れているが水管理ができていない土地の採点は低くなり、貯水、洪水緩和、野生動物の豊富さ、炭素隔離、栄養循環、受粉、汚染状況の改善などに高得点を得た土地が最大の支援を受けられるようにするのである。

これに対し生物学者が懸念するのは、純粋に人間にとってのみ益となる生態系サービスばかりを尊重することで、生物多様性が不利益を被るのではないか、ということだ。ミジンコやアリの将来を最優先する経済システムなどあるわけがない。だが生態系という複雑な関係性においては、一番ちっぽけな生き物が非常に大きな影響を持つことがある。それがいなくなってしまうまで、どんな生き物がキーストーン種なのかがわからないことも多い。しかし、複数の生態系サービスの提供能力が最も高い生態系は、同時に、最も複雑で生物多様性に富んでいるということを示唆する証拠が続々と集まっている。実際に、生物多様性そのものが、生態系サービスの豊かさを示す指標代わりになっているのではないだろうか。

　こうやって包括的にものごとを考え、ある終着地点を設定するのではなく自然のなすがままに生態系システムを作り直し、結果と同時にまたその機能する過程を評価することで、私たちと土地との関わり方をそっくり変えることができるかもしれない。テクノロジーが進化し、これまで以上に少ない土地から世界中の人が十分に食べられる以上の食料を得られるようになったことを祝う一方で、それはまた「男性的な」科学――すべての問題は新しいテクノロジーでこそ解決できるのであって、今までのやり方の古いテクノロジーに立ち返り自然に屈服するというのは後ろ向きな行為である、という考え方――が犯した失敗を認めるよう私たちに促す。

　スピノサスモモの茂みの中を、コキジバトの声に耳を澄ましながら歩くチャーリーと私には、嬉しいことと悲しいことの両方が目に入る。今ここでコキジバトの鳴き声が聞けることの嬉しさは、同時に喪失の瞬間が刻一刻と迫っているという事実を私たちに突きつける。コキジバトは私たちに、クネップはいわば島のようなものであり、カーペットのほんの小さな一片にすぎないこと――クネップだけでは、絶滅に向かっている生き物を救うことはできないということを思い出させるのだ。仮に明日、イギリス全土に、コキジバトが三回卵を孵せるような豊かな夏が戻ってきたとしても、この美しい鳥がこの国から失われてしまうであろうことはほぼ確実である。その数はおそらく、コキジバトが長期的に生き残るのに必要な最小限の数を下回ってしまっているのだ。コキジバトの囁くような鳴き声は、私たちのベースラインが修正されてしまっていることの徴（しるし）である。

それはエリザベス朝時代（ビクトリア朝時代以前）の風景から消えかけている脈動であり、彼らは次々と姿を消していく生き物たちの列の最後尾にいる。

私たちの足取りは重い。クネップの再野生化によってこれまでとは違った目で見るようになった世界は気分の滅入ることだらけである。クネップ以外の田園地帯を友人と歩くと、以前は何も考えずに散歩を楽しめたのに、今では何よりも、音と動きの不在が気になる。列車や高速道路から、流れ去っていく景色を目にするとき、そこに何が不在なのかがわかってしまう。クネップと比べると、イギリスのほとんどは砂漠のようだ。そしてそのことに、私は胸が痛むような悲しみを感じる。その喪失感と怒りは、アメリカの偉大な環境保全活動家アルド・レオポルドが今から一〇〇年近く前に言った言葉が何よりもよく表現している——「環境のことを学ぶことで味わわなければならない苦しみの一つは、傷ついた世界で孤独に生きなければならないことだ」

それでも、心の琴線に触れるあのクークーという優しい鳴き声はまた、修復、回復、再生の徴であり、バラバラになってしまったものが再び紡ぎ合わされつつあることを示している。この国からコキジバトの鳴き声が、もしかするとあと数回の夏の後に途絶えてしまったとしても、コキジバトが後にするこの国に希望はある。世界が転換期を迎えているという兆しはあるのだ。コキジバトが最後にアフリカに戻っていくとき、彼らがその上を飛ぶヨーロッパ大陸には、ビーバーが、オオカミが、クズリが、ジャッカルが、クマが再び棲み始めている。コキジバトが飛び去った後には、生態系に対する目覚めが、自然への渇望が、より野生に満ちた世界への希望が残されている。

## クネップ年表

一二世紀

ブランバー・レイプ［訳注：かつてイギリスのサセックス州では、州の下位にある自治体の単位をレイプと呼んだ］の領主、ウィリアム・デ・ブラオス（一一四四～一二一一年）が、現在オールド・クネップ・キャッスルと呼ばれるモット・アンド・ベイリー［訳注：一〇～一二世紀のヨーロッパにおける築城形式の一種］を築く。

一二〇六～一五年

ジョン王が、ダマジカやイノシシの狩りのために数度にわたってクネップを訪れる。

一五七三～一七五二年

サセックスの鉄器製造業者キャリル家がクネップの地所を所有。

一七八七年

チャールズ・レイモンド卿がクネップの地所を買い取り、娘ソフィアとその夫ウィリアム・バレルに与える。

一八〇九～一二年

チャールズ・メリック・バレル卿が、ハンフリー・レプトン［訳注：一八世紀後半から一九世紀初頭のイギリスの代表的造園家］風の庭園がついたクネップ・キャッスルの設計をジョン・ナッシュに依頼。

一九三九～四五年　第二次世界大戦中、クネップ・キャッスルは陸軍省によって徴用され、カナダ陸軍歩兵師団および機甲師団の本部となる。

一九四一～四三年　第二次世界大戦中の「勝利のために耕そう」というキャンペーンの一環として、レプトン・パークを含むクネップの地所の広範囲で、雑木林の伐採と永年放牧地の耕作が行われる。

一九四七年　クレメント・アトリー政権のもと、イギリス国内における農産物の固定価格を永久に保証する「農業法」が制定される。

一九七三年　イギリスがヨーロッパ経済共同体に加盟し、共通農業政策（CAP）に移行。

一九八七年　著者の夫、チャーリー・バレルがクネップの土地と建物を祖母より相続する。このときすでに農園は赤字経営である。

一九八七～九九年　酪農場の合併、設備の改善、アイスクリーム、ヨーグルト、羊乳に事業範囲を拡大させるなど、農園の強化を図るが、利益は上がらなかった。

二〇〇〇年　乳牛と農機具を売却し、耕作を下請けに出す。

二〇〇一年　「カントリーサイド・スチュワードシップ事業」からの資金援助を受け、レプトン・パークを復元。

二〇〇二年

二月／ペトワース・ハウスから連れてきたダマジカを、復元されたレプトン・パークに放す。

一二月／チャーリーが環境・食糧・農村地域省（DEFRA）へ、「ロー・ウィールド・オブ・サセックス地域に多様な生物が生息する自然地区を作る」旨をしたためた趣意書を送る。

二〇〇三年

「イングリッシュ・ネイチャー」の科学者らが、クネップの再野生化を検討するため初めて来訪。

六月／オールド・イングリッシュ・ロングホーン二〇頭をレプトン・パークに放つ。

補助金のデカップリングをもとにしたCAPの改革により、農民は土地を耕作せずとも補助金を受け取れるようになり、クネップが従来型の農業の枠組みから逸脱することが可能になった。

二〇〇三〜〇六年

クネップの土地の南区画は、収穫量が最も少ない農地から始めて最も収穫量の多い農地まで、順に作付けをやめた。

二〇〇三年

八月／近隣の農民や地主を、クネップでの「野生の森の日」に招待。再野生化プロジェクトの支援、またはプロジェクトへの参加、あるいはその両方を奨励する試みだった。

一一月／エクスムーア・ポニー六頭をレプトン・パークに放す。

二〇〇四年

レプトン・パーク復元計画を中央区画と北区画に拡大する資金を「カントリーサイド・スチュワードシップ事業」が提供。両区画を囲むフェンスが建築された。

七月／北区画に二三頭のオールド・イングリッシュ・ロングホーンを放す。

二〇〇五年

一二月／雌のタムワース・ピッグ二匹と八匹の子ブタを中央区画に放す。

二〇〇六年

七月／エクスムーア・ポニーの若い雄ウマ、ダンカンを中央区画に放す。

一月／ナチュラル・イングランド〔訳注：保護地域を管理する独立行政組織〕に向け、「クネップ・キャッスルの地所における、自然な放牧のための統合的管理計画」を作成。

五月／「クネップ・ワイルドランド諮問委員会」創立総会。

二〇〇七年

夏／クネップで初めてコキジバトが観察される。

二〇〇八年

八年間、協議と実現可能性の検討を重ねた後、アドゥー川河岸二・五キロにわたる復元プロジェクトが環境局の承認を得る。

二月／ナチュラル・イングランドの科学者らが、当面クネップを支援しないと通告。

六月／農業環境事業「高次レベルスチュワードシップ」の創設者アンドリュー・ウッドがクネップを訪問。

二〇〇九年

クネップの地所全体を対象として高次レベルスチュワードシップ（ＨＬＳ）の資金が（二〇一〇年一月一日より）提供されるとの知らせを受けとる。これにより南区画もまた、動物たちが自由に動き回れるようフェンスで囲むことが可能になった。

三月／長さ一四キロに及ぶフェンスを南区画の周りに設置。

ワタリガラスが初めてクネップで巣を作る。

五月／一一〇〇万匹という大量の渡りチョウ、ヒメアカタテハがアフリカからイギリスに飛来。クネップでも、セイヨウトゲアザミのアウトブレイクに数万匹が引き寄せられる。

五三頭のロングホーン種畜牛を南区画に放す。

八月／エクスムーア・ポニーを南区画に放す。

九月／タムワース・ピッグ二〇頭を南区画に放す。

アドゥー川支流の氾濫原に、三キロにわたってスクレイプ［訳注：氾濫原の中の、一段低くなった水たまり、あるいは浅い沼］を作る。

五年間のモニタリング調査の結果、野生生物が驚異的に増加したことがわかる。そこにはヒバリ、モリヒバリ、コシギ、ワタリガラス、ワキアカツグミ、ノハラツグミやニシベニヒワ（仮名）もいれば、イギリスに生息する一七種のコウモリのうちの一三種、そして、希少なチョウ、イリスコムラサキをはじめ、保護が重要視されている六〇種の無脊椎動物もいた。

二〇一〇年

二月／四二頭のダマジカを南区画に放す。

七月／チャーリーを会長として、「イングランド・ビーバー諮問委員会」が設立される。

ジョン・ロートン卿が報告書『Making Space for Nature（自然のための場所を作る）』を政府に提出。イギリスに「より大規模で優れた、統一の取れた」自然地区を作ることを提言した。

二〇一二年

インペリアル・カレッジ・ロンドンの調査により、クネップの地所内に、二〇〇二年には一つもなかったナイチンゲール（サヨナキドリ）の縄張りが三四か所あることがわかり、絶滅危惧種であるナイチンゲールにとってクネップはイギリスで最も重要な生息地となる。

二〇一三年

四月／アカシカを中央区画と南区画に放す。

報告書『State of Nature（自然の現況）』が、イギリスの野生生物種が引き続き激減を続けていることを示す。

ある週末にクネップで行われた三つの横断調査で、四〇〇種を超える野生生物の存在が確認される。その中には、国際自然保護連合（IUCN）の「絶滅のおそれのある種のレッドリスト」にある鳥一三種、アンバーリストの一九種、また非常に希少なチョウや植物が含まれていた。

インペリアル・カレッジ・ロンドンの調査で、クネップには一九種類のミミズがいることがわかった。これは土壌の構造と機能が近隣の農場と比べて著しく改良されていることを示している。

二〇一四年

「クネップ・ワイルドランド」キャンプ場とサファリが営業を開始。

夏／一一羽の雄のコキジバトが観察される。コミミズクとトラフズクが初めて目撃され、クネップにはイギリスにいるフクロウ五種のすべてが揃う。


チャーリーが「リワイルディング・ブリテン」の代表に就任。

二〇一五年

三月／デヴォン州のリバー・オッターに、正式にビーバーが放される。一度は絶滅したこの哺乳動物を再生させるイギリス初の試みである。

七月／クネップがイギリス最大のイリスコムラサキの群れの生息地となる。

「People. Environment. Achievement. Award for Nature（自然に貢献した人、環境、功

績賞）」を受賞。

アドゥー川の復元プロジェクトにより、二〇一五年度の「イギリス河川賞」において「Innovative and Novel Project Award（革新的なプロジェクト賞）」を受賞。

国連食糧農業機関が、地球上の土壌は枯渇が進み、この先六〇年しか作物を収穫できないだろうとの警告を発する。

二〇一五・二〇一六年　サセックス大学のデイブ・ゴールソンが、六二種類のハナバチと三〇種類のカリバチを記録。うち七種のハナバチと四種のカリバチは、イギリス全土で保護の重要性が高いものである。

二〇一六年　一二月／コッツウォルド野生生物パーク、ダレル野生生物保護基金、ロイ・デニス野生生物基金、その他イギリス南西部の土地の所有者二名との共同プロジェクトの一環として、ポーランド産のコウノトリ三四羽を南区画に設置した囲いの中に放す。一〇〇年ぶりにイギリスにコウノトリを復活させようという試みである。

二〇一七年　夏／雄のコキジバトが一六羽観察される。ヨーロッパアカマツの木にハヤブサの巣がかかり、セアカモズが数週間にわたってクネップを縄張りとする。

欧州連合における「前向きな農村環境」創造に対する貢献により、「Anders Wall Environment Award」がクネップに贈られる。

二〇一八年　一月／ＤＥＦＲＡの環境改善二五年計画において、「広域にわたる環境復元により自然を回復した」優れた事例としてクネップの名が挙がる。

## 二〇一九年

夏／二〇羽の雄のコキジバトが記録された。

九月／クランフィールド大学による土壌調査の結果、再野生化後のクネップでは、土壌炭素、有機物質量、微生物量が倍増し、菌根菌が三倍になったことがわかった。

合計で一〇〇万エーカーの土地を所有する地主たちが、再野生化の持つ可能性を調査するためにクネップを視察。

五月／国際連合が、この先数年間で絶滅する危険のある生物種は一〇〇万種にのぼり、人間をはじめ地球上のすべての生物に深刻な影響を与えるだろうと警告。

南区画のオークの木の頂上にコウノトリのつがいが一組巣をかける。イングランド内戦後に絶滅して以来、イギリスで自由に飛び回るコウノトリはこれが初めてである可能性が高い。

六月／ＤＥＦＲＡにビーバーを放す許可を申請する。審査の結果は出ていない。

1993)
Pyle, R. M. 'The extinction of experience'. *Horticulture*, vol. 56, pp. 64–7 (1978)
Williams, A. G., Audsley, E., and Sandars, D. L. 'Determining the environmental burdens and resource use in the production of agricultural and horticultural commodities'. Main Report, DEFRA Research Project ISO 20 (Cranfield University, Bedford and DEFRA, 2006)
Taylor, R. C., et al. *Measuring holistic carbon footprints for lamb and beef farms in the Cambrian Mountains*. Countryside Council of Wales report (2010)
Ulrich, R., et al. 'Stress recovery during exposure to natural and urban environments'. *Journal of Environmental Psychology*, vol. 11, pp. 201–30 (1991)
Ulrich, R. S. 'Aesthetic and affective response to natural environment'. In: Altman, I., and Wohlwill, J. F. (eds). *Behaviour and the Natural Environment*, pp. 85–125 (Plenum, New York, 1983)

*

'Estimating local mortality burdens associated with particulate air pollution'. Public Health England report. (9 April 2014)
'The State of Natural Capital – protecting and improving natural capital for prosperity and wellbeing'. Natural Capital Committee report (2015) http://socialsciences.exeter.ac.uk/media/universityofexeter/collegeofsocialsciencesandinternationalstudies/leep/documents/2015_ncc-state-natural-capital-third-report.pdf

mycorrhizal fungi in a model ecosystem'. *Scientific Reports*, vol. 4, article no. 5634 (July 2014)
Zhang, W., Hendrix, P. F., et al. 'Earthworms facilitate carbon sequestration through unequal amplification of carbon stabilization compared with mineralization'. *Nature Communications*, vol. 4, article no. 2576 (2013)

*

Economics of Land Degradation Initiative report (September 2015) http://www.eld-initiative.org/fileadmin/pdf/ELD-pm report_05_web_300dpi.pdf
'Glomalin: hiding place for a third of the world's stored soil carbon'. *Agricultural Research Magazine*, US Department of Agriculture (September 2002) https://agresearchmag.ars.usda.gov/2002/sep/soil
*Restoring the climate through capture and storage of soil carbon through holistic planned grazing*. Savory Institute (2013)
'Status of the World's Soil Resources'. Main report; Food and Agriculture Organization of the United Nations and Intergovernmental Technical Panel on Soils, Rome, Italy (2015) http://www.fao.org/3/a-i5199e.pdf
'UK soil degradation'. Postnote no. 265, Parliamentary Office of Science and Technology (July 2006) http://www.parliament.uk/documents/post/postpn265.pdf
www.soilfoodweb.com

## 第17章　ヒトと自然

Bird, W. 'Natural Thinking – investigating the links between the natural environment, biodiversity and mental health'. RSPB report (June 2007)
Chen, H., et al. 'Living near major roads and the incidence of dementia, Parkinson's disease, and multiple sclerosis: a population-based cohort study'. *The Lancet*, vol. 389, no. 10070, pp. 718–26 (18 February 2017)
Kaplan, S. 'The restorative effects of nature – toward an integrative framework'. *Journal of Environmental Psychology*, vol. 15, pp. 169–82 (1995)
Orians, G. H., and Heerwagen, J. H. 'Evolved responses to landscapes'. In: Barkow, J. H., Cosmides, L., and Tooby, J. (eds). *The Adapted Mind: Evolutionary Psychology and the Generation of Culture*, pp. 555–79 (Oxford University Press,

pp. 191–7 (2002)
Merryweather, James. 'Meet the glomales – the ecology of mycorrhiza'. *British Wildlife*, vol 12, no. 2, pp. 86–93 (December 2001)
Merryweather, James. 'Secrets of the soil'. *Resurgence & Ecologist*, issue 235 (March/April 2006)
Meyer, Anne-Marie. 'Historical changes in the mineral content of fruits and vegetables'. *British Food Journal*, vol. 99, no. 6, pp. 207–11 (July 1997)
Noel, S., Mikulcak, F., et al. ELD Initiative. (2015). 'Reaping economic and environmental benefits from sustainable land management'. Report for policy and decision makers, Economics of Land Degradation Initiative. (2015) http://www.eld-initiative.org/fileadmin/pdf/ELD-pm-report_05_web_300dpi.pdf
Schaechter, Moselio ('Elio'). 'Mycorrhizal fungi: the world's biggest drinking straws and largest unseen communication system'. Small Things Considered (a blog for sharing appreciation of the width and depth of microbes and microbial activities on this planet). (August 2013) http://schaechter.asmblog.org/schaechter/2013/08/mycorrhizal-fungi-the-worlds-biggest drinking-straws-and-largest-unseen-communication-system.html
Sutton, M., et al. (eds). *The European Nitrogen Assessment – Sources, Effects and Policy Perspectives* (Cambridge University Press, 2011)
Van Groenigen, J. W., Lubbers I. M., et al. 'Earthworms increase plant production: a meta-analysis'. *Scientific Reports*, vol. 4, article no. 6365 (2014)
Woods-Segura, James. 'Rewilding – an investigation of its effects on earthworm abundance, diversity and their provision of soil ecosystem services'. MSc thesis, Centre for Environmental Policy, Faculty of Natural Sciences, Imperial College London. (September 2013)
Xavier, L. J. C. and Germida, J. J. 'Impact of human activities on mycorrhizae'. *Microbial Biosystems: New Frontiers. Proceedings of the 8th International Symposium on Microbial Ecology*, Atlantic Canada Society for Microbial Ecology, Halifax, Canada, 1999
Zaller, J. G., Heigl, F., et al. 'Glyphosate herbicide affects belowground interactions between earthworms and symbiotic

*Energy Bulletin* (7 December 2006) http://www2.energybulletin.net/node/23428
Ball, A. S. and Pretty, J. N. 'Agricultural influences on carbon emissions and sequestration'. In: Powell, J., et al. (eds). *Proceedings of the UK Organic Research 2002 Conference*, pp. 247–50 (Organic Centre Wales, Institute of Rural Studies, University of Wales, Aberystwyth, 2002)
Barański, M., et al. 'Higher antioxidant and lower cadmium concentrations and lower incidence of pesticide residues in organically grown crops: a systematic literature review and meta-analyses'. *British Journal of Nutrition*, vol. 112, issue 5, pp. 794–811 (September 2014)
Bathurst, Bella. 'Kill the plough, save our soils'. *Newsweek* (6 June 2014)
Case, Philip. 'Only 100 harvests left in UK farm soils, scientists warn'. *Farmers Weekly* (21 October 2014)
Cole, J. 'The effect of pig rooting on earthworm abundance and species diversity in West Sussex, UK'. MSc thesis, Centre for Environmental Policy, Faculty of Natural Sciences, Imperial College London (11 September 2013)
Davis, D. R., Melvin, D., and Riordan, H. D. 'Changes in USDA Food Composition Data for 43 Garden Crops, 1950 to 1999'. *Journal of the American College of Nutrition*, vol. 23, issue 6, pp. 669–82 (2004)
Hickel, Jason. 'Our best shot at cooling the planet might be right under our feet'. *Guardian* (10 September 2016)
Khursheed, S., Simmons, C., and Jaber, F. 'Glomalin – a key to locking up soil carbon'. *Advances in Plants & Agriculture Research*, vol. 4, issue 1 (2016)
Lambert, Chloe. 'Is food really better from the farm gate than supermarket shelf?' *New Scientist* (14 October 2015)
Ling, L. L., et al. 'A new antibiotic kills pathogens without detectable resistance'. *Nature*, vol. 517, pp. 455–9 (January 2015)
Liu, X., Lyu, S., Sun, D., Bradshaw, C. J. A., and Zhou, S. 'Species decline under nitrogen fertilization increases community-level competence of fungal diseases'. *Proceedings of the Royal Society B*, vol. 284, issue 1847 (25 January 2017)
Luepromchai, E., Singer, A., Yang, C.-H., and Crowley, D. E. 'Interactions of earthworms with indigenous and bioaugmented PCB-degrading bacteria'. *Federation of European Microbiological Societies Microbiology Ecology*, vol. 41, issue 3,

*Science*, vol. 69, issue 2, pp. 206–28 (June 2014)
McCracken, D. and Huband, S., 'European pastoralism: farming with nature'. European Forum for Nature Conservation and Pastoralism http://mp.mountaintrip.eu/uploads/media/project_leaflet/pastoral_plp.pdf
Ponnampalam, E. N, Mann, N. J, and Sinclair, A. J. 'Effect of feeding systems on omega-3 fatty acids, conjugated linoleic acid and trans fatty acids in Australian beef cuts: potential impact on human health'. *Asia Pacific Journal of Clinical Nutrition*, vol. 15, issue 1, pp. 21–9 (2006)
Renecker, Lyle Al and Samuel, W. M. 'Growth and seasonal weight changes as they relate to spring and autumn set points in mule deer'. *Canadian Journal of Zoology*, 69(3), pp. 744–7 (1991)
Salatin, Joel. 'Amazing grazing'. *Acres USA Magazine* (May 2007)
Sutton, C. and Dibb, S. 'Prime cuts – valuing the food we eat'. A discussion paper by the WWF-UK and the Food Ethics Council (2013)
Taubes, G. 'The soft science of dietary fat'. *Science*, vol. 291, pp. 2535–41 (2001)
Xue, B., Zhao, X. Q., and Zhang, Y. S. 'Seasonal changes in weight and body composition of yak grazing on alpine-meadow grassland in the Qinghai-Tibetan plateau of China'. *Journal of Animal Science*, vol. 83, no. 8, pp. 1908–13 (2005)

*

'Pasture for life – it can be done: the farm business case for feeding ruminants just on pasture'. Pasture for Life (January 2016) http://www.pastureforlife.org/media/2016/01/pfl-it-can-be done-jan2016.pdf
'Pastoralism and the green economy – a natural nexus?' International Union of Nature and Natural Resources, United Nations Environment Programme report. (2014)
'The potential global impacts of adopting low-input and organic livestock production'. United Nations Food & Agriculture Organisation report. (27 March 2014)
'What's your beef?' National Trust report. https://animalwelfareapproved.us/wp-content/uploads/2012/05/067b-Whats-your-beef-full-report.pdf

## 第 16 章　土は生命

Anderston, Bart. 'Soil food web – opening the lid of the black box'.

Nyssen, J., et al. 'Effect of beaver dams on the hydrology of small mountain streams – example from the Chevral in the Ourthe Orientale basin, Ardennes, Belgium'. *Journal of Hydrology*, vol. 402, issues 1–2, pp. 92–102 (13 May 2011)

Parker, H., and Rosell, F. 'Beaver management in Norway: a model for continental Europe?' *Lutra*, vol. 46, pp. 223–34 (2003)

Pope, Lawrence. 'Dam! Beavers have been busy sequestering carbon'. *New Scientist* (17 July 2013)

Robbins, Jim. 'Reversing course on beavers – the animals are being welcomed as a defence against climate change'. *New York Times* (27 October 2014)

Rosell, F., Bozser, O., Collen, P., and Parker, H. 'Ecological impact of beavers *Castor fiber* and *Castor canadensis* and their ability to modify ecosystems'. *Mammal Review*, vol. 35, pp. 248–76 (2005)

## 第 15 章　自然保護と経済

Allport, S. 'The Queen of fats: an author's quest to restore omega-3 to the western diet'. *Acres USA*, vol. 38, no. 4, pp. 56–62 (April 2008)

Arnott, G., Ferris, C., and O'Connell, N. 'A comparison of confinement and grazing systems for dairy cows – what does the science say?' *Agri-search* report (March 2015)

Daley, C. A., Abbott, A., et al. 'A review of fatty acid profiles and antioxidant content in grass-fed and grain-fed beef'. *Nutrition Journal*, vol. 9, issue 10 (2010)

Dhiman, T. R. 'Conjugated linoleic acid: a food for cancer prevention'. *Proceedings from the 2000 Intermountain Nutrition Conference*, pp. 103–21 (2000)

Dhiman, T. R., Anand, G. R., et al. 'Conjugated linoleic acid content of milk from cows fed different diets'. *Journal of Dairy Science*, vol. 82, issue 10, pp. 2146–56. (1999)

Kay, R. N. B. 'Seasonal variation of appetite in ruminants'. In Haresign, W., and Cole, D. J. A. *Recent Advances in Animal Nutrition*, ch. 11 (Butterworth-Heinemann, 1985)

Liddon, A. *Eating biodiversity: an investigation of the links between quality food production and biodiversity protection* (Economic and Social Research Council report, 20 August 2009)

Lüscher, A., Mueller-Harvey, I., et al. 'Potential of legume-based grassland-livestock systems in Europe'. *Grass and Forage* management in the uplands'. Research report by the Woodland Trust (February 2013) http://www.woodlandtrust.org.uk/mediafile/100263187/rr-wt-71014-pontbren-project-2014.pdf

## 第14章　戻ってきたビーバー

Coghlan, Andy. 'Should the UK bring back beavers to help manage floods?' *New Scientist* (13 November 2015)
Collen, P., and Gibson, R. 'The general ecology of beavers as related to their influence on stream ecosystems and riparian habitats, and the subsequent effects on fish – a review'. *Reviews in Fish Biology and Fisheries*, vol. 10, pp. 439–61 (2001)
Elliott, M., Blythe, C., et al. 'Beavers – Nature's Water Engineers. A summary of initial findings from the Devon Beaver Projects'. Devon Wildlife Trust (2017)
Gurnell, J., Gurnell, A. M., Demeritt, D., et al. *The feasibility and acceptability of reintroducing the European beaver to England* (Natural England commissioned report NECR002, 2009)
Halley, D. J., and Roseel, F. 'The beaver's re-conquest of Eurasia: status, population development and management of a conservation success'. *Mammal Review*, vol. 3, pp. 153–78 (2002)
Hood, G. A. 'Biodiversity and ecosystem restoration: beavers bring back balance to an unsteady world'. Plenary, 6th International Beaver Symposium, Ivanić Grad, Croatia (September 2012)
Hood, G. A. and Bayley, S. 'Beaver (*Castor canadensis*) mitigate the effects of climate on the area of open water in boreal wetlands in western Canada'. *Biological Conservation*, vol. 141, pp. 556–67 (2008)
Jones, S., Gow, D., Lloyd Jones, A., and Campbell-Palmer, R. 'The battle for British beavers'. *British Wildlife*, vol. 24, no. 6, pp. 381–92 (August 2013)
Law, A., Gaywood, Martin J., Jones, Kevin C., Ramsay, P., and Willby, Nigel, J. 'Using ecosystem engineers as tools in habitat restoration and rewilding: beaver and wetlands'. *Science of the Total Environment*, vol. 605–6, pp. 1021–30 (2017)
McLeish, Todd. 'Knocking down nitrogen'. *Northern Woodlands* (Spring 2016)
Manning, A. D., Coles, B. J., et al. 'New evidence of late survival of beaver in Britain'. *The Holocene*, vol. 24, issue 12, pp. 1849–55 (2014)

45–57 (March 2017) https://www.cambridge.org/core/journals/bird-conservation-international/article/postfledging-habitat-selection-in-a-rapidly-declining-farmland-bird-the-european turtle-dove-streptopelia-turtur/271558A78B788247C6EDCD8F725476DF

*

Read more at: http://www.rspb.org.uk/community/ourwork/b/biodiversity/archive/2016/04/20/tracking-turtle-dove-nestlings to-investigate-post-fledging-survival-and-habitat-selection.aspx#Ii3uE53mOOilE2sI.99

Fact-sheet on the European turtle dove, Birdlife International. http://www.birdlife.org/sites/default/files/attachments/factsheet_-_european_turtle-dove_ci_1_1.pdf

## 第 13 章　洪水と川の再野生化

Harribin, Roger. 'Back to nature flood schemes need "government leadership" '. *BBC News* (16 January 2014) http://www.bbc.co.uk/news/uk-politics-25752320

Lean, Geoffrey. 'UK flooding: How a Yorkshire town worked with nature to stay dry'. *Independent* (2 January 2016)

*

'Flood defence spending in England'. House of Commons briefing, standard note SN/SC/5755 (19 November 2014)

'Flooding in Focus – recommendations for more effective flood management in England'. RSPB. (2014) https://www.rspb.org.uk/Images/flooding-in-focus_tcm9–386202.pdf

'How rewilding reduces flood risk'. Rewilding Britain report. (September 2016) http://www.rewildingbritain.org.uk/assets/uploads/files/publications/Final-flood-report/Rewilding-Britain-Flood-Report-Sep-6–16.pdf

'Working with natural processes to reduce flood risks'. Environment Agency, DEFRA, Natural Resources Wales. (July 2014) http://evidence.environment-agency.gov.uk/FCERM/Libraries/FCERM_Project_Documents/WWNP_framework.sflb.ashx

'Slowing the flow at Pickering', Forest Research https://www.forestry.gov.uk/fr/slowingtheflow and Institute of Civil Engineers https://www.ice.org.uk/disciplines-and-resources/case-studies/slowing-the-flow-at-pickering

'The Pontbren Project – a farmer-led approach to sustainable land

Final report to Rewilding Europe by ZSL, BirdLife International and the European Bird Census Council. Zoological Society of London (2013) https://www.zsl.org/sites/default/files/media/2014–02/wildlife-comeback-in-europe-the-recovery-of-selected-mammal-and-bird-species-2576.pdf
Nogués-Bravo, D., Simberloff, D., Rahbek, C., and Sanders, N. J. 'Rewilding is the new Pandora's box in conservation'. *Current Biology*, vol. 6, issue 3, pp. R87–R91 (8 February 2016)
Odadi, W. O., Jain, M., et al. 'Facilitation between bovids and equids on an African savanna'. *Evolutionary Ecology Research*, vol. 13, pp. 237–52 (2011)
Soulé, M. and Noss, R. 'Rewilding and biodiversity'. *Wild Earth*, pp. 1–11 (Fall 1998)
Van de Vlasakker, Joep. 'Bison Rewilding Plan 2014–2024 – Rewilding Europe's contribution to the comeback of the European bison'. A report by Rewilding Europe (2014)

## 第 10 章　イリスコムラサキとサルヤナギとブタ

Bartomeus, I., Vilà, M., and Steffan-Dewenter, I. 'Combined effects of *Impatiens glandulifera* [Himalayan balsam] invasion and landscape structure on native plant pollination.' *Journal of Ecology*, vol. 98, pp. 440–50 (2010)
Hejda, M. and Pysek. P. 'What is the impact of *Impatiens glandulifera* [Himalayan Balsam] on species diversity of invaded riparian vegetation?' *Biological Conservation*, vol. 132, pp. 143–52 (2006)
Holdich, D. M., Palmer, M., and Sibley, P. J. 'The indigenous status of *Austropotamobius pallipes* [Freshwater White-clawed Crayfish] in Britain'. In *Crayfish Conservation in the British Isles, Conference Proceedings*, British Waterways Offices, Leeds (25 March 2009)
Hulme, P. E., and Bremner, E. T. 'Assessing the impact of *Impatiens glandulifera* [Himalayan balsam] on riparian habitats'. *Journal of Applied Ecology*, vol. 43, pp. 43–50 (2006)

## 第 12 章　コキジバトの鳴き声が消える日

Dunn, Jenny C., et al. 'Post-fledging habitat selection in a rapidly declining farmland bird, the European Turtle Dove *Streptopelia turtur*'. *Bird Conservation International*, vol. 27, issue 1, pp.

than fossil diesel'. (6 April 2016) https://www.transportenvironment.org/news/biodiesel-80-worse-climate fossil-diesel

## 第８章　プロジェクトの危機

Harvey, Graham. 'Ragwort – the toxic weed spreading through our countryside'. *Daily Mail* (5 August 2007). http://www.dailymail.co.uk/news/article-473409/Ragwort-The-toxic-weed-spreading countryside.html

Pauly, D. 'Anecdotes and the shifting baseline syndrome of fisheries'. *Trends in Ecology & Environment*, vol. 10, p. 430 (1995)

*

http://www.ragwortfacts.com/ragwort-myths.html

Buglife leaflet on ragwort: 'Ragwort – noxious weed or precious wildflower?' https://www.buglife.org.uk/sites/default/files/Ragwort.pdf

'British Horse Society Ragwort survey reveals disturbing new figures on horse fatalities', *Equiworld Magazine*. http://www.equiworld.net/0803/bhs01.htm

Plantlife and Butterfly Conservation joint publication: 'Ragwort – friend or foe?' (June 2008) http://www.plantlife.org.uk/uk/our-work/publications/ragwort-friend-or-foe

Natural England information note. 'Towards a ragwort management strategy'. (June 2003) http://holtspurbottom.info/LinkedDocs/RagwortENinformationnote20June03.pdf

DEFRA Code of Practice on How to Prevent the Spread of Ragwort (July 2004) https://www.gov.uk/government/uploads/system/uploads/attachment_data/file/525269/pb9840-cop ragwort-rev.pdf

Ragwort Control Act: Consultation on the draft Code of Practice to Prevent the Spread of Ragwort, Response from Wildlife & Countryside Link (June 2004) http://www.wcl.org.uk/docs/Link_response_to_consultation_on_ragwort_control_09Jun04.pdf

## 第９章　数万匹のヒメアカタテハの襲来

Deinet, S., Ieronymidou, C., McRae, L., et al. 'Wildlife comeback in Europe – the recovery of selected mammal and bird species'.

al. (eds). *Seed Fate: Predation, Dispersal and Seedling Establishment*, ch. 13, pp. 223–39. (Centre for Agriculture & Bioscience International, Wallingford, 2005)
Folger, Tim. 'The next green revolution'. *National Geographic Magazine* (October 2014)
Gustavsson, J., Christel Cederberg, C., Sonesson, U., et al. 'Global food losses and food waste – extent, causes and prevention'. Food and Agriculture Organization of the United Nations, Rome (2011) http://www.fao.org/docrep/014/mb060e/mb060e00.pdf
Lambert, Chloe. 'Best before – is the way we produce and process food making it less nourishing?' *New Scientist*, 17 October 2015
Mayer, Anne-Marie. 'Historical changes in the mineral content of fruits and vegetables'. *British Food Journal*, vol. 99, no. 6, pp. 207–11 (July 1997)
Midgley, Olivia. 'Increasing yields and rewilding spared land could slash greenhouse gas emissions by 80 per cent'. *Farmers Guardian Insight News*, 4 January 2016 https://www.fginsight.com/news/increasing-yields-and-rewilding-spared-land-could slash-ghg-emissions-by-80-per-cent-8913
Monbiot, George. 'The Hunger Games'. *Guardian*, 13 August 2012
Priestley, Sara. 'Food Waste'. House of Commons Briefing Paper, no. CBP07552 (8 April 2016)
Royte, Elizabeth. 'How "ugly" fruits and vegetables can help solve world hunger'. *National Geographic Magazine*, March 2016
Yi, Xianfeng, et al. 'Acorn cotyledons are larger than their seedlings' need: evidence from artificial cutting experiments.' *Scientific Reports* 5, Article number: 8112 (2015)
Zayed, Yago. 'Agriculture: historical statistics'. House of Commons Briefing Paper, no. 03339 (21 January 2016)

*

'Sustainable Food – a recipe for food security and environmental protection?' Science for Environment Policy In-depth Report, European Commission, Issue 8 (November 2013) http://ec.europa.eu/environment/integration/research/newsalert/pdf/sustainable_food_IR8_en.pdf
OECD-FAO Agricultural Outlook. Chapter 3 Biofuels. (2013) http://www.fao.org/fileadmin/templates/est/COMM_MARKETS_MONITORING/Oilcrops/Documents/OECD_Reports/OECD_2013_22_biofuels_proj.pdf
Transport & Environment. 'Biodiesel 80 per cent worse for climate

than previously believed'. Mother Nature Network (28 September 2015) http://www.mnn.com/earth-matters/animals/stories/pigs-and-humans-more-closely-related-thought according-genetic-analysis

Provenza, F. D., Meuret, M., and Gregorini, P. 'Our landscapes, our livestock, ourselves: restoring broken linkages among plants, herbivores, and humans with diets that nourish and satiate.' *Appetite*, vol. 95, pp. 500–519 (August 2015)

*

'UK dung beetles could save cattle industry £367m annually – bug farm boss' Wales online. (27 August 2015) http://www.walesonline.co.uk/business/farming/uk-dung-beetles-could save-9940684

http://www.dungbeetlesdirect.com/Dung-Beetles/About-Dung-Beetles.aspx

## 第７章　近隣住民の不満噴出

Andersson, C. and Frost, I. 'Growth of *Quercus robur* seedlings after experimental grazing and cotyledon removal'. *Acta Botanica Neerlandica*, vol. 45, pp. 85–94 (1996)

Ausubel, Jesse H. 'The return of nature – how technology liberates the environment'. *Breakthrough Journal* (Spring 2015) https://thebreakthrough.org/index.php/journal/past-issues/issue-5/the-return-of-nature

Bossema, J. 'Jays and oaks: an eco-ethological study of a symbiosis'. Ph.D. thesis, Rijksuniversiteit Groningen (also published in *Behaviour* 70, pp. 1–117). (1979)

Bossema, J. 'Recovery of acorns in the European jay (*Garrulus g. glandarius* L.)'. *Proceedings Koninklijke Nederlandse Akademie van Wetenschappen Serie C, Biological and Medical Sciences*, vol. 71, pp. 10–14 (1968)

Chettleburgh, M. R. 'Observations on the collection and burial of acorns by jays in Hinault Forest'. *British Birds*, vol. 45, pp. 359–64 (1952)

Davis, Donald, et al. 'Changes in USDA Food Composition Data for 43 Garden Crops, 1950 to 1999'. *Journal of the American College of Nutrition*, vol. 23, no. 6, pp. 669–82 (December 2004)

Den Ouden, J., Jansen, P. A., and Smit, R. 'Jays, mice and oaks: predation and dispersal of Quercus robur and Quercus petraea in North-western Europe'. In: Forget, P. M., Lambert, J. E., et

folijder (foredragsreferat))'. *Foerhandlingar*, vol. 38, pp. 384–434 (Geologiska Foereningen in Stockholm, 1916). Translation by Margaret Bryan Davis and Knut Faegri with an introduction by Knut Faegri and Johs. Iversen. *Pollen et Spores*, 9, pp. 378–401. In: Real, L. A. and Brown, J. H. (eds). *Foundations of Ecology*, pp. 456–82. (Classic Papers with commentaries, University of Chicago Press, 1967)
Ranius, T., Eliasson, P., and Johansson, P. 'Large-scale occurrence patterns of red-listed lichens and fungi on old oaks are influenced both by current and historical habitat density'. *Biodiversity Conservation* 17, pp. 2371–81 (2008)
Rose, F. 'The epiphytes of oak'. In: Morris, M. G. and Perring, E. H. (eds). *The British Oak, Its History and Natural History*. pp. 250–73 (The Botanical Society of the British Isles, E. W. Classey, Berks., 1974)
Rose, F. 'Temperate forest management: its effects on bryophyte and lichen floras and habitats'. In: Bates, J. W. and Farmar, A. M. (eds). *Bryophytes and Lichens in a Changing Environment*, pp. 211–33 (Clarendon Press, Oxford, 1992)
Smith, D., Nayyar, K., et al. 'Can dung beetles from the palaeoecological and archaeological record indicate herd concentration and the identity of herbivores?' *Quaternary International*, vol 341, pp. 1–12 (2013)

*

'Europe's Wood Pastures – condemned to a slow death by the CAP? A test case for EU agriculture and biodiversity policy'. EU booklet. (October 2015) https://arboriremarcabili.ro/media/cms_page_media/2015/11/20/Europe's%20wood%20pastures%20-%20booklet_hTeCQKP.pdf

## 第６章　野生のウシ、ウマ、ブタを放つ

Hewitt, John. 'The hidden evolutionary relationship between pigs and primates revealed by genome-wide study of transposable elements', Phys.org (September 23, 2015) https://phys.org/news/2015-09-hidden-evolutionary-relationship-pigs-primates.html
McKenzie, Steven. ' "Alarming trend" of decline among UK's dung beetles'. *BBC News* (17 November 2015) http://www.bbc.co.uk/news/uk-scotland-highlands-islands-34831400
Nelson, Bryan. 'Pigs and humans share more genetic similarities

第5章　再野生化、実現までの険しい道のり

Alexander, K. N. A. 'The links between forest history and biodiversity: the invertebrate fauna of ancient pasture-woodlands in Britain and its conservation'. In: Kirby, K. J. and Watkins, C. (eds). *The Ecological History of European Forests*, pp. 73–80 (Wallingford: CAB International, 1998)

Alexander, K. N. A. 'What are veteran trees? Where are they found? Why are they important?' In: Read, H., Forfang, A. S., et al. (eds). *Tools for preserving woodland biodiversity*, pp. 28–31. Textbook 2. Nanonex programme (Leonardo da Vinci, Sweden, September 2001)

Alexander, K. N. A. 'What do saproxylic (wood-decay) beetles really want? Conservation should be based on practical observation rather than unstable theory'. *Trees Beyond the Wood: Conference Pproceedings*, pp. 33–46 (September 2012)

Alexander, K. N. A. 'Non-intervention v intervention – but balanced? I think not.' *British Ecological Society Bulletin*, vol. 45, pp. 36–7 (August 2014)

Alexander, K. N. A., Sticker, D., and Green, T. 'Rescuing veteran trees from canopy competition'. *Conservation Land Management*, pp. 12–16 (Spring 2011)

Allen, Michael J. and Gardiner, J. 'If you go down to the woods today; a re-evaluation of the chalkland postglacial woodland; implications for prehistoric communities.' In: Allen, Michael J., Sharples, Niall, and O'Connor, Terry (eds). *Land and People: papers in memory of John G. Evans*, pp. 49–66 (Prehistoric Society Research Paper no. 2, Oxbow Books, 2009)

Godwin, H. *The History of the British Flora*. 2nd edn. (on analysis of non-arboreal pollen, p. 9 and p. 27) (Cambridge University Press, 1975)

Godwin, H. 'Pollen analysis – an outline of the problems and potentialities of the method. Part 1. Technique and interpretation'. *New Phytologist*, vol. 33, pp. 278–305 (1934)

Godwin, H. 'Pollen analysis – an outline of the problems and potentialities of the method. Part 2. General applications of pollen analysis'. *New Phytologist*, vol. 33, pp. 325–58. (1934)

Peterken, George. 'Recognising wood-meadows in Britain?'. *British Wildlife*, vol. 28, no. 3, pp. 155–65 (February 2017)

Post, L. von. 'Forest tree pollen in South Swedish Peat Bog Deposits (Om skogstradspollen i sydsvenska torfmosselager-

Tansley, A G. 'The classification of vegetation and the concept of development'. *Journal of Ecology* 8, pp. 118–49 (1920)
Van Vuure, C. 'On the origin of the Polish konik and its relation to Dutch nature management'. *Lutra*, vol. 57, no. 2, pp. 111–30 (Vereniging voor Zoogdierkunde en Zoogdierbescherming, Holland 2014)
Vera, F. W. M. 'Can't see the trees for the forest'. In: D. Rotherham (ed). *Trees, Forested Landscapes and Grazing Animals – a European perspective on woodlands and grazed treescapes*, ch. 6, p. 99–126 (Routledge, 2013)
Vera, F. W. M. 'The dynamic European forest'. *Arboricultural Journal*, vol. 26, pp. 179–211 (2002)
Vera, F. W. M. 'Large-scale nature development – the Oostvaardersplassen'. *British Wildlife* 29, pp. 29–36 (June 2009) http://diaplan.ku.dk/pdf/large-scale_nature_development_the_Oostvaardersplassen.pdf
Vera, F. W. M. 'The shifting baseline syndrome in restoration ecology'. In: Hall, M. (ed.). *Restoration and History – the search for a usable environmental past*, pp. 98–110 (Routledge Studies in Modern History, 2010) http://media.longnow.org/files/2/REVIVE/The%20Shifting%20Baseline%20Syndrome%20in%20Restoration%20Ecology_Frans%20Vera.pdf
Vera, F. W. M., Bakker, E., and Olff, H. 'The influence of large herbivores on tree recruitment and forest dynamics'. In: Danell, K., Duncan, P., Bergstrom, R., and Pastor, J. (eds). *Large Herbivore Ecology, Ecosystem Dynamics and Conservation*, pp. 203–31 (Cambridge University Press, 2006)
Vera, F. W. M., Bakker, E., and Olff, H. 'Large herbivores: missing partners of western European light-demanding tree and shrub species?' In: Danell, K., Duncan, P., Bergstrom, R. and Pastor, J. (eds). *Large Herbivore Ecology, Ecosystem Dynamics and Conservation* (Cambridge University Press, 2006) http://media.longnow.org/files/2/REVIVE/Vera_Large%20herbivores%20missing%20partners%20light%20demanding%20tree%20and%20shrub%20species.pdf
Watt, A. S. 'On the causes of failure of natural regeneration in British oakwoods'. *Journal of Ecology*, vol. 7, pp. 173–203 (1919)
Young, T. P. 'Natural die-offs of large mammals: implications for conservation'. *Conservation Biology*, vol. 8, no. 2, pp. 410–18 (June 1994)

environmental gradients in savannas'. *Trends in Ecology and Evolution*, vol. 25 no. 2, pp. 119–28 (February 2010)
Lindenmayer, D. (ed.). *Forest Pattern and Ecological Process: A Synthesis of 25 Years of Research* (Commonwealth Scientific and Industrial Research Organisation, 2009)
Macnab, John. 'Carrying capacity and related slippery shibboleths'. *Wildlife Society Bulletin*, vol. 13, no. 4, pp. 403–10 (Winter, 1985)
Mduma, S. A. R., Sinclair, A. R. E., and Hilborn, R. 'Food regulates the Serengeti wildebeest: a 40-year record'. *Journal of Animal Ecology* 68, pp. 1101–22 (1999)
Mech, D., Smith, D. W., Murphy, K. M., and MacNulty, D. R. 'Winter severity and wolf predation on a formerly wolf-free elk herd'. *Journal of Wildlife Management* 65, pp. 998–1003 (2001)
Mouissie, A. M. 'Seed dispersal by large herbivores – implications for the restoration of plant biodiversity'. Doctoral thesis, Community and Conservation Ecology Group of the University of Groningen, The Netherlands. (2004)
Ratnam, J., Bond, W., et al. 'When is a "forest" a savanna, and why does it matter?' *Global Ecology and Biogeography*, vol. 20, pp. 653–60 (2011)
Remmert, H. 'The mosaic-cycle concept of ecosystems – an overview'. In: Remmert, H. (ed). *The Mosaic-Cycle Concept of Ecosystems*, pp. 11–21 (Springer, Berlin, 1991)
Smit, C. and Putman, R. 'Large herbivores as environmental engineers'. In: Putman, R., Appolonia, M., and Andersen, R. (eds). *Ungulate Management in Europe*, pp. 260–83 (Cambridge University Press, 2011)
Smit, C. and Ruifrok, J. L. 'From protégé to nurse plant: establishment of thorny shrubs in grazed temperate woodlands'. *Journal of Vegetation Science* 22, pp. 377–86 (2011)
Smit, C. and Vermijmeren, M. 'Tree–shrub associations in grazed woodlands: first rodents, then cattle'. *Plant Ecology* 212, pp. 483–93 (2011)
Sommer, R. S., Benecke, N., Lõngas, L., Nelle, O., and Schmölcke, U. 'Holocene survival of the wild horse in Europe: a matter of open landscape?'. *Journal of Quaternary Science* 26, pp. 805–12 (2011)
Tansley, A. G. 'The development of vegetation – a review of Clement's *Plant Succession*'. *Journal of Ecology* 4, pp. 198–204 (1916)

Bakker, E. S., et al. 'Combining paleo-data and modern exclosure experiments to assess the impact of megafauna extinctions on woody vegetation'. *Proceedings of the National Academy of Sciences* 113(4), pp. 847–55 (2016)
http://www.pnas.org/content/113/4/847.full.pdf

Bakker, E. S., Olff, H., Vandenberghe, C., De Maeyer, K., Smit, R., Gleichman, J. M., and Vera, F. W. M. 'Ecological anachronisms in the recruitment of temperate light-demanding tree species in wooded pastures'. *Journal of Applied Ecology* 41, pp. 571–82 (2004)

Birks, H. J. B. 'Mind the gap: how open were European primeval forests?' *Trends in Ecology & Evolution* 20(4), pp. 154–6 (May 2005) https://www.researchgate.net/publication/7080887_Mind_the_gap_How_open_were_European_primeval_forests

Bokdam, J. 'Nature Conservation and Grazing Management. Free-ranging cattle as driving force for cyclic vegetation succession'. Ph.D. thesis, Wageningen University, Wageningen, Netherlands (2003)

Bonenfant, C., Gailard, Jean-Michel, et al. 'Empirical evidence of density-dependence in populations of large herbivores'. *Advances in Ecological Research*, vol. 41, pp. 314–45 (2009)

Gill, R. 'The influence of large herbivores on tree recruitment and forest dynamics'. In Danell, K., et al. (eds). *Large Herbivore Ecology, Ecosystem Dynamics and Conservation*, pp. 170–202 (Cambridge University Press, 2006)

Grange, S., Duncan, P., et al. 'What limits the Serengeti zebra population?' *Oecologia* 149, pp. 523–32 (2004)

Green, Ted. 'Natural Origin of the Commons: People, animals and invisible biodiversity'. *Landscape Archaeology and Ecology*, vol. 8, pp. 57–62 (September 2010)

Harding, P. T. and Rose, F. *Pasture-woodlands in lowland Britain. A review of their importance for wildlife conservation* (Huntingdon: Natural Environment Research Council, Institute of Terrestrial Ecology, 1986)

Hodder, K. H., et al. 'Large herbivores in the wildwood and modern naturalistic grazing systems'. Natural England, report no. 648 (2005)

Hopcraft, J. G. C., Olff, H., and Sinclair, A. R. E. 'Herbivores, resources and risks: alternating regulation along primary

# 出典

## 第１章　樹齢五五〇年の巨木と一人の男

Alexander, Keith, Butler, J. E., and Green, T. E. 'The value of different tree and shrub species to wildlife'. *British Wildlife*, vol. 18, no. 1, pp. 18–28 (October 2006)

Butler, J. E., Rose, F., and Green, T. E. 'Ancient trees, icons of our most important wooded landscapes in Europe'. In: Read, H. et al. (eds). *Tools for preserving woodland biodiversity*, pp. 28–31. Textbook 2. Nononex, programme September 2001, Leonardo da Vinci, Sweden

Green, Ted. 'The forgotten army – woodland fungi'. *British Wildlife*, vol. 4, no. 2, pp. 85–6 (December 1992)

Green, Ted. 'The importance of open-grown trees – from acorn to ancient'. *British Wildlife*, vol. 21, no. 5, pp. 334–8 (June 2010)

Simard, S. W. and Durall, D. M. 'Mycorrhizal networks: a review of their extent, function, and importance'. *Canadian Journal of Botany*, vol. 82, issue 8, pp. 1140–65 (2004)

## 第２章　私たちが農場経営を諦めるまで

Zayed, Yago. 'Agriculture: historical statistics'. House of Commons Briefing Paper, no. 03339 (21 January 2016)

## 第３章　農地が生き物であふれかえる

Harrabin, Roger. 'Wildflower meadow protection plan "backfires"'. *BBC News* (3 September 2014) http://www.bbc.co.uk/news/science-environment-29037804

Plantlife report, *Our Vanishing Flora*. (2012) http://www.plantlife.org.uk/application/files/7214/8234/1075/Jubilee_Our_Vanishing_flora.pdf

Rackham, Oliver. *The History of the Countryside – the classic history of Britain's landscape, flora and fauna* (Phoenix, 2000)
Rackham, Oliver. *Woodlands* (The New Naturalist, Collins, 2006)
Robinson, Jo. *Pasture Perfect – the far-reaching benefits of choosing meat, eggs and dairy products from grass-fed animals* (Vashon Island Press, 2004)
Schwartz, Judith. *Cows Save the Planet – and other improbable ways of restoring soil to heal the earth* (Chelsea Green, 2013)
Stace, Clive A. and Michael J. Crawley. *Alien Plants* (The New Naturalist, William Collins, 2015)
Stapledon, Sir George. *The Way of the Land* (Faber & Faber, 1942)
Stewart, Amy. *The Earth Moved – on the remarkable achievements of earthworms* (Frances Lincoln, 2004)
Stolzenburg, William. *Where the Wild Things Were – life, death and ecological wreckage in a land of vanishing predators* (Bloomsbury, USA, 2008)
Tansley, A. G. *The British Islands and their Vegetation*. Vols 1 & 2 (Cambridge University Press, 3rd edn, 1953)
Tansley, A. G (ed.) *Types of British Vegetation* (Cambridge University Press, 1911)
Teicholz, Nina. *The Big Fat Surprise* (Scribe, 2014)
Thomas, Keith. *Man and the Natural World – changing attitudes in England 1500–1800* (Allen Lane, 1983)
Thompson, Ken. *Where Do Camels Belong? – the story and science of invasive species* (Profile Books, 2014)
Tubbs, C. R. *The New Forest – a natural history* (The New Naturalist, Collins. 1998)
Tudge, Colin. *The Secret Life of Trees* (Allen Lane, 2005)
Vera, F. W. M. *Grazing Ecology and Forest History* (CABI Publishing, 2000)
Walpole-Bond, John. *A History of Sussex Birds* (Witherby, 1938)
Wilson, Edward O. *Biophilia* (Harvard University Press, 1984)
Wilson, Edward O. *The Diversity of Life* (W. W. Norton, 1999)
Wilson, Edward O. *Half-Earth – our planet's fight for life* (Liveright Publishing, 2016)
Wohlleben, Peter. *The Hidden Life of Trees – what they feel, how they communicate* (Greystone Books, Canada, 2016)
Yalden, Derek. *The History of British Mammals* (Poyser Natural History, 1999)
Young, Rosamund. *The Secret Life of Cows* (Faber & Faber, 2017)

Harvey, Graham. *The Forgiveness of Nature – the story of grass* (Jonathan Cape, 2001)
Helm, Dieter. *Natural Capital – valuing the planet* (Yale University Press, 2015)
Henderson, George. *The Farming Ladder* (Faber & Faber, 1943)
Hoskins, W. G. *The Making of the English Landscape* (Little Toller Books, 2013; first edn. Hodder & Stoughton, 1955)
Jefferies, R. *Nature Near London* (Chatto & Windus, 1883)
Juniper, Tony. *What Nature Does for Britain* (Profile Books, 2015)
Lawton, John. *Making Space for Nature – a review of England's wildlife sites and ecological network* (Department for Environment, Food and Rural Affairs) (16 September 2010)
Leopold, Aldo. *A Sand County Almanac* (Oxford University Press, 1949)
Lovegrove, Roger. *Silent Fields – the long decline of a nation's wildlife* (Oxford University Press, 2007)
Mabey, Richard. *Weeds – how vagabond plants gate-crashed civilisation and changed the way we think about nature* (Profile Books, 2010)
Mabey, Richard. *Whistling in the Dark – in pursuit of the nightingale* (Sinclair Stevenson, 1993)
Marris, Emma. *Rambunctious Garden – saving nature in a post-wild world* (Bloomsbury, 2011)
McCarthy, Michael. *Say Goodbye to the Cuckoo* (John Murray, 2009)
McCarthy, Michael. *The Moth Snowstorm* (John Murray, 2015)
Monbiot, George. *Feral – searching for enchantment on the frontiers of rewilding* (Allen Lane, 2013)
Montgomery, David R. and Anne Biklé. *The Hidden Half of Nature – the microbial roots of life and health* (W. W. Norton, 2016)
Norton-Griffiths, M. and A. R. E. Sinclair. *Serengeti: Dynamics of an Ecosystem* (University of Chicago Press, 1979)
Oates, Matthew. *In Pursuit of Butterflies – a fifty-year affair* (Bloomsbury, 2015)
Ohlson, Kristin. *The Soil Will Save Us – how scientists, farmers and foodies are healing the soil to save the planet* (Rodale, 2014)
Quammen, David. *The Song of the Dodo – island biogeography in the age of extinctions* (Scribner, 1996)
Rackham, Oliver. *Ancient Woodland – its history, vegetation and uses in England* (Edward Arnold, London, 1980; and new edition Castlepoint Press, Kirkcudbrightshire, 2003)

# 参考文献


Blencowe, Michael and Neil Hulme. *The Butterflies of Sussex* (Pisces Publications, 2017)

Bosworth-Smith, R. *Bird Life & Bird Law* (John Murray, 1905)

Campbell-Palmer, Róisin, et al. *The Eurasian Beaver Handbook* (Pelagic Publishing, 2016)

Carroll, Sean B. *The Serengeti Rules – the quest to discover how life works and why it matters* (Princeton University Press, 2016)

Clements, Frederic E. *Plant Succession – an analysis of the development of vegetation* (The Carnegie Institute of Washington, 1916)

Coles, B. J. *Beavers in Britain's Past* (Oxbow Books, UK, 2006)

Collier, Eric. *Three Against the Wilderness* (Touch Wood Editions, 2007, first published 1959)

Crumley, Jim. *Nature's Architect – the beaver's return to our wild landscapes* (Saraband, 2015)

Cummins, John. *The Hound and the Hawk – the art of medieval hunting* (Weidenfeld & Nicolson, 1988)

Darwin, Charles. *The Formation of Vegetable Mould, through the action of earth worms, with observations on their habits* (John Murray, 1881)

Dent, Anthony. *Lost Beasts of Britain* (Harrap, 1974)

Ellenberg, Heinz. *Vegetation Ecology of Central Europ* (Cambridge University Press, 1988)

Gould, John. *Birds of Great Britain* (5 vols: n.p., 1862–73)

Goulson, Dave. *Bee Quest* (Jonathan Cape, 2017)

Grandin, Temple. *Livestock Handling & Transport* (4th edition, Centre for Agriculture and Biosciences International, 2014)

Grandin, Temple and Catherine Johnson. *Animals in Translation – the woman who thinks like a cow* (Bloomsbury, 2005)

Harvey, Graham. *The Carbon Fields – how our countryside can save Britain* (Grass Roots, UK, 2008)

# 訳者あとがき

初めにこの本の翻訳について打診されたとき、『WILDING』という原題だけ聞いて、てっきり誰か植物学者が植物遷移について書いた本なのだろうと思った。だが読み始めてみると、あるイギリスの貴族がその広大な地所を野生に戻すという話である。主人公は、イギリス南東部、ウェスト・サセックスの一角に立つ瀟洒な城に暮らすバレル家の人々だ（厳密には準男爵家なので貴族ではないそうだが）。

英米共同で制作され、日本でも放映された人気テレビドラマ『ダウントン・アビー』をご存知の方も多いと思う。貴族とその地所の管理・維持というのはつまり一つの企業を経営するようなものだな、と私はあの番組を見て思ったのだったが、本書の舞台となるバレル家のクネップ・キャッスルはまさに、一九一〇〜一九二〇年代を舞台にした『ダウントン・アビー』の八〇年後を彷彿とさせる。

ドラマには、所有する領地で農業や畜産業を営む小作人たちが登場し、地主であるクローリー家の人々が、時代の変化に合わせて経営を合理化し、多角化を図ろうと腐心するシーンがあった。そしてバレル家の人々もまた、「土地を売るという発想がない家風」を引き継ぐ由緒正しき家系ではあるが、農業の近代化とグローバル化によって、農業による地所の経営はもはや成り立たなくなり、経営破綻の危機に直面する。そんな彼らが運良く見出した生き残りの道が、地所を農地化前の自然の状態、野生生物の王国に復元する、という「再野生化（Rewilding）」プロジェクトだった。

農薬と大型の農業機械頼みの近代的な耕作をやめたとたん、それまで雑草一つ生えていない、整然と耕された畑だったところは、さまざまな草花に覆われ、低木が生い茂り、近隣の村人の顰蹙をかう「荒れ放題」の土地になっていく。と同時に、爆発的に虫が増え、野には野鳥があふれ、小型の野生生物が姿を現す。フンコロガシが、イリスコムラサキが、ナイチンゲールが、コキジバトが、ダイサギが戻ってくる。さらにはシカ、ウマ、ウシ、ブタなどの草食動物を放して自由にさせる。意外な場所で、思いもつかない生態を見せる野生の動物たちとともに、かつてこの地で見られたであろう自然の情景が蘇っていく——。本書には、クネップの地所で自然が自らを取り戻していくその過程が、行政との駆け引きや周囲の農家たちとの摩擦を含めて生き生きと描かれている。

もともと人間は自然の一部であり、地球上に登場してから長い間狩猟採集民だったわけだが、農耕を覚えると同時に、自分の都合の良いように自然に手を入れることを覚えたと言われる。ネイティブアメリカンやアボリジニの人々のように、自然と共存し、必要なものだけを自然から受け取ってそれ以上に奪おうとはしない人々もいたけれど、産業革命以降の工業化社会では、「自然」と「人間」が対立軸になってしまった。人々は自然を支配し、力づくでねじ伏せ、奪えるだけ奪おうとしてきた。その結果が環境汚染であり、生態系の破壊であり、年々加速する生物種の絶滅であり、資源の枯渇であり、地球温暖化である。

海の向こうでは、現在一六歳のスウェーデンの少女、グレタ・トゥーンベリが二〇一八年に一人で始めた「気候のための学校ストライキ」ムーブメントが、特に若者の間で大きな広がりを見せている。これからの何十年をこの地球上で生きていく若者たちにとって、地球温暖化に歯止めをかけることができるかどうかはまさに死活問題である。もう待ったはかけられない。

では私たちはいったいどうしたらいいのだろう。どうしたらこれ以上地球の環境を破壊せず、護っていけるのだろう。「再野生化」という概念は、その問いに対するひとつの答えを提示するものだ。

二一世紀の始まりとほぼ時を同じくして始まったクネップの再野生化プロジェクトだが、これは初めから環境保全活動という使命を掲げていたわけではない。むしろ、農園生き残りのための苦肉の策として始まったという印象を受ける。だがこうした時代背景を背負い、プロジェクトは次第に環境保全活動家たちの関心を集め、今では世界的な注目の的になっている。再野生化というプロセスが、地球の環境を保護するばかりか、改善できる可能性が明らかになってきているためだ。

たとえば本文三四七ページには、再野生化のプロセスに期待できる窒素固定の効果が言及されており、「土壌中に含まれる炭素の量を、劣化した農地を復元・改善することによって年間わずか〇・四パーセント増やせば、一年に増加する大気中の二酸化炭素を吸収できる」とある。また、「世界中の劣化した草地五〇億ヘクタールをきちんとした生態系に復元できれば、大気中の余剰二酸化炭素を年間一〇ギガトン以上地上のカーボンシンクに戻せるという。そうすれば、ほんの数十年で、温室効果ガスの濃度を産業革命以前のレベルにまで下げられる」というジンバブエの環境保全活動家の言葉も紹介している。

再野生化の試みはクネップに限らず、ヨーロッパではすでに数か所が成果を上げているという。またアメリカのイエローストーン国立公園では、その地域で絶滅したオオカミをカナダから輸送して再導入することで、生物多様性を取り戻した。点在する自然保護区を「緑の回廊」でつないで、個々の自然保護区以上の大きな「メタ保護区」を作る試みも行われている。

クネップが事業として成功している様子を見て、再野生化に関心を示す土地所有者もいるらしい。それは素晴らしいことだが、プラスチックを減らすためにスーパーにはエコバッグを持参しましょう、という、誰にでもできるささやかな意識変革とは違って、野生化することで地球環境の改善に寄与できるほどの広大な土地を所有する個人はそんなにいるわけではない。雑草が生え放題の我が家の庭を、これからは「再野生化の途上にある」と言うことにしよう、という冗談はさておいて、本書を読めばおわかりの通り、再野生化は、土壌微生物相を含む複雑なエコシステムの理解に基づいた、非常に綿密な計画に則って行わなければならず、多額の資金を必要とする。だから、再野生化には各国の行政レベルで取り組む必要がある。

さらに、土地を「野生化」するとは言っても、人間の文明が登場する前の状態に地球を戻せるはずがないことはわかりきっている。そもそも、人間が破壊した「自然」とは元来どういうものだったのか、私たちは、実はそれを知らないのだと著者は言い、これまで当然のこととして受け入れられてきた自然科学の理論にも疑問を投げかけている。野生動物の生態や習性についても然りで、人間が自分たちの都合を勝手に押し付けた結果を動物の本来の生態だと勘違いしているのではないか。そうやって、自然とはこうあるべきと考える自然「像」を追い求めるのではなく、人間の介入を最小限にし、特定の結果を期待せず、自然を自然の求めるままに、自らその本来の姿を取り戻させようとする試みが再野生化なのだ。著者はこう言っている。

ある終着地点を設定するのではなく自然のなすがままに生態系システムを作り直し、結果と同時にまたその機能する過程を評価することで、私たちと土地との関わり方をそっくり変えることができるかもしれない。テクノロジーが進化し、これまで以上に少ない土地から世界中の人が十分に食べられる以上の食料を得られるようになったことを祝う一方で、それはまた「男性的な」科学――すべての問題は新しいテクノロジーでこそ解決できるのであって、今までのやり方の古いテクノロジーに立ち返り自然に屈服するというのは後ろ向きな行為である、という考え方――が犯した失敗を認めるよう私たちに促す。

堅固な堤防を築くよりも、氾濫原を進んで氾濫させることで洪水を防ぐ。人間が生息域を押し付けるのではなく、動物や植物に生息域を選ばせる。再野生化が私たちに求めているのは、そうした発想の転換である。そして、一方的に人間が自然を「護ってあげる」のではなく、人間と自然がともに与え、受け取り合う、これまでとは違った形での共存への道筋を指し示しているように思う。

二〇一五年に合意されたパリ協定で各国の温室効果ガスの排出の削減目標が掲げられているように、世界中で再野生化の努力が本格的に行われたら、もしかしたら私たちは、失われかけている生物種のいくつかを絶滅から救い、崩壊へと向かってまっしぐらに突き進んでいるかのように見える地球の時計の針の進行を、ほんの少し遅らせることができるかもしれない。そんな希望を感じさせてくれる。

なお、本書には多数の動植物名が登場し、その中にはイギリス特有の種で和名の存在しないものも多々存在する。動植物学の専門知識を持たない私には荷が重く、名称の表記については、鳥類生態学がご専門の黒沢令子さん、築地書館で編集をご担当くださった北村緑さんに多大なご協力をいただいた。この場を借りてお礼申し上げます。

二〇一九年一一月

三木直子

著者紹介
イザベラ・トゥリー（Isabella Tree）
夫である、サー・チャーリー・バレルとともに、全英で注目を集めるクネップ・ワイルドランド・プロジェクトを主宰する作家。

訳者紹介
三木直子（みき・なおこ）
東京生まれ。国際基督教大学教養学部語学科卒業。
外資系広告代理店のテレビコマーシャル・プロデューサーを経て、1997年に独立。
海外のアーティストと日本の企業を結ぶコーディネーターとして活躍するかたわら、テレビ番組の企画、クリエイターのためのワークショップやスピリチュアル・ワークショップなどを手がける。訳書に『不安神経症・パニック障害が昨日より少し良くなる本』『CBDのすべて：健康とウェルビーイングのための医療大麻ガイド』（ともに晶文社）、『コケの自然誌』『錆と人間』『植物と叡智の守り人』（ともに築地書館）、他多数。

# 英国貴族、領地を野生に戻す

## 野生動物の復活と自然の大遷移

2020年1月8日　初版発行
2021年3月10日　2刷発行

著者　イザベラ・トゥリー
訳者　三木直子
発行者　土井二郎
発行所　築地書館株式会社
東京都中央区築地7-4-4-201　〒104-0045
TEL 03-3542-3731　FAX 03-3541-5799
http://www.tsukiji-shokan.co.jp/
振替 00110-5-19057
印刷・製本　シナノ印刷株式会社


ISBN 978-4-8067-1593-1